普通高等院校"十三五"规划教材
普通高等院校"十二五"规划教材
普通高等院校"十一五"规划教材
普通高等院校机械类精品教材

编审委员会

顾　问：杨叔子　华中科技大学
　　　　　李培根　华中科技大学
总主编：吴昌林　华中科技大学
委　员：（按姓氏拼音顺序排列）

崔洪斌　河北科技大学	孟　逵　河南工业大学
冯　浩　景德镇陶瓷大学	芮执元　兰州理工大学
高为国　湖南工程学院	汪建新　内蒙古科技大学
郭钟宁　广东工业大学	王生泽　东华大学
韩建海　河南科技大学	杨振中　华北水利水电大学
孔建益　武汉科技大学	易际明　湖南工程学院
李光布　上海师范大学	尹明富　天津工业大学
李　军　重庆交通大学	张　华　南昌大学
黎秋萍　华中科技大学出版社	张建钢　武汉纺织大学
刘成俊　重庆科技学院	赵大兴　湖北工业大学
柳舟通　湖北理工学院	赵天婵　江汉大学
卢道华　江苏科技大学	赵雪松　安徽工程大学
鲁屏宇　江南大学	郑清春　天津理工大学
梅顺齐　武汉纺织大学	周广林　黑龙江科技大学

普通高等院校"十三五"规划教材
普通高等院校"十二五"规划教材
普通高等院校"十一五"规划教材
普通高等院校机械类精品教材

顾　问　杨叔子　李培根

机械制造装备设计

（第二版）

主　编　任小中　于　华
副主编　王　斌　赵让乾
主　审　赵雪松

华中科技大学出版社
http://www.hustp.com
中国　武汉

内 容 提 要

本书是面向应用型普通高等院校机械类专业及相关专业的精品教材。围绕高等学校"机械设计制造及其自动化"专业的人才培养目标,本书贯彻"少而精"的原则,突出重点,以点带面;注重基础理论的阐述,保留普通机械装备设计理论的精华,采用先进的设计手段。在理论与实践相结合的基础上,突出培养学生分析问题和解决问题的能力,反映了国内外机械制造装备的科技成果及发展趋势。本书内容理论联系实际、体系完整、重点突出、实例丰富,便于教学和自学,并对实际设计工作有一定的指导作用。全书包括绪论、机械制造装备的设计方法、金属切削机床设计、机床夹具设计、金属切削刀具与刀具系统设计、物流系统及其自动化装置、工业机器人设计等内容,各章均附有思考题与习题。

本书可作为高等院校机械设计制造及自动化专业和相关专业的教学用书,也可供从事机械制造装备设计和研究工作的工程技术人员及研究人员参考。

图书在版编目(CIP)数据

机械制造装备设计/任小中,于华主编. —2 版. —武汉:华中科技大学出版社,2016.8(2022.7重印)
普通高等院校"十三五"规划教材　普通高等院校机械类精品教材
ISBN 978-7-5680-2005-3

Ⅰ.①机… Ⅱ.①任… ②于… Ⅲ.①机械制造-工艺装备-设计-高等学校-教材 Ⅳ.①TH16

中国版本图书馆 CIP 数据核字(2016)第 144846 号

机械制造装备设计(第二版)　　　　　　　　　　　　　　　任小中　于　华　主编
Jixie Zhizao Zhuangbei Sheji(Di er Ban)

策划编辑:俞道凯
责任编辑:姚　幸
封面设计:原色设计
责任校对:何　欢
责任监印:周治超

出版发行:华中科技大学出版社(中国·武汉)　　　电话:(027)81321913
　　　　　武汉市东湖新技术开发区华工科技园　　　邮编:430223
录　　排:武汉市洪山区佳年华文印部
印　　刷:武汉邮科印务有限公司
开　　本:787mm×960mm　1/16
印　　张:25.5　插页:2
字　　数:544千字
版　　次:2009年12月第1版　2022年7月第2版第5次印刷
定　　价:48.00元

本书若有印装质量问题,请向出版社营销中心调换
全国免费服务热线:400-6679-118　竭诚为您服务
版权所有　侵权必究

"爆竹一声除旧,桃符万户更新。"在新年伊始,春节伊始,"十一五规划"伊始,来为"普通高等院校机械类精品教材"这套丛书写这个"序",我感到很有意义。

近十年来,我国高等教育取得了历史性的突破,实现了跨越式的发展,毛入学率由低于10%达到了高于20%,高等教育由精英教育而跨入了大众化教育。显然,教育观念必须与时俱进而更新,教育质量观也必须与时俱进而改变,从而教育模式也必须与时俱进而多样化。

以国家需求与社会发展为导向,走多样化人才培养之路是今后高等教育教学改革的一项重要任务。在前几年,教育部高等学校机械学科教学指导委员会对全国高校机械专业提出了机械专业人才培养模式的多样化原则,各有关高校的机械专业都在积极探索适应国家需求与社会发展的办学途径,有的已制定了新的人才培养计划,有的正在考虑深刻变革的培养方案,人才培养模式已呈现百花齐放、各得其所的繁荣局面。精英教育时代规划教材、一致模式、雷同要求的一统天下的局面,显然无法适应大众化教育形势的发展。事实上,多年来许多普通院校采用规划教材就十分勉强,而又苦于无合适教材可用。

"百年大计,教育为本;教育大计,教师为本;教师大计,教学为本;教学大计,教材为本。"有好的教材,就有章可循,有规可依,有鉴可借,有道可走。师资、设备、资料(首先是教材)是高校的三大教学基本建设。

"山不在高,有仙则名。水不在深,有龙则灵。"教材不在厚薄,内容不在深浅,能切合学生培养目标,能抓住学生应掌握的要言,能做到彼此呼应、相互配套,就行,此即教材要精、课程要精,能精则名、能精则灵、能精则行。

华中科技大学出版社主动邀请了一大批专家,联合了全国几十个应用型机械专业,在全国高校机械学科教学指导委员会的指导下,保证了当前形势下机械学科教学改革的发展方向,交流了各校的教改经验与教材建设计划,确定了一批面向普通高等院校机械学科精品课程的教材编写计划。特别要提出的,教育质量观、教材质量观必须随高等教育大众化而更新。大众化、多样化决不是降低质量,而是要面向、适应与满足人才市场的多样化需求,面向、符合、激活学生个性与能力的多样化特点。"和而不同",才能生动活泼地繁荣与发展。脱离市场实际的、脱离学生实际的一刀切的质量不仅不是"万应灵丹",而是"千篇一律"的桎梏。正因为如此,为了真正确保高等教育大众化时代的教学质量,教育主管部门正在对高校进行教学质量评估,各高校正在积极进行教材建设、特别是精品课程、精品教材建设。也因为如此,华中科技大学出版社组织出版普通高等院校应用型机械学科的精品教材,可谓正得其时。

我感谢参与这批精品教材编写的专家们!我感谢出版这批精品教材的华中科技大学出版社的有关同志!我感谢关心、支持与帮助这批精品教材编写与出版的单位与同志们!我深信编写者与出版者一定会同使用者沟通,听取他们的意见与建议,不断提高教材的水平!

特为之序。

中国科学院院士
教育部高等学校机械学科指导委员会主任
杨叔子

2006.1

第二版前言

本书是一本体系完整、内容全面、实践性强的"机械制造装备设计"课程所用教材。自本书出版以来,已被全国十几所院校选用,深受任课教师、学生及其他读者的欢迎。许多教师和读者通过各种途径给我们提出了一些宝贵的意见和建议,在此,向热心支持和帮助我们的兄弟院校的教师和读者表示衷心感谢。

根据选用本书的任课教师的建议,结合我们近几年的教学实践,我们对本书进行了较大幅度的修订。此次修订仍沿用第一版的体系架构,以机械制造中常用的装备设计为主线,突出金属切削机床、机床夹具、金属切削刀具的主体地位,兼顾介绍机床数控化改造以及物料运储系统,将先进设计思想和方法融于具体的装备设计中,注重培养分析和解决实际问题的能力。

与本书第一版相比,第二版增加了"普通机床数控化改造"和"组合机床设计"两章,删除了"工业机器人设计"一章,其余各章内容也都有不同程度的调整和改编。具体来说,重新编写了"绪论",而把第 1 章的部分内容和第 2 章并入为一章;第 3 章按类别分成了两章;重新编写了"机床夹具设计"和"金属切削刀具设计";第 6 章的"物流系统及其自动化装置"更名为"机械制造中的物料运储装置设计",并重新进行了编写。

为保证本书的修订质量和进度,参加本次修订的教师主要来自主编单位和一些多次选用的高等院校。他们是:河南科技大学任小中、王斌,安徽工程大学于华,河南工程学院赵让乾,洛阳理工学院许艺萍,贵州师范大学谢志平。具体分工为:绪论、第 1 章、第 2 章的 2.1 节~2.2 节、第 5 章的 5.3 节、第 6 章由任小中修订;第 2 章的 2.3 节~2.4 节、第 5 章 5.1 节~5.2 节由王斌修订;第 2 章的 2.5 节和第 3 章由于华修订;第 4 章由谢志平修订;第 7 章由许艺萍修订;第 8 章由赵让乾修订。全书由任小中和于华担任主编,王斌和赵让乾担任副主编。任小中负责全书的统稿工作。

本书在修订过程中参阅了同行专家、学者的著作和文献资料,在此表示诚挚的谢意。

由于编者水平有限,书中难免有错漏和不当之处,恳请广大读者不吝赐教。

编 者
2016 年 3 月

第一版前言

机械制造装备设计是机械设计制造及自动化专业的一门主要专业课,其任务是通过该课程的学习,掌握主要机械制造装备的工作原理及其正确使用和选用方法、原则,并具备一定的机械制造装备的总体设计、传动设计、结构设计等基本知识和主要工艺装备的设计能力。本书介绍了机械制造装备设计的基础理论、基本知识和基本方法,内容包括绪论、机械制造装备的设计方法、金属切削机床设计、机床夹具设计、金属切削刀具与刀具系统设计、物流系统及其自动化装置、工业机器人设计,各章均附有思考题与习题。本书以机械制造装备设计方法为主线,以总体设计、运动设计和结构设计为重点,注重学生分析问题和解决问题能力的培养。

本书由赵雪松、任小中、于华任主编。第1章,第2章,第3章3.1、3.2节由河南科技大学任小中、张波编写;第3章3.3、3.4节由河南科技大学王斌编写;第3章3.5至3.9节由安徽工程科技学院于华编写;第4章由安徽工程科技学院赵雪松,河南工业大学邱超编写;第5章由湖北汽车工业学院叶仲新编写;第6章由石家庄铁道学院韩彦军编写;第7章由安徽工程科技学院苏学满、陈玉,华中科技大学武昌分校石从继,成都理工大学张静编写。

本书力求理论联系实际,注意分析规律,突出重点,总结要点,增强系统性,便于教学和自学,并能指导设计工作。但由于编者水平有限,缺点错误在所难免,敬请广大读者多提宝贵意见,以求改进。

编 者
2009 年 6 月

目　　录

绪论 …………………………………………………………………………………………… (1)
 0.1　机械装备制造业及其在国民经济中的地位 ……………………………………… (1)
 0.2　机械装备制造业的发展历程 ………………………………………………………… (2)
 0.3　我国机械装备制造业的成就和现状 ………………………………………………… (3)
 0.4　课程的性质与研究内容 ……………………………………………………………… (6)
 0.5　课程的学习要求和学习方法 ………………………………………………………… (7)
 思考题与习题 …………………………………………………………………………… (8)
第1章　机械制造装备的设计方法 ……………………………………………………………… (9)
 1.1　机械制造装备应具备的主要功能 …………………………………………………… (9)
 1.2　机械制造装备的分类 ………………………………………………………………… (10)
 1.3　机械制造装备设计的类型 …………………………………………………………… (13)
 1.4　机械制造装备设计的方法 …………………………………………………………… (14)
 1.5　机械制造装备设计的评价 …………………………………………………………… (25)
 思考题与习题 …………………………………………………………………………… (34)
第2章　金属切削机床设计 ……………………………………………………………………… (35)
 2.1　设计要求、方法和步骤 ……………………………………………………………… (35)
 2.2　机床总体设计 ………………………………………………………………………… (39)
 2.3　主传动设计 …………………………………………………………………………… (47)
 2.4　进给传动系统的设计 ………………………………………………………………… (79)
 2.5　机床控制系统设计 …………………………………………………………………… (91)
 思考题与习题 …………………………………………………………………………… (100)
第3章　机床主要部件设计 ……………………………………………………………………… (102)
 3.1　主轴组件设计 ………………………………………………………………………… (102)
 3.2　支承件设计 …………………………………………………………………………… (125)
 3.3　导轨设计 ……………………………………………………………………………… (134)
 3.4　机床刀架装置设计 …………………………………………………………………… (147)
 思考题与习题 …………………………………………………………………………… (161)
第4章　普通机床数控化改造 …………………………………………………………………… (162)
 4.1　概述 …………………………………………………………………………………… (162)
 4.2　主传动系统的数控化改造 …………………………………………………………… (165)

  4.3 进给传动系统的数控化改造 …………………………………………………… (168)
  4.4 普通机床数控化改造实例 …………………………………………………… (175)
  思考题与习题 …………………………………………………………………………… (179)

第5章 组合机床设计 ………………………………………………………………… (180)
  5.1 组合机床概述 ………………………………………………………………… (180)
  5.2 组合机床总体设计 …………………………………………………………… (196)
  5.3 组合机床多轴箱设计 ………………………………………………………… (209)
  思考题与习题 …………………………………………………………………………… (224)

第6章 机床夹具设计 ………………………………………………………………… (226)
  6.1 机床夹具概述 ………………………………………………………………… (226)
  6.2 工件在夹具中的定位 ………………………………………………………… (230)
  6.3 工件在夹具中的夹紧 ………………………………………………………… (255)
  6.4 典型机床夹具设计 …………………………………………………………… (272)
  6.5 机床专用夹具的设计方法 …………………………………………………… (287)
  6.6 其他机床夹具 ………………………………………………………………… (298)
  思考题与习题 …………………………………………………………………………… (304)

第7章 金属切削刀具设计 …………………………………………………………… (308)
  7.1 成形车刀设计 ………………………………………………………………… (308)
  7.2 成形铣刀设计 ………………………………………………………………… (318)
  7.3 圆孔拉刀设计 ………………………………………………………………… (326)
  7.4 齿轮刀具设计 ………………………………………………………………… (340)
  7.5 数控加工刀具与工具系统 …………………………………………………… (355)
  思考题与习题 …………………………………………………………………………… (369)

第8章 机械制造中的物料运储装置设计 …………………………………………… (371)
  8.1 概述 …………………………………………………………………………… (371)
  8.2 机床上下料装置设计 ………………………………………………………… (374)
  8.3 自动化加工中物料输送装置的设计 ………………………………………… (380)
  8.4 自动化仓库 …………………………………………………………………… (390)
  8.5 排屑装置 ……………………………………………………………………… (394)
  思考题与习题 …………………………………………………………………………… (400)

参考文献 ………………………………………………………………………………… (402)

绪　　论

0.1　机械装备制造业及其在国民经济中的地位

1. 机械装备制造业

机械装备制造业是为国民经济各部门进行简单再生产和扩大再生产提供生产工具的各制造业的总称,被誉为"母体"工业。主要包括金属制品、通用设备、专用设备、交通运输、武器弹药、电气机械及器材、通信设备计算机及其他电子、仪器仪表及文化办公用机械制造业八大类,其中又以通用设备、专用设备、交通运输、电气机械及器材、通信设备计算机这五大行业为重要组成部分。

按照装备的功能和重要程度,机械装备制造业主要包括以下内容。

(1) 重大、先进的基础机械,即用于制造装备的装备——工作母机,主要包括数控机床、柔性制造系统、工业机器人、大规模集成电路及电子制造设备、计算机集成制造系统等。

(2) 重要的电子、机械基础件,主要是先进的液压、气动、轴承、密封、模具、刀具、低压电器、微电子和电力电子器件、仪器仪表及自动化控制系统等。

(3) 国民经济各部门所需要的重大成套技术装备,如矿山的露天开采设备;大型发电(如水电、火电、核电等)成套设备,超高压交、直流输变电成套设备;石油、化工成套设备;金属冶炼轧制成套设备;飞机、高铁、城市轨道交通、汽车、船舶等先进交通运输设备;航空航天装备;先进的大型军事装备;先进的农业机械成套设备;大型科研仪器和医疗装备;还有大型环保设备、隧道挖掘、江河治理以及输水输气等大型工程设备等。

2. 机械装备制造业在国民经济中的地位

1) 机械装备制造业是国民经济发展的基础性产业

机械装备制造业为各行业提供现代化设备,从农业生产的机械化到国防使用的武器装备,各行各业都离不开装备制造业。机械制造业的生产能力和发展水平标志着一个国家或地区国民经济现代化的程度,而机械制造业的生产能力主要取决于机械制造装备的先进程度。

2) 机械装备制造业是高新技术产业化的基本载体

纵观世界工业化的发展历史,众多的科技成果都孕育于制造业的发展之中。机械装备制造业也是科技手段的提供者,科学技术与制造业相伴成长。20世纪兴起的核技术、空间技术、信息技术、生物医学技术等高新技术,无一不是通过机械制造业的发展而产生并转化为规模生产力的。其直接结果是导致诸如集成电路、计算机、移动通信设备、互联网、机器人、核电站、航天飞机等产品相继问世,并由此形成了机械制造业中的高新技术产业。

3) 机械装备制造业是高就业、低能(资)源消耗、高附加值产业

机械装备制造业不仅可以直接吸纳大量劳动力,同时装备制造业前后关联度较高,对装备制造业投入也可带动其他产业的发展,增加相关产业的就业人数。装备制造业作为技术密集工业,万元产值消耗的能源和资源在重工业中也是最低的。装备制造业是技术密集产业,产品技术含量高,附加值高。随着装备制造业不断吸纳高新技术,以及信息技术、软件技术和先进制造技术在装备制造业中的普及应用,先进的装备制造业中将有更多的产业进入高技术产业范畴。

4) 机械装备制造业是国家安全的重要保障

现代战争已进入"高技术战争"的时代,武器装备的较量在很大意义上就是制造技术水平的较量。没有精良的装备,没有强大的装备制造业,一个国家不仅不会有军事和政治上的安全保障,而且经济和文化上的安全也会受到威胁。

总之,制造业是实现工业化的根本,是实现现代化的原动力,是国家实力的重要支柱。如果一个国家没有强大的制造能力,就永远成不了经济强国。装备制造业居工业的核心地位,担负着为国民经济发展和国防建设提供技术装备的重任,是工业化国家的主导产业。装备制造业承担着为国民经济各部门提供工作母机、带动相关产业发展的重任,可以说它是工业的心脏和国民经济的生命线,是支撑承综合国力的重要基石。一个国家的制造业水平完全取决于装备的水平。

0.2　机械装备制造业的发展历程

在古代,人们利用原始工具(如石刀、石斧、石锤等)进行有组织的石料开采和加工,形成了原始制造业。到了五千多年前青铜器及铁器时代,制造业以手工作坊的形式出现,主要是利用人力进行纺织、冶炼、铸造各种农耕器具等原始制造活动。

近代装备制造业始于18世纪中叶蒸汽机的问世。机械技术与蒸汽动力技术相结合,出现了火车、轮船和由动力驱动的纺织机械及金属切削机床等,如图0-1、图0-2所示。近代中国规模最大的制造企业是江南制造局(江南造船厂的前身)。但在19世纪末之前,制造业的总体水平仍然很低。到20世纪上半叶,制造业进入了以兵器工业和汽车制造工业为代表的大批量生产的时代,产品制造先是采用机群式生产线,进而采用刚性的流水线作业,生产效率高,但产品适应能力差。

1952年,世界上第一台数控机床的诞生(见图0-3),标志着数字化制造时代的到来。数控机床被公认为是解决单件小批量生产方式自动化的有效工具,因而发展速度很快,仅用二十多年的时间就使数控系统实现了从电子管、晶体管、小规模集成电路到大规模集成

图 0-1 珍妮纺纱机(1764 年)

图 0-2 1797 年莫兹利制造的第一台螺纹车床

电路的 4 次根本性变革。20 世纪 70 年代初期,出现了计算机数控(CNC),随之又出现了由一台中央计算机控制若干台 CNC 机床的计算机直接数控(DNC)。进入 20 世纪 80 年代,基于先进的计算机技术和自动化技术,发展了各种先进的单元制造技术,如柔性制造单元(FMC)、柔性制造系统(FMS)等,为制造业多品种、中小批量的生产方式提供了强有力的装备支持和技术保障。随着 20 世纪 90 年代信息技术尤其是网络技术的飞速发展及与制

图 0-3 1952 年美国制造的数控机床

造技术的融合,全球经济加快了一体化的进程,快速响应瞬息万变的市场需求成为装备制造业赢得市场竞争的焦点。围绕这一目标,相继出现了并行工程(CE)、精益生产(LP)、敏捷制造(AM)、虚拟企业(VC)等新的生产模式。这些都是面向 21 世纪的先进制造技术,展示出机械装备制造业光辉灿烂的未来。

0.3 我国机械装备制造业的成就和现状

1. 我国制造业的成就

1) 被誉为"世界工厂"

2009 年,我国进出口贸易总额达到 2.2 万亿美元,成为世界第一大货物出口国;国内生产总值达到 4.9 万亿美元,成为世界第二大经济体。2012 年,我国制造业增加值为 2.08 万亿美元,在占全球制造业增加值的约 20%,成为世界上名副其实的"制造大国"。2013 年,中国装备制造业产值规模突破 20 万亿元,占全球制造业总产值的三分之一以上,稳居世界首位。中国凭借巨大的制造业总量成为名副其实的"世界工厂"。

2) 具有比较完整的工业体系和提供重大成套装备的能力

我国重大成套装备如：用于年产 1～2 千万吨级不同开采工艺的露天矿采掘和年产 500 万吨级井下矿采掘成套设备；长江三峡水电站装机容量达 18200 MW，是 20 世纪世界最大的，其水电机组单机额定容量为 700 MW；300 MW 秦山核电站成套设备；500 kV 交流输变电成套设备；3.5 万吨级浅吃水和 1.2 万吨级超浅吃水运煤船；年产 50 万吨腈纶大型化工成套设备；6000 m 电驱动沙漠钻机；新舟 60 新一代支线客机；核动力潜艇、"两弹一星"等。经过我国几代人的前仆后继，数亿人的发奋努力，"敢上九天揽月，敢下五洋捉鳖"的豪言壮语如今已经变成现实。近年来，我国装备自主化迈上新台阶，载人航天与探月工程、"蛟龙"载人深潜器取得重大突破；大型运输机和大型客机已完成布局，研制工作取得重要进展。北斗卫星导航系统、"天河"等亿亿次级高性能计算机等一系列核心关键技术的掌握，大大提升了我国综合国力和国际地位。智能制造装备、海洋工程装备、先进轨道交通装备、新能源汽车等新兴产业发展取得明显成效。

3) 各具特色的装备制造业聚集地逐渐形成

目前，工业和信息化部已授牌 77 个装备制造领域国家级新型工业化产业示范基地，占我国示范基地总量的 29%。若干具有重要影响力的产业聚集区初步形成，高端装备形成以上海临港、沈阳铁西、辽宁大连湾、四川德阳等为代表的产业示范基地；船舶和海洋工程装备形成以环渤海地区、长三角地区和珠三角地区为中心的产业集聚区；工程机械主要品牌企业集中在徐州、长沙、柳州、临沂等地区；沈阳、芜湖、上海、哈尔滨、广州等地建立了工业机器人产业园。

4) 战略性新兴产业蓬勃发展

建立了具有自主知识产权的移动通信产业链条和庞大的通信网络。核电、太阳能发电、风力发电等新能源技术和装机容量走到世界前列。

2. 我国制造业的现状

我国虽已成为制造业大国，但还不是制造业强国，与先进国家相比还有较大差距。主要表现在以下几个方面。

1) 自主研发能力薄弱

我国制造业整体自主研发设计能力薄弱，几乎所有工业行业的关键核心技术都掌握在国外厂商手中，依赖于发达国家的跨国公司提供的关键技术，受制于人。例如 2010 年，我国汽车产销双双超过 1800 万辆，稳居全球产销第一，但仍需用高价从国外购买发动机等关键部件的核心技术和专利。我国现在已经是全球最大的空调生产国，但是压缩机和制冷剂等核心技术却掌握在国外发达国家手中；IT 产业的产量虽然处在全球前列，可是芯片技术、操作系统等也依赖于国外，如我国所需的芯片 80% 以上依赖进口，2013 年用外汇 2313 亿美元，超过了购买石油所用外汇。

2) 自主营销品牌缺乏

树立良好的企业形象、创立驰名的品牌商标和掌控战略性的营销网络,是提高企业利润的关键。我国制造业知名品牌企业的数量及影响力与发达国家相比,存在较大差距,市场营销和战略管理能力薄弱,缺乏全球营销经验,只会打"价格战",主要依靠国外分销商或合作伙伴的营销网络开拓国际市场。相当一部分中国企业只是国际知名品牌的加工厂,为外企做零配件加工和代工生产,没有自主品牌和供销网络。《世界机械500强》是目前世界上第一个对世界机械企业进行综合比较的榜单。据悉,2015年,中国大陆共有92家企业入选,其中上汽、一汽和东风汽车分别排在500强的第4位、21位和22位,大部分入选企业都排在200名以后。虽然我国已经进入全球三大制造强国阵容,但是与美国和日本相比,我国的知名品牌却屈指可数。

3) 产品质量问题突出

国家监督抽查产品质量不合格率高达10%,制造业每年因产品质量方面的损失就超过了2000亿元。

4) 高水平人力资本匮乏

进入21世纪以来,我国研发人员总量的年均增长率高于世界多数国家,显示了我国在科技人力投入方面具有长期增长潜力。但是与发达国家相比,科技人力投入强度不高。我国每万名劳动力中研发人员数量在有统计数据的37个国家中,只位列第35位。2008年,我国研发人员的人均研发经费只有3.4万美元,在前36个国家中位列倒数第4,日本、德国和澳大利亚等国的研发人员人均研发经费是我国的5倍以上。

应当看到,当前我国制造业主要集中在低附加值的非核心部件加工制造和劳动密集型装配环节,在全球制造产业链上处于中低端,制造业"大而不强"的问题十分突出。如何推进我国由"制造业大国"向"制造业强国转变",如何将"中国制造"变成"中国创造",利用互联网和新技术重振制造业,增强我国制造业的竞争力与稳定性,是摆在我们面前的重要课题。

3. 振兴我国装备制造业的途径

"工欲善其事,必先利其器。"当今世界工业强国无一不是装备制造业的强国。美、日、德等发达国家长期以来都毫无例外地把装备制造业作为其经济的主要支柱和强大国力的后盾。我国要实现崛起,当前任务就是要振兴和发展我们的装备制造业。

1) 大力提高装备制造业的自主创新能力

"科学技术是第一生产力。"发展高端装备制造业的关键是掌握核心技术,拥有自主知识产权技术和创新能力。继续抓紧抓好高档数控机床与基础制造装备、大型先进压水堆和高温气冷堆核电站、极大规模集成电路制造装备及成套工艺等科技重大专项的实施工作,加强与战略性新兴产业重大创新发展工程的衔接,突破和掌握关键核心共性技术,加大关键制造装备研发力度。鼓励境外企业和科研机构在我国设立研发机构,支持国外企业和国内企业开展高端装备联合研发和创新。支持国内企业"走出去",并购或参股国外高端装备制造企业和研发机构,支持国内企业培育国际化品牌,开展国际化经营,多层次参与国际合作。

2)加强人才队伍建设

加快实施《装备制造人才队伍建设中长期规划(2011—2020年)》,依托国家相关人才工程及计划,大力实施人才强业战略。以建设创新型科技人才、急需紧缺专业人才和高技能人才队伍为先导,统筹装备制造经济管理人才、专业技术人才、技能人才队伍建设。加大海外高层次人才和国外智力引进工作力度,加速装备制造业人才国际化进程。充分发挥企业、科研院所、高校、职业院校和其他培训机构的平台作用,创新人才培养模式,提高人才培养质量。完善人才评价体系,健全激励与分配机制,营造良好的人才发展环境。

3)对制造业的结构进行调整,继续推行股权分置改革,激发企业活力和竞争力

要振兴和发展我国制造业,必须推进制造业的改革,使企业实现多元化发展,这样才能激发企业的活力。当前要围绕我国装备制造业的优势和劣势等方面进行产业结构调整,加大企业间的重组与兼并力度,建立更大的装备制造业体系,压缩过剩的、落后的生产能力,加大严重亏损、没有发展前途企业的破产、退出力度。

4)加强政府的财、税支持力度

鼓励开展引进消化吸收再创新,对研制生产国家鼓励发展的高端重大技术装备,落实有关关键零部件、原材料进口税收优惠政策。积极研究完善针对高端装备制造业公共服务体系和重大创新工程的相关进口税收政策。建立支持高端装备制造业发展的多渠道、多元化的投资融资机制。鼓励金融机构创新金融产品品种,支持高端装备制造企业融资、规模化发展。发挥现有装备制造业基金的作用,支持装备制造企业转型升级,发展高端装备。鼓励支持符合条件的高端装备制造企业上市,引导创业投资和股权投资向高端装备制造领域倾斜。鼓励金融租赁公司开展高端装备的融资租赁业务。

0.4 课程的性质与研究内容

"机械制造装备设计"课程是"机械设计制造及其自动化"专业的一门专业必修课,担负着培养振兴我国机械制造装备业人才的重要使命。它以机械制造业常用的装备为研究对象,围绕制造装备的设计问题,阐述各种机械制造装备的设计原理和方法。本书涉及内容除绪论外共8章,分别为:机械制造装备的设计方法,金属切削机床设计,机床主要部件设计,机床数控化改造,组合机床设计,机床夹具设计,金属切削刀具设计,机械制造中的物料运储装置。本书以机床设计为主体,以机床夹具设计、金属切削刀具设计为两翼,并介绍了现代企业生产中常用的物料运储装置,从而建立了机械制造装备的整体架构。

0.5　课程的学习要求和学习方法

随着我国机械制造业着力发展精密、高效制造装备,改变大型、高精度数控机床和数控刀具大部分依赖进口的局面,增强自主创新能力,培养掌握机械制造装备的核心技术的专业人才是当前我国制造行业当务之急。机械设计制造及自动化专业的学生是未来振兴我国机械装备制造业的希望,使他们掌握机械制造装备设计方面的知识显得尤为重要。具体的学习要求如下。

(1) 深入学习和领会《中国制造2025》,明确我国机械制造装备业的发展方向和任务,明确学习"机械制造装备设计"课程的目的,认识到学好该课程的重要性。

(2) 了解常用机械制造装备的类型、作用以及结构特征,掌握机械制造装备设计的方法,并能把这些方法灵活运用于具体的装备设计中。

(3) 掌握金属切削机床的设计原理和方法,具有从事金属切削机床结构设计的能力。

(4) 了解普通机床与数控机床的结构区别,学习机床数控改造的原理与方法,具有机床数控化改造的初步能力。

(5) 了解组合机床的结构特点和组成,会选用组合机床的通用部件,具有组合机床总体设计和主轴箱设计的初步能力。

(6) 了解机床夹具的组成及功用,熟悉机床夹具的结构类型,掌握机床夹具的设计原理与方法,具有设计中等复杂程度机床夹具的能力。

(7) 了解刀具的几何参数,熟悉成形车刀、成形铣刀切削刃廓形的设计方法;了解圆孔拉刀和滚刀的结构特点,掌握各自的设计方法,具有设计复杂刀具的初步能力;了解数控刀具的安装与调试方法,熟悉数控刀具的工具系统。

(8) 了解机械制造中常用的物料运储装置,能根据具体生产情况合理选用。

"机械制造装备设计"课程内容繁多,知识面广,且与生产实际联系密切,是一门综合性、实践性很强的课程。在学习本课程时,要注意理论和实践相结合,在学习机械制造装备设计的基础理论、基本知识和基本方法的同时,结合生产实习、课程实验、大作业或课程设计等实践性教学环节,弄懂机械制造装备设计的基础理论,善于总结、分析和应用,培养从事机械制造装备设计工作的初步能力。

本章重点、难点和知识拓展

重点:机械制造装备在装备制造业中的地位和作用;"机械制造装备设计"课程的学习

要求。

难点：振兴我国装备制造业的途径。

知识拓展：学习装备制造业的发展史,深刻领会装备制造业在国民经济中的地位和作用。为加快装备制造业的振兴。2006年6月,国务院出台了《关于加快振兴装备制造业的若干意见》,其中指出了振兴我国装备制造业的16个关键领域。2015年5月,国务院颁发的《中国制造2025》,重点提及了大力推动十大重点领域突破发展,包括新一代信息技术产业、高档数控机床和机器人、航空航天装备、海洋工程装备及高技术船舶、先进轨道交通装备、节能与新能源汽车、电力装备、农机装备、新材料、生物医药及高性能医疗器械。了解这16个关键领域是什么,并深刻领会机床,尤其是数控机床在振兴装备制造业中的重要作用。

思考题与习题

0-1 什么是机械装备制造业？它包括了哪些行业？
0-2 如何理解机械装备制造业在国民经济中的地位？
0-3 与工业发达国家相比,我国装备制造业还存在哪些差距？
0-4 为什么说我国已成为"制造大国",但并非"制造强国"？
0-5 机械装备制造业主要包括哪些内容？
0-6 为什么要学习"机械制造装备设计"课程？应该怎么学习才能更好地掌握机械制造装备设计技术？

第1章 机械制造装备的设计方法

1.1 机械制造装备应具备的主要功能

(1) 一般功能。

一般功能包括:加工精度方面的要求;强度、刚度和抗振性方面的要求;加工稳定性方面的要求;耐用度方面的要求;技术经济方面的要求等。

(2) 柔性化。

① 产品结构柔性化　设计时用模块化设计和机电一体化技术,只在对结构做少量重组时修改或修改软件。

② 功能柔性化　机床可进行调整以满足不同工件的加工要求,如采用备用主轴、位置可调主轴、工夹量具成组化、工作程序软件化和部分动作数控化等。

(3) 精密化。

采用传统的措施,一味提高机械制造装备自身的精度已无法奏效,需采用误差补偿技术。误差补偿技术可以是机械式的,如为提高丝杠或分度蜗轮的精度采用的校正尺或校正凸轮等。

(4) 自动化。

实现自动化的方法从初级到高级依次为:凸轮控制,程序控制,数字控制,自适应控制等。

(5) 机电一体化。

机电一体化是指机械技术与微电子、传感检测、信息处理、自动控制和电力电子等技术,按系统工程和整体化优化法,有机地组成的最佳技术系统。采用机电一体化技术可以获得以下功能。

① 对机器或机组的运行参数进行巡检和控制。

② 对机组或机组工作程序进行控制,可完成复杂的控制任务,提高智能化和可靠性。

③ 用微电子技术代替传统产品中机械部件完成的功能,简化产品的机械结构,具有较高的可靠性,维修方便,性价比高。

(6) 轻量化。

(7) 产品设计符合要求。

在产品开发阶段,充分考虑结构的工艺性,提高标准化、通用化程度,以便采用最佳的工艺方案,选择合理的质量标准,减少操作过程中工人的体力消耗;对市场和消费者进行调研，保证产品合理的质量标准，减少因质量标准定得过高造成不必要的超额工作量。

（8）符合绿色工程要求。

1.2　机械制造装备的分类

机械制造业中所使用的装备种类很多，但总体上可分为四大类：加工装备、工艺装备、物料储运装备和辅助装备。

1.2.1　加工装备

加工装备主要指机床。机床也称工作母机，是制造机器的机器，包括金属切削机床、特种加工机床、锻压机床和木工机床四大类。

1. 金属切削机床

金属切削机床是机械制造业的基础装备，在机械加工过程中为刀具与工件提供实现工件表面成形所需的相对运动（表面成形运动和辅助运动），以及为加工过程提供动力。它利用切削刀具或磨具与工件的相对运动，从工件上切除多余或预留的金属层，以获得符合规定尺寸、形状、精度和表面粗糙度要求的零件。

由于金属切削机床的品种和规格繁多，为便于区别、使用和管理，可从不同的角度对机床进行分类。

（1）按加工方法和所用的刀具分类　根据我国制定的机床型号编制方法，目前将机床分为十一大类：车床（C）、钻床（Z）、镗床（T）、磨床（M）、铣床（X）、刨插床（B）、拉床（L）、齿轮加工机床（Y）、螺纹加工机床（S）、锯床（G）及其他机床（Q）。

（2）按应用范围分类　可把机床分为通用机床、专门化机床和专用机床。

① 通用机床　它可用于加工多种零件的不同工序，加工范围较广，通用性较强，但结构比较复杂。这种机床主要适用于单件小批生产，如卧式车床、万能升降台铣床等。

② 专门化机床　它的工艺范围较窄，专门用于加工某一类或几类零件的某一道（或几道）特定工序，如曲轴车床、凸轮轴车床等。

③ 专用机床　它的工艺范围最窄，只能用于加工某一种零件的某一道特定工序，适用于大批量生产。如加工机床主轴箱的专用镗床、车床导轨的专用磨床等。各种组合机床也属于专用机床。

此外，同类型机床按工作精度又可分为普通精度机床、精密机床和高精度机床。按重量与尺寸可分为仪表机床、中型机床、大型机床（质量大于 10 t）、重型机床（质量大于 30 t）和超重型机床（质量大于 100 t）。

2. 特种加工机床

特种加工方法是指应用物理的（如电、声、光、力、热、磁等）或化学的方法，对具有特殊要求(如高精度)或特殊加工对象(如难加工材料、形状复杂或尺寸微小的材料、刚度极低的材料等)进行加工的手段。特种加工与传统切削加工的显著不同是加工时主要不是依靠机械能来切除金属,而且工具材料的硬度可以低于被加工材料的硬度。特种加工机床近年来发展很快,按其加工原理可分为:电加工、超声波加工、激光加工、电子束加工、离子束加工、水射流加工、快速成形等机床。

(1) 电加工机床　直接利用电能对工件进行加工的机床统称为电加工机床。一般是指电火花加工机床、电火花线切割机床和电解加工机床。

电火花加工机床是利用工具电极和工件电极间瞬时火花放电所产生的高温熔蚀工件表面材料来实现加工的。主要用于加工硬的导电金属,如淬火钢、硬质合金等。

电解加工机床是利用金属在电解液中产生的电化学阳极溶解,将工件加工成形的。主要用于加工型孔、型腔、复杂型面、小直径深孔、膛线及去毛刺、刻印等。

(2) 超声波加工机床　超声波加工机床是利用超声频(16~25 kHz)振动的工具端面冲击工作液中的悬浮磨粒,由磨粒对工件表面撞击抛磨来实现工件加工的。超声波加工适用于特硬材料,如石英、陶瓷、水晶、玻璃等材料的孔加工、套料、切割、雕刻、研磨和超声电加工等复合加工。

(3) 高能束加工机床　这类机床包括激光加工机床、电子束加工机床和离子束加工机床等。

采用激光束能量对材料进行加工的设备统称为激光加工机床。它通常由激光器、电源、光学系统和机械系统等组成。利用激光的极高能量密度产生的上万摄氏度的高温聚焦在工件上,使工件被照射的局部在瞬间急剧熔化和蒸发,并产生强烈的冲击波,使熔化的物质爆炸式地喷射出来以改变工件的形状。激光加工已广泛用于金刚石拉丝模、钟表宝石轴承、发动机喷油嘴、航空发动机叶片等的小孔加工(小孔直径可在 0.01 mm 以下,深径比可达 50∶1),以及多种金属材料和非金属材料的切割加工。

利用电子束特性进行加工的设备称为电子束加工机床。电子束加工是在真空条件下,由阴极发射出的电子流被带高电位的阳极吸引,在飞向阳极的过程中,经过聚焦、偏转和加速,最后以高速和细束状轰击被加工工件的一定部位,在几分之一秒内,将其99%以上的能量转化成热能,使工件上被轰击的局部材料在瞬间熔化、气化和蒸发,以完成工件的加工。常用于穿孔、切割、蚀刻、焊接、蒸镀、注入和熔炼工序等。

利用离子束特性进行加工的设备称为离子束加工机床。离子束加工是在真空条件下,将离子源产生的离子束经过聚焦、偏转和加速,并以大能量细束状轰击被加工部位,由微观的机械撞击能量实现加工。常用于穿孔、切割、铣削、成像、抛光、蚀刻、清洗、溅射、注入和蒸镀等工序。

(4) 水射流加工机床　水射流加工机床是利用高速的细水柱或掺有磨料的细水柱冲击工件的被加工部位实现加工的,常用于切割某些难加工材料,如陶瓷、硬质合金、高速钢、模具钢、淬火钢、白口铸铁、耐热合金及复合材料等。

3. 锻压机床

锻压属于金属压力加工的范畴,一般是指锻造和冲压。锻压机床是利用金属的塑性变形特点进行成形加工的,属于无屑加工设备。从狭义上讲,锻压机床主要包括锻造和冲压设备,从广义上讲,还可涵盖挤压机和轧制机等。

锻造设备利用金属的塑性变形,可使坯料在工具的冲击力或静压力作用下成形为具有一定形状和尺寸的工件,同时其性能和金相组织符合一定的技术要求。常用的锻造设备有空气锤、液压机、蒸汽-空气锤、摩擦压力机、曲柄压力机、平锻机等。

冲压机是借助模具对板料施加外力,迫使材料按模具形状、尺寸进行剪裁或塑性变形,得到要求的金属板制件。常用的设备是剪床和冲床。冲压生产的基本工序有分离工序和变形工序两大类。

1.2.2 工艺装备

工艺装备是生产过程中所用的各种刀具、夹具、模具、测量器具和辅具等工具的总称。

(1) 刀具　切削加工时,从工件上切除多余材料或切断材料所用的工具统称为刀具。生产中所用的刀具种类很多,如车刀、铣刀、刨刀、镗刀、钻头、扩孔钻、铰刀、拉刀、螺纹加工刀具、齿轮加工刀具、砂轮等。刀具可分为标准刀具和非标准刀具两大类。标准刀具是按国家或部门制定的有关标准制造的刀具,由专业化的工具制造厂大批量生产,占所用刀具的绝大部分。非标准刀具是根据工件与具体的加工特殊要求专门设计制造的。

(2) 夹具　在生产中,凡是用来对工件进行定位和夹紧的工艺装备统称为夹具。机械加工中,在机床上用以确定工件位置并将其夹紧的工艺装备称为机床夹具。按所适用的机床不同可分为车床夹具、铣床夹具、刨床夹具、钻床夹具、镗床夹具、磨床夹具等。按夹具的使用范围和使用特点可分为通用夹具、专用夹具、成组夹具和组合夹具、随行夹具等。

(3) 模具　模具是用来将材料填充在其型腔中,以获得所需形状和尺寸制件的工具。模具是工业生产中的基础工艺装备,其种类很多,按填充方法和填充材料的不同,模具可分为粉末冶金模具、塑料模具、压铸模具、冷冲模具、锻压模具等。

(4) 测量器具　测量器具是以直接或间接方法测出被测对象量值的工具、仪器及仪表等,简称量具和量仪。它可分为通用量具、专用量具和组合测量仪等。通用量具是标准化、系列化和商品化的量具,如游标卡尺、千分尺、千分表、量块,以及光学、气动和电动量仪等。专用量具是为专门用于特定零件的特定尺寸而设计的,如极限量规、样板等。组合测量仪可同时对多个尺寸进行测量,有时还能进行计算、比较和显示,一般属于专用量具。

1.2.3 物料储运装备

物料储运装备主要包括物料输送装置、机床上下料装置、各级仓储装置与立体仓库等。机器人既可作为加工装备,如焊接机器人和喷漆机器人等,也可属于仓储输送装备,用于物料输送和机床上下料。

1. 物料输送装置

物料输送在这里主要是指坯料、半成品或成品在车间或工作中心之间的传输。采用的输送方式有各种输送装置和自动运输小车。

输送装置主要用于流水生产线、自动线和柔性制造系统,其主要类型有靠人工或工件自重实现输送的装置,如步进式输送装置、强制式输送装置等。用于自动线中的输送装置要求工作可靠,输送速度快,输送定位精度高,与自动线的工作节拍协调等。

与上述输送装置相比,自动运输小车具有较大的柔性,可通过计算机控制,方便地改变物料输送的路线,主要用于柔性制造系统。自动运输小车分为有轨和无轨两大类。

2. 仓储装置与立体仓库

仓储是指用来存储原材料、外购器材、半成品、成品、工具、胎夹模具等过程,分别归厂或各车间管理。现代化的仓储系统应有较高的机械化程度、采用计算机进行库存管理,以减少劳动强度、提高工作效率,配合生产管理信息系统,控制合理的库存量。

自动化立体仓库是一种现代化的仓储设备,具有布置灵活,占地面积小,便于实现机械化和自动化,方便计算机控制与管理等优点,具有良好的发展前景。

1.2.4 辅助装备

辅助装备包括清洗机、排屑装置和测量、包装等装备。

清洗机是用来清洗工件表面尘屑油污的机械设备。所有零件在装配前均需经过清洗,以保证装配质量和使用寿命。在自动装配过程中,采用分槽多步式清洗生产线,完成工件的自动清洗。

排屑装置用于自动机床或自动线,从加工区域将切屑清除,输送到机外或线外的集屑器内。清除切屑的装置常用离心力、压缩空气、电磁或真空清除及用冷却液冲刷等方法;输屑装置则有平带式、螺旋式和刮板式多种。

1.3 机械制造装备设计的类型

机械制造装备设计是设计人员根据市场需求所进行的构思、计算、试验、选择方案、确定尺寸、绘制图样及编制设计文件等一系列创造性活动的总称。机械制造装备设计可分为新产品开发设计、变型产品设计和模块化设计等三大类型。

1. 新产品开发设计

新产品开发设计是依据对市场需要发展的预测,从产品功能出发,用新的技术手段和技术原理,改造传统产品,开发新一代的、具有高技术附加值和自主知识产权的新产品。通常应从市场调研和预测开始,明确产品设计任务,并经过产品规划、方案设计、技术设计和施工设计、试制和定型投产等阶段。因此,新产品开发设计一般需要较长的开发设计周期,具有较大的研制工作量。

2. 变型产品设计

为了快速满足市场的需求,企业常常在"基型产品"的基础上,通过改变或更换部分部件或结构,或改变部分尺寸与性能参数,形成变型产品,这种设计方法称为变型设计。这里的"基型产品"应是工作可靠、技术成熟和性能先进的产品。为了避免变型产品因品种繁多带来的生产混乱和成本增高,变型设计应在原有产品的基础上,按照一定的规律演变出各种不同的规格参数、布局和附件的产品,扩大原有产品的性能和功能,形成一个产品系列。

由于变型产品的基本工作原理和主要功能结构与原有产品相同,且在设计和制造工艺方面也已经过了关,因此,变型产品的开发设计周期较短,工作量和难度较小,设计效率和质量均较高。

3. 模块化设计

模块化设计(modular design,MD)是通过对一定范围内不同功能或功能相同而不同性能和规格的产品进行功能分析,从而划分并设计出一系列功能模块,通过模块的选择和组合构成不同的产品,以满足市场的不同需求的设计方法。

模块化设计可以缩短产品开发周期,快速响应市场需求的变化,有利于提高设计标准化程度,有利于实现优化设计,有利于产品维修、升级和再利用,便于工厂和产品的重组,相对延长产品的生命周期。采用模块化设计可以以大批量生产的成本实现多品种、小批量个性化生产。对机械产品而言,模块化设计是实现大规模定制生产的前提。

1.4 机械制造装备设计的方法

设计技术是指在设计过程中解决具体设计问题的各种方法和手段。随着社会的进步,人类的设计活动经历了直觉设计阶段→经验设计阶段→半理论半经验设计(传统设计)阶段。自 20 世纪中期以来,随着科学技术的发展和各种新材料、新工艺、新技术的出现,机械制造装备产品的功能与结构日趋复杂,市场竞争日益激烈,传统的机械制造装备设计方法和手段已难以满足市场需求和产品设计的要求。随着计算机科学及应用技术的发展,一系列先进的设计技术在机械制造装备设计中得到了广泛应用。

1.4.1 创新设计

创新设计是指设计者通过采用创造性思维及创新设计理论、方法和手段设计出结构新颖、性能优良和安全高效的新产品。创新设计可能是一种全新的设计,也可能是对原有设计的改进。

机械制造装备创新设计的步骤一般可划分为产品规划、概念设计、详细设计、设计实施和试生产等阶段。

1. 产品规划阶段

产品规划要求对产品进行需求分析、调研、需求预测、可行性分析,确定设计参数及制约条件,最后给出详细的设计任务书,作为设计、评价和决策的依据。在产品规划阶段,综合运用技术预测、市场学、信息学等理论和方法来解决设计中出现的问题。

(1) 需求分析 产品设计是为了满足市场的需求,而市场的需求往往是不具体的,有时是模糊的、潜在的,甚至是不可能实现的。需求分析的任务是将这些需求具体化,明确设计任务的要求,而且应自始至终指导设计工作的进行。

在产品设计过程中,市场需求分析就是通过市场调查,对当前的市场需求、用户状态、竞争对手及环境进行分析研究,为设计目标决策提供依据。市场需求分析过程如图 1-1 所示。

(2) 调研 调研包括市场调研、技术调研和社会环境调研三部分。

① 市场调研一般从以下几方面进行:用户对产品功能、性能、质量、使用、维修保养、外观、需求量和价格等方面的要求;产品的生命周期及新老产品交替的动向分析;同行产品经营销售情况和发展趋势;本企业产品的市场占有率与差距;主要竞争对手在技术、经济方面的优势和劣势及发展趋向;主要原材料、配件、半成品等的质量、品种、价格、供应等方面的情况及变化趋势等。

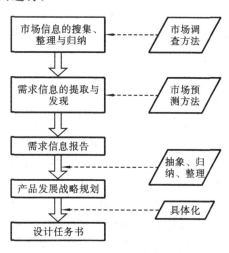

图 1-1 市场需求分析过程

② 技术调研一般包括:产品技术的现状及发展趋势;行业技术和专业技术的发展趋势;新型元器件、新材料、新工艺的应用和发展动态;竞争产品的技术特点分析;竞争企业的新产品开发动向;环境对研制的产品提出的要求,以及为保证产品的正常运转,研制的产品对环境提出的要求等。

③ 社会调研一般包括:企业目标市场所处的社会环境和有关的经济技术政策,如产业发展政策、投资动向、环境保护及安全等方面的法律、规定和标准;社会的风俗习惯;社

会人员的构成状况、消费水平、消费心理和购买能力；本企业的实际情况、发展动向、优势和不足、发展潜力等。

对调研所获得的资料要进行整理和分析。在整理之前，要对每一份资料进行逻辑分析，剔除其中的虚假因素，然后汇总列表，写出调查报告。写好调查报告后，还要追踪调查报告的结论和建议是否被采纳，采纳程度和收效如何。

（3）需求预测 市场需求预测实际上就是对社会购买力及其投向的预测。其影响因素主要有环境因素（如经济状况、家庭收入、政府法令、竞争情况、技术进步、消费者爱好等）和企业营销因素。需求预测方法分为定性预测和定量预测两大类。定性预测主要根据以往的经验和现有的资料对现象作出主观的判断和估计，主要有专家意见调查法、焦点讨论法（集合意见法）、前景分析法、历史对比法和形态分析法等。定量预测是对影响预测结果的各种因素进行相关分析，根据主要影响因素和预测对象的数量关系建立数学模型，对市场发展情况作出定量预测，采用的方法有时间序列回归法、因果关系回归法、产品寿命周期法等。

（4）可行性分析 可行性分析目前已发展为一整套系统的科学方法，是进行新产品立项必不可少的一项依据。可行性分析一般包括技术分析、经济分析和社会分析三个方面。技术分析是对开发产品可能遇到的主要关键技术问题作全面的分析，提出解决这些关键技术问题的措施；通过经济分析，应力求新产品投产后能以最少的人力、物力和财力消耗得到令人满意的功能，取得较好的经济效果；社会分析是分析开发的产品对社会和环境的影响。

经过技术、经济、社会等方面的分析和对开发可能性的研究，应写出产品开发的可行性报告。可行性报告一般包括如下内容：

① 产品开发的必要性，市场调查及预测情况，包括用户对产品功能、用途、质量、使用维护、外观、价格等方面的要求；

② 同类产品国内外技术水平，发展趋势；

③ 从技术上预期产品开发能达到的技术水平；

④ 从设计、工艺和质量等方面需要解决的关键技术问题；

⑤ 投资费用及开发时间进度，经济效益和社会效益估计；

⑥ 在现有条件下开发的可能性及准备采取的措施。

（5）编制设计任务书 经过可行性分析后，应确定待设计产品的设计要求和设计参数，结合本单位的技术、经济和装备实际情况，编制产品的设计任务书。产品设计任务书是指导产品设计的基础性文件，其主要任务是对产品进行选型，确定最佳设计方案。

在设计任务书中，应说明设计该产品的必要性和现实意义，产品的用途描述、设计所需要的全部重要数据、总体布局和结构特征、应满足的要求、条件和限制等。这些要求、条件和限制来源于市场、系统属性、环境、法律法规与有关标准及制造厂家自身的实际情况，是产品设计、评价和决策的依据。

2. **概念设计阶段**

概念设计的结果是形成概念产品方案。但是,概念设计并不局限于方案设计,它应包括设计人员对设计任务的理解,对设计灵感的表达,对设计理念的发挥。因此,概念设计的前期工作应充分发挥设计人员的形象思维,而后期工作将注意力集中在构思功能结构和确定原理方案等方面。可见,概念设计包含了方案设计的内容,但比方案设计更加广泛和深入。概念设计的步骤如图 1-2 所示。

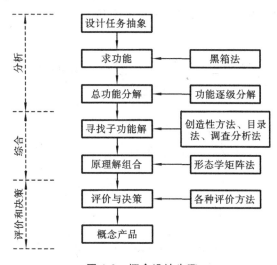

图 1-2 概念设计步骤

产品的概念设计是一个复杂的、不确定的、创造的过程。在概念设计阶段,设计者应尽量开阔思路,创新构思,引入新原理和新技术,综合运用系统工程学、图论、形态学、创造学、思维心理学、决策论等理论和方法,将产品总功能分解为功能元。通过各种方法,探索多种方案,求得各功能元的多个解,组合功能元的解或直接求得多个系统原理解,并在此基础上通过评价和优化筛选,求得最佳原理解。

概念设计阶段大致包括对设计任务的抽象、建立功能结构、产品原理设计、形成初步设计方案和对初步设计方案的评价与筛选等步骤。

(1) 设计任务抽象化——确定总功能。一项设计任务往往需要满足许多要求,其中有些要求是主要的,而更多的是次要的。设计任务抽象化的目的是使设计人员暂时抛弃那些偶然情况和枝节问题,突出基本的、必要的要求,这样就便于抓住问题的核心,同时避免构思方案前的种种束缚,拓宽视野,把思维注意力集中到关键问题上来,实现突破和创新。通过抽象化,设计人员就能从众多要求中,通过对功能关系和与任务相关的主要约束条件的分析,找出具有本质性的主要要求,即本质功能,以便找到能实现这些本质功能的解,并进一步找出其最优解。

(2) 总功能的分解。总功能是指输入量转变成输出量的能力,它表明系统的效能及可能实现的能量、物质、信息的传递和转换。这里所谓的输入/输出量指的是物料、能量和信息。对所设计的产品来说,产品的整体功能是由不同组成部分相互协调共同完成的,因此,产品的总功能可以分解为分功能和多级子功能,它们按确定的关系结合形成功能结构,如图1-3所示。图中的方框是一个"黑箱",它代表一个系统,只知道其输入和输出特性,其内部结构在这阶段暂不细究。通过对"黑箱"及其与周围环境的联系,了解其功能、特性,进一步寻求其内部的机理和结构。值得注意的是,上层输入/输出功能的内容必须与下层统一。

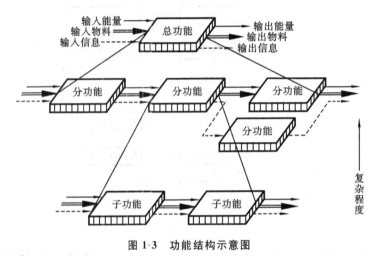

图1-3 功能结构示意图

总功能可逐级往下分解。如果有些子功能还太复杂,则可进一步细分,一直分解到最后的基本功能元,称其为功能元。功能元是功能的基本单位,其功能要求比较明确,便于求解。

建立功能结构的另一个目的是便于了解产品中哪些子功能是已有的,可直接采用已有的零部件来实现;哪些子功能是以前没有的,需要开发新的零部件来实现。在对功能结构的分析中,也可以找出在多种产品中重复出现的功能,为制订通用零部件规范提供依据。

(3) 确定功能结构 在功能分解中要求同级子功能相互协调,组合起来应能满足上一级分功能的要求,最后组合起来应能满足总功能的要求,这种功能的分解与组合关系称为功能结构。功能间的联系存在三种基本结构形式:串联(顺序)结构、并联(平行)结构和环形(反馈)结构,如图1-4所示。串联结构如图1-4(a)所示,表示分功能间存在的因果关系或时间、空间顺序关系。并联结构如图1-4(b)所示,表示同时完成多个功能后再执行下一个分功能。环形结构如图 1-4(c)所示,是以输出反馈为输入的循环结构。图 1-4(d)所示则是有选择地完成某些分功能后再执行下一个分功能。图 1-4(e)所示为有选择性地进行反馈的循环结构。

在实际设计时,从系统功能分解出发,首先从上层分功能的结构开始考虑,建立该层功能结构的雏形,再逐层细化,最终得到完善的功能结构图。

(4) 产品的原理设计　产品的原理设计就是子功能求解,寻找子功能的基本原理。在弄清楚产品的总功能、分功能、子功能之间的关系后,尚需进一步解决如何实现这些功能的问题,即子功能的求解问题。

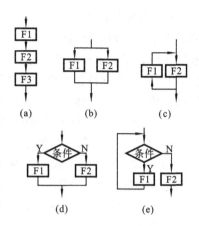

图 1-4　基本功能结构形式

为了寻求作为产品设计依据的科学原理,设计人员应综合运用机、电、液、光等多学科的知识,运用发散性思维方式寻求先进实用的科学原理。从技术上和结构上实现工作原理的功能载体是以它具有的某种属性来完成某一功能的。这些属性包括物理化学属性、运动特性、几何特性和机械特性等。例如,两同心轴之间需要接合和断开的功能,可采用离合器。离合器这个功能载体如利用其齿啮合属性、摩擦属性、液力属性或电磁属性,则分别有牙嵌离合器、摩擦离合器、液力耦合器或电磁转差离合器等。

通常能实现某一种功能的原理解不止一个,而不同原理解的技术经济效果是不一样的,而且往往在原理解阶段尚难以分清优劣。因此,选择和确定原理解要经过反复论证,有时可能经多次反复,才能取得较合理的原理解。

(5) 初步设计方案的形成、评价与筛选　将所有子功能的原理解结合起来,才能形成和实现总功能。原理解的结合是设计过程中很重要的一环。原理解的结合可以得到多个初步设计方案,欲找到较优的方案,应对这些方案进行评价与筛选,其过程如下。

先用观察淘汰法淘汰那些明显不能很好满足主要要求的方案;然后绘出方案原理图、整机总体布局草图、主要零部件草图,为在空间占用、质量、所用材料、制造工艺、成本和运行费用等方面进行比较提供数据;进行运动学、动力学和强度方面的粗略计算,以便定量地反映初步设计方案的工作特性;进行必要的原理试验,分析确定主要设计参数,验证设计原理的可行性;对于大型、复杂的设备,可制作模型,以获得比较全面的技术数据。最后对初步设计方案进行技术经济评价。

3. 详细设计阶段

详细设计也称技术设计,它的作用是将概念设计阶段拟定的设计方案具体化,包括设计和计算机械装备及其组成部分的结构、主要技术参数,绘制机械装备的总装图和部件的装配图。必要时还要通过样机试验和检验来改善设计。

(1) 确定结构原理方案 在充分理解原理的基础上，确定结构原理方案。确定结构原理方案的主要依据，如功率、流量和联系尺寸等是决定尺寸的依据，物流方向、运动方向和操作位置是决定布局的依据，等等。在主要依据的约束下，先对主要功能结构进行构思，初步确定其材料和形状，进行粗略的结构设计，然后对确定的结构原理方案进行技术经济评价，为进一步修改提供依据。

(2) 总体设计 总体设计的内容大致如下。

① 主要结构参数 如尺寸参数、运动参数、动力参数等。

② 总体布局 包括部件组成，各部件的空间位置和相对运动、配合关系，操作位置等。总体布局的基本原则是：功能合理，结构紧凑，层次分明，比例协调。

③ 系统原理图 包括产品总体布局图、机械传动系统图、液压系统图、电力驱动和控制系统图等。

④ 经济核算 包括产品成本和运行费用的估算，成本回收期、资源的再利用等。

⑤ 其他 如材料选用、配件和外协件的供应、生产工艺、运输、开发周期等方面的考虑。

(3) 结构设计 结构设计的主要任务是在总体设计的基础上，对结构原理方案进行结构化设计，绘制产品总装图、部件装配图；提出初步的零件表，加工和装配说明书；对结构设计进行技术经济评价。

进行结构设计时必须遵守有关国家、部门和企业颁布的标准规范，充分考虑诸如人机工程、外观造型、结构可靠和耐用性、加工和装配工艺性、资源回用、环保，以及材料、配件和外协件的供应，企业设备、资金和技术资源的利用，产品系列化、零部件通用化和标准化，结构相似性和继承性等方面的要求。通常要经过设计、审核、修改、再审核、再修改多次反复，才可批准投产。

在结构设计阶段经常采用诸如有限元分析、优化设计、可靠性设计、计算机辅助设计等现代设计方法来解决设计中出现的问题。

4. 设计实施阶段

设计实施阶段主要进行零件工作图设计，完善部件装配图和总装配图，编制各类技术文件等。在该阶段，将广泛运用工程图学、机械制造工艺学等理论和方法来解决设计中出现的问题。

(1) 零件图设计 零件图应无遗漏地给出制造零件所需的全部信息，包括几何形状、全部尺寸、加工面的尺寸公差、几何公差和表面粗糙度要求、材料和热处理要求及其他特殊技术要求等。除标准件和外购件外，其他零件无论是自制或外协，均需绘制零件图。零件图的图号应与装配图中的零件号相同。

(2) 完善装配图 在绘制零件图时，不可避免地会对详细设计阶段提供的装配图进行修改。所以零件图绘制好后，应按实际零件的结构和尺寸完善装配图。装配图中的每一个零件应按企业规定的格式标注编号。零件号是零件唯一的标识符,不可乱编,以免造成生产秩序混乱。零件号中通常包含产品型号和部件号信息,有的还包含材料、毛坯类型等其他信息,以便备料和毛坯的生产与管理。

(3) 编制技术文件　编制产品技术文件的目的是为产品制造、安装调试提供所需要的信息,为产品的质量检验、安装运输、使用等作出相应的规定。产品技术文件主要包括技术任务书、产品设计计算书、试验研究大纲及试验研究报告、产品使用说明书、产品质量检查标准、产品明细表、产品设计审查报告、标准化审查报告等。

5. 试生产阶段

试生产阶段首先应根据施工设计和各种技术文件试制样机,经功能试验,验证产品图样和设计文件的正确性,并考核产品的结构和性能。经试验和鉴定,对产品图样及设计文件进行修改并最终定型。然后对样机进行审批,进行小批量试生产,经试销后的信息反馈,进一步完善产品并定型。最后配置必要的设备与工艺装备等,将产品正式投产。

1.4.2 系列化设计

1. 系列化设计的基本理念

产品系列化是指同一品种或同一形式设备的规格按最佳数列科学排列,以最少的品种满足最广泛的需要。系列化设计方法是在设计的某一类产品中,选择功能、结构和尺寸等方面较典型的产品为基型,以它为基础,运用结构典型化和零部件通用化、标准化的原则,设计出其他各种尺寸参数的产品,构成产品的基型系列。在产品基型系列的基础上,同样运用结构典型化、零部件通用化、标准化的原则,增加、减去、更换或修改少数零部件,派生出不同用途的变型产品,构成产品派生系列。编制反映基型系列和派生系列关系的产品系列型谱。在系列型谱中,各规格产品应有相同的功能结构,相似的结构形式;同一类型的零部件在规格不同的产品中具有完全相同的功能结构;不同规格的产品,同一种参数按一定规律(通常按等比级数)变化。

系列化设计应遵循"三化"原则,即"零件标准化、零部件通用化、产品系列化"。三化之间有着密切的关系,零部件通用化依赖于产品系列化,而零部件通用化和零件标准化又推动产品系列化。只有产品系列化才能使零部件通用化和零件标准化具有可靠的基础。

2. 系列化设计的步骤

(1) 主参数的确定　对于一个产品,主参数往往只有一个,有时根据需要也可以采用两个。主参数应最大限度地反映产品的工作性能和设计要求。例如,普通车床的主参数是在床身上的最大回转直径,第二主参数是在两顶尖之间夹持工件的最大长度;升降台铣床的主参数是工作台工作面的宽度,第二主参数是工作台工作面的长度。上述参数决定了相应机床的主要几何尺寸、功率和转速范围,因而决定了该机床的设计要求。

(2) 制定参数标准　经过技术和经济分析,将产品的参数按一定规律进行分级,制定参数标准。产品的主参数应尽可能采用优先数系。优先数系的公比为 $\sqrt[N]{10}$，其中 $N=5$、10、20 或 40 的等比数列。例如：普通车床的主参数系列公比为 1.25，其系列为 250、320、400、500、630、800、1 000；摇臂钻床的主参数系列公比为 1.58，其系列为 25、40、60、100、160。

（3）制定系列型谱　系列型谱通常是二维甚至多维的，其中一维是主参数，其他维是主要性能指标。通过制定系列型谱，可确定产品的品种、基型和变型、布局、各产品品种的技术性能和技术参数等。在系列型谱中，结构最典型、应用最广泛的是所谓的"基型产品"，产品的系列设计通常从基型产品开始。

1.4.3 模块化设计

1. 模块化设计的概念

模块化设计是指通过对一定范围内功能不同或者功能相同而性能和规格不同的产品进行功能分析，从而划分并设计出一系列功能模块，通过模块的选择和组合构成不同的产品，以满足市场的不同需求的设计方法。模块是具有一定功能的零件、组件或部件，模块的结构与外形设计要考虑不同模块组合时的协调性，模块上具有特定的连接表面和连接方法，以保证相互组合的互换性和精确度。

2. 模块化设计过程

机械产品模块化设计过程如图 1-5 所示。

（1）用户需求分析　这是模块化设计成功的前提。必须准确把握同类产品的市场需求，以及同类产品中基型和各种变型需求的比例，同时进行可行性分析。对于那些需求量较小，而研制费用较高的产品不宜采用模块化设计。

（2）确定产品系列型谱　合理确定产品的主参数范围和产品系列型谱（即产品种类和规格）是模块化设计的关键一步。产品的种类和规格过多，虽对市场应变能力强，有利于占领市场，但设计难度大，工作量大；反之，则产品对市场应变能力差，但设计容易，易于提高产品性能和针对性。

（3）确定参数范围及主参数　产品的参数（如尺寸参数、运动参数和动力参数等）须合理确定，过高过宽会造成浪费，过低过窄则不能满足要求。另

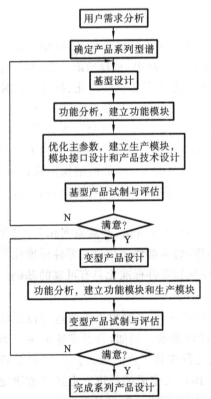

图 1-5　机械产品模块化设计流程图

外,参数数值大小和数值在参数范围内的分布也很重要,最大、最小值应依使用要求而定。主参数是表示产品主要性能和规格的参数,一般按等比数列或等差数列排列。

(4) 模块划分与设计　模块划分的合理性直接影响模块化产品的性能、外观、模块的通用程度和产品成本。在设计模块时,应尽量采用标准化结构,保证模块便于制造、组装、维修和更换,还需考虑各主要模块寿命相当。对设计好的模块应按其功能、类型、规格、层次等进行编码,并以适当的方式存入模块库内,以备调用。

在功能模块的基础上,根据具体生产条件确定生产模块。生产模块是指实际使用时拼装组合的模块,它可以是部件、组件或零件。一个功能模块可能分解为几个生产模块。以部件作为生产模块应用较普遍,组件模块可以使部件有不同的功能和性能,有时比更换部件更灵活,零件模块的灵活性则更大。大的铸件或焊接件从便于加工的角度考虑还可进一步模块化,划分为若干个结构要素。用这些结构要素可组合成不同规格的铸件或焊接件,以减少木模或胎具的数量。

1.4.4　可靠性设计

产品可靠性是指产品在规定的条件和规定的时间内,完成规定功能的能力。所谓"规定的条件"包括环境条件、储存条件及受力条件等;"规定的时间"是指在一定的时间范围内;"规定的功能"是指产品若干功能的全部,而不是指其中一部分。

1. 可靠性设计的主要内容

可靠性设计的基本思想是:与产品设计有关的荷载、强度、尺寸、寿命等都是随机变量,应根据大量实践与测试,揭示出它们的统计规律,并用于设计,以保证所设计的产品符合给定可靠度指标的要求。可靠性设计的任务就是确定产品质量指标的变化规律,并在此基础上确定如何以最少的费用保证产品应有的工作寿命和可靠度,建立最优的设计方案,实现所要求产品的可靠性水平。可靠性设计的主要内容如下。

(1) 故障机理和故障模型研究　产品在使用过程中会受到各种随机因素(如荷载、速度、温度、振动等)的影响,致使材料逐渐丧失原有的性能,从而发生故障或失效。因此,需要研究产品在使用过程中元件材料的老化失效机理,掌握材料老化规律,揭示影响老化的根本因素,找出引起故障的根本原因,并用统计分析方法建立故障或失效的机理模型,进而较确切地计算分析产品在使用条件下的状态和寿命,这是解决可靠性问题的基础。

(2) 可靠性试验技术研究　可靠性试验是取得可靠性数据的主要来源之一,通过可靠性试验可以发现产品设计和研制阶段的问题,明确是否需要修改设计。可靠性试验是既费时又费钱的试验,因此,采用正确而又恰当的试验方法不仅有利于保证和提高产品的可靠性,而且能够大大节省人力和费用。

(3) 可靠性水平的确定　根据国际标准和规范,制定相关产品的可靠性水平等级,对于提高企业的管理水平和市场竞争能力,具有十分重要的意义。此外,统一的可靠性指标可以为产品的可靠性设计提供依据,有利于产品的标准化和系列化。

2. 可靠性设计的常用指标

可靠性设计就是要将可靠性及相关指标量化,以指导产品开发过程。可靠性设计的常用指标如下。

(1) 产品的工作能力　在保证功能参数达到技术要求的同时,产品完成规定功能所处的状态称为产品的工作能力。由于影响产品工作能力的随机因素很多,产品工作能力的耗损过程属于随机过程。

(2) 可靠度　可靠度是指产品在规定的运行条件下,在规定的工作时间内,能正常工作的概率。概率就是可能性,它表现为[0,1]区间的数值。根据互补定理,产品从开始使用至时刻 t 时不出现失效的概率即可靠度为

$$R(t) = 1 - F(t)$$

式中:$R(t)$——正常使用的概率(可靠度);

$F(t)$——出现失效的概率。

(3) 失效率　失效率又称故障率,它表示产品工作到某一时刻时,在单位时间内发生故障的概率,用 $\lambda(t)$ 表示。失效率越低,产品越可靠,其数学表达式为

$$\lambda(t) = \lim_{\Delta t \to 0} \frac{n(t+\Delta t) - n(t)}{[N - n(t)]\Delta t} = \frac{\mathrm{d}n(t)}{[N - n(t)]\Delta t}$$

式中:N——产品总数;

$n(t)$——N 个产品工作到 t 时刻的失效数;

$n(t+\Delta t)$——N 个产品工作到 $t+\Delta t$ 时刻的失效数。

(4) 平均寿命　对于不可修复产品,平均寿命是指产品从开始工作到发生失效前的平均工作时间,称为失效前平均工作时间(mean time to failure,MTTF)。对于可修复产品,平均寿命是指两次故障之间的平均工作时间,称为平均无故障工作时间(mean time between failure,MTBF)。

3. 机械零件可靠性设计

机械零件可靠性设计的内容较多,这里仅讨论机械零件应力和强度可靠性设计问题。从广义上分析,可以将作用于零件上的应力、温度、湿度、冲击力等物理量统称为零件所受的应力,用 Y 表示,而将零件能够承受这类应力的程度统称为零件的强度,用 X 表示。如果零件强度 X 小于应力 Y,则零件将不能完成规定的功能,这种状况称为零件失效。因而,若要使零件在规定的时间内可靠地工作,必须满足

$$Z = X - Y \geqslant 0$$

在机械零件中,可以认为强度 X 和应力 Y 是相互独立的随机变量,并且两者都是一些变量的函数,即

$$X = f_x(X_1, X_2, \cdots, X_n)$$

$$Y = g_y(Y_1, Y_2, \cdots, Y_m)$$

其中:影响强度的随机变量包括材料性能、结构尺寸、表面质量等;影响应力的随机变量有荷载分布、应力集中、润滑状态、环境温度等。两者具有相同的量纲,其概率密度曲线可以在同一坐标系中表示,如图1-6所示。

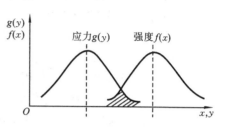

图1-6 应力-强度概率密度分布

由图1-6可见,应力曲线与强度有相互重叠的区域(阴影部分),这就是零件可能出现失效的区域,称之为干涉区。干涉区的面积越小,零件的可靠性就越高;反之,则可靠性越低。然而,应力-强度概率密度分布曲线的重叠区只是表示有干涉存在,并不反映干涉程度。

传统设计方法是根据给定安全系数进行设计的,不能体现产品失效的可能性;而可靠性设计客观地反映了零件设计和运行的真实情况,可以定量地回答零件使用中的失效概率及其可靠度的问题。

若已知随机变量 X 及 Y 的分布规律,利用零件应力-强度干涉模型,可以求得零件的可靠度及失效率。设零件的可靠度为 R,则

$$R = P(X - Y \geqslant 0) = P(Z \geqslant 0)$$

表示随机变量 $Z = X - Y$ 大于等于0时的概率。而累计的失效率

$$\lambda = 1 - R = P(Z < 0)$$

表示随机变量 Z 小于0时的概率。

1.5 机械制造装备设计的评价

机械制造装备的质量和经济效益取决于设计、制造和管理的水平,而很大程度上取决于设计。因此,在设计过程中需不断地对设计方案进行评价,根据评价结果进行修改和完善,逐渐实现特定的功能目标。掌握评价的原理和方法,有助于建立正确的设计思想,在设计过程中不断地发现问题和解决问题。机械制造装备设计的评价主要包括结构工艺性评价、技术经济性评价、可靠性评价等。

1.5.1 结构工艺性评价

机械制造装备的结构工艺性评价就是评价在满足使用要求的前提下,制造、装配及维修的可行性和经济性。结构工艺性主要从加工、装配、维修等方面来评价。

1. 加工工艺性

(1) 产品结构的合理组合 任何机器产品均是由部件、组件和零件组成的。组成产

品的零部件越少,结构越简单,质量也可减小,但也可能导致零件的形状复杂,加工工艺性差。因此,在进行产品结构的组合时应考虑:

① 可把工艺性不太好或尺寸较大的零件分解成多个工艺性较好的较小零件;
② 可把多个结构简单、尺寸较小的零件合并为一个零件;
③ 有时可将多个零件的坯件用不同的方式连接在一起,然后再整体地进行加工。

(2) 零件的加工工艺性　零件的结构形状、材料、尺寸、表面质量、公差和配合等确定了其加工工艺性。这里仅介绍一些对结构设计有指导意义的内容。

对于铸件类零件:尽可能采用整体造型和两箱造型;避免铸件产生翘曲变形和大的水平平面结构;合理设计凸台和避免侧壁具有妨碍拔模的局部凹陷结构;铸件结构应有利于型芯的固定、排气和清理等。

对于模锻件:设计其结构形状时应充分考虑拔模方便;分模面尽可能为平面,尽量位于零件高度的一半处,并与最小高度相垂直;零件外形力求简单、平直和对称;避免过大的薄平面;采用较大的过渡圆角,避免过窄肋片、内槽和过小的冲孔;避免急剧的断面过渡等。

对于机械加工类零件:要考虑必要的退刀槽;尽可能不要在孔内开沟槽和箱体孔的内端面加工;轴上的环肩不要太高,以免增加金属去除量;尽量采用通孔;斜孔的入口和出口处有垂直于孔轴线的凸台或凹面;大的支撑面尽量采用台阶面,以减少加工面积;尽量采用平的铣削表面,以便采用平铣刀或组合铣刀进行加工;各加工面尽可能处于同一平面,或相互平行,以便在一次走刀或安装中完成加工;磨削面两端尽可能没有台肩,以便采用高效低成本的大直径圆周砂轮进行磨削,如结构要求必须有台肩时,应留出足够宽度的退刀槽;在同一个零件上,尽可能采用相同的圆角和锥度,等等。

2. 装配工艺性

机械制造装备的质量最终是由装配工艺保证的。机械制造装备的装配工艺性可以从以下几个方面进行分析评价。

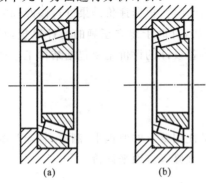

图 1-7　滚锥轴承的支承形式

(1) 产品的结构应能划分成几个独立的部件或装配单元　将产品合理地分解成装配单元,可实现平行装配,既缩短装配周期,也有助于保证装配质量。

(2) 产品的结构应便于装拆与调整　图 1-7 所示为滚锥轴承在箱体中的两种支承形式。显然,图 1-7(a) 所示结构的内外环均无法拆卸,装配工艺性差,而图 1-7(b) 所示结构的装配工艺性好。

(3) 尽量减少装配过程中的修配和机械加工

工作量。装配过程中的"配作"不仅会降低装配效率,而且容易使切屑落入机器中,如果清理不干净,就会影响产品质量。

(4) 尽量减少结合部位的数量,简化结合部位的结构　这不仅有利于提高装配效率,还可减少组成产品的零件数量,提高结构的刚度。

3. 维修工艺性

产品维修工艺性可从以下几个方面进行综合分析评价:

(1) 平均修复时间短;

(2) 维修所需的零件互换性好,且能买到或有备件;

(3) 维修空间足够;

(4) 所需的维修工具的数量和种类少,准备齐全;

(5) 维修技术复杂性低;

(6) 所需维修人员数量少;

(7) 维修费用低;

(8) 可采用状态监测和自动记录指导维修等。

1.5.2　技术经济性评价

产品技术上的先进性和经济上的合理性往往是相互排斥的。技术经济性评价就是通过深入分析这两方面的问题,试图实现设计方案的综合优化。技术经济评价的步骤大致如下。

1. 技术评价

技术评价通常采用评分法。可按评价标准确定每一个设计方案的评价分数,评价分数可按 5 分制(0~4)或 10 分制(0~9)给出。评价分数的大小代表了技术方案的优劣程度。

确定评价分数的方法如表 1-1 所示,将目标系统树中每个评价标准及其重要性系数填写在表 1-1 的前 3 列。第 4~5 列为每个评价标准的特征说明及其计算方法。"特征值"列中填入按特征计算方法算出的值。将各"评价标准"行中各设计方案算出的特征值 ($T_{ij}, j=1,2,3,\cdots,m$) 按大小排序,特征值最小的评价数取"0"分,最大的取"9"或"4"分,处于中间的特征值则按 10 分制或 5 分制打分,分别填写在"评价数"列中,"加权值"等于评价数乘以评价标准的重要性系数,即

$$q_{ij} = Q_{ij} P_{ij}$$

设 m 个设计方案的总权重值 ZQ_j 的最大值是 Q_{max},则技术评价 T_j 的计算方法为

$$T_j = \frac{ZQ_j}{Q_{max}}$$

技术评价值越高,表示方案的技术性能越好。技术评价值为最大值,即为"1"的方案是最理想的方案;技术评价值低于 0.6 的方案在技术上不合格,必须加以改进,否则,应摒

表 1-1 设计方案评价分数的确定

No.	评价标准 内容	评价标准 重要性系数	特征 说明	特征 计算法	设计方案 1 特征值	设计方案 1 评价数	设计方案 1 加权值	...	设计方案 j 特征值	设计方案 j 评价数	设计方案 j 加权值	...	设计方案 m 特征值	设计方案 m 评价数	设计方案 m 加权值
1		Q_1			T_{11}	P_{11}	q_{11}	...	T_{1j}	P_{1j}	q_{1j}	...	T_{1m}	P_{1m}	q_{1m}
2		Q_2			T_{21}	P_{21}	q_{21}	...	T_{2j}	P_{2j}	q_{2j}	...	T_{2m}	P_{2m}	q_{2m}
3		Q_3			T_{31}	P_{31}	q_{31}	...	T_{3j}	P_{3j}	q_{3j}	...	T_{3m}	P_{3m}	q_{3m}
⋮	⋮	⋮	⋮	⋮	⋮	⋮	⋮		⋮	⋮	⋮		⋮	⋮	⋮
i		Q_i			T_{i1}	P_{i1}	q_{i1}	...	T_{ij}	P_{ij}	q_{ij}	...	T_{im}	P_{im}	q_{im}
⋮	⋮	⋮	⋮	⋮	⋮	⋮	⋮		⋮	⋮	⋮		⋮	⋮	⋮
n		Q_n			T_{n1}	P_{n1}	q_{n1}	...	T_{nj}	P_{nj}	q_{nj}	...	T_{nm}	P_{nm}	q_{nm}
总权重值							ZQ_1	...			ZQ_j	...			ZQ_m
技术评价							T_1	...			T_j	...			T_m
经济评价							E_1	...			E_j	...			E_m
技术经济评价							TE_1	...			TE_j	...			TE_m

弃;技术评价值在 1～0.6 之间的方案为技术上可行方案。需要注意的是,如果技术上可行的设计方案,其个别评价标准的评价数特别低,说明该设计方案在这方面有明显弱点,应认真地对这些弱点进行分析,判断这些弱点将来有无可能祸及全局,使设计遭到失败。如果存在这种可能,必须对设计方案进行修改,排除弱点,重新进行评价,再考虑能否作为初步优选方案。

2. 经济评价

尽管产品设计费用仅占产品总成本的 10% 左右,但却决定了产品成本的 60%～70%。设计不合理造成产品技术和经济性方面的先天不足往往是无法挽回的。因此,早在设计阶段就必须重视产品成本因素,设计完成后必须进行经济评价。

经济评价是理想生产成本 C_L 与实际生产成本 C_S 之比,即

$$E_J = \frac{C_L}{C_S}$$

通常理想成本 C_L 应低于市场同类产品最低价的 70%。经济评价值 E_J 越大,代表经济效果越好,$E_J=1$ 的方案在经济上最理想。如经济评价值 E_J 小于 0.7,说明方案的实际生产成本大于市场同类产品的最低价,一般不予考虑。

在产品设计阶段,实际生产成本 C_S 是通过成本估算的方法获得的。

(1) 产品成本及其构成 产品成本是指产品在整个寿命周期内发生的各项支出。这

里仅考虑了与生产有关的成本。产品成本主要包括材料成本和开发制造成本两大部分，其组成如图 1-8 所示。

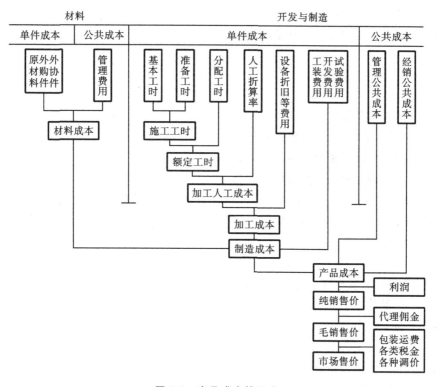

图 1-8 产品成本的组成

（2）成本估算的方法 由于目前我国企业缺乏精确完整的基础数据，很难对产品成本进行精确计算，故通常采用较粗略的成本估算方法。下面介绍两种成本估算方法。

① 按材料成本折算 产品的生产成本主要由材料成本和制造成本组成，根据产品的结构复杂程度和加工特点，材料成本在生产成本中占有不同的比例。对于同类结构复杂程度类似的产品，材料成本占生产成本的比例基本上是一个常数，即可按

$$C = \frac{C_m}{m}$$

估算产品的成本。

式中：C——产品估算成本，单位为元；

C_m——材料成本，单位为元；

m——材料成本率。

产品的材料成本可按

$$C_m = (1 \sim 1.2)(Z+W)$$

估算。

式中：C_m——材料成本，单位为元；

Z——外购件成本，单位为元；

W——原材料成本，单位为元，可按

$$W = 1\,000 \times \sum_{i=1}^{n} V_i r_i k_i$$

计算。

式中：n——材料种类数；

V_i——第 i 种材料体积，单位为 cm^3；

r_i——第 i 种材料密度，单位为 g/cm^3；

k_i——第 i 种材料单位质量材料价格，单位为元/kg。

② 回归分析估算法　通过对产品进行统计分析，找出影响产品成本的几个特征参数，例如功率、质量、主参数等，运用回归分析方法找出它们与成本之间的数学关系，其回归方程式通常采用

$$P = K T_1^{k_1} T_2^{k_2} \cdots T_i^{k_i} \cdots T_n^{k_n}$$

指数函数，可在一定范围内估算出产品成本。

式中：P——产品成本估算值，单位为元；

K——回归系数；

T_i——第 i 个特征参数；

k_i——第 i 个回归指数；

n——特征参数数目。

3. 技术经济评价 TE_J

设计方案的技术评价 T_J 和经济评价 E_J 经常不会同时都是最优，进行技术和经济的综合评价才能最终选出最理想的方案。技术经济评价 TE_J 有以下两种计算方法。

(1) 当 T_J 和 E_J 的值相差不大时，可用均值法计算，即

$$TE_J = \frac{T_J + E_J}{2}$$

(2) 当 T_J 和 E_J 的值相差较大时，可采用双曲线法计算，即

$$TE_J = \sqrt{T_J + E_J}$$

技术经济评价值 TE_J 越大，设计方案的技术经济综合性能就越好，一般 TE_J 值不应小于 0.65。

1.5.3　可靠性评价

产品的可靠性主要取决于产品在研制和设计阶段形成的产品固有可靠性。在产品设

计阶段对产品进行可靠性分析,是减少产品使用故障,提高产品工作有效性和维修性的重要环节。

1. 可靠性特征量

表示产品可靠性水平的各种可靠性数量指标称为可靠性特征量。产品可靠性指标体系如图 1-9 所示。

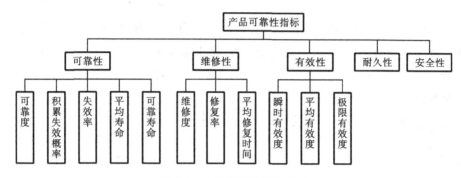

图 1-9 产品可靠性指标体系

2. 可靠性预测

可靠性预测是指对新产品设计的可靠性进行评估,计算出产品或其零部件可能达到的可靠性指标,以便发现薄弱环节,为产品设计方案的比较、修改、优选和进行可靠性分配提供依据,并对产品的维修费用以至全寿命运行费用作出估计。

可靠性预测的方法很多,对一个系统来说,比较简单的方法是可靠性逻辑框图法,根据组成系统各单元的可靠性特征量,推算出系统的可靠性。一个系统可以是一条生产线,或一台设备,甚至一个部件。在分析其可靠性时,必须了解系统中每个单元的功能,各单元在可靠性功能上的联系,以及这些单元功能、失效模式对系统功能的影响,这是建立可靠性逻辑框图的基础。

根据单元在系统中所处的状态及其对系统的影响,系统可分为如图 1-10 所示的几种类型。

(1) 串联系统　串联系统的可靠性逻辑框图如图 1-11 所示。其可靠度等于组成系统的各独立单元可靠度的连乘积,即

$$R(t) = \prod_{i=1}^{n} R_i(t)$$

式中:$R(t)$——串联系统的可靠度;

$R_i(t)$——组成串联系统第 i 个独立单元的可靠度;

n——组成串联系统的独立单元数。

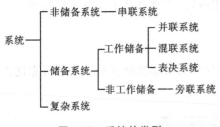

图 1-10 系统的类型

图 1-11 串联系统可靠性逻辑框图

在串联系统中,只要有一个单元功能失效,整个系统的功能也随之失效,故称之为非储备系统。因此,影响系统可靠度的是系统中可靠度最差的单元。要提高系统的可靠度,应注意提高该薄弱单元的可靠度。

(2) 并联系统 在并联系统中,只要有一个单元在正常工作,系统就能正常工作,只有在全部单元都失效时,系统才失效,故称之为储备系统。并联系统的可靠性逻辑框图如图 1-12 所示。并联系统的可靠度为

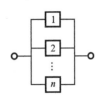

图 1-12 并联系统可靠性逻辑框图

$$R(t) = 1 - \prod_{i=1}^{n}[1 - R_i(t)]$$

并联系统的可靠度大于各单元中可靠度的最大值,组成系统的单元数 n 越多,系统可靠度也越高。但是并联的单元数越多,系统的结构越复杂,尺寸、重量和造价也随之增长。在机械系统中,一般仅在关键的部位采用并联单元,其数量也较少,常取 $n=2\sim 3$。

(3) 混联系统 由串联系统和并联系统混合组成的系统称为混联系统,可分为并-串联系统和串-并联系统两种,其可靠性逻辑框图分别如图 1-13(a)、(b) 所示。

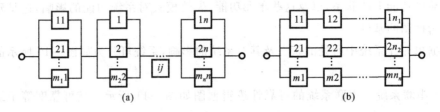

图 1-13 混联系统可靠性逻辑框图
(a) 并-串联系统 (b) 串-并联系统

(4) 表决系统 在组成系统的 n 个单元中,至少有 r 个单元正常工作,系统才能正常工作,大于 $n-r$ 个单元失效,系统也就失效。这样的系统称为 r/n 表决系统。

对于 r/n 表决系统,当单元可靠度均为 $R(t)$ 时,其可靠度为

$$R = \sum_{i=r}^{n} \binom{n}{i} R^i(t) [1-R(t)]^{n-i}$$

(5) 旁联系统　图 1-14 所示为 n 个单元组成的旁联系统,其中一个单元在工作,其余 $n-1$ 个单元处于非工作状态的储备。当监测装置探知工作的单元发生故障时,通过转换装置使储备单元逐个地去替换,直到所有储备单元都发生故障为止,此时系统失效。一般来说,如监测和转换装置的可靠度较高,旁联系统的可靠度大于并联系统的可靠度。这是因为旁联系统中各储备单元在顶替工作前处于闲置状态,均以全新的姿态参加工作,其自身的可靠度较高。

(6) 复杂系统　复杂系统中各单元之间既非串联又非并联,如图 1-15 所示。对复杂系统的可靠性计算比较复杂,一般采用布尔真值表法、卡诺图法、贝叶斯分析法和最小割集近似法等。

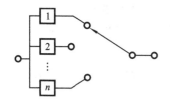

图 1-14　旁联系统可靠性逻辑框图

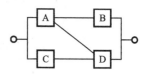

图 1-15　复杂系统逻辑框图

3. 可靠性指标的分配

可靠性分配遵循下述原则:

(1) 对技术较成熟的,或可靠性有把握达到较高水平的单元,可分配较高的可靠度;

(2) 对较简单的,或装配容易保证质量,或故障后易于修复的单元,可分配较高的可靠度;

(3) 对较重要的单元应分配较高的可靠度;

(4) 对整个任务时间内需连续工作,或工作条件严酷的单元,应分配较低的可靠度。

本章重点、难点和知识拓展

重点:机械制造装备创新设计方法。

难点:对机械制造装备设计的技术经济性评价。

知识拓展:学习机械制造装备设计的方法,掌握各种设计方法的精髓。借助课程设计或毕业设计的机会,能针对不同的设计类型,采用合适的设计方法,运用先进的设计手段,从事机械制造装备设计,并尽可能对所设计的产品作出客观评价。

思考题与习题

1-1 机械制造装备指的是什么？共分哪几大类？

1-2 加工装备都包括哪些装备？试举例说明。

1-3 机械制造装备设计有哪些类型？它们的本质区别是什么？

1-4 创新设计的步骤是什么？为什么应重视需求分析和可行性论证？

1-5 系列化设计时主参数系列公比的选取原则是什么？公比选得过大或过小会带来哪些问题？

1-6 哪些产品宜采用模块化设计方法，为什么？有哪些优缺点？

1-7 有些方案的技术评价较高，但经济评价一般或不好，有些方案可能相反。如何对这些方案进行综合评价？

1-8 试举例说明为什么加工工艺性评价应依据制造厂的生产条件，没有一个绝对标准。

1-9 从系统设计的角度考虑，应如何提高产品的可靠性？

第 2 章 金属切削机床设计

金属切削机床是采用切削加工的方法将金属毛坯加工成机器零件的机器,故又称为"工作母机"。机床担负机械制造业总工作量的 40%～60%,机床性能的优劣直接影响机械加工的质量、生产率和成本等。那么如何确定机床的总体方案,如何进行主传动系统和进给传动系统的设计,如何进行主轴组件、支承件、导轨、刀架和控制系统的设计,才能设计和制造出质量好、效率高、成本低、使用方便的机床呢？本章主要就以上问题加以讨论。

2.1 设计要求、方法和步骤

2.1.1 机床设计的基本要求

1. 工艺范围

机床的工艺范围是指机床适应不同生产要求的加工能力,包括在机床上完成的工序种类、工件的类型、材料、尺寸范围及毛坯种类等。通用机床力求以最少的品种规格、经济地满足国民经济各部门的需要,因此其工艺范围较宽,多用于单件小批生产。专用机床是针对特定工序专门设计和制造的,其工艺范围较窄,多用于大批量生产。一般来说,工艺范围窄,则机床结构较简单,容易实现自动化,生产率也较高。但工艺范围过窄,会限制加工工艺和产品的更新;而盲目扩大机床工艺范围将使机床结构趋于复杂,不能充分发挥各部件的性能,甚至会影响机床主要性能的提高,增加机床成本。

为了扩大机床工艺范围,可在各种通用机床,尤其是大型机床和专用机床上增设各种附件,或把不同的工艺内容综合在一台机床上,如车镗铣、镗铣床等。对于某些特形零件,虽然其批量不大,但当通用机床不能满足加工要求或耗时较长时,可考虑采用数控机床,必要时也可设计专用机床。

2. 精度

机床应保证被加工工件达到图样要求的加工质量。工件的加工质量受机床、刀具、夹具、切削条件和操作者等诸多因素的影响。对机床而言,其本身必须具有更高的精度。机床本身的精度包括几何精度、传动精度、运动精度、定位精度及精度保持性等。

3. 机床刚度

机床是由许多零、部件按照规定的装配精度装配而成的,在各种荷载作用下,各零、部件及其结合面都会产生变形,从而引起刀具和工件之间相对位移,产生加工误差。机床刚度是指机床系统抵抗变形的能力,可分为静刚度和动刚度。通常所说的刚度一般是指静刚度,它对机床抗振性、生产率等均有影响。因此在机床设计中应十分重视提高其刚度。不仅要提高各组成件的结构刚度,还应提高结合部的接触刚度,同时还要考虑结合部刚度及各部件间刚度的匹配。

4. 机床抗振性

机床抗振性是指机床在交变荷载作用下抵抗变形的能力,具体表现为抵抗强迫振动和自激振动的能力。

机床零部件的振动不仅会降低加工质量和刀具寿命,也会限制生产率的提高,加速机床的损坏。另外,振动产生的噪声会影响周围环境,使操作者容易疲劳。要提高机床的抗振性,可采取以下措施:

(1) 提高机床主要零部件及整机的刚度,提高其固有频率,使其远离振源的频率;

(2) 改善机床的阻尼性能,特别注意机床零部件结合面之间的接触刚度和阻尼,对滚动轴承及滚动导轨作适当预紧;

(3) 对高速旋转的零部件进行动平衡调整,这一点对高精度机床尤为重要。

5. 热变形

由于外部热源(如阳光照射、环境温度变化等)和内部热源(如电动机、齿轮传动、液压系统、切削热等)的影响,机床各部分温度会发生变化,加上各种材料的热膨胀系数不同,机床各部分的变形也不同,因而机床易产生热变形。据统计,由于热变形而使工件产生的误差最大可占全部误差的70%左右。特别是对精密机床、大型机床及自动化机床来说,热变形的影响是不容忽视的。

因此,在设计机床时要采取各种措施减少热变形。一方面可采用热对称结构以提高机床抵抗热变形的能力;另一方面可考虑采用散热或隔热等措施。另外,还可采用热变形补偿方法,以减少热变形对加工精度的影响。

6. 噪声

噪声是一种环境污染。随着现代机床加工能力的提升,噪声污染问题变得越来越严重。因此,降低噪声已成为机床设计的重要任务之一。

机床的噪声源有机械噪声、液压噪声、电磁噪声和空气动力噪声等。降低噪声应从控制噪声的生成和阻断两方面着手。在机床设计中,要提高传动质量,减少摩擦、振动和冲击,以减少机械噪声。

7. 机床生产率和自动化程度

机床的生产率通常用单位时间内机床所能加工的工件数量来表示。在机械加工中,一般通过缩短基本时间和辅助时间等来提高生产率。如采用先进的刀具提高切削用量;采用多刀、多件、多工位加工等来缩短基本时间;采用空行程快速移动、自动夹紧、自动测量和快速换刀等装置来缩短辅助时间。

机床自动化程度的提高可以减少操作者对加工的干预,有利于保证加工质量;可改善操作者的工作环境;有助于提高劳动生产率。大批量生产的自动化通常采用自动化单机(如自动机床、组合机床等)和由它们组成的自动生产线。单件小批量生产自动化则采用数控机床等柔性自动化设备。数控机床是提高机床自动化程度的一个重要方向。

8. 柔性

机床的柔性是指其适应加工对象变化的能力。由于多品种小批量生产的需要,对机床柔性要求越来越高。数控机床具有柔性加工能力,加工中心具有刀库和多个运动轴,工艺范围广,一台机床具备几台机床的功能。可重构机床在加工对象变换时,各部件可重新组合,构成新的机床功能,以适应产品更新变化的要求。

9. 机床成本和生产周期

成本概念贯穿在产品的整个生命周期内,包括设计、制造、包装、运输、使用、维修和报废处理等的费用,是衡量产品市场竞争能力的重要指标。应在尽可能保证机床性能要求的前提下,提高其性能价格比。一般说来,机床成本的 80% 左右在设计阶段就已经确定,为了尽可能地降低机床成本,机床设计工作应在满足用户需求的前提下,努力做到结构简单,工艺性好,制造、装配、检验与维护方便;机床产品结构要模块化,品种要系列化,尽量提高零部件的通用化和标准化程度。

生产周期(包括设计和制造)也是衡量产品市场竞争力的重要指标。为了快速响应市场需求变化,应尽可能缩短机床的生产周期。这就要求机床设计尽可能采用现代设计方法。

10. 可靠性

机床可靠性是指机床在规定的使用条件下、规定的时间内,功能的稳定程度。也就是要求机床不轻易发生或尽可能少发生故障。衡量机床的可靠性是在使用阶段,但决定机床的可靠性却主要是在设计和研制阶段。因此在机床设计阶段,必须高度重视其可靠性问题。

11. 机床宜人性

机床宜人性是指为操作者提供舒适、安全、方便、省力的劳动条件的程度。机床设计要布局合理、操作方便、造型美观、色彩悦目,符合人体工程学原理和工程美学原理,使操作者有舒适感、轻松感,以便减少疲劳,避免事故,提高劳动生产率。

2.1.2 机床的设计方法和步骤

1. 机床设计方法

随着科学技术的进步和社会需求的变化,机床的设计理论和技术也在不断地发展。和其他机器设计一样,机床设计也经历了由静态分析向动态分析、由定性分析向定量分析、由线性分析向非线性分析、由安全设计向优化设计的发展过程。计算机技术的飞速进步,为机床设计方法的发展提供了有力的技术支撑。CAD 和 CAE 已在机床设计的各个阶段得到了应用,使得机床的设计理论和方法由人工绘图向计算机绘图过渡,改变了传统的经验设计方法。

数控技术的发展与应用,使得机床的传动与结构发生了重大变化。伺服驱动系统可以方便地实现机床的单轴运动及多轴联动,从而可以省去复杂的机械传动系统设计,使其结构与布局产生很大变化。

随着生产的发展,社会需求也在发生变化。在机械制造业中,多品种、小批量生产的需求日益增加,因此出现了与之相适应的柔性制造系统(FMS)等先进制造系统。机床是 FMS 的核心装备。前期的 FMS 可以说是"以机床为主的系统",即根据现有机床的特点来构造 FMS,但是在传统机床(包括数控机床)设计时并未考虑到它在 FMS 中的应用,因此在功能上制约了 FMS 的发展。FMS 的发展对机床设计提出了新的要求,要求机床设计向"以系统为主的机床设计"方向发展,即在机床设计时就要考虑它如何更好适应 FMS 等先进制造系统的要求。例如要求机床具有时间和空间柔性,与物流的可接近性等。

机床的设计方法是根据其设计类型而定的。通用机床采用系列化设计方法。系列中基型产品属创新设计类型,其他属变型设计类型。有些机床,如组合机床属于组合设计(模块化设计)类型。

在创新设计类型中,机床总体方案(包括运动功能和结构布局方案)可采用分析式设计(又称试行设计)和创成式设计(又称解析式设计)的产生方法。前者是用类比分析、推理方法产生方案,是目前创新设计一般采用的方法;后者则用创成解析的方法生成方案,创新能力强,这种方法尚在研究发展之中。

2. 机床设计的步骤

不同的机床类型其设计步骤也不同。一般机床设计的内容及步骤大致如图 2-1 所示。

(1) 主要技术指标设计 主要技术指标设计是后续设计的前提和依据。设计任务的来源不同,如工厂的规划产品,或根据机床系列型谱进行设计的产品和用户订货等,具体的要求不同,但所包含的内容大致相同,基本内容如下:

① 用途 即机床的工艺范围,包括加工对象的材料、质量、形状及尺寸等。

② 生产率 包括加工对象的种类、批量及所要求的生产率。

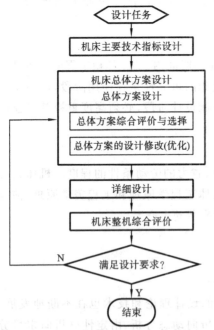

图 2-1 机床设计的内容及步骤

③ 性能指标 指加工对象所要求的精度(用户订货设计)和机床的精度、刚度、热变形、噪声等性能指标。

④ 主要参数 即确定机床的加工空间和主要参数。

⑤ 驱动方式 有电动机驱动和液压驱动两种方式。电动机驱动方式中又有普通电动机驱动、步进电动机驱动与伺服电动机驱动。驱动方式不仅与机床的成本有关,还将直接影响传动方式。

⑥ 成本及生产周期 无论是订货还是工厂规划产品,都应确定成本及生产周期方面的指标。

(2) 总体设计方案 总体设计方案的内容如下。

① 运动功能设计 包括确定机床所需运动的轴数、形式(直线运动、回转运动)、功能(主运动、进给运动、其他运动)及排列顺序,最后画出机床的运动功能图。

② 基本参数设计 包括尺寸参数、运动参数和动力参数设计。

③ 传动系统设计 包括传动方式、传动原理图及传动系统图设计。

④ 总体结构布局设计 包括运动功能分配、总体布局结构形式及总体结构方案图设计。

⑤ 控制系统设计 包括控制方式、控制原理及控制系统图设计。

(3) 总体方案综合评价与选择 在总体方案设计阶段,对产生的各种方案进行综合评价,从中选出较好的方案。

(4) 总体方案的设计修改或优化 对所选出的方案还需进一步的修改或优化,以确定最终方案。事实上,上述设计内容在设计过程中是交叉进行的。

(5) 详细设计 详细设计的内容如下。

① 技术设计 包括确定结构原理方案、装配图设计,分析计算和优化。

② 施工设计 包括零件图设计、商品化设计,编制技术文件等。

(6) 机床整机综合评价 对所设计的机床进行整机性能分析和综合评价。如果设计的机床属于成批生产,在设计完成后,应进行样机试制和鉴定,待合格后再进行小批量试制以验证工艺。在试制、鉴定过程中,根据暴露出来的问题再作进一步的改进。

上述步骤可反复进行,直到设计结果满意为止。在设计过程中,设计与评价反复进行,这样可以提高一次设计成功率。

2.2 机床总体设计

机床总体设计是机床部件和零件的设计依据,对整个机床设计的影响较大。机床总体设计主要包括工艺分析、机床总体布局和机床主要技术参数的确定等。另外,对自动化机床还须拟定机床的控制方案。

2.2.1 机床总体方案的拟定

1. 拟定总体方案的依据

拟定机床总体方案的主要依据是：被加工工件、使用要求及现有的技术与制造条件、现有同类型机床等。设计者应充分调查，明确设计要求，详细掌握有关资料，然后深入分析，拟定机床的总体方案。

(1) 工件 工件是机床总体方案设计的重要依据。设计者必须明确工件的特点和加工要求，以便确定工件的装夹和输送方法，选择刀具和切削用量。

(2) 使用要求 设计者应了解使用部门对所设计机床的要求，如机床精度、生产率、自动化程度、可靠性、操作方便性及外观造型等。对于特殊订货的机床，还须了解特殊要求。此外设计者还应了解该机床操作人员的技术水平、维修能力、车间环境等。

(3) 制造条件 设计者要广泛了解现有的制造条件和技术水平，在机床的设计过程中，还要随时考虑制造的可能性和经济性，以使所设计的机床物美价廉。

(4) 现有同类型机床 收集现有的国内外同类型机床的有关资料，深入生产现场了解，听取操作者对同类型机床结构和性能的反映和意见，收集工艺参数、动力参数等数据，供设计机床时参考。

2. 机床的运动设计

机床运动设计的主要内容有：确定机床所需运动的轴数、类型、运动的分配及传动方式等。

(1) 机床运动轴数的确定 机床所需的运动取决于工艺要求。不同的工件表面，采用不同类型的刀具，不同的加工方法，所需的表面成形运动是不同的。例如车削圆柱面：当采用尖头车刀时，机床需主轴的回转和刀架溜板的纵向移动两个表面成形运动；当采用成形车刀车削时，机床只需主轴的回转一个表面成形运动。又如用车刀车圆柱螺纹，机床需一个复合的螺纹轨迹运动，而用铣刀铣圆柱螺纹，机床需铣刀的转动和复合的螺纹轨迹运动两个表面成形运动。除表面成形运动外，机床还需要一些辅助运动，如切入运动、空行程运动、转位运动、各种操纵和控制运动等。

(2) 机床运动的分配 由工艺方法确定的各种运动仅仅是相对运动，因此还会有不同的运动分配方式。如刨削平面：可以由刀具作往复运动，如牛头刨床；也可以由工件作往复运动，如龙门刨床。至于到底由哪个部件去完成，须根据实际情况而定。一般应把运动分配给质量小的执行件，同时还应考虑到提高加工精度、缩小占地面积等。

(3) 机床传动形式选择 机床有机械、液压、电气、气动等多种传动形式，每种形式中又可采用不同类型的传动元件。为满足机床运动的功能要求、性能要求和经济要求，要对多种传动方案进行分析、对比，合理选择传动形式，并与机床的整体水平相适应。

3. 机床结构布局与外形尺寸设计

机床结构布局设计是指确定机床的组成部件,以及各个部件和操纵、控制机构在整台机床中的配置方式。机床的结构布局形式有立式、卧式及斜置式等。其中基础支承件的形式又有底座式、立柱式、龙门式等,基础支承件的结构又有一体式和分离式等等。因此,同一种运动分配方式可以有多种结构布局形式,这就需要再次进行评价,去除不合理方案,从而形成机床总体结构布局形态图。图2-2所示为五轴镗铣机床的结构布局形态图。

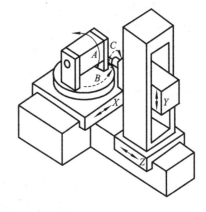

图 2-2 五轴镗铣机床的结构布局形态图

当完成机床的结构布局后,就要进行外形尺寸设计,设计的主要依据是:机床总体结构布局方式、驱动方式、传动方式、机床动力参数及加工空间尺寸参数,以及机床整机刚度及精度分配等。

2.2.2 机床主要技术参数的确定

机床主要技术参数包括主参数和基本参数,基本参数又包括尺寸参数、运动参数和动力参数。

1. 主参数

主参数或称主要规格,它表示了机床的加工范围。通用机床和专门化机床的主参数已有标准规定,并已形成系列。有些机床还有第二主参数,一般是指主轴数、最大跨距或最大加工长度、工作台面长度、最大模数等。

2. 尺寸参数

机床的尺寸参数是指机床的主要结构尺寸,通常包括与工件有关的尺寸和标准化工具或夹具的安装面尺寸。前者如卧式车床刀架上最大回转直径,后者如卧式车床主轴前端锥孔直径及其他有关尺寸等。通用机床的主要尺寸已在相关标准中作了规定。

3. 运动参数

运动参数是指机床执行件,如主轴、工作台、刀架等的运动速度。运动参数可分为主运动参数和进给运动参数两大类。

1) 主运动参数

主运动为回转运动的机床,如车床、铣床等,其主运动参数为主轴转速。对于专用机床,由于是完成特定工序,通常只需要一种固定的主轴转速。对于通用机床或专用机床,由于需适应不同尺寸、不同材料工件的加工,主轴应在一定范围内实现变速。为此,在机床设计中要确定主轴的最高和最低转速。如果采用有级变速,还要确定变速级数和中间转速的排列。

主运动为直线运动的机床,如插、刨机床,其主运动参数是刀具每分钟的往复次数,单位为次/min,或称为双行程数。

(1) 最高转速和最低转速的确定　调查和分析所设计机床上可能进行的工序,从中选择要求最高、最低转速的典型工序,按照典型工序的切削速度和刀具(或工件)直径,计算主轴最高、最低转速 $n_{\max}$、$n_{\min}$,其计算公式为

$$n_{\max} = \frac{1\,000 v_{\max}}{\pi d_{\min}} \tag{2-1}$$

$$n_{\min} = \frac{1\,000 v_{\min}}{\pi d_{\max}} \tag{2-2}$$

式中:$n_{\max}$,$n_{\min}$——主轴最高、最低转速,单位为 r/min;

　　　$v_{\max}$,$v_{\min}$——最高、最低切削线速度,单位为 m/min;

　　　$d_{\max}$,$d_{\min}$——最大、最小计算直径,单位为 mm。

使用式(2-1)和式(2-2)时,必须通过调查和分析,在机床的全部工艺范围内,选择可能出现最低转速和最高转速的若干加工类型,再根据相应的切削速度和加工直径进行计算,从中选定 $n_{\max}$、$n_{\min}$。$d_{\max}$,$d_{\min}$ 由

$$d_{\max} = k \cdot D \tag{2-3}$$

$$d_{\min} = R_d \cdot d_{\max} \tag{2-4}$$

确定。

式中:D——机床的最大加工直径,单位为 mm;

　　　R_d——计算直径范围,$R_d = 0.20 \sim 0.35$;卧式车床 $R_d = 0.25$,摇臂钻床 $R_d = 0.2$,多刀车床 $R_d = 0.30$;

　　　k——系数,根据现有机床调查而定。对于卧式车床 $k = 0.5$,对于丝杠车床 $k = 0.1$,对于多刀车床 $k = 0.9$,对于摇臂钻床 $k = 1.0$。

为给今后工艺和刀具方面的发展留有储备,一般可将 $n_{\max}$ 的计算值提高 20%～25%。

(2) 主轴转速数列　如某机床的有级变速机构共有 z 级,其中 $n_1 = n_{\min}$,$n_z = n_{\max}$,z 级转速分别为:$n_1, n_2, \cdots, n_j, n_{j+1}, \cdots, n_z$。

如果加工某一工件所需要的最有利切削速度为 v,相应的转速为 n,则机床有级变速中的某一级恰好等于 n 是理想的情况。但通常不是恰好为这个转速,而是处于某两级转速 n_j 与 n_{j+1} 之间,即 $n_j < n < n_{j+1}$。

如果采用较高的转速 n_{j+1},必将提高切削速度,而刀具的寿命必然下降。为了不降低刀具的寿命,以采用较低的转速 n_j 为宜,这时的转速损失为 $n - n_j$。

相对速度损失为

$$A = \frac{n - n_j}{n}$$

最大的相对转速损失发生在所需要的转速 n 趋近于 n_{j+1} 时,即

$$A_{\max} = \lim_{n \to n_{j+1}} \frac{n - n_j}{n} = \frac{n_{j+1} - n_j}{n_{j+1}} = 1 - \frac{n_j}{n_{j+1}}$$

在其他条件(如直径、进给、切深等)不变的情况下,转速的损失就反映了生产率的损失。对于通用机床,如果认为每个转速的使用机会都相等的话,那么应该使 $A_{\max}$ 为一定值,即

$$A_{\max} = 1 - \frac{n_j}{n_{j+1}} = \text{const} \quad \text{或} \quad \frac{n_j}{n_{j+1}} = \text{const} = \frac{1}{\varphi}$$

由此可见,任意两级转速之间的关系应为

$$n_{j+1} = n_j \varphi$$

即机床的转速应该按等比数列分级,其公比为 φ,各级转速为

$$n_1 = n_{\min}$$
$$n_2 = n_1 \varphi$$
$$n_3 = n_2 \varphi = n_1 \varphi^2$$
$$\vdots$$
$$n_z = n_{z-1} \varphi = n_1 \varphi^{z-1} = n_{\max}$$

变速范围为

$$R_n = \frac{n_{\max}}{n_{\min}} = \frac{n_1 \varphi^{z-1}}{n_1} = \varphi^{z-1}$$

等比数列同样适用于直线主运动的双行程、进给数列及尺寸和功率参数系列。

(3) 标准公比和标准转速数列 为了便于机床的设计与使用,机床主轴转速数列的公比 φ 值已经被标准化,如表 2-1 所示。

表 2-1 标准公比 φ

φ	1.06	1.12	1.26	1.41	1.58	1.78	2
$\sqrt[E_1]{10}$	$\sqrt[40]{10}$	$\sqrt[20]{10}$	$\sqrt[10]{10}$	$\sqrt[20/3]{10}$	$\sqrt[5]{10}$	$\sqrt[4]{10}$	$\sqrt[10/3]{10}$
$\sqrt[E_2]{2}$	$\sqrt[12]{2}$	$\sqrt[6]{2}$	$\sqrt[3]{2}$	$\sqrt{2}$	$\sqrt[3/2]{2}$	$\sqrt[6/5]{2}$	2
$A_{\max}$	5.7%	11%	21%	29%	37%	44%	50%
与 1.06 的关系	1.06^1	1.06^2	1.06^4	1.06^6	1.06^8	1.06^{10}	1.06^{12}

标准公比值的制定原则如下。

① 因为转速必须递增,所以 φ 应大于 1,又为了限制最大相对速度损失 $A_{\max} \leqslant 50\%$,

故 $\varphi \leqslant 2$。因此公比 φ 的取值范围为

$$1 < \varphi \leqslant 2$$

② 为了方便设计和使用,使转速数列为 10 进位,即相隔一定级数,使转速呈 10 倍关系,即 $n_j \varphi^{E_1} = 10 n_j$($E_1$ 为相隔的转速级数),$\varphi = \sqrt[E_1]{10}$。

③ 为了便于采用转速呈倍数关系的双速或三速电动机,转速数列应为 2 进位,即相隔一定级数,使转速呈 2 倍关系,即 $n_j \varphi^{E_2} = 2 n_j$($E_2$ 为相隔的转速级数),$\varphi = \sqrt[E_2]{2}$。

当采用标准公比后,标准转速数列可从表 2-2 中直接查出。

表 2-2 标准转速数列

1	2	4	8	16	31.5	63	125	250	500	1 000	2 000	4 000	8 000
1.06	2.12	4.25	8.5	17	33.5	67	132	265	530	1 060	2 120	4 250	8 500
1.12	2.24	4.5	9.0	18	35.5	71	140	280	560	1 120	2 240	4 500	9 000
1.18	2.36	4.75	9.5	19	37.5	75	150	300	600	1 180	2 360	4 750	9 500
1.25	2.5	5.0	10	20	40	80	160	315	630	1 250	2 500	5 000	10 000
1.32	2.65	5.3	10.6	21.2	42.5	85	170	335	670	1 320	2 650	5 300	10 600
1.4	2.8	5.6	11.2	22.4	45	90	180	355	710	1 400	2 800	5 600	11 200
1.5	3.0	6.0	11.8	23.6	47.5	95	190	375	750	1 500	3 000	6 000	11 800
1.6	3.15	6.3	12.5	25	50	100	200	400	800	1 600	3 150	6 300	12 500
1.7	3.35	6.7	13.2	26.5	53	106	212	425	850	1 700	3 350	6 700	13 200
1.8	3.55	7.1	14	28	56	112	224	450	900	1 800	3 550	7 100	14 100
1.9	3.75	7.5	15	30	60	118	236	475	950	1 900	3 750	7 500	15 000

(4) 标准公比 φ 的选用 从使用性能方面考虑,公比 φ 最好选得小一点,以便减少相对速度损失。但公比越小,转速级数就越多,将使机床的结构复杂。

对于通用机床,为使转速损失不大,机床结构又不过于复杂,一般取中等的标准公比,即取 $\varphi = 1.26$ 或 $\varphi = 1.41$。

对于自动机床,减少相对速度损失率的要求更高,常取 $\varphi = 1.12$ 或 $\varphi = 1.26$。这类机床可采用交换齿轮变速,这样,机床的结构不会因采用小公比而复杂化。

2) 进给运动参数

数控机床的进给运动均采用无级调速方式,普通机床的进给运动既有无级调速方式,又有有级变速方式。采用有级变速时,进给量一般按等比级数排列,其确定方法与主轴转速的确定方法相同,即首先根据工艺要求确定最大、最小进给量,然后选取进给量数列的公比或级数。

对于各种螺纹加工机床,如卧式车床、螺纹车床或螺纹铣床等,因被加工螺纹导程是分段等差数列,因此,进给量也必须分段为等差数列。对于刨床和插床,若采用棘轮结构,由于受结构限制,进给量也设计为等差数列。

4. 动力参数

动力参数一般是指机床电动机的功率。某些机床的动力参数还包括其他内容，例如，摇臂钻床主轴允许的最大扭矩(单位为 N·m)。确定机床动力参数的方法有统计分析法、实测法和计算法。这里仅介绍计算法。

值得指出的是，由于专用机床工况单一，通过计算可得到比较可靠的结果。而通用机床工况复杂，其计算结果只能作为参考。

1) 主电动机功率的估算

在主传动结构尚未确定之前，主电动机功率可按

$$P_{\mathrm{E}} = \frac{P_{\mathrm{c}}}{\eta_{\mathrm{m}}} \tag{2-5}$$

估算。

式中：P_{E}——主电动机功率，单位为 kW；

P_{c}——消耗于切削的功率，又称有效功率，单位为 kW；

η_{m}——主传动系统结构传动效率的估算值。

对于通用机床，$\eta_{\mathrm{m}} = 0.70 \sim 0.85$；机床传动结构简单，速度较低时取大值。切削功率 P_{c} 应通过工艺分析来确定。

在主传动系统的结构确定之后，可进行主电动机功率的近似计算，即

$$P_{\mathrm{E}} = P_0 + \frac{P_{\mathrm{c}}}{\eta} \tag{2-6}$$

式中：P_0——主传动系统的空载功率，单位为 kW；

η——主传动系统的机械效率，等于各级传动机械效率的乘积，即 $\eta = \eta_1 \eta_2 \eta_3 \cdots$。

主电动机功率计算公式又可表示为

$$P_{\mathrm{E}} = P_0 + P_{\mathrm{c}} + P_{\mathrm{a}} \tag{2-7}$$

式中：P_{a}——随荷载增加的机械摩擦损耗功率，单位为 kW。

P_0、P_{c}、P_{a} 可根据相关设计手册选择适当的计算公式进行计算。

2) 进给传动系统驱动功率的确定

当进给运动与主运动共用一个电动机时，通常取 $P_{\mathrm{f}} = (0.03 \sim 0.04) P_{\mathrm{E}}$。当进给运动采用单独电动机驱动时，进给电动机功率可由

$$P_{\mathrm{f}} = \frac{Q v_{\mathrm{f}}}{60\,000 \eta_{\mathrm{f}}} \tag{2-8}$$

计算。

式中：P_{f}——进给电动机功率，单位为 kW；

Q——进给牵引力，单位为 N；

v_{f}——进给速度，单位为 m/min；

η_{f}——进给传动系机械效率。

进给牵引力等于进给方向上切削分力和摩擦力之和,进给牵引力的估算及有关系数的选取可查阅相关手册。

3) 快速运动电动机功率的确定

为了缩短辅助时间并减轻操作人员的劳动强度,工作台、刀架等执行件的移近、退回等辅助运动应是快速运动。快速运动的传动有机械、液压两种形式,机械传动的快速运动一般是由单独电动机驱动。快速运动的速度和电动机功率一般由计算法确定。

快速运动电动机启动时消耗的功率最大,此时须同时克服惯性力和摩擦力,启动时的电动机功率为

$$P_{快} = k(P_{惯} + P_{摩}) \quad (2\text{-}9)$$

式中:$P_{快}$——快速电动机功率,单位为 kW;

$P_{惯}$——克服惯性力所需的功率,单位为 kW;

$P_{摩}$——克服摩擦力所需的功率,单位为 kW;

k——安全系数,$k=1.5\sim2.5$。

$$P_{惯} = \frac{M_{惯} \cdot n}{9\ 550} \quad (2\text{-}10)$$

式中:$M_{惯}$——克服惯性力所需的电动机轴上的扭矩,单位为 N·m;

n——电动机转速,单位为 r/min。

$$M_{惯} = J \cdot \frac{\omega_1}{t}$$

式中:J——转化到电动机轴上的当量转动惯量,单位为 kg·m²;

ω_1——电动机的角速度,单位为 rad/s;

t——电动机启动时间(对于中型机床 $t=0.5$ s;对于大型机床 $t=1$ s)。

各传动件的惯性矩或惯性力,按下式折算到电动机轴上:

$$J = \sum J_k \left(\frac{\omega_k}{\omega_1}\right)^2 + \sum m_i \left(\frac{V_i}{\omega_1}\right)^2 \quad (2\text{-}11)$$

式中:J_k——各回转件的转动惯量,单位为 kg·m²;

ω_k——各回转件的角速度,单位为 rad/s;

m_i——各直线移动件的质量,单位为 kg;

v_i——各直线移动件的速度,单位为 m/s。

$$P_{摩} = \frac{mfv_{快}}{6\ 120\eta_{\Sigma}} \quad (2\text{-}12)$$

式中:m——执行件的质量,单位为 kg;

f——执行件导轨的摩擦因数;

$v_{快}$——执行件快速运动速度,单位为 m/min;

η_{Σ}——快速传动链的机械效率。

2.3 主传动设计

2.3.1 主传动概述

机床的主传动是用来实现机床主运动的,它对机床的使用性能、结构和制造成本都有明显的影响。因此,在设计机床时必须给予充分的重视。

1. 主传动的组成

图 2-3 和图 2-4 分别所示为 CA6140 卧式车床的传动系统图和主传动装置展开图,由图可以看出机床的主传动由以下几部分组成。

(1)定比传动机构 即具有固定传动比的传动机构。用来实现降速或升速。一般常采用齿轮机构、带传动机构及链传动机构等,有时也可以采用联轴器直接传动。例如,CA6140 中的 V 带传动和 V 轴与 Ⅵ 轴间的定比传动。

(2)变速装置 机床中的变速装置有齿轮变速机构、机械无级变速机构及液压无级变速装置等。例如,CA6140 中的主传动中采用了齿轮变速机构,其变速装置由四个滑移齿轮和一个离合器等变速机构组成,可使主轴得到 24 级转速。

(3)主轴组件 机床的主轴组件是执行件,它由主轴、主轴支承和安装在主轴上的传动件等组成。

(4)启/停装置 用来控制机床主运动执行件(如主轴)的启动和停止,通常采用离合器或直接启/停电动机。车床主运动的启/停采用了多片摩擦离合器。

(5)制动装置 用来使机床主运动执行件(如主轴)尽快地停止运动,以减少辅助时间,通常可以采用机械的、液压的、电气的或电动机的制动方式。车床主传动采用的是闸式制动器。

(6)换向装置 用来改变机床主运动方向。对于主运动需要换向的机床,在主传动中都应设有换向装置,它们可以是机械的、液压的,或者直接改变电动机的旋转方向。CA6140 车床主传动采用圆柱齿轮-多片摩擦离合器式换向装置。

(7)操纵机构 机床的启/停、变速、换向及制动等,都需要通过操纵机构来控制。设计机床时,一般是联系起来考虑主传动与操纵机构的设计方案。

(8)润滑与密封装置 为了保证主传动装置的正常工作和使用寿命,必须有良好的润滑装置与可靠的密封装置。

(9)箱体 用来安装上述各组成部分。封闭式箱体不仅能保护传动机构免受灰尘、切屑等侵入,而且还可减小这些机构所发出的噪声。

2. 主传动系统的功能及设计要求

(1)主传动系统的功能 机床主传动系统用于实现机床主运动,属于外联系传动链,

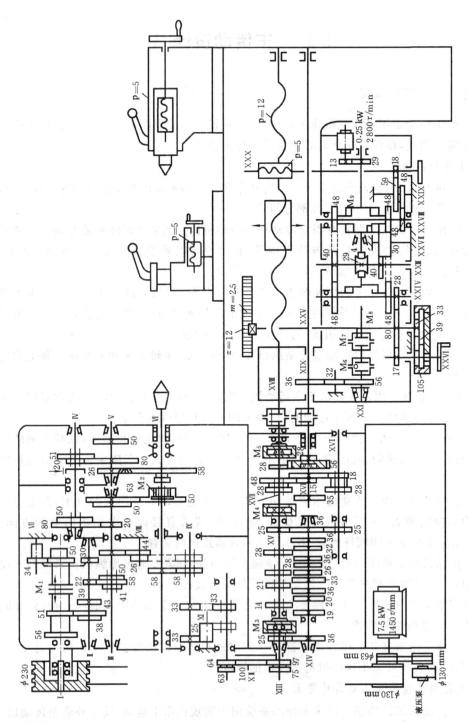

图2-3 CA6140卧式车床的传动系统

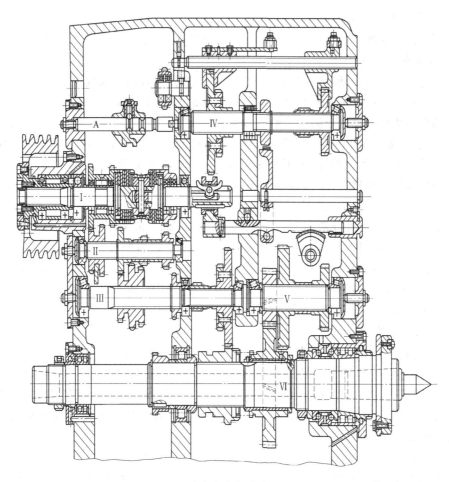

图 2-4 CA6140 卧式车床部分主传动装置展开图

其功能是：将一定的动力由动力源传递给执行件；保证执行件具有一定的转速和足够的转速范围；能够方便地实现运动的启/停、变速、换向和制动等。

机床主传动系统主要的构成部分包括：动力源、主轴组件、变速装置、定比传动机构、启/停、制动和换向装置、操纵机构、润滑与密封装置、箱体等。

（2）主传动系统的设计要求　机床主轴必须有足够的变速范围和转速级数，以满足实际使用的要求；主电动机和传动机构必须能提供和传递足够的功率和转矩，并具有较高的传动效率；执行件（如主轴组件）必须有足够的精度、刚度和抗振性，噪声、温升和热变形应在允许的范围内；操纵要轻便灵活、迅速、安全可靠，便于调整和维修；结构简单，润滑与密封良好，便于加工和装配，成本低。

3. 主传动系统方案确定

机床主传动系统方案包括:选择传动布局,选择变速、启/停、制动及换向方式。

1) 传动布局选择

有变速要求的主传动,可分为集中传动式和分离传动式两种布局方式。

(1) 集中传动式布局　把主轴组件和主传动的全部变速机构集中在同一个箱体内,这种布局称为集中传动式布局。一般将该部件称为主轴变速箱。目前,多数机床采用这种布局方式,比如CA6140型卧式车床、X62W型铣床等。这种布局优点是:结构紧凑,便于实现集中操纵;箱体数少,在机床上安装、调整方便;其缺点是:传动件的振动和发热会直接影响主轴的工作精度,降低加工质量。这种布局适用于普通精度的中型和大型机床。

(2) 分离传动式布局　这种布局把主轴组件和主传动的大部分变速机构分离,装在两个箱体内,这两个部件分别称为主轴箱和变速箱,中间一般采用带传动。其优点是变速箱的振动和热量不易传给主轴,从而可减少主轴的振动和热变形。当主轴箱采用背轮传动时,主轴通过带传动直接得到高转速,故运动平稳,加工质量高。其缺点是:箱体多,加工装配工作量大,成本较高;带传动在低速时传动转矩较大,容易打滑,更换传动带不方便等。这种布局适用于中小型高速或精密机床。

2) 变速方式选择

机床主传动的变速方式可分为无级变速和有级变速两种。

(1) 无级变速　无级变速是指在一定速度(或转速)范围内能连续、任意地变速,其优点有:可选用最合理的切削速度,没有速度损失,生产率高;一般可在运转中变速,从而可减少辅助时间;操纵方便,传动平稳等。因此,无级变速在机床上的应用有所增加。机床主传动采用的无级变速装置主要有以下几种。

① 机械无级变速器　靠摩擦传递转矩,通过摩擦传动使工作半径变化实现无级变速。由于它的变速范围较窄(变速比不超过10),通常需要与有级变速箱串联使用,多用于中小型机床。

② 液压无级变速器　通过改变单位时间内输入液压缸或液动机中的液体流量来实现无级变速。其特点是变速范围较大,传动平稳,运动换向时冲击小,易于实现直线移动。因此,常用于主运动为直线运动的机床。

③ 电气无级变速　直流调速电动机从额定转速到最高转速之间是用调节磁场的方式实现调速,为恒功率调速段;从最低转速到额定转速之间是用调节电枢电压的方式进行调速,为恒转矩调速段。恒功率调速范围为2~4,恒转矩调速范围较大,可达几十甚至上百。其额定转速通常在1 000~2 000 r/min 范围内。

交流调速电动机通常采用变频调速方式。其调速效率高,性能好,调速范围较宽,恒功率调速范围可达5甚至更大,额定转速为1 500 r/min 或 2 000 r/min 等。交流调速电动机没有电刷和换向器,采用全封闭外壳,防护效果好,已逐渐取代直流调速电动机。

直流和交流调速电动机的调速范围和功率特性如图 2-5 所示。由于其功率和转矩特性不能满足机床的使用要求,为此,须与有级变速箱串联应用,多用于数控机床、精密机床和大型机床。

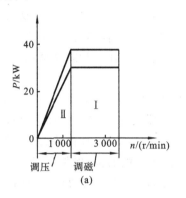 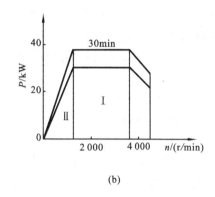

图 2-5　调速电动机功率特性
(a) 直流调速电动机功率特性　(b) 交流调速电动机功率特性

(2) 有级变速　有级(或分级)变速是指在若干固定速度(或转速)级内不连续地变速。这是普通机床应用最广泛的一种变速方式。采用这种变速方式时传递功率大,变速范围大,传动比准确,工作可靠;但速度不能连续变化,有速度损失,传动不够平稳。通常采用下述机构实现变速。

① 滑移齿轮变速机构　它的应用最普遍,其优点是:变速范围大,实现的转速级数多;变速较方便,可传递较大功率;非工作齿轮不啮合,空载功率损失较小。其缺点是:变速箱结构复杂;传动不够平稳;不能在运转中变速。滑移齿轮多采用双联和三联齿轮。

② 交换齿轮变速机构　交换齿轮(又称挂轮)变速的优点是:结构简单,不需要操纵机构;轴向尺寸小,变速箱结构紧凑;主动齿轮与从动齿轮可以对调使用,齿轮数少。其缺点是:更换齿轮费时费力;齿轮装于悬臂轴端,刚度差。这种变速机构适用于不需要经常变速或换挂轮时间对生产率影响不大,但要求结构简单紧凑的机床,如成批大量生产的某些自动或半自动机床、专门化机床等。

③ 多速电动机　多速交流异步电动机本身能够变速,多为双速或三速。其优点是:在运动中变速,使用方便;简化了变速箱的机械结构。其缺点是:多速电动机在高、低速时输出功率不同,按低速小功率选定电动机,高速时大功率不能完全发挥能力;多速电动机体积较大,价格较高。多速电动机适用于自动或半自动机床、普通机床。

④ 离合器变速机构　采用离合器变速机构,可在传动件(如齿轮)不脱开啮合位置的条件下进行变速,因此操作方便省力,但传动件始终处于啮合状态,传动件磨损和噪声较大,效率较低。主传动变速用的离合器主要有以下几种。

a. 齿轮式或牙嵌式离合器　机床主轴上有斜齿轮($\beta > 15°$)、人字齿轮或重型机床的传动齿轮又大又重时,不能采用滑移齿轮变速,这时可采用齿轮式或牙嵌式离合器变速。采用齿轮式或牙嵌式离合器变速的优点是:结构简单,外形尺寸小;传动比准确,工作中不打滑;能传递较大转矩。但这种离合器不能实现在运行中变速。

b. 片式摩擦离合器　可实现运行中变速,接合平稳,冲击小,但结构较复杂,摩擦片间存在相对滑动,发热较大。主传动多采用液压或电磁片式摩擦离合器,电磁片式摩擦离合器不能装在主轴上,以免因发热、剩磁现象影响主轴正常工作。片式摩擦离合器多用于自动或半自动机床。

对于变速用离合器在主传动系统中的安装位置,应注意两个问题:其一,尽量将离合器放置在高速轴上,这样可减少传递的转矩,缩小离合器尺寸;其二,应避免"超速"现象。当变速机构接通一条传动路线时,在另一条传动路线上的传动件(如齿轮、传动轴)高速空转,这种现象称为"超速"现象。超速会加剧传动件、离合器的磨损,增加空载功率损失,增加发热和噪声。如图 2-6 所示,Ⅰ轴为主动轴,转速为 n_1,Ⅱ轴为从动轴。如图 2-6(a)所示,接通 M_1、脱开 M_2 时,小齿轮 z_3 的空转转速等于 $\frac{80}{40} \times \frac{96}{24} n_1 = 8 n_1$,$z_3$ 与Ⅰ轴的相对转速为 $8 n_1 - n_1 = 7 n_1$,z_3 将超速现象。同理,图 2-6(b)中的 z_3 也会超速;图 2-6(c)、图 2-6(d)中的 z_3 则不会超速。

根据机床的不同使用要求和结构特点,上述各种变速机构可单独使用,也可以组合使用。例如,CA6140 型卧式车床的主传动主要采用滑移齿轮变速,也采用了齿轮式离合器。

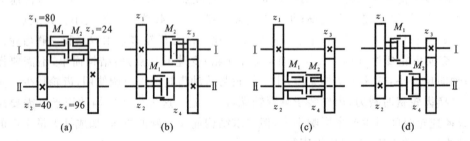

图 2-6　离合器变速机构的超速现象

3) 启/停方式选择

控制主轴启动与停止的方式分为电动机启/停和机械启/停两种。

(1) 电动机启/停　电动机启/停的优点是操纵方便省力,可简化机械结构。其缺点是直接启动电动机时的冲击较大;频繁启动会造成电动机发热甚至烧损;若电动机功率大且经常启动时,启动电流会影响车间电网的正常供电。电动机启/停适用于功率较小或启动不频繁的机床,如铣床、磨床及中小型卧式车床等。若几个传动链共用一个电动机且不同时启/停时,则不能采用这种方式。

(2) 机械启/停 在电动机不停止运转的情况下,可采用机械启/停方式使主轴启动或停止。实现机械启/停通常采用离合器。

① 锥式和片式摩擦离合器 可用于高速运转的离合,离合过程平稳、冲击小,容易控制主轴停转位置,离合器还能兼起过载保护作用。这种离合器应用较多,如卧式车床、摇臂钻床等。

② 齿轮式和牙嵌式离合器 仅用于低速($v \leqslant 10 \text{ m/min}$)运转的离合,结构简单,尺寸较小,传动比准确,能传递较大转矩,但在离合过程中齿端有冲击和磨损。

实用应优先采用电动机启/停方式,当启/停频繁,电动机功率较大或有其他要求时,可采用机械启/停方式。另外,应尽可能将启/停装置放在传动链前面而且转速较高的传动轴上。这时传递转矩小,结构紧凑,停车后大部分传动件将停转,可减小空载功率损失。

4) 制动方式选择

有些机床主传动不需制动,如磨床和一般组合机床,但大多数机床需要制动:装卸及测量工件、更换刀具和调整机床时,要求主轴尽快停止转动;机床发生故障和事故时,能够及时刹车可避免更大损失。主传动的制动方式可分为电动机制动和机械制动两种。

(1) 电动机制动 电动机制动时,让电动机的转矩方向与其实际转矩方向相反,使之减速而迅速停转,多采用反接制动、能耗制动等。这种方式操纵方便省力,并可简化机械结构。但频繁制动时,电动机易发热甚至烧损。因此,反接制动适用于直接启/停的中小功率电动机,以及制动不频繁、制动平稳性要求不高及具有反转的主传动系统。

(2) 机械制动 在电动机不停转情况下需要制动时,可采用机械制动方式,有下列几种机械制动器可供选择。

① 闸带式制动器 结构简单,轴向尺寸小,能以较小的操纵力产生较大的制动力矩;但这种制动器径向尺寸较大,制动时在制动轮上会产生较大的径向单侧压力,对所在传动轴有不良影响。多用于中小型机床、惯量不大的主传动(如 CA6140 型卧式车床)。

② 闸瓦式制动器 结构简单,操纵方便;制动时对制动轮有很大的径向单侧压力,制动力矩小,闸块磨损较快。多用于中小型机床,惯量不大且制动要求不高的主传动系统(如多刀半自动车床)。

③ 片式摩擦制动器 制动时对轴不产生径向单侧压力,制动灵活平稳;结构较复杂,轴向尺寸较大。可用于各种机床(如 Z3040 型摇臂钻床、CW6163 型卧式车床等)的主传动系统。

应优先采用电动机制动方式。对于制动频繁、传动链较长、惯量较大的主传动系统,可采用机械制动方式。应将制动器放在接近主轴且转速较高的传动件上。这样,可使制动力矩小,结构紧凑,制动平稳。

5) 换向方式选择

有些机床,如磨床,多刀半自动车床及一般组合机床的主传动系统不需要换向,但多数机床的主传动系统都需要换向。换向有两个目的:一是正反向都用于切削时,选用一个运动方向后,工作过程中不需要改变参数(如铣床),这时正反向所需要的转速、转速级数及传递动力应相同;二是正转用于切削而反转主要用于空行程时,在工作过程中需要经常变换转向(如卧式车床、钻床)。为了提高生产率,反向应比正向的转速高,转速级数少、传递动力小。主传动换向方式分为电动机换向和机械换向两种。

(1) 电动机换向　变换电动机的转向,使主运动执行件的运动方向改变,这种换向方式可简化机床的机械结构,操作简单省力且容易实现自动化,在可能的条件下应采用这种方式,例如上述正反两个方向都用于切削的情况,即使是正向切削、反向空程的情况,有条件时也应采用。利用直流电动机驱动的龙门刨床,由电动机反向,并提高反向速度是很方便的。但是采用交流异步电动机换向,若换向频繁,尤其是电动机功率较大时,易引起电动机过热,故不宜采用。

(2) 机械换向　在电动机转向不变的情况下需要主轴换向时,可采用机械换向方式。主传动多采用齿轮-多片摩擦离合器式换向装置。这种方式可用于高速运转中换向,换向较平稳,但结构复杂。

2.3.2　有级变速主传动运动的设计

主传动运动设计的任务是运用转速图的基本原理,拟定满足给定转速的合理的传动系统方案。其主要内容包括选择变速组及其传动副数,确定各变速组中的齿轮传动比,以及计算齿轮齿数和带轮直径等。

1. 转速图和结构式

1) 转速图的概念

转速图是分析和设计机床传动系统时须应用的一种特殊线图,由"三线一点"组成,即传动轴格线、转速格线、传动线和转速点组成。

图 2-7(a) 所示为某机床主传动系统图,图 2-7(b) 所示为该传动系统的转速图。

(1) 传动轴格线　间距相同的竖直线表示各传动轴。自左向右依次标注 0、Ⅰ、Ⅱ、Ⅲ、Ⅳ,与传动系统图的各轴相对应。

(2) 转速格线　间距相同的水平线表示转速的对数坐标。由于主轴转速是等比数列,因此,相邻两转速的关系为

$$\frac{n_2}{n_1} = \varphi, \quad \frac{n_3}{n_2} = \varphi, \quad \cdots, \quad \frac{n_z}{n_{z-1}} = \varphi$$

两边取对数,可得

$$\lg n_2 - \lg n_1 = \lg\varphi, \quad \lg n_3 - \lg n_2 = \lg\varphi, \quad \cdots, \quad \lg n_z - \lg n_{z-1} = \lg\varphi$$

可见,若将转速坐标值取为对数坐标时,则任意相邻两转速格线的间距为一格,即一个 $\lg\varphi$。为方便起见,转速图上不写 lg 符号,而直接标出转速值。

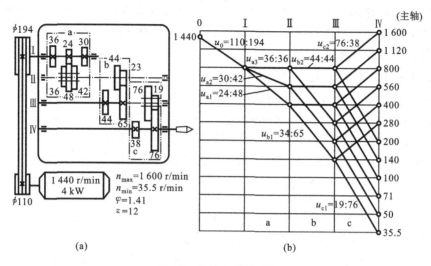

图 2-7 机床主传动系统
(a) 传动系统图　(b) 转速图

(3) 转速点　传动轴格线上的圆点（或圆圈）表示该轴所具有的转速。如Ⅳ轴（主轴）上的 12 个圆点，表示主轴具有 12 级转速。

(4) 传动线　传动轴格线间的转速点连线表示相应传动副的传动比。分析传动线，可得出以下结论。

① 传动线的倾斜方向和倾斜程度表示传动比的大小。传动线水平，表示等速传动，传动比 $u=1$；传动线向下方倾斜（按传动方向由主动转速点引向从动转速点），表示降速传动，传动比 $u<1$；反之，若传动线向上方倾斜，表示升速传动，传动比 $u>1$。倾斜程度越大，表示降速比或升速比也越大。因此，传动比的数值 φ^z 可用传动轴格线的高差 z（从动转速点与主动转速点相差的格数）来表示。例如第一变速组（a 组）：水平传动线的高差为 0，传动比 $u_{a3}=\varphi^0=1(36:36)$；下斜 1 格的传动线，高差为 -1，$u_{a2}=\varphi^{-1}=1/1.41(30:42)$；下斜 2 格的传动线，高差为 -2，$u_{a1}=\varphi^{-2}=1.41^{-2}=1/2(24:48)$。

② 一个主动转速点引出的传动线数目表示该变速组中不同传动比的传动副数。如第一变速组，由Ⅰ轴的主动转速点向Ⅱ轴引出 3 条传动线，表示该变速组具有 3 对传动副。

③ 两条传动轴格线间相互平行的传动线表示同一个传动副的传动比。如第 3 变速组（c 组），当Ⅲ轴为 800 r/min 时，通过升速传动副（76:38）使主轴得到 1 600 r/min，因Ⅲ轴共有 6 级转速，通过该传动副可使主轴得到 6 级高转速 280～1 600 r/min，所以上斜的 6 条平行传动线均表示同一个升速传动副的传动比。

综上所述,转速图可表达传动轴的数目,主轴及各传动轴的转速级数、转速值及其传动路线,变速组的数目及传动顺序,各变速组的传动副数及其传动比数值等。

2) 转速图的基本原理

为了合理拟定转速图,必须会分析转速图,并从中掌握其变化规律。图 2-7 所示的机床主轴的 12 级转速是由三个变速组串联起来的变速系统实现的。这是主传动变速系统的基本形式,称为基型变速系统(或常规变速系统),即以单速电动机驱动,由若干变速组串联起来,使主轴得到连续而不重复的等比数列转速的变速系统。

(1) 基本组的变速特性　变速组 a 的 3 个传动比也是公比为 φ 的等比数列,即

$$\frac{u_{a2}}{u_{a1}} = \frac{\varphi^{-1}}{\varphi^{-2}} = \varphi, \quad \frac{u_{a3}}{u_{a2}} = \frac{\varphi^{0}}{\varphi^{-1}} = \varphi$$

使 Ⅱ 轴得到三级转速(400 r/min,560 r/min,800 r/min)均相差 1 格,同样是公比为 φ 的等比转速数列。在其他变速组不改变传动比的条件下,该变速组可使主轴得到三级公比为 φ 的转速。由此可见,这个变速组是实现主轴等比转速数列的基本的、必不可缺的变速组,故称为基本变速组,简称基本组。

为了分析问题方便,通常将变速组传动比数列中相邻两个传动比的比值称为级比,用 φ^{x_i} 表示,并将级比值 φ^{x_i} 的指数 x_i 称为级比指数或特性指数。

因此,基本组的级比 $\varphi^{x_0} = \varphi^1$,级比指数 $x_0 = 1$。基本组的变速特性表现在转速图上就是相邻两条传动线拉开 1 格。

(2) 第一扩大组的变速特性　变速组 b 的级比为 $u_{b1}/u_{b2} = \varphi^3$,级比指数为 3,即相邻两条传动线拉开 3 格,使轴 Ⅲ 得到 6 级转速(140～800 r/min)。因此,这个变速组是在基本组的基础上,起到第一次扩大变速的作用,所以称为第一扩大变速组,简称第一扩大组。

由图 3-5 可见,第一扩大组的级比指数 x_1 应等于基本组的传动副数 $p_0 = 3$,否则会造成主轴转速重复或转速排列不均匀现象。因此,第一扩大组的变速特性为:第一扩大组的级比指数等于基本组的传动副数,即 $x_1 = p_0$。

(3) 第二扩大组的变速特性　变速组 c 的级比为 $u_{c2}/u_{c1} = \varphi^6$,级比指数为 6,即相邻传动线拉开 6 格。通过这个变速组使主轴转速进一步扩大为 12 级连续的等比转速数列,它起到第二次扩大变速的作用,故称其为第二扩大变速组,简称第二扩大组。

第二扩大组的变速特性:第二扩大组的级比指数 x_2 等于基本组的传动副数 p_0 和第一扩大组的传动副数 p_1 的乘积,即 $x_2 = p_0 p_1$。

如果变速系统还有第三扩大组、第四扩大组……,可依此类推得到各扩大组的变速特性。在转速图上寻找基本组和各扩大组时,可根据其变速特性,先找基本组,再依其扩大顺序找第一扩大组、第二扩大组……

综上所述,基型变速系统中各变速组必须遵守变速规律——级比指数规律(简称级比规律)。

① 基本组的级比指数等于 1，即 $x_0 = 1$。

② 任一扩大组级比指数大于 1，且等于基本组的传动副数与该扩大组之前（按扩大顺序计）各扩大组的传动副数的乘积，即 $x_i = p_0 p_1 p_2 \cdots p_{i-1}$，见表 2-3。

表 2-3　各变速组的级比、级比指数和变速范围

变 速 组	传动副数	级 比 指 数	级　　　比	变 速 范 围
基本组	p_0	$x_0 = 1$	$\varphi^{x_0} = \varphi$	$r_0 = \varphi^{x_0(p_0-1)} = \varphi^{(p_0-1)}$
第一扩大组	p_1	$x_1 = p_0$	$\varphi^{x_1} = \varphi^{p_0}$	$r_1 = \varphi^{x_1(p_1-1)} = \varphi^{p_0(p_1-1)}$
第二扩大组	p_2	$x_2 = p_0 p_1$	$\varphi^{x_2} = \varphi^{p_0 p_1}$	$r_2 = \varphi^{x_2(p_2-1)} = \varphi^{p_0 p_1(p_2-1)}$
⋮	⋮	⋮	⋮	⋮
第 i 扩大组	p_i	$x_i = p_0 p_1 p_2 \cdots p_{i-1}$	$\varphi^{x_i} = \varphi^{p_0 p_1 p_2 \cdots p_{i-1}}$	$r_i = \varphi^{x_i(p_i-1)} = \varphi^{p_0 p_1 p_2 \cdots (p_i-1)}$
⋮	⋮	⋮	⋮	⋮
第 j 扩大组	p_j	$x_j = p_0 p_1 p_2 \cdots p_{j-1}$	$\varphi^{x_j} = \varphi^{p_0 p_1 p_2 \cdots p_{j-1}}$	$r_j = \varphi^{x_j(p_j-1)} = \varphi^{p_0 p_1 p_2 \cdots (p_j-1)}$

3) 变速组的变速范围

变速组的最大传动比 $u_{i\max}$ 与最小传动比 $u_{i\min}$ 之比称为该变速组的变速范围，即

$$r_i = \frac{u_{i\max}}{u_{i\min}} = \varphi^{x_i(p_i-1)} \tag{2-13}$$

基型变速系统中各变速组的变速范围数值见表 2-3。由表可见，最后扩大组的变速范围 r_j 为最大。主轴的转速范围（变速范围）R_n 等于各变速组的变速范围的乘积，即

$$R_n = r_0 r_1 \cdots r_i \cdots r_j \tag{2-14}$$

主轴的转速级数为

$$Z = p_0 p_1 p_2 \cdots p_j$$

4) 结构网和结构式

研究机床传动系统的内部规律，分析和设计各种传动方案，除了利用转速图外，还可以利用结构网或结构式。

结构网与转速图的主要区别是，结构网只表示传动比的相对关系，而不表示传动比和转速的绝对值。图 2-8 所示为图 2-7 中的变速系统的结构网。结构网的传动线通常按对称分布画出，如图 2-8(a)所示。也可按不对称分布画出"上平下斜"式结构网，如图 2-8(b)所示。在一个结构网中，只允许选用一种表示方式。

结构式能够表达变速系统最主要的三个变速参数为主轴转速级数 Z、各变速组的传动副数 p_i 和各变速组的级比指数 x_i。结构式可表示为

$$Z = p_{a()} \cdot p_{b()} \cdot p_{c()} \cdots$$

按传动顺序列出各变速组的传动副数，p_a、p_b、p_c 分别表示第一、第二、第三变速组的传动副数，括号内标出各变速组的级比指数，即可表明按扩大顺序排列的基本组和各

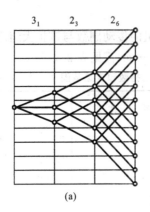 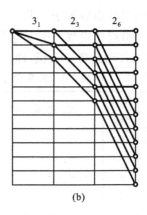

图 2-8 结构网

(a) 对称分布 (b) 不对称分布

扩大组。

例如,图 2-7 所示变速系统的结构式可写成 $12=3_{(1)} \cdot 2_{(3)} \cdot 2_{(6)}$,还可写成 $12=3_1 \cdot 2_3 \cdot 2_6$,$12=3_1 \times 2_3 \times 2_6$ 或 $12=3_{[1]} \cdot 2_{[3]} \cdot 2_{[6]}$。

结构网、结构式与转速图具有一致的变速特性,但转速图表达得具体、完整,转速和传动比是绝对数值,而结构网和结构式表达变速特性较简单、直观。因此,它们便于分析和设计传动方案。

2. 主传动运动设计要点

1) 齿轮变速组的传动比和变速范围限制

在主传动的降速传动中,为防止被动齿轮直径过大而增加径向尺寸,常常限制最小传动比 $u_{\min} \geqslant 1/4$;在升速时,为防止过大的噪声和振动,常限制最大传动比 $u_{\max} \leqslant 2$;如果用斜齿轮传动,$u_{\max} \leqslant 2.5$。因此,主传动各变速组的最大变速范围一般为 $r_{\max} \leqslant 8 \sim 10$。

在检查变速组的变速范围时,只需检查最后一个扩大组,因为其他变速组的变速范围都比最后扩大组的小。

2) 减小传动件结构尺寸的原则

传动件传递的转矩取决于所传递的功率及其计算转速,即

$$T = 955 \times 10^4 \frac{P}{n_j} = 955 \times 10^4 \frac{P_E \eta}{n_j} \tag{2-15}$$

式中:T——传动件的传递转矩,单位为 N·mm;

P——该传动件传递的功率,单位为 kW;

P_E——主电动机功率,单位为 kW;

n_j——该传动件的计算转速,单位为 r/min;

η——主电动机到该传动件间的传动效率。

由式(2-15)可知,当传递功率一定时,提高传动件的转速可降低传递转矩,减小传动件的结构尺寸。为此,应遵循下列一般原则。

(1) 变速组的传动副要"前多后少" 从电动机到主轴之间的变速系统,总的趋势是降速传动。传动链前面的转速较高,而传动链后面的转速较低,要把传动副数较多的变速组安排在传动链的前面,即

$$p_a \geqslant p_b \geqslant p_c \geqslant \cdots \geqslant p_m \tag{2-16}$$

式中:p_a、p_b、p_c、$\cdots\cdots$、p_m——第一、第二、第三变速组、$\cdots\cdots$、最后变速组的传动副数。

(2) 变速组的传动线要"前密后疏" 如果变速组的扩大顺序与传动顺序一致,即按传动顺序依次为基本组、第一扩大组、第二扩大组、$\cdots\cdots$、最后扩大组,可提高中间传动轴的转速,如图 2-9(a)所示;反之,若扩大顺序与传动顺序不一致,则中间传动轴的转速就会降低,如图 2-9(b)中的Ⅱ轴最低转速要比图 2-9(a)低。

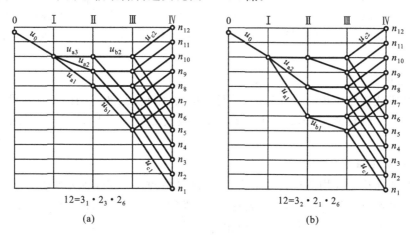

图 2-9 转速图比较

扩大顺序与传动顺序一致时,在结构网与转速图上,前面变速组的传动线分布得紧密些,后面变速组的传动线分布得疏松些,故称为传动线的"前密后疏"原则,即

$$x_a < x_b < x_c < \cdots < x_m \tag{2-17}$$

式中:x_a、x_b、x_c、$\cdots\cdots$、x_m——第一、第二、第三变速组、$\cdots\cdots$、最后变速组的级比指数。

(3) 变速组的降速要"前慢后快" 主传动变速系统通常是降速传动,因此,传动链前面的变速组降速要慢些,后面的变速组降速可快些,即

$$u_{a\min} \geqslant u_{b\min} \geqslant u_{c\min} \geqslant \cdots \geqslant u_{m\min} \tag{2-18}$$

式中:$u_{a\min}$、$u_{b\min}$、$u_{c\min}$、$\cdots\cdots$、$u_{m\min}$——第一、第二、第三变速组、$\cdots\cdots$、最后变速组的最小传动比。

3) 传动性能的改善

提高传动件转速可减小结构尺寸,但转速过高又会增大空载功率损失,引起振动、发

热和噪声增加等。为了改善传动性能,应注意下列事项。

(1) 传动链要短　减少传动链中齿轮、传动轴和轴承数量,不仅制造、维修方便,降低成本,还可提高传动精度和传动效率,减少振动和噪声。主轴最高转速区内的机床空载功率损失和噪声最大,需特别注意缩短高速传动链,这是设计高效率、低噪声变速系统的关键。

(2) 转速和要小　减小各轴转速之和,可降低空载功率损失和噪声。要避免传动件有过高的转速,避免过早、过大地升速。

(3) 齿轮线速度要低　齿轮线速度是影响噪声的重要因素,通常限制齿轮的线速度 $v<15$ m/s。

(4) 空转件要少　空转的齿轮、传动轴等元件要少,转速要低,这样能够减小噪声和空载功率。

设计机床主传动系统时,一般应遵循上述原则。但有时还须根据具体情况加以灵活运用。例如,CA6140车床主传动系统(见图2-14)在Ⅰ轴上安装片式摩擦离合器,致使Ⅰ轴的轴向尺寸较长,为使结构紧凑,第一变速组采用双联齿轮副,但这样就违反了"前多后少"原则。

3. 转速图的拟定

现以某卧式铣床主传动设计为例,说明结构式、结构网、转速图的拟定步骤及其主要内容。设已知主轴转速 $n=35.5\sim1\,500$ r/min,级数 $Z=12$,公比 $\varphi=1.41$,其主要设计步骤如下。

1) 确定变速组数目

大多数机床广泛应用滑移齿轮来变速,为满足结构设计和操纵方便的要求,通常都采用双联或三联滑移齿轮。因此,主轴转速为12级的变速系统可用三个变速组,包括一个三联滑移齿轮变速组和两个双联滑移齿轮变速组。

2) 确定变速组的传动方案

变速组的传动方案是指各变速组在传动链中由先到后的排列顺序。该例中不同的传动顺序方案有

$$12=3\cdot2\cdot2,\quad 12=2\cdot3\cdot2,\quad 12=2\cdot2\cdot3$$

如铣床结构上无特殊要求,根据传动副"前多后少"原则,应优先选用 $12=3\cdot2\cdot2$ 的方案。

3) 确定扩大顺序方案

变速组的扩大顺序是指各变速组的级比指数由小到大的排列顺序。根据已选用的传动顺序方案,又可得出若干不同的扩大顺序方案。如无特殊要求,根据传动线"前密后疏"的原则,应使变速组的扩大顺序与传动顺序一致,故可选用 $12=3_1\cdot2_3\cdot2_6$。采用其他扩大顺序方案时应进行分析比较。

综上所述,拟定结构式时,要"前多后少"地安排变速组的传动顺序;要"前密后疏"地

安排其扩大顺序,使扩大顺序与传动顺序一致。这在一般情况下可得到最佳结构式方案。

4) 检验最后扩大组的变速范围

由式(2-13)知,结构式 $12=3_1 \cdot 2_3 \cdot 2_6$ 最后扩大组的变速范围为 $r_2 = \varphi^{x_2(p_2-1)} = 1.41^{6(2-1)} = 1.41^6 = 8$,允许。因此,结构式方案确定为 $12=3_1 \cdot 2_3 \cdot 2_6$。

5) 画转速图的格线

该变速系统具有定比传动和三个变速组,画传动轴和转速格线,标定各轴号、主轴各转速点及电动机转速点的转速值,如图 2-10 所示。

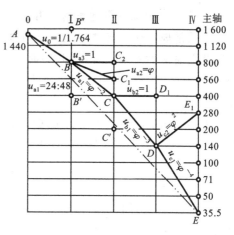

图 2-10 转速图的传动线

6) 分配传动比

分配各变速组的传动比,通常是"由后向前"地进行,先分配最后变速组的传动比,再顺次向前分配或"由前向后"交叉进行。分配传动比时应注意照顾有特殊要求的传动副、重要传动副及最后扩大组传动副。

(1) 分配第三变速组(Ⅲ～Ⅳ轴间)的传动比 由结构式 $12=3_1 \cdot 2_3 \cdot 2_6$ 可知,第三变速组即第二扩大组的传动副 $p_2=2$,级比指数 $x_2=6$。因此,先在Ⅳ轴上找到相距 6 格的两个转速点 E 和 E_1(可选定各轴最低转速点)。根据传动比 $1/4 \leqslant u \leqslant 2, \varphi=1.41$,则Ⅲ轴上相应主动转速点 D 只能有唯一位置,即 $u_{c1}=1/4, u_{c2}=2$。

(2) 分配第二变速组(Ⅱ～Ⅲ轴间)的传动比 第二变速组即第一扩大组有两个传动副,$p_1=2$,级比指数 $x_1=3$。因此,由Ⅲ轴上 D 点可定出 D_1 点。Ⅱ轴上相应的主动转速点 C 的位置只允许在 $C_1：C'$ 范围内选定。若选 C' 点,则Ⅱ轴转速过低且升速传动比会达到极限值;若选 C_1 点,则Ⅱ轴转速偏高且降速传动比会达到极限值。综合考虑上述问题,现选定 C 点位置,其传动比 $u_{b1}=\varphi^{-3}=1.41^{-3}=1/2.8, u_{b2}=\varphi^0=1.41^0=1$。

(3) 分配第一变速组(Ⅰ～Ⅱ轴间)的传动比 第一变速组即基本组有三个传动副,$p_0=3$,级比指数 $x_0=1$,故于Ⅱ轴上自 C 点向上取相邻三点 C, C_1, C_2。其Ⅰ轴上相应转速点 B 只能在 $B' \sim B''$ 范围内选定,考虑结构尺寸和传动性能,以及带轮轴(Ⅰ轴)的转速要求,已选定的 B 点是适宜的。

(4) 补全传动线 按照传动顺序"由前向后"地把各变速组的传动线画完整,即可得到图 2-7(b)所示的转速图,但图上仅有各轴转速及各传动副的传动比。

转速图的拟定往往需要多次修改,在以后的传动副参数确定甚至结构设计时仍有可能更改。因此应全面考虑,兼顾各个变速组,特别要注意结构尺寸和传动性能的影响,以拟定出更加完善合理的转速图方案。

4. 扩大传动系统变速范围的方法

利用常规传动系统时,由于变速组的极限传动比和极限变速范围的限制,机床主轴的变速范围通常不太大。当 $\varphi=1.41$ 时,主传动系的变速级数 $z\leqslant 12$,可能达到的最大变速范围 $R_n=1.41^{11}\approx 45$;当 $\varphi\approx 1.26$ 时,变速级数 $z\leqslant 18$,可能达到的最大变速范围 $R_n=1.26^{17}\approx 50$。

上述变速范围往往不能满足通用机床的要求,一些通用性较高的车床和镗床的变速范围一般在 140~200 之间,有的甚至超过 200。为此,可用下列方法来扩大传动系统的变速范围。

1) 增加变速组

由式(2-14)可知,机床传动系统的变速范围 R_n 等于各变速组变速范围的乘积,增加变速组即可扩大机床的变速范围 R_n。但因受变速组传动比的限制,增加变速组就必然导致部分转速的重复,而不能充分地利用传动副。例如,公比 $\varphi=1.41$ 的常规传动系统,结构式为

$$12 = 3_1 \cdot 2_3 \cdot 2_6$$

若须扩大其变速范围和变速级数时,则可增加一个变速组,其传动副为 2,作为最后一个扩大组。若满足级比规律,则结构式应为

$$24 = 3_1 \cdot 2_3 \cdot 2_6 \cdot 2_{12}$$

由式(2-13)检验最后扩大组的变速范围,得

$$r_3 = \varphi^{p_0 p_1 p_2 (p_3-1)} = \varphi^{3\times 2\times 2\times(2-1)}$$
$$= \varphi^{12} = 1.41^{12} = 64$$

上式中的 r_3 值已大大超出极限值($r_{max}=8\sim 10$)的范围,是不允许的,须将这个新增加的最后扩大组的变速范围,缩小到许用的极限值,即

$$r_3 = 1.41^{(12-6)} = 1.41^6 = 8$$

这时却出现 6 级重复的转速(见图 2-11),其结构式为

$$18 = 3_1 \cdot 2_3 \cdot 2_6 \cdot 2_{(12-6)} - 6$$

当然,并非凡是出现转速重复的现象都是因扩大变速范围而引起的,有的是出于满足传动系统具体要求的缘故。

2) 采用背轮机构的传动系统

背轮机构又称单回曲机构,其传递原理如图 2-12 所示。Ⅰ轴与Ⅲ轴同轴线,运动由Ⅰ轴传入,可经离合器 M 直接传到Ⅲ轴,传动比 $u_1=1$;也可脱开离合器 M(如图示位置),经两对齿轮($z_1/z_2, z_3/z_4$)传到轴Ⅲ。若两对齿轮皆为降速,而且取极限降速传动比 $u_{min}=1/4$,则背轮机构的最小传动比 $u_2=1/16$。因此,背轮机构变速组的极限变速范围为 $r_{max}=u_1/u_2=16$,这比一般滑移齿轮变速组的极限变速范围($r_{max}=8\sim 10$)要大得多,

所以用背轮机构作为最后扩大组,可以扩大传动系统的变速范围。

背轮机构仅占两排轴孔位置,故变速箱的径向尺寸小,镗孔数目也少。当高速传动(图 2-12 中离合器 M 接通)时,经齿轮 z_4/z_3 传到 Ⅱ 轴以更高的速度转动,增加了机床空载功率损失,齿轮噪声及磨损亦加剧。因此,设计时可考虑将 z_3 改为滑移齿轮,使离合器 M 与齿轮 z_3 联动操纵,在接合 M 的同时,齿轮 z_3 与 z_4 脱开。

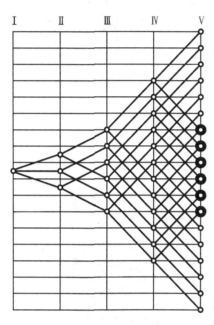

图 2-11 6 级重复转速的结构网

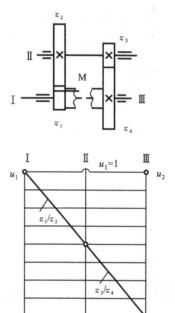

图 2-12 背轮机构

图 2-13 所示为 C616 普通车床的主传动系统和转速图。主传动采用分离传动,上面的主轴箱采用了背轮机构。该系统并未利用它所能达到的极限变速范围,因其已能满足机床的变速范围要求;另外分离传动中采用背轮机构,在高速时用传动带直接传动主轴,这样能减少主轴振动,提高传动平稳性,并可缩短高速传动链,提高传动效率。

3) 采用分支传动的传动系统

分支传动是由若干变速组串联,再增加并联分支的传动形式,也是一种扩大变速范围的常见方法。图 2-14 所示为 CA6140 普通车床的主传动系统和转速图,采用了低速分支和高速分支传动。在 Ⅲ 轴之前的传动是两者共用部分,由 Ⅲ 轴开始,低速分支的传动路线为 Ⅲ→Ⅳ→Ⅴ→Ⅵ(主轴),使主轴得到 10~500 r/min 的 18 级低转速,结构式为 $18 = 2_1 \cdot 3_2 \cdot 2_6 \cdot 2_{(12-6)} - 6$(重复了 6 级);高速分支传动是由 Ⅲ 轴通过一对定比传动齿轮 63/50,直接传到主轴 Ⅵ,使主轴得到 450~1 400 r/min 的 6 级高转速,结构式为 $6 = 2_1 \cdot 3_2$。

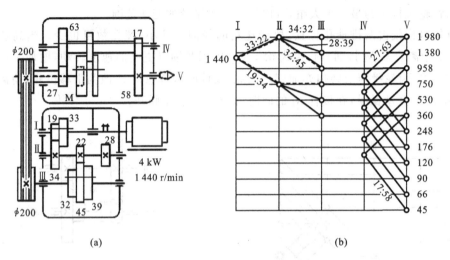

图 2-13 C616 型车床传动系统
(a) 主传动系统 (b) 转速图

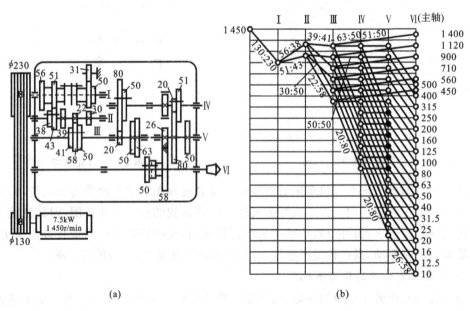

图 2-14 CA6140 普通车床主传动系统
(a) 主传动系统 (b) 转速图

上述分支传动的结构式可写为

$$24 = 2_1 \cdot 3_2 \cdot (1 + 2_6 \cdot 2_{12-6}) - 6$$

采用分支传动既可扩大变速范围，又能缩短高速传动链，从而可提高传动效率，降低噪声。

上述分支传动可以概括成为方块图的形式,如图 2-15(a)所示。从电动机至机床主轴,通过变速组 P_a、P_b、P_c、P_d 串联起来,并在 P_a、P_b 后有一分支与 P_c、P_d 并联。

若 $Z_0 = P_a \cdot P_b$,$Z' = P_c \cdot P_d$,则图 2-15(a)可用图 2-15(b)来表示。这时总的变速级数为

$$Z = Z_0(1 + Z')$$

式中:$Z_0 = P_a \cdot P_b = 2 \times 3 = 6$,$Z' = P_c \cdot P_d = 2 \times 2 = 4$。所以

$$Z = 6 \times (1 + 4) = 30$$

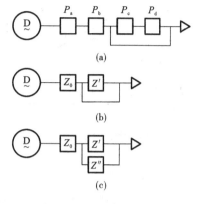

图 2-15 分支传动方框图

上式表明,低速为 24 级,高速为 6 级,单低速重复了 6 级,所以该机床实际主轴转速为 24 级。如果并联分支也有变速组,如图 2-15(c)所示的形式,总变速级数为

$$Z = Z_0(Z' + Z'')$$

这是分支传动的一般形式,图 2-15(b)可看做一个特例,即 $Z'' = 1$。

5. 齿轮齿数的确定

拟定转速图后,可根据各传动副的传动比确定齿轮齿数、带轮直径等参数。在确定齿轮齿数时,应先初定变速组内齿轮副模数和传动轴直径,以便根据结构尺寸判断其齿轮齿数或齿数和是否适宜。主传动齿轮要传递足够动力,齿轮模数一般取 $m \geq 2$。在强度允许的条件下应尽可能取较小模数,这样可方便加工,降低噪声。为了便于设计与制造,主传动齿轮所用模数的种类应尽可能少。在同一个变速组内,通常选用相同的模数,这是因为各齿轮副的速度和受力情况相差不大的缘故。而在某些场合,如在最后扩大组或折回传动组中,由于各齿轮副的速度和受力情况相差悬殊,在同一个变速组内可选用不同的模数,但一般不多于两种。

1) 齿轮齿数确定的原则和要求

齿轮齿数确定的原则是使齿轮结构尺寸小、主轴转速误差小。其具体要求如下。

(1) 齿轮的齿数和 S 不应过大,推荐齿数和 $S \leq 100 \sim 120$。

(2) 最小齿轮的齿数应尽量少,但需从下述限制条件中选取较大值。

① 受传动性能限制的最少齿数 为了保证最小齿轮不产生根切以及主传动具有较好的运动平稳性,对于标准直齿圆柱齿轮,一般取最小齿轮齿数 $z_{\min} = 18 \sim 20$,主轴上小齿轮 $z_{\min} = 20$,高速齿轮取 $z_{\min} = 25$。

② 受齿轮结构限制的最少齿数 齿轮(尤其是最小齿轮)应能可靠地安装到轴上或进行套装,特别要注意齿轮的齿槽到孔壁或键槽处的壁厚不能过小,以防齿轮热处理时产生过大的变形或传动中造成断裂现象。如图 2-16 所示,应保证齿轮的最小壁厚 $b \geq 2m$。

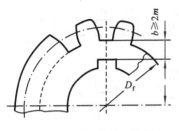

图 2-16 齿轮的最小壁厚

③ 两轴间最小中心距应取的适当 若齿数和 S 太小,则中心距过小,这将导致两轴的轴承及其他结构之间的距离过近或相碰。

(3) 传动比要求 确定齿轮齿数时,应符合转速图上传动比的要求。实际传动比(齿轮齿数之比)与理论传动比(转速图上要求的传动比)之间允许有误差,但不能过大。确定齿轮齿数所造成的转速误差一般不应该超过 $\pm 10(\varphi-1)\%$。

2) 齿轮齿数的确定

确定齿轮齿数时,首先须定出各变速组内齿轮副的模数,以便根据结构尺寸判断其最小齿轮齿数或齿数和是否适宜。在同一变速组内的齿轮可取相同的模数,也可取不同的模数。后者只有在一些特殊情况下,如最后扩大组或背轮传动中,因各齿轮副的速度变化大,受力情况相差也较大,在同一变速组内才采用不同模数,为了便于设计和制造,主传动系统中所采用齿轮模数的种类尽可能少一些。

(1) 计算法 在同一变速组内,各对齿轮的齿数之比必须满足转速图上已经确定的传动比,当各对齿轮的模数相同,且不采用变位齿轮时,则各对齿轮的齿数和必然相等。可列出

$$\begin{cases} z_j/z'_j = u_j \\ z_j + z'_j = S_z \end{cases} \tag{2-19}$$

式中:z_j、z'_j——分别为 j 齿轮副的主动和被动齿轮的齿数;

u_j——j 齿轮副的传动比;

S_z——齿轮副的齿数和。

可得

$$\left. \begin{array}{l} z_j = \dfrac{u_j}{1+u_j} \cdot S_z \\ z'_j = \dfrac{1}{1+u_j} \cdot S_z \end{array} \right\} \tag{2-20}$$

选定了齿数和 S_z,便可按式(2-20)计算各齿轮的齿数;或者由式(2-20)确定了齿轮副的任一齿轮的齿数后,用式(2-19)算出另一齿轮的齿数。

为了节省材料和使结构紧凑,确定变速组的齿数和 S_z 时,应使其尽可能地小,一般地说 S_z 主要是受最小齿轮的限制。显然最小齿轮在变速组内降速比或升速比最大的一对齿轮中,因此可先假定该小齿轮的齿数 $z_{\min}$,根据传动比求出齿数和,然后按各齿轮副的传动比,再分配其的齿数;如果传动比误差较大,应重新调整齿数和 S_z,再按传动比分配齿数。

如图 2-17 所示,该变速组内有三对齿轮,其传动比分别为

$$u_1 = \frac{z_1}{z_1'} = \frac{1}{\varphi^2} = \frac{1}{1.41^2} = \frac{1}{2}$$

$$u_2 = \frac{z_2}{z_2'} = \frac{1}{\varphi} = \frac{1}{1.41}, \quad u_3 = \frac{z_3}{z_3'} = 1$$

最小齿轮一定在有最大降速比 u_1 的这对齿轮副中,即 $z_{min} = z_1$,根据具体结构情况,取 $z_1 = 24$,则 $z_1' = z_1/u_1 = 24 \times 2 = 48$,齿数和 $S_z = z_1 + z_1' = 24 + 48 = 72$。然后由式(2-20)确定其他两对齿轮副的齿数。

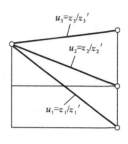

图 2-17 三联齿轮变速组

传动比为 u_2 的齿轮副:

$$z_2 = \frac{u_2}{1+u_2} \cdot S_z = \frac{1/1.41}{1+1/1.41} \times 72 = \frac{72}{2.41} = 30$$

$$z_2' = S_z - z_2 = 72 - 30 = 42$$

传动比为 u_1 的齿轮副:
$$z_3 = \frac{u_3}{1+u_3} \cdot S_z = \frac{1}{1+1} \times 72 = 36$$

$$z_3' = S_z - z_3 = 72 - 36 = 36$$

(2) 查表法确定齿轮齿数 若齿轮副传动比是标准公比的整数次方,变速组内的齿轮模数相等时,可按表 2-4 直接查出齿数。如图 2-7 中变速组 a 有三对传动副,其传动比为 $u_1 = 1/2, u_2 = 1/1.41, u_3 = 1$,查表过程如下。

① $u_1 = 1/2$,查表 2-4 中 $u = 2.00$ 一行;$u_2 = 1/1.41$,查 $u = 1.41$ 一行;$u_3 = 1$,查 $u = 1.00$ 一行。

② 确定最小齿轮齿数 z_{min} 及最小齿数和 S_{min}。该变速组内的最小齿轮必在 $u_1 = 1/2$ 的齿轮副中,设选定 $z_{min} = 22$,则在表 2-4 中 $u = 2.00$ 一行中找到 $z_{min} = 22$,顺竖列向上查得最小齿数和 $S_{min} = 66$。

③ 找出可能采用的齿数和 S 诸数值。自 $S_{min} = 66$ 开始向右查表,找出同时能满足三个传动比 u_1、u_2、u_3 要求的齿轮齿数和为 $S = 72, 84, 90, 92, 96 \cdots$

④ 确定适用的齿轮齿数和 S。在结构允许的条件下选用较小的齿数和,本例选 $S = 72$ 为宜。

⑤ 确定各齿轮副的齿数。由表 2-4 中 $u = 2.00$ 一行查得 $z_1 = 24$,则 $z_1' = S - z_1 = 72 - 24 = 48$;由 $u = 1.41$ 一行查得 $z_2 = 30$,则 $z_2' = S - z_2 = 72 - 30 = 42$;由 $u = 1.00$ 一行查得 $z_3 = 36$,则 $z_3' = S - z_3 = 72 - 36 = 36$。

(3) 模数不同时变速组内齿数的确定 设一个变速组内有两对齿轮副 z_1/z_1' 和 z_2/z_2',分别采用两种不同模数 m_1 和 m_2,其齿数和为 S_{z_1} 和 S_{z_2},如果不采用变位齿轮,因各齿轮副的中心距 A 必须相等,有

$$A = \frac{1}{2} m_1 (z_1 + z_1') = \frac{1}{2} m_1 S_{z_1}$$

表2-4 常用传动比的小齿轮适用齿数

续表

u\S	81	82	83	84	85	86	87	88	89	90	91	92	93	94	95	96	97	98	99	100	101	102	103	104	105	106	107	108	109	110	111	112	113	114	115	116	117	118	119	120	S\u
1.00		41																																						60	1.00
1.06		40								45																													58	58	1.06
1.12	38		39																																			59	58	57	1.12
1.19		37		41																																	57	57	56	55	1.19
1.26	36																																		56	56	55	54	53	53	1.26
1.33	35	35		37																	51			52		53		54		55			55	57		53	52		51	51	1.33
1.41		34		36																50							53					56	55	55			50	49	49	50	1.41
1.50	33	33		35		37	37															48			48			51	50	52	54	54	53		51		49		48	48	1.50
1.58	32	32		33	34			35		36													47				49			50	51	53		54	49		47	47	46	46	1.58
1.68		31			33				34	35				37							45	45		46	45	47		48	47	49		48	47	46	48	45	45	46		45	1.68
1.78	30			31	32		33						36						38		43	42		43	42	44	43	45	44	41	43	45	47	46	46		44	44	43	43	1.78
1.88	29	28	29	30		31	31			32				33							41	41		42	42		41	42	39	38	40	40	39	41	40	42	41		41	42	1.88
2.00		28	29					27	29		29		30	30	32								40	40	39	40		40	39		40	40	39	38	40	40	39	39	40	40	2.00
2.11	27																					38	37		36		37	36	38	37	37	36	36	35	37	37	39	38	38		2.11
2.24	26	26		27						28				30	33	32		34		35	35							35	35	36	36	36	36	35		36	36	35	35	37	2.24
2.37	25	25	26		26		27		28		29		30		32		35		34			34		31		32	33	33	34	34	33	33	35		34		35	35	34		2.37
2.51		24	25	25		26	27			28			29	30	30		33		34	34						31	32	32	32	31	33		32	31	33	33	33	32	34	34	2.51
2.66	23		24	24	25		26	26	26	27	28		29		30			30			29		28			28	29		28	29								32	31	33	2.66
2.82	22		23	23	24		25	25		26		27		28			29							27	27			28		29	28							31	30	30	2.82
2.99		22	22	23			24		25		26	26	27		28									26		27			26		28	28				29		29	30		2.99
3.16	21	21	21		22			23		24		25					26						25	25	25	25	26	25	26	25		27	27	26	25	28	28	27		29	3.16
3.35		20	21	21			22			23		24		24							24			24		25	25	25			25			25	25				26		3.35
3.55	19		20		20		21		22		22		23		23					24					23	24	24		23	23			24	24			27	27		25	3.55
3.76	18	18	19		20			20		21	21				22						22	22		22	22					23					25		26	26	25		3.76
3.98		18	19	19					20			21		21					19	19								20		22			24					25	24	24	3.98
4.22	17	18	17	17	18					18					19	19		19	19	19	19			20				19	20		21			22	22	22	22		23	23	4.22
4.47	16	16	16	17	17				17	17				17	17	18	18	18	18					19	19				19		20	21	20	21	21	21	22	21	22	22	4.47
4.73	14	15	15	15	15	15	15		16	16		16	16	17	17	17	17	17		18	18	18				19	19		19	19	20	20	20	20	20	20	20	20	21	21	4.73
S\u	81	82	83	84	85	86	87	88	89	90	91	92	93	94	95	96	97	98	99	100	101	102	103	104	105	106	107	108	109	110	111	112	113	114	115	116	117	118	119	120	u\S

$$A = \frac{1}{2}m_2(z_2 + z_2') = \frac{1}{2}m_2 S_{z_2}$$

所以
$$m_1 S_{z_1} = m_2 S_{z_2} \tag{2-21}$$

由式(2-21)可得
$$S_{z_1}/S_{z_2} = m_2/m_1 = e_2/e_1 \tag{2-22}$$

设
$$S_{z_1}/e_2 = S_{z_2}/e_1 = K$$

可得
$$\begin{cases} S_{z_1} = K e_2 \\ S_{z_2} = K e_1 \end{cases} \tag{2-23}$$

式中：e_1、e_2——无公因数的整数；

K——整数。

按式(2-23)计算不同模数的齿轮数，往往需要经几次试算才能确定。首先定出变速组内不同的模数值 m_1 和 m_2；根据式(2-22)计算出 e_1 和 e_2；选择 K 值，由式(2-23)计算各齿轮副的齿数和 S_{z_1} 和 S_{z_2}（应考虑齿数和不致过大或过小）；按各齿轮副的传动比分配齿数。如果不能满足转速图上的传动要求，须调整齿数和重新分配齿数，因此经常采用变位齿轮的方法改变两对齿轮副的齿数和，以获得所要求的传动比。

例如，X62W 铣床主传动中Ⅳ－Ⅴ轴间（第二扩大组）的两对齿轮，其传动比为 $u_1 = 1/4$ 和，考虑实际受力情况相差较大，齿轮副的模数分别选择为 $m_1 = 4$ 和 $m_2 = 3$。

由式(2-22)可得
$$S_{z_1}/S_{z_2} = m_2/m_1 = e_2/e_1 = 3/4$$

为了使齿数和较小并满足最小齿轮齿数的要求，选取 $K = 30$，则
$$S_{z_1} = K e_2 = 30 \times 3 = 90, \quad S_{z_2} = K e_1 = 30 \times 4 = 120$$

根据齿轮副的传动比分配如下：
$$u_1 \approx \frac{1}{4} \approx \frac{19}{71}$$

$$u_2 = \varphi^3 \approx 2 \approx \frac{82}{38}$$

(4) 三联滑移齿轮的齿数关系　若变速组采用三联滑移齿轮，确定其齿数之后，还应检查相邻齿轮的齿数关系。如图 2-18 所示的三联滑移齿轮，从中间位值向左移动时，次大齿轮 z_2 要从固定齿轮 z_3 上方越过，为避免 z_2 与 z_3' 齿顶相碰，对于模数相同的标准齿轮，必须保证 $a \geqslant \frac{1}{2}m(z_3' + 2) + \frac{1}{2}m(z_2 + 2)$，其中，$a = \frac{1}{2}m(z_3 + z_3')$，代入上式可得 $z_3 - z_2 \geqslant 4$，即三联滑移齿轮的最大齿轮与次大齿轮的齿数差大于或等于 4。

6. 计算转速

设计机床时，须根据不同机床的性能要求，合理确定机床的最大工作能力，即主轴所能传递的最大功率或最大转矩。对于所设计机床的传动件（如主轴、传动轴、齿轮及离合器等）尺寸，主要根据它所传递的最大转矩进行计算，即与它所传递的功率和转速两个参

数有关。

对于专用机床,在特定工艺条件下各传动件所传递的功率和转速是固定不变的,传递的转矩也是一定的。而对于工艺范围较广的通用机床和某些专门化机床,由于使用条件复杂,转速范围较大,传动件所传递的功率和转速也是变化的。将传动件的传递转矩定得偏小或偏大都是不可靠、不经济的。通用机床在较低的一段转速范围内,经常用于切削螺纹、铰孔、切断、宽刀精车等工序,其消耗功率较小,不需要使用电动机的全部功率,即使在粗加工工序中,由于受刀具、夹具和工件刚度的限制,不允许采用过大的切削用

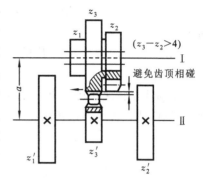

图 2-18 三联滑移齿轮的齿数关系

量,也不会使用电动机的全部功率。因此,只是从某一转速开始,才有可能使用电动机的全部功率。但在使用电动机全部功率的所有转速之中,随着转速的降低,传递的转矩逐渐增加。因此,把传动件传递全部功率时的最低转速称为该传动件的计算转速。

1) 主轴计算转速的确定

主轴计算转速 n_j 是指主轴传递全部功率(此时电动机为满载)时的最低转速。从这一转速起至主轴最高转速间的所有转速都能传递全部功率,此为恒功率工作范围,而转矩则随转速的增加而减小。低于主轴计算转速的各级转速所能传递的转矩与计算转速时的转矩相等,此为恒转矩工作范围,而功率则随转速的降低而减小,如图 2-19 所示。

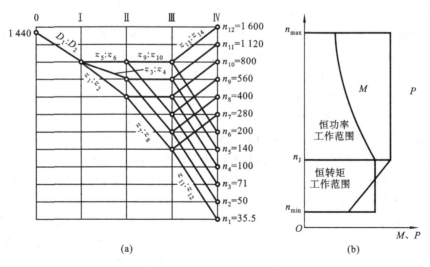

图 2-19 主轴计算转速
(a) 转速图　(b) 功率及转矩特性

根据对现有机床的调查,测定及有关统计资料分析,主轴计算转速的确定如表 2-5 所示。

如图 2-19(a)所示,该车床的主轴转速级数 $Z=12$,由表 3-5 可知,主轴计算转速 $n_J = n_4 = 100$ r/min。

主轴计算转速在转速图上可用"黑点"表示。计算转速必须是主轴实际具有的工作转速,如所得计算转速不在转速点上,则应选定与其最靠近的转速值。

表 2-5 中型通用机床和半自动机床的主轴计算转速

机 床 类 型	等 公 比	混合公比或无级变速
车床,升降台铣床,转塔车床,液压仿形半自动车床,多刀半自动车床,单轴和多轴自动车床,立式多轴半自动车床,卧式铣镗床($\varphi=63\sim90$)	$n_J = n_{\min}\varphi^{\frac{Z}{3}-1}$ n_J 为主轴第一个(低的)三分之一转速范围内的最高一级转速	$n_J = n_{\min}R_n^{0.3}$
立式钻床,摇臂钻床	$n_J = n_{\min}\varphi^{\frac{Z}{4}-1}$ n_J 为主轴第一个(低的)四分之一转速范围内的最高一级转速	$n_J = n_{\min}R_n^{0.25}$

2) 其他传动件计算转速的确定

机床主传动中的齿轮、传动轴及其他传动件的计算转速,应是它传递全部功率的最低转速。如前所述,主轴从计算转速起至最高转速间的所有转速都能传递全部功率,那么实现主轴这些转速的传动件实际工作转速也能传递全部功率。

当主轴的计算转速确定之后,其他传动件的计算转速可从转速图上加以确定。确定顺序通常是"由后往前",即先定出位于传动链后面(靠近主轴)的传动件的计算转速,再顺次由后往前地定出传动链中其他传动件的计算转速,其步骤如下:

① 该传动件共有几级实际工作转速;
② 其中哪几级转速能够传递全部功率;
③ 能够传递全部功率的最低转速即为该传动件的计算转速。

现以图 2-19(a)为例,说明传动轴和齿轮计算转速的确定方法。

(1) 传动轴的计算转速　Ⅲ轴计算转速的确定:Ⅲ轴共有 6 级,实际工作转速 $140\sim800$ r/min。此时Ⅲ轴若经齿轮副 z_{11}/z_{12} 传到主轴,则只有 $400\sim800$ r/min 的 3 级转速才能传递全部功率;若经齿轮副 z_{13}/z_{14} 传到主轴,则 $140\sim800$ r/min 的 6 级转速都能传递全部功率;因此,Ⅲ轴具有的 6 级转速都能传递全部功率。其中,能够传递全部功率的最低转速为 $n_Ⅲ=140$ r/min,即为Ⅲ轴的计算转速。其余依次类推,得各传动轴的计算转速为: $n_Ⅰ=800$ r/min, $n_Ⅱ=400$ r/min。

(2) 齿轮的计算转速　齿轮 z_{13} 的计算转速: z_{13} 装在Ⅲ轴上,共有 $140\sim800$ r/min 的

6 级转速;经 z_{13}/z_{14} 传动,主轴所得到的 6 级转速 280～1 600 r/min 都能传递全部功率,故 z_{13} 的这 6 级转速也能传递全部功率,其中最低转速 140 r/min 即为 z_{13} 的计算转速。

齿轮 z_{14} 计算转速:z_{14} 装在Ⅳ轴(主轴)上,共有 280～1 600 r/min 6 级转速。它们都能传递全部功率,其中最低转速 280 r/min 即为 z_{14} 的计算转速。

齿轮 z_{11} 的计算转速:z_{11} 装在Ⅲ轴上,共有 140～800 r/min 6 级转速,其中只有在 400～800 r/min 3 级转速时,经 z_{11}/z_{12} 传到主轴,所得到的 100～200 r/min 3 级转速才能传递全部功率,其最低转速 400 r/min 即为 z_{11} 的计算转速。

齿轮 z_{12} 的计算转速:z_{12} 装在Ⅳ轴(主轴)上,共有 35.5～200 r/min 6 级转速,其中只有 100～200 r/min 这 3 级转速才能传递全部功率,其最低转速 100 r/min 即为 z_{12} 的计算转速。

其余依此类推,各齿轮的计算转速见表 2-6。

表 2-6 各齿轮的计算转速

齿轮	z_1	z_2	z_3	z_4	z_5	z_6	z_7	z_8	z_9	z_{10}	z_{11}	z_{12}	z_{13}	z_{14}
n_J/(r/min)	800	400	800	560	800	800	400	140	400	400	400	100	140	280

7. 变速箱内传动件的空间布置

机床变速箱用于使主运动的执行件(如主轴、工作台、滑枕等)变速、启动、停止和改变运动方向等。因此,变速箱中所包括的机构大致有:作为传动链连接用的定比传动副,变速机构,启动/停止/换向机构,制动机构,操纵机构和润滑机构等。

大部分机床的主轴装在变速箱内,简称主轴箱。这时变速箱的位置取决于主轴在机床上的位置。这种变速箱的优点是:结构紧凑,全部传动件都装在一起,便于集中操纵;通常传动路线较短,传动效率也较高;箱体数少,安装时要修配的结合面也少等。缺点是:变速箱中传动件的振动可能传给主轴,传动件在运转中所产生的热量也会传给箱体和主轴并引起热变形。这些都会降低加工质量。因此,有的高速、精密加工机床的主轴部件和变速箱分开布置,叫做分离传动变速箱。例如 CM6132 型精密车床。其优点:变速箱的振动和热量不会影响主轴。其缺点:需要两个箱体,加工量大,成本高。更换传动带不方便。

在机床初步设计中,考虑主轴变速箱在机床上的位置,与其他部件的相互关系,只是粗略给出形状与尺寸要求,但最终还需要根据箱体内各元件的实际结构与布置才能确定下来。在可能的情况下,应尽量减小主轴箱的轴向和径向尺寸,以便节省材料,减小质量,满足使用要求。当然,对于不同情况要区别对待。有的机床要求较小的轴向尺寸,而对径向尺寸的要求并不严格,如某些立式机床和摇臂钻床的主轴箱。而有的机床如卧式铣镗床、龙门铣床的主轴箱,要沿立柱或横梁导轨移动,为减少其倾覆力矩,要求缩小径向尺寸。

1) 确定各轴的空间位置

(1) 主轴位置的确定　主轴的位置能够影响其他传动轴的布置,因此,需要首先确定主轴的位置。主轴位置一般是受机床主参数和主要性能所限定,在机床初步设计时给出。减少主轴轴心至箱体支承面间的距离,对减小质量,缩小体积及提高工作稳定性等都有一定的作用。如卧式车床的主轴到床身导轨面间的距离(中心高)、立式钻床、摇臂钻床、龙门铣床及卧式铣镗床等主轴到导轨面间的距离,都应尽量减少。主轴另一坐标位置,可根据结构、操作及受力状态等情况而定。

(2) 输入轴位置的确定　如果电动机直接与主轴箱连接,则布置电动机轴(输入轴)的位置时,应考虑电动机在箱体外面有足够的安装空间,电动机与其他部件是否相碰,接线是否方便及操作是否安全等。对于可动式主轴箱还必须考虑电动机对主轴箱重心的影响等。如果输入轴不是电动机轴,则必须考虑运动来源的方向和部位,应使运动传入方便;若装有带轮,因旋转不平衡的影响则位置要低,但不能与主轴组件等相碰。此外,还须保证传动带装卸方便,故宜布置在远离主轴的部位。另外带轮最好不超出箱体轮廓,以免影响外观。若在传动轴上装有兼启/停、换向用的多片摩擦离合器,则应布置在不受其他轴遮挡且便于调整的部位,故一般多布置在靠近箱盖的上方或调整窗口处,如图 2-20 所示。

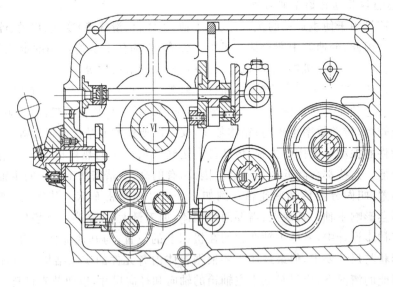

图 2-20　车床主轴箱横向剖视图

(3) "末前轴"位置的确定　主轴的前一根传动轴即为"末前轴",其位置对主轴工作性能有较大影响,如条件允许应安排在合理位置上。

(4) 其他传动轴位置的确定　在给定的空间内安排其他各轴位置时,应避免集中在箱体上部或下部,位置过高则工作稳定性不好,过低又会搅油发热(润滑油箱内循环),使温升增加。传动轴一般不能低于油面。

(5) 检查零件干涉　传动轴的位置初定后,检查箱内零件是否干涉,这时主要检查的内容有传动轴组件和零件之间的间隙。

2) 齿轮在轴上的布置与排列

在变速箱内布置、排列齿轮时,需要画出展开图,即按传动轴传递运动的顺序,沿其轴心线剖开,并将这些剖切面展开在一个平面上,主要目的是为了表达各传动件的传动关系及各轴组件的装配关系,图 2-4 所示为车床主轴箱展开装配图。展开图中齿轮的布置与排列内容如下。

(1) 滑移齿轮变速机构　滑移齿轮多为多联齿轮结构,既有整体式的,也有组合式的。整体式齿轮结构简单,制造方便,但齿轮之间需留加工空刀槽,轴向尺寸较长。组合式(套装式)齿轮结构较复杂,制造较困难,但轴向尺寸小,可方便地进行轮齿的滚、剃、珩、磨等工艺,能够有效地降低噪声,应用普遍。

(2) 滑移齿轮布置　变速组中的滑移齿轮一般应布置在主动轴上,因其转速一般比从动轴的转速高,则其上的滑移齿轮的尺寸小,质量小,操纵省力;但有时由于结构上的考虑,应将滑移齿轮放在从动轴上。有时则为了变速操纵方便,将两个相邻变速组的滑移齿轮放在同一根轴上,如图 2-4 所示。

变速组内滑移齿轮必须有"空挡"位置,即只有当一对齿轮完全脱开啮合之后,才允许另一对齿轮开始进入啮合。如图 2-21 所示,其轴向间隙量通常为 $\Delta = 1 \sim 2$ mm。

(1) 一个变速组内齿轮轴向位置的排列　齿轮在轴上的排列有窄式和宽式两种。图 2-21(a)、图 2-22(a)所示为窄式排列,图 2-21(b)、图 2-22(b)所示为宽式排列。采用窄式排列可使轴向尺寸缩短,结构紧凑。因此,一般宜采用窄式排列。但是对模数相同的三联滑移齿轮,当相邻齿数差小于 4 时,会产生齿顶碰撞现象,这时可采用图 2-22(c)的小齿数差排列方式,使最大与最小齿轮的齿数差大于 4,这种排列方式的轴向尺寸较大。

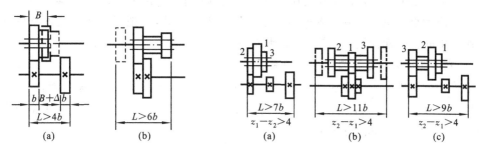

图 2-21　双联滑移齿轮轴向排列　　　图 2-22　三联滑移齿轮轴向排列

(2) 两个变速组内齿轮轴向位置的排列　两变速组串联时,中间传动轴既是从动轴又是主动轴,负荷较大,应尽可能缩短轴向尺寸。常见的排列方法有:并行排列如图 2-23(a)所示,并行排列的轴向长度大,但排列容易;交错排列如图 2-23(b)所示,交错排列的轴向长度较小,但对齿数差有要求;公用齿轮排列如图 2-23(c)所示,采用公用齿轮不仅能减少齿轮个数,还可缩短轴向尺寸,双公用齿轮比单公用齿轮排列的轴向尺寸更短;折回式排列,两个变速组的轴心距相等时,可将两根轴布置在同一轴线上,如图 2-23(d)所示,虽然轴向尺寸稍大,但径向尺寸明显缩小,而且工艺性得到改善。

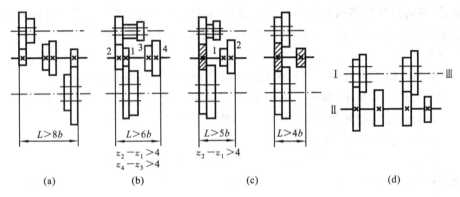

图 2-23 两个变速组串联的齿轮轴向排列

2.3.3 无级变速主传动的设计

1. 无级变速主传动的设计原则

(1) 尽量选择功率和转矩特性符合主传动要求的无级变速装置。若执行件做直线运动的主传动系,对变速装置的要求是恒转矩传动,例如龙门刨床的工作台,则应该选择恒转矩传动为主的无级变速装置,如直流电动机;若主传动系要求恒功率传动,例如车床或铣床的主轴,则应选择恒功率无级变速装置。

(2) 无级变速系统装置单独使用时其调速范围较小,满足不了要求,尤其是恒功率调速范围往往远小于机床实际需要的恒功率变速范围。为此,常把无级变速装置与机械有级变速箱串联在一起使用,以扩大其变速范围。

2. 采用机械无级变速器的主传动系设计

主传动采用机械无级变速器进行变速时,由于机械无级变速器的变速范围较小,常需串联机械有级变速箱。如机床主轴要求的变速范围为 R_n,选取的机械无级变速器的变速范围为 R_d,串联的机械有级变速箱的变速范围 R_f 应为

$$R_f = \frac{R_n}{R_d} = \varphi_f^{Z-1} \tag{2-24}$$

式中:Z——机械有级变速箱的变速级数;

φ_f——机械有级变速箱的公比。

通常无级变速器作为主传动系中的基本组,而有级变速箱作为扩大组,其公比 φ_f 理论上应等于无级变速器的变速范围 R_d。实际上,由于机械无级变速器属于摩擦传动,有相对滑动现象,可能得不到理论上的转速。为了得到连续的无级变速,设计时应使有级变速箱的公比 φ_f 略小于无级变速器的变速范围,即取 $\varphi_f = (0.90 \sim 0.97)R_d$,使转速之间有一小段重复,保证转速连续,如图 2-24 所示。将 φ_f 值代入式(3-19),可得出机械有级变速箱的变速级数 Z。

假设机床的变速范围 $R_n = 60$,机械无级变速器的变速范围 $R_d = 8$,设计机械有级变速箱并求出其级数,并画出转速图。

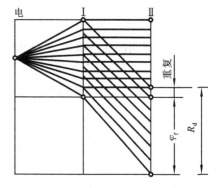

图 2-24　无级变速分级变速箱转速图

机械有级变速箱的变速范围为

$$R_f = \frac{R_n}{R_d} = \frac{60}{8} = 7.5$$

机械有级变速箱的公比为

$$\varphi_f = (0.90 \sim 0.97)R_d = 0.94 \times 8 = 7.52$$

由式(2-24)可知有级变速箱的级数为

$$Z = 1 + \frac{\lg 7.5}{\lg 7.52} = 2$$

其转速图如图 2-24 所示。

3. 采用无级调速电动机的主传动系设计

当采用无级调速电动机实现无级变速时,对于直线运动的主传动系,可直接利用调速电动机的恒转矩调速范围,通过电动机直接带动或通过定比传动副带动主运动执行件实现。对于旋转运动的主传动系,虽然电动机的功率转矩特性与机床主运动要求相似,但电动机的恒功率调速范围一般小于主轴的恒功率调速范围,因此常需串联一个机械有级变速箱,把无级调速电动机的恒功率调速范围加以扩大,以满足机床主轴的恒功率调速范围要求。

如果机床主轴所要求的恒功率调速范围为 R_{nP},调速电动机的恒功率调速范围为 R_{dP},串联有级变速的变速范围为 R_u,则有

$$R_u = \frac{R_{nP}}{R_{dP}} = \varphi_f^{Z-1} \qquad (2\text{-}25)$$

式中:φ_f——有级变速箱的公比;
　　　Z——有级变速箱的变速级数。

由式(2-25)可得

$$Z = \frac{\lg R_{nP} - \lg R_{dP}}{\lg \varphi_f} + 1 \quad (2\text{-}26)$$

或

$$\varphi_f = \sqrt[Z-1]{\frac{R_{nP}}{R_{dP}}} \quad (2\text{-}27)$$

有级变速箱的变速级数 Z 一般取 2、3、4 级。

在实际设计时,可首先根据功率要求初选调速电动机。确定其额定功率 P_d、额定转速 n_d、最高转速 n_{dmax},从而得到调速电动机的恒功率调速范围为

$$R_{dP} = \frac{n_{dmax}}{n_d}$$

然后根据 R_{dP} 及机床主轴所要求的恒功率调速范围 R_{nP},适当确定变速级数 Z 值,按式(2-27)即可求出机械有级变速箱的公比 φ_f。φ_f 值越大,级数 Z 越小,机械结构越简单;反之则要增大变速级数 Z。φ_f 值可根据机床的具体要求选取,分为三种不同情况。

(1) 当 $\varphi_f = R_{dP}$ 时,可得到一段连续的恒功率区 AD 段,如图 2-25(a)所示。

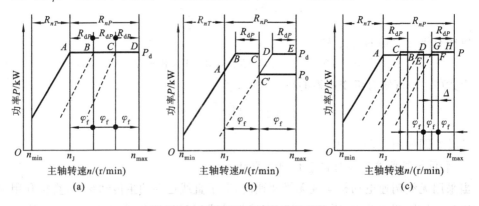

图 2-25 三种不同方案的功率特性

(2) 当 $\varphi_f > R_{dP}$ 时,则在主轴的计算转速 n_J 到最高转速 n_{max} 之间,功率特性曲线上将出现"缺口",如图 2-25(b)所示,"缺口"处电动机的输出功率将达不到额定功率值 P_d。若要使缺口处电动机最小输出功率 P_0 值达到机床要求的功率,则必须增大调速电动机的额定功率 P_d,这虽然简化了机械有级变速箱的结构,却增大了调速电动机的额定功率,使电动机额定功率在很大范围内得不到充分发挥。

(3) 当 $\varphi_f < R_{dP}$ 时,调速电动机经机械有级变速箱所得到的几段恒功率转速段之间会出现部分重合的现象,如图 2-25(c)所示。图中 AB、CD、EF、GH 四段中每相邻两段间有一小段重合,得到主轴恒功率转速段 AH 段。适合于恒线速度切削时可在运转中变速的场合,如数控车床车削阶梯轴或端面时。此时由于 φ_f 较小,有级变速箱的变速级数将增大,结构将变得复杂。

2.4　进给传动系统的设计

2.4.1　进给传动系统概述

1. 进给传动的类型及其应用

进给传动用来实现机床的进给运动和辅助运动,后者包括调位运动和快速运动等。根据机床的类型、传动精度、运动平稳性和生产率等要求,进给传动可采用机械、液压和电气等不同传动类型。

(1) 机械进给传动　机械进给传动采用滑移齿轮、交换齿轮、离合器、齿条机构、丝杠-螺母机构及无级变速器等传动零件或装置传递动力和运动。由于机械进给传动传递的功率不大,速度较低,因此,还可采用拉键机构、曲回机构、凸轮机构、棘轮机构等。机械传动工作可靠、维修方便,但结构复杂、制造工作量大。目前多应用于中、小型普通机床。

(2) 液压进给传动　液压进给传动结构简单、工作平稳,便于实现无级调速和自动控制。因此,广泛应用于磨床、组合机床和自动机床的进给传动。

(3) 电气进给传动　电气进给传动是采用无级调速电动机,直接或经过简单的齿轮变速或同步齿形带变速,驱动齿轮齿条或丝杠螺母机构等传递动力和运动;如采用近年出现的直线电动机可直接实现直线运动驱动。电气传动的机械结构简单,可在工作中无级调速,便于实现自动化控制。目前,电气传动广泛应用于数控机床。

2. 进给传动的组成

进给传动一般由动力源、变速机构、换向机构、运动分配机构、过载保险机构、运动转换机构和执行件等部分组成。

(1) 动力源　进给传动可采用单独电动机驱动,以简化机床结构,实现进给运动的自动控制。也可与主传动共用一个动力源,便于保证主运动和进给运动之间严格的传动比关系,适用于有内联系传动链的机床,如车床、齿轮加工机床等。

随着电子技术应用于机床,对于有内联系传动链的机床,如重型车床、滚齿机等,有的也采用单独电动机驱动,依靠程序控制保证各个运动之间的严格传动比关系。

(2) 变速机构　变速机构用来改变进给量大小。常用的有滑移齿轮、交换齿轮、齿轮离合器、机械无级变速器和伺服电动机等。设计时,若几个进给运动共用一个变速机构,应将变速机构放置在运动分配机构前面。

(3) 换向机构　用来改变进给运动的方向。换向一般有两种方式:一种是进给电动机换向,其换向方便,但普通电动机的换向次数不能太频繁;另一种是齿轮或离合器换向,其换向可靠,应用广泛。

(4) 运动分配机构　为实现纵向、横向或垂直方向不同传动路线的转换,常采用各种离合器机构。

(5) 过载保险机构 其作用是在过载时自动断开进给运动,过载排除后自动接通,常采用牙嵌离合器、摩擦片式离合器、脱落蜗杆等。

(6) 运动转换机构 用来转换运动类型,一般是将回转运动转换为直线运动,常采用齿轮齿条、蜗杆蜗条、丝杠螺母机构等。

(7) 快速传动机构 便于调整机床、节省辅助时间和改善工作条件。快速传动可与进给传动共用一个电动机,采用离合器等进行传动链转换;大多数采用单独电动机驱动,通过超越离合器、差动轮系机构或差动螺母机构等,将快速运动合成到进给传动中。

图 2-26 所示为 X62W 型铣床的进给传动系统框图。

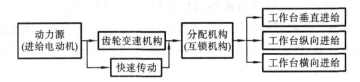

图 2-26 X62W 型铣床进给传动系统框图

3. 进给传动的特点

进给传动有如下特点。

(1) 速度低、功耗小、恒转矩传动 与机床主运动相比较,进给运动的速度一般较低,受力较小,传动功率也较小,可以看做恒转矩传动。

(2) 进给传动中对传动链换接的要求比较多 多数机床进给运动的数目比较多,例如,普通车床有纵、横两个方向进给运动;升降台铣床有纵、横及垂直三个方向的进给运动;进给运动一般需要换向。执行进给运动的部件,往往还需做快速运动和调整运动等。因此,进给传动中传动链换接比较多,如接通快速或进给传动链、接通纵向或横向进给传动链、运动的启/停等。

(3) 进给传动是恒扭矩传动 进给传动的载荷特点与主传动不同。当粗加工进给量较大时,一般采用较小的切削深度;当切削深度较大时,多采用较小的进给量,所以,在各种不同进给量的情况下,产生的切削力大致相同,即都有可能达到最大进给力,因此,最后输出轴最大扭矩基本不变,这就是进给传动的恒扭矩工作特点。

当进给传动最后输出传动副为丝杠螺母时,丝杠上的计算扭矩为

$$M_n = Q\left(\frac{t}{2\pi\eta_{丝}}\right) \text{ (N·mm)}$$

式中:Q——进给的牵引力(N);

t——丝杠的导程(mm);

$\eta_{丝}$——丝杠螺母幅的传动效率。

当进给传动最后的输出传动副为齿轮齿条时,小齿轮轴上的计算扭矩为

$$M_{扭}=Q\left(\frac{D_{节}}{2\eta_{齿}}\right) \text{ (N·mm)}$$

式中：$D_{节}$——小齿轮的节圆直径(mm)；

$\eta_{齿}$——齿轮齿条副的传动效率。

（4）计算转速　确定进给传动系统计算转速是为了确定所需功率，一般按下列三种情况确定。

① 具有快速运动的进给系统，传动件的计算转速取在最大快速运动时的转速（或速度）。

② 对于中型机床，若进给运动方向的切削分力大于该方向的摩擦力，则传动件的计算转速由该机床在最大切削力时所用的最大进给速度决定，一般为机床规定的最大进给速度的 1/2～1/3。

③ 对于大型机床和精密或高精密级机床，若进给运动方向的摩擦力大于该方向的切削分力，则传动件的计算转速（或速度）由最大进给速度决定。

（5）进给传动的转速图为"前疏后密"结构　既然传动件在各种转速下，可以传递的最大转矩相等，如使各轴有较多的机会在低转速下工作，就有利于降低齿轮、轴承等传动件的工作循环次数。因此，进给传动系转速图的设计刚好与主传动系相反，是"前疏后密"结构。如图 2-27 所示。

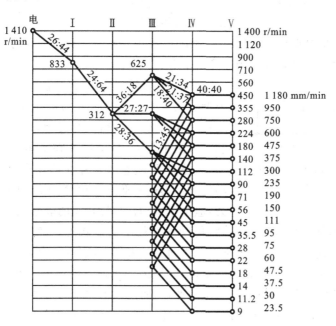

图 2-27　升降台铣床进给传动系转速图

(6) 进给传动的变速范围　进给传动系统速度低、受力小、消耗功率小、齿轮模数较小。因此,进给传动系统变速组的变速可取较大范围,即 $1/5 \leqslant u_{进} \leqslant 2.8$,变速范围 $r_{max} \leqslant 14$。为缩短进给传动链、减小进给箱的受力、提高进给传动的稳定性,进给传动系的末端常采用降速很大的传动机构,如蜗杆蜗轮、丝杠螺母、行星机构等。

(7) 进给传动采用传动间隙消除机构,以保证传动精度和定位精度。

(8) 快速空行程传动的采用　为缩短进给空行程时间,要设计快速空行程传动,快速与工进需在带负载运行中变换,常采用超越离合器、差动机构或电气伺服进给传动机构等。

2.4.2　低速运动平稳性和防止爬行的措施

1. 爬行现象及其机理

机床上有些运动部件需要做低速运动或微小位移,例如外圆磨床砂轮架需做横向切入运动、坐标镗床工作台需做定位运动等。当运动部件低速运动时,有时虽然传动装置的速度是均匀的,但是被驱动件的运动却往往出现跳跃式、时走时停或时快时慢的现象。这种在低速运动下产生的不平稳性运动称为爬行。

机床运动部件产生爬行会影响被加工零件的加工精度、表面粗糙度及机床的定位精度,甚至导致机床不能正常工作。因此,在设计精密机床和大型机床时必须予以爬行问题足够的重视,并采取有效措施防止爬行现象的产生。

机床爬行一般在低速运动情况下发生,它是由摩擦力下降所引起的一种自激振动,主要与摩擦力特性和传动系统的刚度等因素有关。

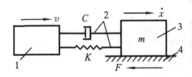

图 2-28　进给传动机构的力学模型
1—主动件；2—传动件；
3—从动件；4—支承导轨

图 2-28 所示为简化后的直线进给传动机构的力学模型。图中 1 为主动件,3 为从动件。在 1、3 之间的传动件 2(包括齿轮、丝杠、螺母等)可简化为等效弹簧 K 和等效阻尼器 C,从动件 3 在支承导轨 4 上沿直线移动,摩擦力 F 随着从动件 3 的速度变化而变化。当主动件 1 以匀速 v 低速移动时,压缩弹簧 2 使从动件 3 受力,但由于从动件与导轨间的静摩擦力 $F_{静}$ 大于从动件 3 所受的驱动力,从动件 3 静止不动,传动件 2 处于储能状态。随着主动件 1 的继续移动,传动件 2 储能增加,从动件 3 所受的驱动力越来越大,当驱动力大于静摩擦力时,从动件 3 开始移动,这时静摩擦转化为动摩擦,摩擦因数迅速下降。由于摩擦力的减小,从动件 3 的移动速度增大,动摩擦力进一步降低,从而使从动件 3 的移动速度进一步加大。当从动件 3 的速度超过主动件 1 的速度 v 时,传动件 2 的弹簧压缩量减小,产生的驱动力随之减小。当驱动力减小到等于动摩擦力时,系统处于平衡状态。但是由于惯性作用,从动件 3 仍以高于主动件 1 的速度 v 移动,弹簧压缩量进一步减小,直到驱动力小于动摩擦力

时,从动件 3 的加速度变为负值,移动速度减慢,动摩擦力增大,驱动力减小,使其速度进一步下降。当驱动力和从动件 3 的惯性不足以克服摩擦力时,从动件 3 便停止运动。主动件 1 的移动重新压缩弹簧,上述过程的重复就产生了时停时走的爬行。

当摩擦面处在边界和混合摩擦状态下,摩擦系数的变化是非线性的。因此,在弹簧重新被压缩的过程中,当从动件 3 的速度尚未降至零时,弹簧力有可能大于动摩擦力,使从动件 3 的速度又再次增大,出现时慢时快的爬行。

2. 爬行的临界速度

当驱动速度 $v > v_c$(临界速度)时,运动部件在经过一段过渡过程后,将按驱动速度 v 做匀速运动,不会出现爬行。因此,要防止爬行现象,进给的驱动速度必须大于临界速度 v_c,它是使爬行现象不出现的最低速度。

根据对爬行现象的理论分析,不出现爬行的临界速度计算公式为

$$v_c = \frac{\Delta F}{\sqrt{4\pi \xi K m}} = \frac{F \Delta f}{\sqrt{4\pi \xi K m}} (\text{m/s}) \tag{2-28}$$

式中:F——导轨面上的正向(法向)作用力,单位为 N;

Δf——静、动摩擦因数之差;

ξ——阻尼比;

K——传动系统的刚度,单位为 N/m;

m——移动部件的质量,单位为 kg。

3. 消除爬行的措施

综上所述,在设计某些机床的低速运动部件时,为了防止爬行,应尽量降低其临界速度。为此,可采取下列措施。

(1) 减少静、动摩擦因数之差 Δf 如采用导轨油;选用摩擦因数小的滑动导轨表面材料(如镶装铝青铜、锌合金、聚四氟乙烯的动导轨与铸铁的支承导轨配合等);用滚动摩擦或液体摩擦代替滑动摩擦等。

(2) 提高传动系统刚度 K 如缩短传动链,减少传动件数量;提高各传动件及组件的刚度;合理确定传动系统传动比等。

(3) 增加传动系统阻尼比 ξ 如在摩擦面上使用黏度较大的润滑油,保证丝杠传动副润滑充分,在传动链中增加阻尼器等。

此外,减轻移动部件质量 m,提高导轨的加工和装配质量,也是消除爬行的有效措施。

2.4.3 电气伺服进给系统

1. 电气伺服进给系统的组成及设计要求

电气伺服进给系统是数控装置和机床之间的联系环节,由伺服驱动部件和机械传动部件组成。伺服驱动部件包括直流伺服电动机、交流伺服电动机、直线伺服电动机和步进

电动机等。机械传动部件包括齿轮、滚珠丝杠螺母等。其功能是控制机床各坐标轴的进给运动。

电气伺服进给系统应满足如下的基本要求。

(1) 具有足够的静刚度和动刚度。

(2) 具有良好的快速响应性,作低速进给运动或微量进给时不产生爬行现象,运动平稳、灵敏度高。

(3) 抗振性好,不会因摩擦自振而引起传动件的抖动或齿轮传动的冲击噪声。

(4) 具有足够宽的调速范围,以满足不同类型刀具对不同零件加工所需要的切削条件。

(5) 进给系统的传动精度和定位精度要高。

(6) 结构简单,加工和装配工艺性好,调整维修方便,操纵轻便灵活。

2. 伺服驱动部件

(1) 直流伺服电动机 直流伺服电动机最早用于数控机床进给伺服驱动,一般通过调整电枢电压进行大范围调速,调整电枢电流保证恒转矩输出。主要有小惯量和大惯量直流电动机两大类。

① 小惯量直流电动机 为了减小转动惯量,降低电动机的机械时间常数,小惯量直流电动机的转子直径小、轴向尺寸大;为了减小电感、降低电气时间常数,其转子表面无槽,电枢绕组用环氧树脂固定在转子的外圆柱表面上。这种结构特点决定了该类电动机动态特性好,响应速度快,加、减速能力强。其缺点是因惯量小,必须带负载进行调试;输出转矩小,一般必须通过齿轮或同步齿形带传动进行降速,因此多用于高速轻载的小型数控机床。

② 大惯量直流电动机 大惯量直流电动机又称宽调速直流电动机,可通过加大电动机转子直径,增加电枢绕组中的导线数目,显著提高电磁转矩。大惯量直流电动机有电励磁式和永磁式两种,其中永磁式应用较为普遍。其特点是能在低速下平稳运行,输出转矩大,可直接与丝杠相连,不需要降速机构,由于惯量大,可以无负载调试,故调试方便。此外可根据要求内装测速发电机、旋转变压器或制动器,获得较高的速度环增益,构成精度较高的半闭环系统,能获得优良低速刚度和动态性能。其缺点是转子温度高,转动惯量大,时间响应较慢。大惯量直流电动机广泛应用于中型数控车床、镗铣床及加工中心的闭环和半闭环控制系统。

(2) 交流伺服电动机 交流伺服电动机可分为交流异步电动机和交流同步电动机,按产生磁场的方式又可分为永磁式和电磁式。在数控机床的进给驱动中大多采用永磁同步交流伺服电动机,转子为永磁材料制成。通过改变频率实现交流电动机的调速。

同直流伺服电动机相比,交流伺服电动机没有电刷和换向器,不需要经常维修;没有换向火花的影响,转速可进一步提高,而且在高速情况下有较大的转矩输出;交流电动机结构简单、体积小、质量小、动态响应好。在相同体积情况下,输出功率可比直流电动机提高10%~70%。其缺点是本身虽有较大的转矩-惯量比,但它带动惯性负载能力差,一般需用齿轮减速装置。多用于中小型数控机床。

(3) 直线伺服电动机　直线伺服电动机是将电能直接转化为直线运动机械能的电力驱动装置。可取代传统的回转型伺服电动机加滚珠丝杠的伺服传动系统。它可以简化结构,提高刚度和响应速度,使工作台的加(减)速度提高10~20倍,移动速度提高3~4倍。直线电动机在自动化仪表、计算机外围设备等中得到实际应用,目前已开始用于数控机床。

直线伺服电动机的工作原理同旋转伺服电动机相似,可以看成是旋转型伺服电动机沿径向切开,然后向两边展开拉平后演化而成,原来的旋转磁场变成平磁场。如图2-29所示,为了平衡单边磁力,可做成双边对称型。直线伺服电动机有感应式、同步式和直线步进电动机等多种类型,其技术有待进一步完善,制造成本有待进一步降低。

(4) 伺服电动机的选择　伺服电动机的主参数是功率,但选择伺服电动机却并不按功率,而是根据下列三个原则选择。

① 最大切削负载转矩不得超过电动机的额定转矩　进给驱动伺服电动机要克服机床的静态和动态载荷,电动机必须具有足够高的持续力矩和足够的峰值力矩输出周期,以分别克服静态和动态载荷。静态载荷来源于:作用在工作台进给方向的切削力;导轨的摩擦损失;进给驱动轴承的摩擦和预紧损失;滚珠丝杠副的预紧力引起的扭矩。

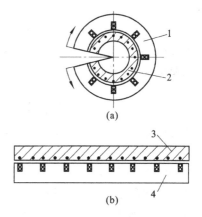

图 2-29　旋转电动机变为直线电动机过程
(a) 旋转电动机　(b) 直线电动机
1—定子；2—转子；3—次级；4—初级

电动机静态载荷的估计公式为

$$T_Z = (T_f + T_{gf} + T_b + T_d) \cdot i$$

式中：T_Z——电动轴上静态力矩;

T_f——进给切削力扭矩;

T_{gf}——导轨摩擦折算到丝杠上的力矩;

T_b——支承轴承的摩擦扭矩预紧扭矩;

T_d——丝杠预紧扭矩;

i——减速比($i<1$)。

② 电动机的转子惯量J_M应与折算到电动机轴上负载等效惯量J_d匹配　根据牛顿第二定律,进给系统所需要的加速转矩T_a等于系统转动惯量J乘以电动机的角加速度

$\ddot{\theta}$，即 $T_a=J\ddot{\theta}$。角加速度 $\ddot{\theta}$ 影响系统的动态特性：$\ddot{\theta}$ 越小，则计算机发出的指令到伺服电动机执行完毕之间的时间越长，也就是通常所说的反应慢。如果 $\ddot{\theta}$ 变化，则系统的反应忽快忽慢，影响加工精度。在 T_a 基本不变的条件下，如果希望 $\ddot{\theta}$ 变化小，则应该使惯量 J 的变化尽量小些。

惯量 J 由两部分组成：伺服电动机转子惯量 J_M 和负载等效惯量 J_d，即 $J=J_M+J_d$。负载惯量 J_d 为工作台、工件等直线运动件的质量 m，以及滚珠丝杠、联轴器、齿轮或带轮等旋转运动件的惯量 J_L 折算到电动机轴上的当量值。工作台上所装不同夹具和工件的质量是不同的，因此，负载惯量 J_d 不是一个定值。如果希望 J 的变化率小些，则最好使 J_d 所占的比例小些，这是"惯量匹配"。

通常应使 J_M 不小于 J_{dmax}，但 J_M 也不是越大越好。因 J_M 越大则总惯量 J 也越大，在角加速度 $\ddot{\theta}$ 一定的条件下，要求电动机的输出转矩也越大。这就将迫使设计者采用过大的伺服电动机和伺服系统。匹配条件为

$$0.25<J_{dmax}/J_M<1$$

重型机床的负载惯量 J_L 很大，以上条件很难满足。往往不采用电动机直接与滚珠丝杠相连的办法。常用的办法是电动机通过齿轮降速后传给丝杠。由于惯量是根据动能守恒定理，按角速度平方之比折算的，所以折算到电动机轴上就大大降低了。

③ 快移时的加速性能　根据额定转矩和惯量匹配条件，可以初选伺服电动机的型号。从样本手册上可查得这种电动机的最大输出转矩 T_{max} 和机械时间常数 t_M。

最大空载加速转矩发生在工作台携带最重的工件和夹具，从静止以阶跃指令加速到伺服电动机最高转速 n_{max} 时，这个最大空载加速转矩就是伺服电动机的最大输出转矩 T_{max}。

$$T_{max}=J\ddot{\theta}=J\frac{2\pi n_{max}}{60 t_a}$$

加速时间为

$$t_a=J\frac{2\pi n_{max}}{60 T_{max}}$$

考虑到用阶跃指令加速时，伺服电动机的转速是按指数曲线上升的。当时间经过电动机械时间常数的 3 倍时（$t_a=3t_M$），电动机的转速达到最高转速的 95%；$t_a=4t_M$ 时，达到 98.2%。故加速时间 $t_a\leqslant(3\sim4)t_M$，以保证伺服电动机具有足够的加速能力。

3. 电气伺服进给系统中的机械传动部件

电气伺服进给系统中的机械传动部件主要是指齿轮或同步带和丝杠螺母传动副。电气伺服进给系统中，运动部件的移动靠脉冲信号来控制，这就要求运动部件动作灵敏、低惯量、定位精度好，具有适宜的阻尼比，并且传动机械不能有反向间隙。

1) 滚珠丝杠副

（1）工作原理及特点　滚珠丝杠螺母机构是指在丝杠和螺母之间装有一定数量的等

直径滚珠(见图 2-30)的机构。这样,丝杠和螺母之间的摩擦具有滚动摩擦性质。当丝杠或螺母转动时,滚珠沿着丝杠螺旋滚道滚动,为了防止滚珠从螺母中滚出来,在螺母的螺旋槽两端设有回程引导装置,使滚珠又逐个回到丝杠和螺母之间,构成一个闭合的循环回路。目前,滚珠丝杠螺母机构在精密机床、数控机床中得到了广泛应用。

由于丝杠和螺母之间是滚动摩擦,因而具有下列特点:摩擦损失小,传动效率高;摩擦阻力小,运动灵敏、平稳;可消除反向间隙,定位精度高、轴向刚度大;但不能自锁,传动具有可逆性,如传递垂直运动时,应增加制动或防止逆转装置,防止工作台因自重而自动下降等。

(2) 轴向间隙调整方法　在一般情况下,滚珠同丝杠和螺母的滚道之间存在一定间隙。当滚珠丝杠开始运转时,总要先运转一个微小角度,以使滚珠同丝杠和螺母的圆弧形滚道的两侧面发生接触,然后才真正进入工作状态。滚珠丝杠副的这种轴向间隙会引起轴向定位误差,严重时还会导致系统控制的"失步"。为了提高滚珠丝杠副的定位精度和刚度,应对其进行预紧,即施加一定的预加荷载,使滚珠同两滚道侧面始终保持接触(即消隙状态),并产生一定的接触变形(即预紧状态)。

滚珠丝杠副进行消隙和预紧的方法很多,采用较多的有双螺母垫片式、双螺母齿差式、双螺母螺纹式和单螺母变导程式等方法。

图 2-31 所示为垫片调整式消隙的原理,通过改变垫片的厚度来改变两个螺母之间的轴向距离,实现轴向间隙消除和预紧。这种方式的优点是结构简单、刚度高、可靠性好;缺点是精确调整较困难,当滚道和滚珠有磨损时不能随时调整。

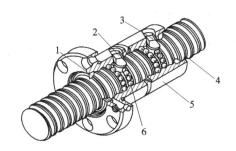

图 2-30　滚珠丝杠螺母副的结构

1—密封环;2、3—回珠器;4—丝杠;5—螺母;6—滚珠

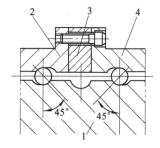

图 2-31　双螺母垫片消隙原理

1—丝杠;2—左螺母;3—垫片;4—右螺母

图 2-32 所示为双螺母齿差消隙的原理,左右螺母的凸缘都加工成外齿轮,齿数相差为 1,工作中这两个外齿轮分别与固定在螺母座上的两个内齿圈相啮合。调整时,将两个内齿圈卸下,同时转动齿轮相同齿数,使两螺母产生轴向相对位移,达到消隙和预紧的目的。两螺母的轴向相对位移量可用下式计算:

$$\Delta = k\left(\frac{1}{z_1} - \frac{1}{z_2}\right)S = k\frac{z_2 - z_1}{z_1 z_2}S = \frac{kS}{z_1 z_2}$$

式中：Δ——双螺母轴向相对位移量；

$\quad\quad k$——两螺母同向转动的齿数；

$\quad\quad S$——滚珠丝杠导程；

$\quad\quad z_1$、z_2——两外齿轮的齿数。

这种方法用于需要对消隙或预紧量进行精确调整的情况，若 $z_1=99, z_2=100, S=10$ mm，则每转过一个齿的调整量 $\Delta\approx 0.001$ mm。

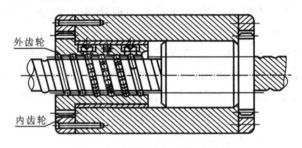

图 2-32　双螺母齿差消隙原理

(3) 预加荷载确定　必须合理确定滚珠丝杠副的预加荷载，若预加荷载过大，则会加剧其磨损；若太小，则在荷载作用下会使处于非工作状态的螺母仍然出现轴向间隙，影响定位精度。理论计算证明预加荷载应是工作荷载的 1/3（准确值为 2.83）。通常滚珠丝杠出厂时，已由制造厂进行了预先调整，通常取预加负荷为额定动荷载的 1/9～1/10。

(4) 滚珠丝杠支承　为了提高传动刚度，除了合理确定滚珠丝杠副的参数以外，还必须合理设计螺母座与轴承座的结构，特别是合理选择轴承类型与设计支承形式。

滚珠丝杠主要承受轴向荷载，因此对丝杠轴承的轴向精度和刚度要求较高，常采用角接触球轴承或双向推力圆柱滚子轴承与滚针轴承的组合轴承方式。如图 2-33、图 2-34 所示。角接触球轴承一般用于中、小型数控机床，组合轴承多用于重载、丝杠预拉伸和要求轴向刚度高的场合。

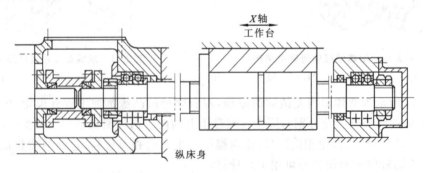

图 2-33　采用角接触球轴承的支承方式

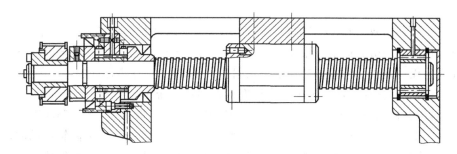

图 2-34　采用双向推力圆柱滚子轴承的支承方式

滚珠丝杠的支承方式有三种,如图 2-35 所示。图 2-35(a)所示为一端固定、另一端自由方式,常用于短丝杠和垂直安装的丝杠。图 2-35(b)所示为一端固定、另一端简支承方式,常用于较长的卧式安装丝杠。图 2-34 所示为这种支承方式的应用实例。图 2-35(c)所示为两端固定方式,用于长丝杠或高转速、要求高拉压刚度的场合。图 2-33 所示为该方式的应用实例。

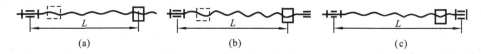

图 2-35　滚珠丝杠支承方式

(5) 滚珠丝杠的预拉伸　滚珠丝杠在工作时难免要发热,若其温度高于床身温度,则此时丝杠的热膨胀会使其导程加大,影响定位精度。对于高精度丝杠,为了补偿热膨胀的影响,可将丝杠预拉伸,并使其预拉伸量略大于丝杠的热膨胀量,丝杠热膨胀的大小可由下式计算:

$$\Delta L = \alpha L \Delta t \tag{2-29}$$

式中:ΔL——丝杠热膨胀量,单位为 mm;

Δt——丝杠比床身高出的温升,单位为 ℃;

L——丝杠螺纹部分的长度,单位为 mm;

α——丝杠的线膨胀系数,单位为 mm/℃。

当丝杠温度升高发生热膨胀时,由于丝杠有预拉伸,因此热膨胀的结果只会减少丝杠内部的拉应力,长度不会变化。为了保证定位精度,要进行预拉伸的丝杠在常温下的导程应该是其公称导程 P_h 减去预拉伸引起的导程变化量 ΔP_h,其中,$\Delta P_h = \Delta L P_h / L$。

(6) 滚珠丝杠的设计计算　在选择数控机床滚珠丝杠螺母的过程中,一般首先根据动载强度计算和静载强度计算来确定其尺寸规格,然后对刚度和稳定性进行校核计算。具体计算公式及参数的选择可参照有关手册。

2) 传动齿轮间隙的消除

为了提高传动效率和传动刚度,伺服电动机与滚珠丝杠之间应尽量采用直联传动。为了减少伺服电动机的输出转矩或运动匹配,有时也采用降速传动,由齿轮传动或同步带传动完成。无论是采用齿轮传动还是采用同步带传动,都存在齿侧间隙,在开环和半闭环系统中会存在反向死区,直接影响定位精度。在闭环系统中,由于有反馈作用,滞后量可得到补偿,但会使伺服系统产生振荡而不稳定,因此必须采取措施,将齿侧间隙减小到允许范围内。对于同步带传动的齿侧间隙,一般采用软件补偿法。对于齿轮传动的齿侧间隙,可采用消隙机构,若仍不能满足要求,可进一步采用软件补偿法。齿轮传动的消隙机构类型很多,可分为刚性调整法和柔性调整法两大类型。

采用刚性调整法调整后的齿侧间隙不能自动补偿,因此,齿轮的节距公差及齿厚公差等要严格控制,否则会影响传动的灵活性。这种调整方法结构比较简单,且有较好的传动刚度。主要有偏心套调整法和双片斜齿轮垫片调整法。

柔性调整法是利用弹簧力消除齿侧间隙,能自动补偿侧隙的变化,可补偿因节距或齿厚变化引起的侧隙变动,做到无间隙啮合。但其结构复杂、传动刚度低、平稳性差,一般仅用于传递动力较小的场合。主要有双片直齿轮弹簧错齿调整法、双片斜齿轮轴向压簧调整法等。图 2-36 所示为双片直齿轮弹簧错齿间隙消除机构。两薄片齿轮 1、2 套装在一起,同宽齿轮 3 啮合,齿轮 1、2 端面分别装有凸耳 4、5,用拉簧 6 连接,在弹簧力作用下,两薄片齿轮产生相对转动,引起错齿,使双薄片齿轮的左、右齿面分别压紧宽齿轮轮齿的左、右齿面,达到消除侧隙的目的。图 2-37 所示为双片斜齿轮轴向压簧间隙消除机构。轴向弹簧使齿轮螺旋线错位,形成柔性调整方式。

除了圆柱齿轮消隙机构外,还有锥齿轮消隙机构、蜗轮蜗杆消隙机构及齿轮齿条消隙机构。

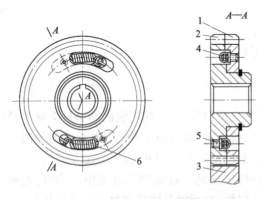

图 2-36 双片直齿轮错齿间隙消除机构

1、2、3—齿轮;4、5—凸耳;6—拉簧

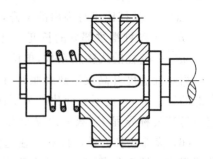

图 2-37 斜齿轮轴向压簧调整法

2.5 机床控制系统设计

2.5.1 机床控制系统的功能和分类

机床为了完成复杂的切削加工,需要保证各运动协调有序地进行,为此必须设计出一套完善可靠的控制系统。控制系统的功能是实现机床各种运动及其转换顺序的控制,如运动的启动、停止、制动、变速、换向,运动部件的松夹、换位、定位、运动轨迹及行程,换刀、测量及送夹料等。

机床控制系统可分手动、机动和自动控制三种。

(1) 手动控制系统 由人工操纵手柄、手轮等,靠机械传动来实现控制要求。其结构简单、成本低,但操作费时费力,可用于一般机床控制。

(2) 机动控制系统 由人发出指令(如按钮、液压预选阀等),靠电气、液压或气压传动来实现控制要求。其操纵方便、省时省力,但成本较高,多用于对生产率有明显影响或操纵力较大的场合。

(3) 自动控制系统 由发令机构自动发出指令进行控制,可用于自动化或半自动化机床。

2.5.2 手动与机动控制系统

手动与机动控制系统在一般机床上得到了广泛应用,通常称为操纵机构。操纵机构按一个操作件所控制的执行件数目的不同,可分为单独操纵机构和集中操纵机构。

单独操纵机构是指一个操作件只控制一个执行件。它的特点是结构简单,易于制造,广泛用于执行件少,操作不太频繁的机床上。其缺点是当执行件较多时,操纵手柄也相应增多,使用不便,操作时间长。

集中操纵机构是指一个操作件控制两个或更多执行件。这种操纵机构使用方便,操作时间短,但结构较复杂。集中操纵机构有顺序变速操纵机构、选择变速操纵机构和预选变速操纵机构三种。

1. 单独操纵机构

单独操纵机构是机床操纵机构的基本结构,普遍用于轴向滑移操纵。单独操纵机构的结构形式较多,根据执行件拨动被操纵件的方式不同,又可分为摆动式和移动式两种。

1) 摆动式操纵机构

图 2-38 所示为摆动式操纵机构。转动手柄 1,经手柄轴 2、摆杆 3、滑块 5 即可使滑移齿轮 6 沿轴 7 做轴向移动。这种机构结构简单,应用很普遍。其缺点是当摆杆摆动时,端部滑块的运动轨迹为半径为 R 的圆弧,因此滑块在齿轮环形槽内相对于滑移齿轮轴线会

产生偏移量 e，如图 2-39 所示。e 越大，操纵越费力，而且滑块还有脱离齿轮环形槽的可能，所以在设计摆动式操纵机构时应力求减少偏移量 e。

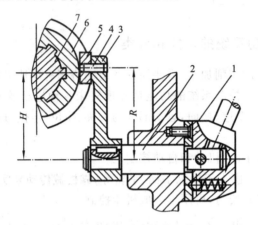

图 2-38 摆动式操纵机构

1—手柄；2—手柄轴；3—摆杆；4—销；5—滑块；6—滑移齿轮；7—传动轴

（1）摆杆轴心布置　摆杆轴心应布置在滑块左右两个极限位置的中间对称位置上，如图 2-39(a) 所示。只有在机床结构不允许时，才能使摆杆轴心左右偏移，但偏移量 a 不应太大，如图 2-39(b) 所示。

（2）摆杆轴心线与滑移齿轮轴线之间距离 H 的确定。

由图 2-39(a) 可得

$$e = \frac{s^2}{16H}$$

为保证滑块正常工作，要求 $e \leqslant 0.3h$（h 为滑块的高度），可得

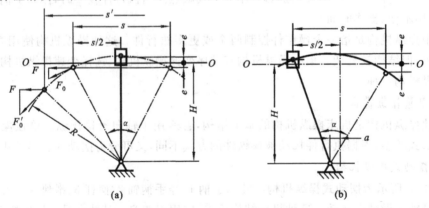

图 2-39 摆动式操纵原理图

$$H \geqslant \frac{s^2}{4.8h} \qquad (2\text{-}39)$$

式(2-39)是摆动式操纵机构正常工作时应满足的几何条件。但是，H 值也不可过大，否则因摆角 α 过小，会使操纵机构准确定位有困难，而且结构也不紧凑。

(3) 单边拨动不自锁的条件　图 2-40 所示为单边拨动时滑移齿轮的受力情况。为了使滑移齿轮能顺利移动，拨动力 F 必须克服滑移齿轮与轴间的摩擦阻力。摩擦阻力包括由滑移齿轮重量产生的摩擦力 Wf 和偏转力所产生的附加摩擦力 $2F_N f$。设滑移齿轮重量对轴的正压力是沿接触全长上均匀分布，附加正压力 F_N 在接触长度一半上按三角形分布，不考虑其他阻力，则有

$$F = Wf + 2F_N f$$
$$FA = \frac{2}{3} F_N B$$

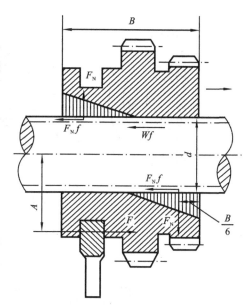

图 2-40　单边拨动齿轮受力简图

式中：B——滑移齿轮长度，一般取 $B \geqslant d$；
　　　f——静摩擦因数，一般取 $f = 0.3$ 左右；
　　　A——滑移齿轮中心到拨叉拨动部位的径向距离。

联立以上两方程，可得

$$F = \frac{Wf}{1 - 3\dfrac{A}{B}f}$$

代入 f 值后，可知，当 $\dfrac{A}{B} \geqslant 1$ 时会发生自锁，因此设计时应保证使 A 满足下列条件，即

$$\frac{A}{B} < 1, \quad 即 \ A < B$$

2) 移动式操纵机构

(1) 导杆移动式操纵机构　如图 2-41 所示，手柄 1 经手柄轴 2，通过齿轮 3、齿条 4 传动，使拨叉 6 沿导杆 5 移动，拨动被操纵件滑移齿轮 7 轴向移动。也可采用钳形拨叉拨动轮缘或凸缘。这种操纵方式结构较复杂，但适用于被操纵件移动距离较大的场合。拨叉滑移的传动可采用多种形式，除上述机械传动外，还可采用液压或气压传动。

(2) 轴心拉杆式操纵机构　轴心拉杆式操纵机构如图 2-42 所示，压力油通过液压缸 1，推动轴心拉杆 2、拨销 3 使齿轮 4 沿传动轴 5 滑移。由于拨销直接推动滑移齿轮，无偏

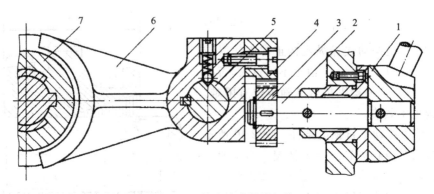

图 2-41 导杆移动式操纵机构
1—手柄；2—手柄轴；3—齿轮；4—齿条；5—导杆；6—拨叉；7—滑移齿轮

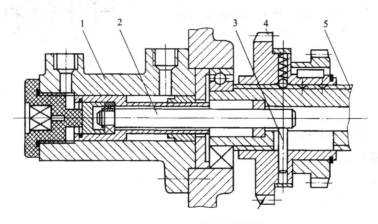

图 2-42 轴心拉杆式操纵机构
1—液压缸；2—轴心拉杆；3—拨销；4—滑移齿轮；5—传动轴

转力矩作用，故操纵平稳轻便，径向结构紧凑，特别适用于立轴传动，可解决拨叉滑动磨损问题。但传动轴空心且带通槽，会使其强度及刚度有所减弱，导致轴向尺寸较大。

2. 顺序变速操纵机构

顺序变速是指各级转速的变换按一定顺序进行，即从某一转速转换到按顺序为非相邻的另一种转速时，滑移齿轮必须按顺序经过中间各级转速的啮合位置。这种操纵机构结构简单，工作可靠，但在变速操纵过程中，被操纵件常出现重复或多余的移动，顶齿机会较多，齿端易磨损，变速较费时、费力，故适用于转速级数不多的场合。

控制件是顺序变速操纵机构的核心元件，一般采用盘形或柱形凸轮，因盘形凸轮结构尺寸较小，故应用较多。图 2-43 所示为四级变速系统，它采用两个双联滑移齿轮来实现其功能。由转速图（见图 2-43(b)）可列出滑移齿轮 A 和 B 的位置表，如图 2-43(c)所示。

现采用盘形公用凸轮控制件操纵，凸轮曲线由半径分别为 r_0 和 r_1 的两段圆弧与两段直线组成,如图 2-44 所示。滚子 a 和 b 在同一条封闭凸轮曲线上的 4 个定位点是公用的。转动凸轮依次到各变速位置时,滚子 a 经过的 4 个定位点状态排列为 0011,与滚子 b 经过的 4 个定位点状态排列 0110 是同一个循环排列,后者仅是左移一位。滚子 a、b 所构成的 4 种定位点状态排列为 00、01、11、10,所得转速顺序是混杂的。这种公用凸轮因定位点数量最少,凸轮曲线性能好,结构简单紧凑,便于制造,故得到广泛应用。但对各滚子间的相对位置有一定要求,而且所得转速顺序是混杂的。

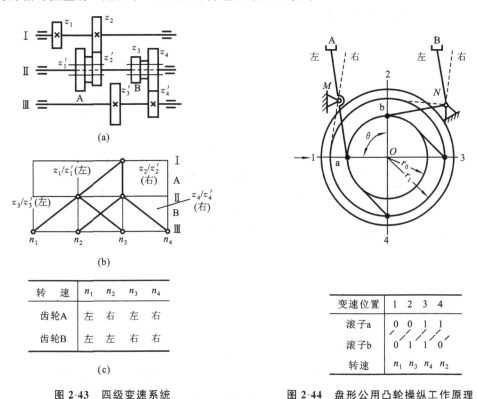

图 2-43　四级变速系统　　　　图 2-44　盘形公用凸轮操纵工作原理

3. 预选变速操纵机构

预选变速是指机床在加工过程中就预先选好下道工序所需要的转速,在停车后,只进行变速,不需选速的一种变速方式。由于选速动作和机床机动时间重合,因此可降低辅助时间,提高生产率,但其结构更为复杂,故多用于转速级数多且变速频繁的场合。预选变速控制件(预选器)有机械、液压、气压及电气等多种结构形式,其中,液压预选变速操纵机构较为常用。

图 2-45 所示为某摇臂钻床主传动液压预选变速工作原理。滑移齿轮 A、B、C、D 各有上、下两个位置,可实现 16 级转速。四个滑移齿轮分别由相应液压缸活塞杆拨动,属于轴

心拉杆式操纵(见图 2-42)。差动液压缸带活塞杆的下腔始终与压力油路相通,而不带活塞杆的上腔则接控制油路。若上腔不进压力油,活塞杆向上移,使齿轮到"上位";若上腔进压力油,因上腔活塞面积大于下腔活塞面积,产生压力差,使活塞杆向下移,齿轮可到"下位"。因此,只要控制液压缸上腔"进油"或"回油",就能操纵齿轮到达"下位"或"上位"。这是靠液压预选变速控制件即预选转阀实现的。

预选转阀多采用径向配油,如图 2-45 所示。转阀主要由手柄 1、阀芯 2、阀体 3 及定位装置 4 等组成。四个液压缸上腔控制油路的控制端(即管接头)为 a、b、c、d,在阀芯相应横截面圆周上各有 16 个定位点(油孔),要么钻孔与阀芯轴心油路中的压力油相通,要么开轴向槽与油池相连。

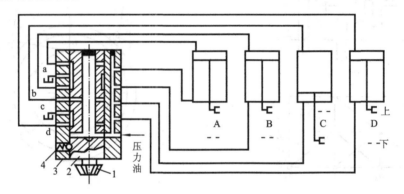

图 2-45 液压预选变速工作原理
1—手柄;2—阀芯;3—阀体;4—定位装置

液压预选变速操纵过程:在传动系统运转情况下,即可转动手柄 1 选速,使阀芯 2 旋转到需要的挡位上(通过定位装置使阀芯定位),这时预选转阀尚未接通压力油,故各滑移齿轮在定位装置作用下仍停留在既定位置;停车后再进行变速,即搬动主操纵阀(图中未画)使预选转阀接通压力油,则根据各控制油路通油与否,推动四个活塞杆(滑移齿轮)到达预定位置。如图 2-45 所示,齿轮 A、B、C、D 的到位状态为"上、上、下、上"。最后,由主操纵阀切断压力油,完成变速操纵。

2.5.3 自动控制系统

1. 自动控制系统的组成

自动控制系统一般由以下三部分组成。

(1) 发令机构 用于发出自动控制指令,如分配轴上的凸轮和挡块、挡铁-行程开关、插销板、仿形机床的靠模、压力继电器、速度继电器、自动量仪及计算机控制信号等。

(2) 执行机构 用于最终实现控制作用的环节,如滑块、拨叉、拨销、电磁铁、电动机或液压马达、机械手等。

(3) 转换机构　用于将发令机构的指令传送到执行机构,并在传送过程中将指令信号的能量放大,或将电指令转换为液压或气压指令,或反之。

2. **自动控制系统的类型**

(1) 按控制系统是否有反馈分类　可分为开环控制系统和闭环控制系统两大类。

(2) 按指令控制方式分类　可分为时间控制、程序控制、数字控制、适应控制和监测控制等几类。

3. **程序控制**

使机床各执行部件在输入信号作用下,自动按生产工艺要求的顺序动作,从而控制运动轨迹,这样的控制称为程序控制或顺序控制。

(1) 固定程序控制系统　这种控制系统是针对某一台具体机床的特定加工工艺和动作顺序设计的继电器控制系统,它的接线是固定的,只能对固定的程序进行控制,程序内容不能随意改变。一旦工艺程序有所变动,就得重新布线,所以只适用于加工对象和加工工艺固定不变的、大批量生产中使用的各种专用机床。

(2) 插销板可变程序控制系统　插销板可变程序控制系统的工作原理如图 2-46 所示。系统中有一个程序步进器,由棘轮 1、棘爪 2、电刷 3 和一排电触头组成(图中仅画出其中的 4 个电触头 $A_1 \sim A_4$)。开机后,程序步进器恢复到如图 2-46 所示的起始位置,24V 电压经电触头 A_1、行程开关 LX_1 的常闭触头、插销板第一排第四列的插销,施加到继电器 K_1 上,执行程序的第一步,启动第一个执行机构。当动作完成时,其执行机构压下行程开关 LX_1,断开其常闭触头,接通其常开触头,继电器 K_1 断电,第一个执行机构的动作停止。24V 电压施加到电磁铁 4 上,电磁力吸摆杆 5 下摆,棘爪 2 拨动棘轮 1 带着电刷 3 从电触头 A_1 换接到电触头 A_2。24V 电压经电触头 A_2、行程开关 LX_2 的常闭触头、插销板第二排第一列的插销,施加到继电器 K_4 上,执行程序的第二步,启动第四个执行机构。如此周而复始,直到程序的最后一步,从而实现工作部件的程序控制。

设置程序时采用如图 2-46 所示的插销板,其上有许多插销孔,各个孔内有两片相互绝缘的铜片,它们分别与程序步进器的触头和工作部件的继电器相连。插销板呈矩阵形式,每一列控制一个执行机构,行序就是程序的步序。如要求程序的第 n 步启动第 m 个执行机构,可以在第 n 行第 m 列的插孔内插上销子。图 2-46 所示的插销方式使执行机构按某一顺序进行动作,如果改变插销的组合方式,就会改变工作部件的工作顺序。

这种插销板程序控制系统结构简单、工作可靠、制造成本低且易于掌握,但它只适用于工作循环内程序不太复杂,需控制的执行机构又不太多的场合,否则会使硬件线路复杂,可靠性降低,控制装置体积也较大。

(3) 可编程序控制系统　可编程序控制器(PLC)是一种数字运算操作的电子系统,专为在工业环境下应用而设计。它采用可编程序存储器,在其内部存储程序,通过定时、计数和算术运算等操作指令执行逻辑运算,以数字式、模拟式的输入和输出,顺序控制各

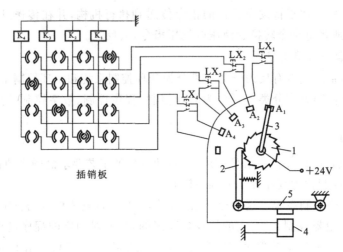

图 2-46　插销板式程序控制系统工作原理图
1—棘轮；2—棘爪；3—电刷；4—电磁铁；5—摆杆

种类型的机械和生产过程。它具有体积小、功能强、编程简单、可靠性高等一系列优点，特别是它的抗干扰性能特别强，因而应用广泛，已经成为新一代的工业控制装置，是当今工业自动化领域中的重要支柱。

PLC 是一个接口装置完善的工业控制计算机，它根据控制要求，可以方便地对模块化硬件结构进行组合。PLC 按控制点数可分为大型(1 000 点以上)、中型(100 点以上)和小型(100 点以下)三个档次，都可以与计算机联网通信。小型 PLC 基本用于逻辑控制，大中型 PLC 由于运行速度快，不仅可用于逻辑控制，还可进行模拟计算及复杂计算。使用时可根据控制规模来选择适当的 PLC。一般机床多采用小型 PLC 用于逻辑控制。

在 PLC 多种编程的工具语言中，图形语言最为方便，其中最常用的是梯形语言(又称为继电器语言)，可在图形编程器上直观地进行编辑修改。有时一台 PLC 有多种语言供各种类型、层次的工程技术人员使用。

4. 机床的数字控制

数字控制系统简称数控系统。数控系统不仅可以控制动作顺序，还可以控制直线运动和回转运动部件的行程、速度和启/停位置。数控装置接收控制介质的信号，进行运算和控制，并将运算结果送到相应的伺服驱动机构，以实现机床的运动。

早期的数控装置是由硬件逻辑电路构成的，简称 NC 装置。其缺点是改变或增加控制机能要相应地改变硬件逻辑结构或增加元件，体积大，调试使用复杂。

数控装置是采用微处理器或计算机控制的装置。由于计算机代替了硬件组成的数控装置，信息存储、数据处理、插补运算、逻辑判断等各种控制功能均能通过计算机软件完成，只要更换接口设备和计算机内的软件即可增加控制机能和改变控制方式。另外，也可以方便地通过总线或网络与其他计算机系统集成为功能更加强大的控制系统。例如与中央计算机联网,零件加工程序可直接由中央计算机传到机床数控装置的程序存储器内。如果中央计算机具有自动编程功能,零件加工程序可由计算机自动进行编制,并可进行加工仿真。计算机可以方便地与 PLC 连接,用来控制机床各工件部件的工作顺序和互锁,工作可靠、便于维护。

现代数控系统通常由基于计算机的数控装置和 PLC 组成,其工作原理如图 2-47 所示。数控装置的核心是中央处理器(CPU)或一台计算机,用来完成信息处理、数据和逻辑运算,控制系统的运行及管理定时与中断信号等。数控程序由读入装置读入,或从中央计算机传入后,储存在系统内的程序存储器内。数控装置从程序存储器中逐条地取出程序的指令。若取出的是运动指令,则进行插值运算,计算出各坐标的位移控制信号,送至各坐标的伺服驱动装置,驱动工作台和主轴按规定的要求运动,位置检测装置测出运动部件实际的运动数据,反馈到数控装置,与要求的运动指令进行比较,发出误差补偿信号,使运动部件的运动与指令要求的运动之间的误差在允许范围内。若是工作指令,则送到 PLC 系统。在数控系统内,PLC 用于控制机床各工作部件协调地工作。简单的工作程序如开启或切断切削液,只需发出开启或切断切削液电磁阀的一个指令即可。复杂的工作程序,如加工中心的换刀,需要控制刀库、换刀机械手、主轴箱和主轴等多个运动部件严格地按顺序运作。

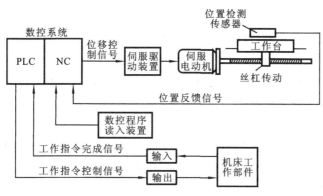

图 2-47 数控机床的基本原理

本章重点、难点和知识拓展

重点:主传动系统设计、进给传动系统设计。
难点:转速图的基本规律及拟定;无级变速主传动系统的设计。

知识拓展：系统地掌握金属切削机床设计的基本原理及方法，具备一定的金属切削机床总体设计和结构设计能力。利用计算机技术，将先进的设计方法引入机床设计中，将传统设计与以数控加工为主的先进制造技术和机电一体化技术相结合。运用创新设计思维，设计出更加柔性化、自动化和精密化的机床产品，以便更好地适应市场经济的需要。

思考题与习题

2-1 机床设计应满足哪些基本要求，其理由是什么？

2-2 机床的主参数及尺寸参数如何确定？

2-3 机床的运动参数和机床的动力参数如何确定？

2-4 机床公比值确定的原则是什么？

2-5 机床主轴转速采用等比数列的主要原因是什么？

2-6 有级变速装置有哪几种，各有何特点？

2-7 拟定变速系统时：

(1) 公比 φ 取得太大和太小各有什么缺点？较小的和中等的标准公比各适用于哪些场合？

(2) 若采用三速电动机，可以取哪些标准公比？

2-8 机床主传动的变速方式有哪几种？各有何特点？

2-9 机床主传动的启/停、制动和换向方式有哪几种？各有何特点？

2-10 什么是变速组的级比和级比指数？常规变速传动系的各变速组的级比指数有什么规律性？

2-11 主传动运动设计要点有哪些？

2-12 画出结构式 $18=2_9 \cdot 3_3 \cdot 3_1$ 的结构网，并分别求出当 $\varphi=1.26$ 时，第二变速组和第二扩大组的级比、级比指数和变速范围。

2-13 某车床的主轴转速为 $n=40 \sim 1800$ r/min，公比 $\varphi=1.41$，电动机的转速 $n_电 = 1440$ r/min，试：拟定结构式和结构网；拟定转速图；确定齿轮齿数、带轮直径，验算转速误差；画出主传动系统图。

2-14 扩大机床主轴变速范围主要采取哪些措施？各有何特点？

2-15 用于成批生产的车床，主轴转速 $n_主 = 45 \sim 500$ r/min，为简化机构采用双速电动机，$n_电 = (720/1440)$ r/min，试画出该机床的转速图和传动系统图。

2-16 欲设计一普通卧式车床的主传动系统。给定条件为：主轴转速范围为 $37.5 \sim 1700$ r/min，从工艺性考虑，要求 $Z=12$ 级机械有级变速。试完成下述内容。

(1) 求出机床主轴的变速范围 R。
(2) 确定公比值。
(3) 查表确定主轴各级转速。
(4) 写出三个不同结构式,并画出结构网。
(5) 确定一个合理的结构式,并说明理由。
(6) 拟定一个合理的转速图。
(7) 根据转速图计算基本组和各扩大组的传动比。
(8) 用查表法确定各级齿轮的齿数。

2-17 某机床主传动的转速图如题图所示,若主轴的计算转速为 63 r/min,试确定各中间传动轴及各齿轮的计算转速。已知主轴的最低转速是 12.5 r/min,公比 $\varphi=12.6$,转速级数 $Z=12$,用查表法确定主轴各级转速。

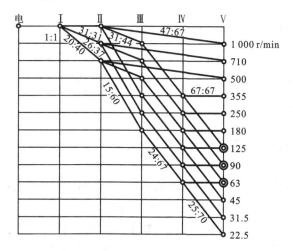

题 2-17 图 主传动转速图

2-18 某数控车床,其主轴最高转速 $n_{max}=4\,000$ r/min,最低转速 $n_{min}=40$ r/min,计算转速 $n_J=160$ r/min;采用直流电动机,电动机功率 $P_电=15$ kW,电动机的额定转速为 $n_D=1\,500$ r/min,最高转速为 $4\,500$ r/min。试设计有级变速箱的传动系,画出其转速图和功率特性图,以及主传动系统图。

2-19 试述进给传动与主传动有哪些不同的特点。

2-20 什么是爬行现象?如何消除爬行现象?

2-21 电气伺服进给系统的驱动部件有哪几种类型?其特点和应用范围如何?

2-22 试述滚珠丝杠螺母机构的特点。其支承方式有哪几种?

2-23 用于电气伺服进给系统的齿轮为什么要消除传动间隙?消隙的主要方法有哪些?

第 3 章　机床主要部件设计

3.1　主轴组件设计

主轴组件是机床的执行件,它由主轴、轴承、传动件和密封件等组成。它的功用是支承并带动工件或刀具,完成表面成形运动,同时还起传递运动和转矩、承受切削力和驱动力的作用。由于主轴组件的性能直接影响零件的加工质量和生产率等,因此它是机床的关键组件之一。

3.1.1　对主轴组件的基本要求

机床主轴组件必须保证主轴在一定的荷载与转速下,能带动工件或刀具精确而可靠地绕其旋转中心线旋转,并能在其额定寿命期内稳定地保持这种性能。为此,对主轴组件提出如下几方面的基本要求。

1. 旋转精度

主轴组件的旋转精度是指主轴装配后,在无荷载、低速运动的条件下,主轴前端安装工件或刀具部位的径向和轴向跳动值。

当主轴以工作转速旋转时,由于润滑油膜的产生和不平衡力的扰动,其旋转精度有所变化。这个差异对精密和高精度机床是不能忽略的。

主轴组件的旋转精度主要取决于主轴、轴承等的制造精度和装配质量。工作转速下的旋转精度还与主轴转速、轴承的设计和性能及主轴组件的平衡等因素有关。

2. 静刚度

静刚度或称刚度,反映了机床或部、组、零件抵抗静态外荷载的能力。主轴组件的弯曲刚度 K 是指主轴前端产生一个单位的弹性变形时,在变形方向上所需施加的力与主轴轴端位移的比值,如图 3-1 所示。可表示为

$$K = \frac{F}{y}(\text{N}/\mu\text{m})$$

主轴组件的刚度不足,直接影响机床的加工精度、传动质量及工作的平稳性。如图 3-2 所示,外圆磨床主轴刚度不足,在磨削力作用下变形到位置 2,使砂轮母线偏移,这将使被加工表面上出现螺旋形花纹,从而降低加工表面的质量。在传动质量方面,主轴的弯曲变形会使齿轮等传动件和轴承受力不均,从而使工作条件恶化,导致这些零件的磨损加剧,寿命缩短。刚度不足还容易引起振动,影响加工表面的粗糙度和生产率。

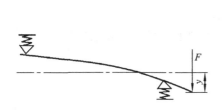 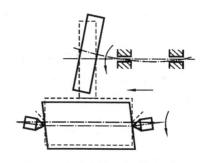

图 3-1 主轴组件静刚度　　　　　图 3-2 磨床主轴刚度不足的影响

影响主轴组件刚度的因素很多,如主轴的结构尺寸,滚动轴承的类型、配置及预紧,滑动轴承的形式和油膜刚度,传动件的布置方式,主轴组件的制造和装配质量等。

3. **抗振性**

主轴组件的抗振性是指其抵抗受迫振动和自激振动而保持平稳运转的能力。

主轴组件抵抗振动能力差,工作时容易发生振动,会影响工件的表面质量,限制机床的生产率;此外,还会降低刀具和主轴轴承的寿命,发出噪声,影响工作环境等。随着机床向高精度、高生产率方向发展,主轴对抗振性的要求越来越高。

影响抗振性的主要因素是主轴组件的静刚度、质量分布及阻尼。主轴组件的低阶固有频率是其抗振性的主要评价指标。低阶固有频率应远高于激振频率,使其不容易发生共振。目前,抗振性的指标尚无统一标准,只有一些实验数据供设计时参考。

4. **温升和热变形**

主轴组件工作时,由于摩擦和搅油等耗损而产生热量,会出现温升。温升会使主轴组件的形状和位置发生畸变,这种现象称为热变形。

热变形会使主轴的旋转轴线与机床其他部件间的相对位置发生变化,直接影响加工质量,对高精度机床而言这种影响尤为严重;热变形会造成主轴弯曲,使传动齿轮和轴承的工作状况恶化;热变形还会改变已调好的轴承间隙,使主轴与轴承、轴承与支承座孔之间的配合发生变化,影响轴承的正常工作,加剧磨损,严重时甚至会导致轴承抱轴现象。因此,各类机床对主轴轴承温升都有一定限制,主轴轴承在高速空运转至热稳定状态下允许的温升为:高精度机床 8～10℃,精密机床 15～20℃,普通机床 30～40℃。数控机床可归入精密机床类。

影响主轴组件温升、热变形的主要因素是轴承的类型和布置方式;轴承预紧力的大小;润滑方式和散热条件等。

5. **精度保持性**

主轴组件的精度保持性是指主轴组件长期地保持其原始制造精度的能力。主轴组件丧失其原始精度的主要原因是磨损,磨损对精度有影响的部位首先是轴承,其次是安装夹具、刀具或工件的定位面和锥孔。此外,还有移动式主轴组件的导向表面等。

主轴若安装滚动轴承,则支承处的耐磨性取决于滚动轴承,而与轴颈无关。如果用滑动轴承,则轴颈的耐磨性对精度保持性影响很大。

影响主轴组件精度保持的主要因素是主轴和轴承的材料及其热处理方式,轴承的类型及润滑防护方式等。

3.1.2 主轴组件结构设计

1. 主轴组件的支承数目

多数机床的主轴采用前、后两个支承。这种方式结构简单,制造装配方便,容易保证精度。为提高主轴组件的刚度,前后支承应消除间隙或预紧。

为提高刚度和增强抗振性,有的机床主轴采用三个支承。三支承主轴有两种方式:前、后支承为主,中间支承为辅(见图 2-4)的方式和前、中支承为主,后支承为辅(见图 3-13)的方式。目前多采用后一种方式的三支承。主支承应消除间隙或预紧,辅支承则应保留游隙,以至选用较大游隙的轴承。由于三个轴颈和三个箱体孔不可能绝对同轴,因此绝不能将三个轴承都预紧,否则会发生干涉,从而使空载功率大幅度上升,导致轴承温升过高。

2. 推力支承位置配置形式

在主轴组件中,承受轴向力的推力支承配置方式直接影响主轴的轴向位置精度,图 3-3 所示为几种常用推力支承安装位置,可将其分为以下三种配置形式。

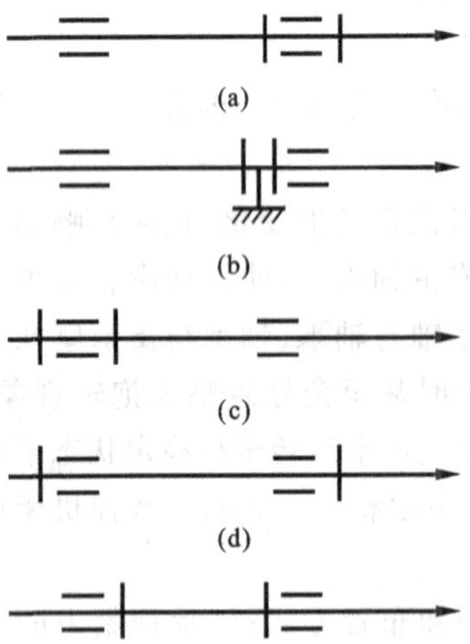

(1) 前端配置　两个方向的推力轴承都布置在前支承处,如图 3-3(a)、图 3-3(b)所示。在这类配置方案中,前支承处轴承数量多,发热多,温升高;但主轴受热后向后伸长,不影响轴向精度,对提高主轴组件刚度有利。这种形式多用于轴向精度和刚度要求较高的高精度机床或数控机床。

(2) 后端配置　两个方向的推力轴承都布置在后支承处,如图 3-3(c)所示。在这类配置方案中,前支承处轴承数量少,因而发热少,温升低;但主轴受热后会向前伸长,影响轴向精度。这种形式多用于轴向精度要求不高的普通精度级机床。

(3) 两端配置　两个方向的推力轴承分别布置在前后两个支承处,如图 3-3(d)、图 3-3(e)所示。在这类配置方案中,当主轴受热伸长时,将影响主轴轴承的轴

图 3-3　推力轴承的位置
(a)、(b) 前端定位机　(c) 后端定位
(d)、(e) 两端定位

向间隙;若推力支承布置在径向支承内侧,主轴可能因热伸长而引起纵向弯曲。这种方式常用于较短主轴。为了避免松动,可用弹簧消除间隙和补偿热膨胀。

3. 主轴传动件的合理布置

(1) 传动方式的选择　大多数机床主轴采用齿轮传动或带传动,有的则用电动机直接传动。少数低速、小功率的精密机床主轴和自动车床主轴也有用蜗杆蜗轮传动或链传动。

齿轮传动的特点是结构简单、紧凑,能适应大的变速范围和传递较大的转矩,是一般机床最常用的传动方式。它的缺点是线速度不能过高,通常低于 $12 \sim 15$ m/s,传动不够平稳。

带传动结构简单、制造容易、成本低,特别适用于中心距较大的两轴间传动。传动带有弹性、可吸振,传动平稳、噪声小,适宜高速传动。带传动在过载中会打滑,能起到过载保护作用。其缺点是传动带易拉长和磨损,需定期调整或更换。由于各种新材料及新型传动带的出现,带传动的应用日益广泛,常用的有平带、三角带、多楔带和同步带等。

电动机直接传动的优点是,它是纯转矩传动,可减少主轴的弯曲变形,无传动件,能适应更高的转速。如果主轴转速不高,可采用普通异步电动机直接带动主轴。如果转速较高,可将主轴与电动机制成一体,成为电主轴单元,如图 3-4 所示,电动机转子轴就是主轴,电动机座就是机床主轴单元的壳体。电主轴单元大大简化了结构,有效地提高了主轴组件的刚度,降低了噪声和振动,有较宽的调速范围,有较大的驱动功率和转矩,便于组织专业化生产,因此被广泛地用于精密机床、高速加工中心和数控车床。

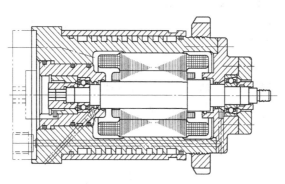

图 3-4　高速内圆磨床电主轴单元

(2) 传动件轴向位置的合理布置　合理布置传动件的轴向位置,可以改善主轴和轴承的受力情况及传动件、轴承的工作条件,提高主轴组件的刚度、抗振性和承载能力。传动件位于两支承之间是最常见的布置方式,如图 3-5 所示。为减小主轴的弯曲变形和扭转变形,传动齿轮应尽量靠近前支承;当主轴上有两个齿轮时,由于大齿轮用于低速传动,作用力较大,应将大齿轮布置在靠近前支承处。如图 3-5(a)所示,F_{Q_y} 与 F_y 同向,主轴前端的位移量减小,但前支承反力增大,适用于精密机床。如图 3-5(b)所示,传动力 F_{Q_y} 与切削力 F_y 方向相反,主轴轴端的位移量增大,但前支承反力减小,适用于普通精度级机床。

图 3-6 所示为传动件位于后悬伸端,多用于外圆磨床、内圆磨床砂轮主轴。带轮装在主轴的外伸尾端上,便于防护和更换。

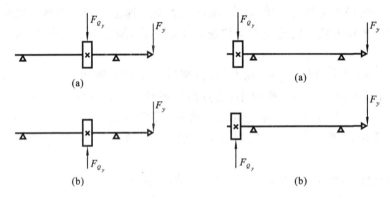

图 3-5 主轴两支承间承受传动力　　图 3-6 主轴尾端承受传动力

图 3-7 所示为传动件位于主轴前悬伸端,使 F_{Q_y} 与 F_y 方向相反,可使主轴前端位移量相互抵消一部分,减小主轴前端位移量,同时也使前支承受力减小。主轴的受扭段变短,提高了主轴刚度,改善了轴承工作条件。但这种布置会引起主轴前端悬伸量增加,影响主轴组件的刚度及抗振性,因此只适用于大型、重型机床。

机床上切削力 F_y 的方向是一定的,F_{Q_y} 方向取决于"末前轴"的空间布置。可根据加工精度要求,以及传动方式、空间结构等合理布置。

4. 主轴组件结构参数的确定

主轴组件的结构参数主要包括:主轴的前、后轴颈直径 D_1、D_2,主轴内孔直径 d,主轴前端部悬伸量 a,以及主轴支承跨距 L 等,如图 3-8 所示。这些参数直接影响主轴的旋转精度和刚度。

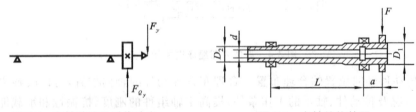

图 3-7 主轴前端承受传动力　　图 3-8 主轴结构简图

(1) 主轴前后轴颈直径的选择　选用大的主轴直径能有效地提高主轴组件刚度,并且为增大孔径创造条件。但加大主轴直径会使与主轴相配零件尺寸变大,导致整个主轴箱结构庞大。另外,增大主轴直径还会使轴承的径向尺寸加大,会增加轴承的发热量。

一般按机床类型、主轴传递的功率或最大加工直径,参考表 3-1 选取 D_1。车床和铣床后轴颈的直径可按

$$D_2 = (0.70 \sim 0.85)D_1$$

确定。

表 3-1 主轴前轴颈的直径 D_1

功率/kW 机床	2.6～3.6	3.7～5.5	5.6～7.2	7.3～11	11～14.7	14.8～18.4
车床	70～90	70～105	95～130	110～145	140～165	150～190
升降台铣床	60～90	60～95	75～100	90～105	100～115	—
外圆磨床	50～60	55～70	70～80	75～90	75～100	90～100

(2) 主轴内孔直径的确定 很多机床的主轴是空心的,为不过多地削弱主轴刚度,一般应保证 $d/D<0.7$。内孔直径与其用途有关,如车床主轴内孔用来通过棒料或安装送夹料机构;铣床主轴内孔可通过拉杆来拉紧刀杆等。卧式车床的主轴孔径 d 通常应不小于主轴平均直径的 55%～60%;铣床主轴孔径可比刀具拉杆直径大 5～10 mm。

(3) 主轴前端悬伸量的确定 主轴前端悬伸量 a 是指主轴前端面到前轴承径向反力作用点(或前径向支承中点)的距离。减小主轴前端悬伸量对提高主轴组件的旋转精度、刚度和增强抗振性有显著效果。因此,在结构许可的条件下,a 值越小越好。初选 a 值可参考表 3-2。

表 3-2 主轴前端悬伸量与前轴颈直径之比

类型	机床和主轴的类型	a/D_1
I	通用和精密车床,自动车床和短主轴端铣床,用滚动轴承支承,适用于高精度和普通精度要求	0.6～1.5
II	中等长度和较长主轴端的车床和铣床,悬伸不太长(不是细长)的精密镗床和内圆磨床,用滚动轴承和滑动轴承支承,适用于绝大部分普通生产的要求	1.25～2.5
III	孔加工机床,专用加工细长深孔的机床,由加工技术决定需要有长的悬伸刀杆或主轴可移动,由于切削较重而不适用于有高精度要求的机床	>2.5

在具体设计时,a 值的大小主要取决于主轴前端部的形状和尺寸,一般应按标准选取。只有在特殊情况下,如为了提高主轴刚度或定心精度时,才允许自行设计。此外,a 值还与前支承中轴承类型、配置方式、工件或工夹具的装夹方法及前支承的润滑与密封装

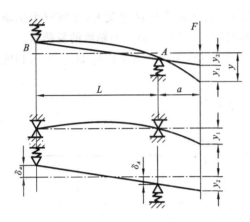

图 3-9 主轴组件静力学模型

(4) 主轴支承跨距的确定　主轴支承跨距 L 是指主轴两个支承的支承反力作用点之间的距离。在主轴的轴颈、内孔、前端悬伸量及轴承配置形式(即前、后支承的支承刚度)确定后,合理选择支承跨距,可使主轴组件获得最大的综合刚度。

① 主轴组件的静力学模型　主轴轴端位移 y 的大小,与主轴本体变形、轴承变形及它们之间的接触变形等有关,其中主要还是取决于主轴和轴承的变形。图 3-9 所示为简化后的主轴组件静力学模型。

在切削力 F 作用下,主轴轴端将产生位移,根据位移叠加原理,可得轴端总位移为

$$y = y_1 + y_2$$

式中：y_1——刚性轴承(假定轴承不变形)上弹性主轴的端部位移；

y_2——弹性轴承上刚性主轴(假定主轴不变形)的端部位移。

② 刚性轴承上弹性主轴的端部位移 y_1　主轴轴端位移 y_1 可按两支点梁的挠度公式计算,有

$$y_1 = \frac{Fa^3}{3EI_a} + \frac{Fa^2 L}{3EI} \tag{3-1}$$

式中：F——主轴端部所受的切削力,单位为 N；

L——主轴两支承间的跨距,单位为 mm；

a——主轴前端的悬伸量,单位为 mm；

E——主轴材料的弹性模量,各种钢材的 E 均在 2.1×10^5 N/mm² 左右；

I_a、I——两支承间和悬伸段主轴截面的惯性矩,单位为 mm⁴。

③ 弹性支承上刚性主轴端部的位移 y_2　设前、后支承的支承刚度分别为 K_A、K_B；支承反力分别为 R_A、R_B,则主轴在力 F 作用下时,前、后支承的弹性变形 δ_A 和 δ_B 分别为

$$\delta_A = \frac{R_A}{K_A}$$

$$\delta_B = \frac{R_B}{K_B}$$

根据相似三角形原理,有

$$y_2 = \delta_A \left(1 + \frac{a}{L}\right) + \delta_B \frac{a}{L}$$

又因

$$R_A = F\left(1 + \frac{a}{L}\right)$$

$$R_B = F\frac{a}{L}$$

故得

$$y_2 = \frac{F}{K_A}\left(1 + \frac{a}{L}\right)^2 + \frac{F}{K_B}\left(\frac{a}{L}\right)^2 \tag{3-2}$$

④ 主轴端部的总位移 y 为

$$y = F\left[\frac{a^3}{3EI_a} + \frac{a^2 L}{3EI} + \frac{1}{K_A}\left(1 + \frac{a}{L}\right)^2 + \frac{1}{K_B}\left(\frac{a}{L}\right)^2\right] \tag{3-3}$$

由式(3-1)、式(3-2)和式(3-3)可知,y_1-L 是线性关系;y_2-L 是二次曲线关系;y-L 为曲线关系,如图 3-10 所示。当 F、a、I、K_A、K_B 一定时,y-L 曲线存在一个最低点,即主轴端部位移量 $y = y_{\min}$,也即主轴组件具有最大刚度($K = K_{\max} = F/y_{\min}$)。对应于主轴端部位移量最小点处的跨距 L_0 称为最佳跨距。

⑤ 最佳跨距 L_0 的确定　式(3-3)整理后可得

$$y = \frac{Fa^3}{3EI_a} + \frac{Fa^2 L}{3EI} + \frac{F}{K_A}\left[\left(\frac{K_A}{K_B} + 1\right)\frac{a^2}{L^2} + \frac{2a}{L} + 1\right] \tag{3-4}$$

为求最佳跨距,令 $dy/dL = 0$,并整理得

$$L_0^3 - \frac{6EI}{K_A a}L_0 - \frac{6EI}{K_A}\left(\frac{K_A}{K_B} + 1\right) = 0 \tag{3-5}$$

可以证明,该三次代数方程式有唯一的一个正实根,可用数学中卡丹氏公式求根,为此需先建立判别式。令无量纲 $\eta = \frac{EI}{K_A a^3}$,$K_{12} = \frac{K_A}{K_B}$,则当 $\eta \leqslant \frac{9}{8}(1 + K_{12})^2$ 时,有

$$\frac{L_0}{a} = \sqrt[3]{3\eta(1+K_{12})}\left(\sqrt[3]{1+\xi} + \sqrt[3]{1-\xi}\right) \tag{3-6}$$

式中: $\xi = \sqrt{1 - \frac{8\eta}{9(1+K_{12})^2}}$。

当 $\eta > \frac{9}{8}(1+K_{12})^2$ 时,有

$$\frac{L_0}{a} = \sqrt{8\eta}\cos\left[\frac{1}{3}\arccos\left(\frac{3}{2}\frac{1+K_{12}}{\sqrt{2\eta}}\right)\right] \tag{3-7}$$

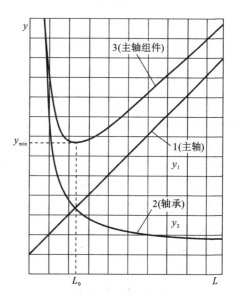

图 3-10　主轴轴端各项位移与跨距 L 的关系曲线

根据式(3-7)计算所得的 L_0 值,常由于结构上的原因而不能实现。当实际选取的跨距 $L \neq L_0$ 时,主轴的刚度达不到最大值 K_{max},两者之差称为刚度损失。当 $0.75 \leqslant (L/L_0) \leqslant 1.5$ 时,主轴组件的刚度损失不超过 5%～7%,可认为是合理的刚度损失,因此,在该范围内的跨距称为合理跨距用 $L_{合理}$ 表示,则

$$L_{合理} = (0.75 \sim 1.5) L_0$$

5. 主轴组件的验算

机床在切削过程中,主轴的负荷较重,允许的变形很微小,决定主轴结构尺寸的主要因素是它的变形,因此主轴的验算主要是刚度的验算,通常能满足刚度要求的主轴也能满足强度要求。只有对粗加工、重负荷的主轴才需要进行强度验算。对高速主轴,例如内圆磨床必要时需进行临界转速验算,以免发生共振。

主轴工作时,在切削力、传动力和支承反力的作用下(除重型机床外,一般不考虑主轴组件和工件的重量),承受弯矩和转矩的联合作用。另外还承压力(或拉力)的作用,但比起弯矩和转矩来说则小得多,一般可忽略不计,但对钻床等轴向力很大的机床,则不能忽略。

3.1.3 主轴

1. 主轴的构造

主轴的结构主要取决于主轴上所安装的刀具、夹具、传动件、轴承和密封装置等的类型、数目、位置和安装定位方法,还有主轴加工和装配的工艺性。一般在机床主轴上装有较多的零件,为了满足刚度要求和能得到足够的止推面以便装配,常把主轴设计成阶梯轴。对于传动件位于两个支承之间的主轴,其阶梯形轴径是从前轴颈起逐级向后递减,如图 2-4 所示的机床主轴。对于传动件位于机床尾部的主轴,前、后轴颈处的直径常取相同值,其结构相对比较简单,如磨床主轴。主轴是空心还是实心,主要取决于机床的类型。

主轴前端的形状取决于机床的类型、安装夹具或刀具的形式,并应保证夹具或刀具安装可靠,定位准确,装卸方便和能传递一定的转矩。由于夹具和刀具都已标准化,因此通用机床主轴端部的形状和尺寸也已经标准化,设计时具体尺寸可参考机床制造标准。

2. 主轴的材料和热处理

主轴材料应根据刚度、荷载特点、耐磨性和热处理后的变形来选择。在结构尺寸一定的条件下,主轴的刚度取决于材料的弹性模量 E。值得注意的是,各种钢材的 E 值基本相同,而且与热处理无关。因此,没有什么特殊要求时应优先选用价格便宜的中碳钢,常用的如 45 钢,调质处理后,应在主轴端部锥孔、定心轴颈或定心锥面等部位进行局部高频淬硬,以提高其耐磨性。

只有在荷载特别大和有较大冲击,或者精密机床主轴需要减小热处理后的变形,或者轴向移动的主轴需要保证其耐磨性时,才考虑选用合金钢。

机床主轴常用的材料及热处理要求可参考表 3-3。

表 3-3 主轴常用材料及热处理要求

材 料	热 处 理	用 途
45 钢	调质,22～28 HRC,局部高频淬硬,50～55 HRC	一般机床主轴、传动轴
40Gr	淬硬,40～50 HRC	荷载较大或表面要求较硬的主轴
20Gr	渗碳、淬硬,56～62 HRC	中等荷载、转速很高、冲击较大的主轴
38GrMoAlA	氮化处理,850～1 000 HV	精密和高精度机床主轴
65Mn	淬硬,52～58 HRC	高精度机床主轴

3. 主轴的技术要求

主轴的精度直接影响主轴组件的旋转精度。主轴和轴承、齿轮等零件相连接处的表面几何形状误差和表面粗糙度与接触刚度有关。因此,设计主轴时,必须根据机床精度标准有关的项目制定合理的技术要求。

首先应制定出能满足主轴旋转精度所必需的技术要求,在此基础上,再考虑制定为其他性能所需的要求,如表面粗糙度、表面硬度等。制定主轴的技术要求还应考虑制造的可能性和经济性,检测的方便性和准确性,尽量做到工艺基准与设计基准相统一。

图 3-11 所示的车床主轴(简化)是以支承轴颈 A 和 B 的公共中心线为基准来检验主轴上各内、外表面和端面的径向跳动和端面跳动。图示的标注方法可保证设计、工艺和检验基准的一致性。

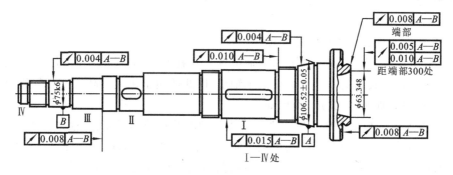

图 3-11 车床主轴简图

支承轴颈 A、B 是主轴的工作基面(设计基准),其精度的高低直接影响主轴的旋转精度。因此,对 A、B 表面的同轴度和圆度应严格控制。为了检测的方便,用 A、B 表面的径向跳动公差来表示,因径向跳动公差是几何公差的综合反映,它包含了圆度和同轴度误差。

为了保证主轴前端锥孔中心线与组合基准 $A—B$ 的中心线同轴,在制订工艺时,应以 A、B 作为工艺基准最后精磨锥孔。

上述锥孔中心线相对于 $A—B$ 中心线同轴度的检查(用插入锥孔中的标准试棒检测),以及其他有关表面与 $A—B$ 中心线的同轴度和垂直度的检查,均以 $A—B$ 作测量基准,用直观、方便的径向跳动或端面跳动来表示。

对于实心主轴,通常在主轴两端面上打出两个中心孔,孔的定心锥面经研磨后作为设计、工艺和检测用的统一基准。以此来规定两轴颈及其他外圆表面及止推面的径向跳动和端面跳动量。

主轴各部位的尺寸公差、几何公差、表面粗糙度等数值应根据机床的类型、规格、精度等级及主轴轴承的类型来确定。详见"机床设计手册"。

主轴的内、外锥面的锥度应采用量规或标准检验棒涂色检查,其接触面积应不小于 75%,以大端接触密合为宜。

3.1.4 主轴滚动轴承

轴承是主轴组件的重要组成部分,它的类型、配置、精度、安装和润滑等都直接影响主轴组件的工作性能。机床上常用的主轴轴承有滚动轴承、液体动压轴承、液体静压轴承、空气静压轴承等。此外,还有自调磁浮轴承等适应高速加工的新型轴承。

对主轴轴承的基本要求是:旋转精度高、刚度高、承载能力强、极限转速高、适应变速范围大、摩擦小、噪声低、抗振性好、使用寿命长、制造简单、使用维护方便等。因此,在选用主轴轴承时,应根据对该主轴组件的主要性能要求、制造条件、经济效果综合进行考虑。一般情况下应尽量采用滚动轴承,只有当主轴速度、加工精度及工件加工表面有较高要求时,才采用滑动轴承。

1. 典型的主轴滚动轴承配置形式

(1) 采用双列短圆柱滚子轴承的主轴组件 这种配置形式的主轴组件,由于采用了刚度和极限转速均较高的双列短圆柱滚子轴承,因此适用于转速较高和切削负载较大,要求刚度高的机床,如车床、铣床、镗床等。

图 3-12 所示的数控车床主轴组件是采用该轴承的一种典型配置,推力支承采用双向推力角接触球轴承。双列短圆柱滚子轴承靠轴向移动轴承内圈调整间隙,双向推力角接触球轴承靠修磨内圈隔套调整间隙。这种配置的缺点是前支承内轴承数量多,发热量也较高,长时间运转后前支承温度高,易使主轴轴线上抬。

(2) 采用圆锥滚子轴承的主轴组件 采用单个圆锥滚子轴承的主轴组件,其刚度和极限转速均低于采用双列短圆柱滚子轴承的主轴组件。但因这类轴承能同时承受径向和轴向荷载,且常成对使用,故具有轴承数量少、支承结构简单、轴承间隙调整方便等特点。

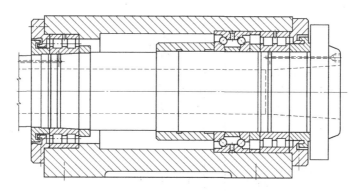

图 3-12　数控车床主轴组件

图 3-13 所示主轴组件的前、中支承即属此种配置形式,作为辅助支承的后支承,选用了刚度较低的深沟球轴承,用中支承左侧的螺母同时调整前、中支承中两个轴承的间隙,简单方便。由于这种配置属两端定位式,故在主轴受热伸长后,会使两个圆锥滚子轴承的间隙有所增加,影响支承刚度和旋转精度。

图 3-14 所示为配置法国加梅(Gamet)轴承的卧式车床主轴组件,前支承为加梅 H 系列的双列圆锥滚子轴承,其外圈靠法兰轴向定位,并由端盖 2 压紧,销 1 用于外圈的周向定位,使外圈上的进油孔与支承座中进油管对准。后支承为加梅 P 系列单列圆锥滚子轴承,靠弹簧预紧。

这类轴承具有高的径向刚度和轴向刚度,又由于它采用了空心滚子和实体保持架,减少了发热量,提高了极限转速,故适用于中等转速、较大荷载的机床主轴组件。又因其是前端定位,所以轴向位置精度也较高。

(3) 采用角接触球轴承的主轴组件　这类主轴的前后轴承都采用角接触球轴承(两联或三联),如图 3-15 所示为高速数控车床主轴组件。当轴向切削分力较大时,可选用接触角为 25°的球轴承;轴向切削分力较小时,可选用接触角为 15°的球轴承。在相同的工作条件下,前者的轴向刚度比后者高一倍。角接触球轴承具有良好的高速性能,因而适用于高速轻载或精密机床。

(4) 采用推力球轴承的主轴组件　这类主轴采用推力球轴承,承受两个方向的轴向力,其轴向刚度很高,主要用于以轴向力为主的主轴组件,如钻床。图 3-16 所示为摇臂钻床主轴组件,由于其径向荷载不大,主轴的精度要求也不太高,因此,径向支承可用深沟球轴承,不必预紧;轴向支承用推力球轴承。

2. 滚动轴承精度等级的选择

主轴滚动轴承除 P2、P4、P5(相当于旧标准的 B、C、D)三级外,新标准中又补充了 SP 和 UP 级,SP 和 UP 级的旋转精度分别相当于 P4 和 P2 级,而内、外圈尺寸精度则分别相

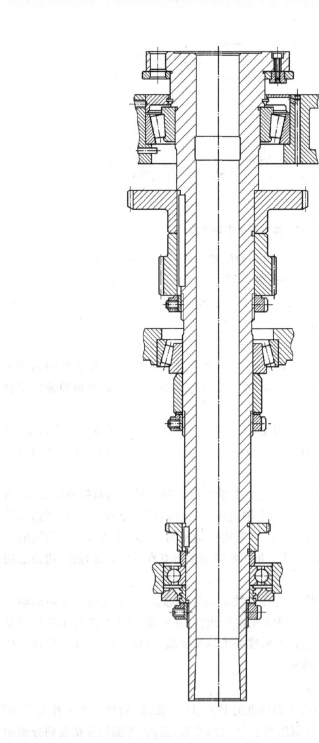

图 3-13 圆锥滚子轴承主轴组件

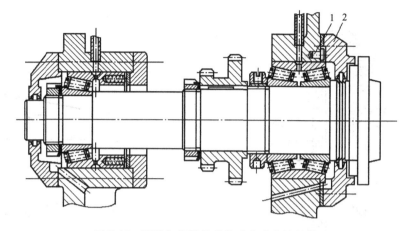

图 3-14 配置加梅轴承的卧式车床主轴组件
1—销；2—端盖

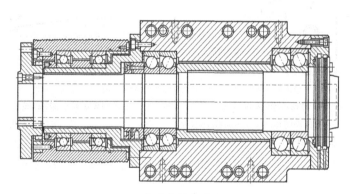

图 3-15 高速数控车床主轴组件

当于 P5 和 P4 级。

向心轴承的精度等级主要考虑机床工作性能和加工精度要求，按主轴组件的径向跳动允差选择，推力轴承的精度等级按主轴组件轴向窜动允差选择。

主轴前、后支承中轴承的精度对主轴旋转精度的影响是不同的，如图 3-17 所示。图 3-17(a)表示前轴承内圈有偏心量 δ_a、后轴承的偏心量为零的情况，这时反映到主轴端部的偏心量为

$$\delta_{a1} = \frac{L+a}{L}\delta_a \tag{3-8}$$

图 3-17(b)表示后轴承内圈有偏心量 δ_b，前轴承的偏心量为零的情况，这时反映到主轴端部的偏心量为

$$\delta_{b1} = \frac{a}{L}\delta_b \tag{3-9}$$

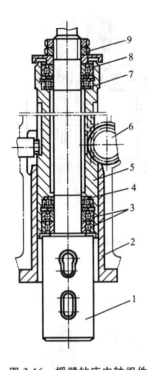
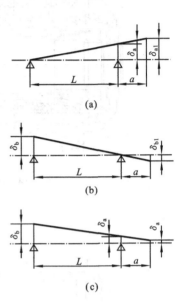

图 3-16 摇臂钻床主轴组件

1—主轴；2—导套；3、8—深沟球轴承；4、7—推力球轴承；
5—主轴套筒；6—进给齿轮；9—螺母

图 3-17 前后轴承内圈偏心量
对主轴端部的影响

显然,前轴承内圈的偏心量对主轴组件的旋转精度影响较大。因此,前轴承的精度应当选得高些,通常比后轴承的精度高一级。各类机床主轴组件中滚动轴承精度等级的选择可参见表 3-4。数控机床可按精密级或高精度级选用。

表 3-4 主轴轴承精度等级的选择

机床精度等级	前 轴 承	后 轴 承
普通精度级	P5 或 P4(SP)	P5 或 P4(SP)
精密级	P4(SP) 或 P2(UP)	P4(SP)
高精度级	P2(UP)	P2(UP)

另外,在安装主轴轴承时,将前、后轴承的偏移方向放在同一侧,如图 3-17(c)所示,可以有效地减小主轴端部的偏移量。如使后轴承的偏移量适当地大于前轴承,可使主轴端部的偏移量为零。

3. 主轴滚动轴承的预紧

所谓预紧是指采用预加荷载的方法，使滚动体和滚道之间有一定的过盈量。滚动轴承在有间隙的条件下工作，会使荷载集中作用在处于受力方向的少数几个滚动体上，导致这几个滚动体与滚道之间产生很大的接触应力和接触变形。当略有过盈时，可使受载的滚动体增多，滚动体受力均匀。此外，还可均化误差。因此，适当预紧可以提高轴承的刚度、寿命和主轴的动态特性。但是，过度预紧，会使滚动体和滚道的变形太大，反而导致发热量增加，温升大，从而降低轴承的寿命。因此，需根据荷载和转速，适当地确定预紧量。预紧力或预紧量可用专门仪器测量。

预紧力通常分为三级：轻预紧、中预紧和重预紧，代号分别为 A、B、C。轻预紧适用于高速主轴；中预紧适用于中、低速主轴；重预紧用于分度主轴。

(1) 双列短圆柱滚子轴承的预紧　双列短圆柱滚子轴承的预紧有两种方式：一种是用螺母轴向移动轴承内圈，因内圈孔是 1∶12 的锥孔，使内圈径向胀大，从而实现预紧，如图 3-18 所示；另一种如图 3-12 所示，用调整环的长度实现预紧，采用过盈套进行轴向固定。过盈套也称阶梯套，是将过盈配合的轴孔制成直径尺寸略有差别的两段，形成如图 3-19 所示的小阶梯状。两段轴的直径分别为 d_1 和 $d_2=d_1-s_1$。过盈套两段孔径分别为 D_2 和 $D_1=D_2+S_2$。装配时套的 D_1 与轴的 d_1 段配合，套的 D_2 与轴的 d_2 段配合，相配处全是过盈配合，用过盈套紧紧地将轴承固定在主轴上。拆卸时，通过过盈套上的小孔向套内注射高压油，因过盈套两段孔径的尺寸差产生轴向推力，使过盈套从主轴上拆下。

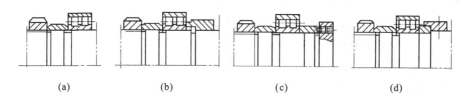

图 3-18　用螺母调整双列短圆柱滚子轴承间隙

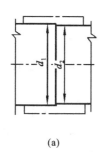
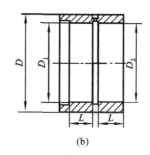

图 3-19　过盈套的结构

(a) 轴　(b) 过盈套

采用过盈套替代螺母的优点是:易于保证套的定位端面与轴心线垂直;主轴不必因加工螺纹而减小直径,这样可提高了主轴刚度;最大限度地降低了主轴的不平衡量,提高了主轴组件的旋转精度。

(2) 角接触球轴承的预紧　角接触球轴承是在轴向力的作用下,使内、外圈产生轴向错位实现预紧的。图 3-20 所示为背靠背安装的一对角接触球轴承的主要预紧方式。

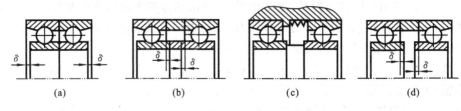

图 3-20　角接触球轴承间隙调整机构
(a) 修磨轴承内圈侧面　(b) 修磨调整环　(c) 由弹簧自动预紧　(d) 移动内圈

图 3-20(a)所示为将轴承内圈内侧面磨去一个按预紧量确定的厚度 δ,当压紧内圈时即得原定的预紧量。此方法要求侧面垂直于轴线,且重调间隙时必须把轴承从主轴上拆下,很不方便。图 3-20(b)所示为在两个轴承内、外圈间分别装入厚度差为 2δ 的两个短套(调整环)来达到预紧目的,其缺点同上。图 3-20(c)所示为在两个轴承外圈之间放入若干个弹簧(沿圆周均布),靠弹簧保持一个固定不变的、不受热膨胀影响的预加荷载。它可持久地获得可靠的轴承预紧,但对几个弹簧的要求比较高,常用在高速内圆磨头中。图3-20(d)所示为在两轴承外圈之间装入一个适当厚度的短套,靠装配调整使内圈受压后移动一个 δ 量。它不需修磨,在初调和重调时均可用,但装配要求高。

4. 滚动轴承的润滑和密封

润滑的作用是降低摩擦力和温升,并与密封装置在一起,保护轴承不受外物的侵入和防止锈蚀。润滑剂和润滑方式决定于轴承的类型、速度和工作负荷。如果方式选择合适,可以降低轴承的工作温度和延长使用寿命。

1) 主轴滚动轴承的润滑

滚动轴承可以用润滑脂或润滑油来润滑。试验说明,在速度较低时,用润滑脂比用润滑油温升低;速度较高时,用润滑油较好。一般情况下,判断的指标是速度因数 dn,其中,d 为轴承内径(mm),n 为转速(r/min)。

(1) 润滑脂　润滑脂是由基油、稠化剂和添加剂(有的不含添加剂)在高温下混合而成的一种半固体状润滑剂。如锂基脂、钙基脂,高速轴承润滑脂等。其特点是黏附力强,油膜强度高,密封简单,不易渗漏,长时间不需更换,维护方便,但摩擦阻力比润滑油略大。因此,润滑脂常用于转速不太高、又不需冷却的场合。特别是立式主轴或装在套筒内可以伸缩的主轴,如钻床、坐标镗床等。数控机床和加工中心主轴轴承也常采用高级润滑脂润滑。

润滑脂不应填充过多,尤其不能把轴承的空间填满,否则会因搅拌发热而融化、变质而失去润滑作用。通常,充填量约为轴承空间的 1/3～1/2,并在一定时期内补充和更换。

(2) 润滑油　润滑油可用于一切转速的主轴,特别适宜于高速旋转的主轴。润滑油的黏度是随着温度的升高而降低的。因此为了保证滚动体与滚道接触面内有足够压强的油膜,应使润滑油在轴承工作温度下的黏度为 12～23 cSt。转速越高,黏度应越小;负荷越重,黏度应越大。主轴轴承的润滑方式主要有油浴、滴油、循环润滑、油雾润滑、油气润滑和喷射润滑等。一般根据轴的 dn 值,通过查轴承厂提供的经验图表,选择具体的润滑油名称、牌号和润滑方式。

当 dn 值较低时,可用油浴润滑。油平面不应超过最低一个滚动体的中心。过高则因搅拌作用强烈,导致发热量较高。

当 dn 值略高一些,可用滴油润滑。应通过实验找出温升最低的滴油量。滴油量太少则润滑不足,太多则增加搅拌作用,都能引起过多的发热,一般以 1～5 滴/min 为宜。

当 dn 值较高时,可用循环润滑,由油泵将经过过滤的润滑油(压力为 0.15 MPa 左右)输送到轴承部位,润滑后返回油箱,经过滤、冷却后循环使用。通过润滑油的循环,可带走一部分轴承部位的热量,使轴承的温度降低。

若高速轴承发热量大,为控制其温升,应使润滑油在润滑的同时兼起冷却作用,这时可采用油雾润滑和油气润滑。油雾润滑是将油雾化后喷向轴承,既起润滑作用,又起冷却作用,效果较好。但油雾易散入大气,污染环境,目前已较少采用。

油气润滑是间隔一定时间由定量柱塞分配器定量输出微量润滑油 0.01～0.06 mL,与压缩空气管道中的压力为 0.3～0.5 MPa,流量为 20～50 L/min 的压缩空气混合后,经细长管道和喷嘴连续喷向轴承。油气润滑与油雾润滑的主要区别在于供给轴承的油未被雾化,是成液滴状进入轴承。因此,采用油气润滑方式不污染环境,用过可回收;轴承温升比采用油雾润滑方式要低。这种方式常用于 $dn>10^6$ 的高速轴承。

当轴承高速旋转时,滚动体与保持架也以相当高的速度旋转,导致周围空气形成气场,用一般润滑方式很难将润滑油输送到轴承中,这时必须采用高压喷射润滑的方式。即使用油泵,通过位于轴承内圈和保持架中心的一个或几个口径为 0.5～1 mm 的喷嘴,以 0.1～0.5 MPa 的压力,将流量大于 500 mL/min 的润滑油喷射到轴承上,使之穿过轴承内部,经轴承的另一端流入油箱,同时对轴承进行润滑和冷却。通常用于 $dn \geqslant 1.6\times 10^6$ 并承受重负荷的轴承。

角接触球轴承及圆锥滚子轴承有泵油现象,润滑油必须由小口进入,如图 3-14 所示。

2) 密封

滚动轴承的密封作用是防止冷却液、切屑灰尘、杂质等进入轴承,并使润滑剂无泄露地保持在轴承内,保持轴承的使用性能和延长轴承的使用寿命。

密封的类型主要有非接触式和接触式两大类。非接触式密封又分为间隙式、曲路式和垫圈式密封。接触式密封可分为径向密封圈密封和毛毡密封圈密封。

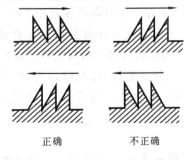

图 3-21 油润滑时的防漏

选择密封形式时,应综合考虑轴的转速、轴承润滑方式、轴端结构、轴承工作温度、轴承工作时的外界环境等因素。

脂润滑的主轴组件多用非接触的曲路密封。油润滑的主轴组件的密封如图 3-21 所示,螺母的外圆有锯齿形环槽。锯齿方向应逆着油流的方向,如图 3-21 所示。主轴旋转时将油甩向压盖内的空腔,经回油孔流回油箱。锯齿槽可有 2~3 条。油被甩入空腔后可能有少量溅回,前面的槽还可以再甩。回油孔直径应尽量大些,以使回油畅通。

3.1.5 主轴滑动轴承

滑动轴承因具有旋转精度高、抗振性好、运动平稳等特点,主要应用于高速或低速的精密、高精密机床和数控机床的主轴。

主轴滑动轴承按产生润滑膜的方式不同,可分为动压轴承和静压轴承两类;按照流体介质的不同,可分为液体滑动轴承和气体滑动轴承。

1. 液体动压滑动轴承

主轴以一定的转速旋转时,动压轴承带着润滑油从间隙大处向间隙小处流动,形成压力油楔而将主轴浮起,产生压力油膜以承受荷载。

油膜的承载能力与工作状况有关,如速度、润滑油的黏度、油楔结构等。转速越高,间隙越小,油膜的承载能力越大。油楔结构参数包括油楔的形状、长度、宽度、间隙及油楔入口与出口的间隙比等。

动压轴承按油楔数分为单油楔和多油楔。多油楔轴承因有几个独立油楔,形成的油膜压力在几个方向上支承轴颈,轴心位置稳定性好,抗振动和冲击性能好。因此,机床主轴常用的是多油楔的动压滑动轴承。

(1) 固定多油楔滑动轴承 在轴承内工作表面上加工出偏心圆弧面或阿基米德螺旋线来实现油楔。图 3-22 所示为用于外圆磨床砂轮架主轴的固定多油楔滑动轴承。主轴前端是固定多油楔动压轴承 1,后端是双列短圆柱滚子轴承。主轴的轴向定位靠前、后两个止推环 2 和 5(滑动推力轴承)。这种多油楔属于外柱内锥式,其径向间隙由止推环 2 右侧的螺母 3 调整,使主轴相对于前轴承做轴向移动。螺母 4 用来调整滑动推力轴承的轴向间隙。

固定多油楔轴承的形状如图 3-22(b)所示,在轴瓦内壁上开有 5 个等距的油囊,形成

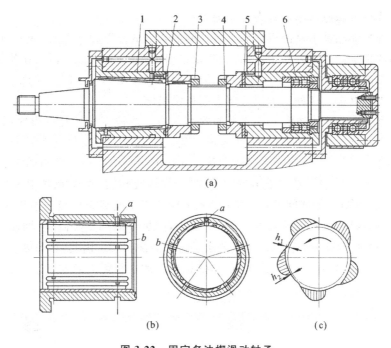

图 3-22 固定多油楔滑动轴承
(a) 主轴组件　(b) 滑动轴承　(c) 轴承工作原理
1—动压轴承；2、5—止推环；3、4—调整螺母；6—轴承

5 个油楔。其油压分布如图 3-22(c)所示。由于主轴转向固定,故油囊形状为阿基米德螺旋线,铲削而成。油楔的入口 h_1 与出口 h_2 的距离称为油楔宽度,入口间隙与出口间隙之比称为间隙比。理论分析表明,最佳间隙比 $h_1/h_2 = 2.2$。

图 3-23 所示为固定多油楔动压轴承应用于车床主轴的实例,图中仅表示了轴承部分的结构。由于车床主轴要换向,油囊必须是对称的。因此,在轴瓦内表面加工出三个偏心圆弧槽作为油囊。又因车床主轴变速范围大,当主轴以低转速工作时,不能形成压强足够的油楔。因此,在三个油囊之间还留有适量的圆柱部分,低速时由这部分表面承载,相当

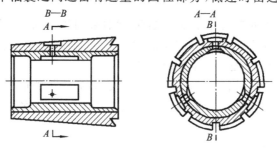

图 3-23 车床主轴用固定多油楔轴承

于边界摩擦或混合摩擦状态的普通滑动轴承。

固定多油楔动压轴承是由机械加工出来的油囊形成油楔的。因此,轴承的尺寸精度、接触状况和油楔参数等均较稳定,拆装后变化也很小,维修较方便。但它在装配时前后轴承的同轴度不能调整,加之轴承间隙很小,因此对轴承及箱体孔、衬套的同轴度要求很高,制造和装配工艺复杂。这种轴承仅适用于高精度机床。

(2) 活动多油楔滑动轴承　活动多油楔轴承由三块或五块轴瓦块组成,利用浮动轴瓦自动调位来实现油楔。图 3-24 所示为短三瓦动压轴承。三块轴瓦各有一球头螺钉支承,可以稍微摆动以适应转速或荷载的变化。瓦块的压力中心 O 离出口的距离 b_0 约为瓦块宽 B 的 0.4 倍。O 点也就是瓦块的支承点。主轴旋转时,由于瓦块上油楔压强的分布,瓦块可自行摆动至最佳间隙比 $h_1/h_2=2.2$ 后处于平衡状态。当主轴负荷变化时,主轴将产生位移,这时 h_2 将发生变化。若 h_2 变小,则出口处油压升高,使轴瓦作逆时针方向摆动,h_1 也变小。当 $h_1/h_2=2.2$ 时,又处于新的平衡状态。因此,这种轴承能自动地保持最佳间隙比,使瓦块宽 B 等于油楔宽。这时,轴瓦的承载能力最大。

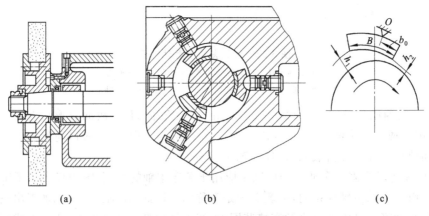

图 3-24　活动多油楔滑动轴承
(a)、(b) 轴承结构　(c) 轴承工作原理

轴瓦除了可径向摆动外,也能在轴向摆动,这样就可以消除边缘压力。轴瓦和螺钉是球面接触。接触面应配研,要求实际接触面积大于 80%(用涂色法检查),以保证接触刚度。轴承间隙靠螺钉调节,因而属于径向调整。

这种轴承主轴只能朝一个方向转动,不允许反转,否则不能形成压力油楔。因为它的结构简单,制造维修方便,比滚动轴承抗振性好,运动平稳,故在各类磨床主轴组件中得到了广泛应用。

2. 液体静压滑动轴承

动压滑动轴承必须在一定的运转速度下才能产生压力油膜,因此不适用于低速主轴。

此外，由于主轴在启/停时，不能得到足够的油膜压强，金属运动表面将直接接触，必然引起磨损。而液体静压轴承则是由外界供给一定的压力油于两个相对运动的表面间，不依赖于它们之间的相对运动速度就能建立压力油膜。因此，其与动压轴承相比具有如下优点：承载能力高；旋转精度高；油膜有均化误差的作用，可提高加工精度；抗振性好；运转平稳；既能在极低转速下工作，也能在极高转速下工作；摩擦小，轴承寿命长。

液体静压轴承的缺点是需要一套专用供油设备，且轴承制造工艺复杂、成本较高。因此，液体静压轴承适用于低速或转速变化范围较大及经常启/停的主轴，如重型机床主轴和高精度机床主轴。

液体静压轴承的工作原理如图3-25所示。在轴承内圆柱面上等间隔地开几个油腔（通常为四个）。各油腔之间开有回油槽。用过的油一部分从这些回油槽回油箱（径向回油），另一部分则由两端回油箱（轴向回油）。油腔与回油槽之间及油腔的两端为封油面。液压泵供给一定压力 p_s 的油液，经节流器 T 降压后进入各油腔，将轴颈推向中央。节流器的作用是使各个油腔的压力随外荷载的变化而自动调节，从而平衡外荷载。

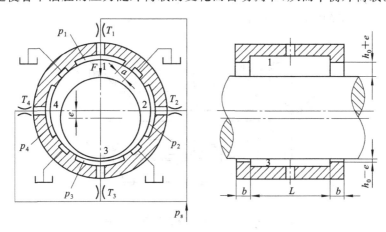

图 3-25 液体静压轴承工作原理

当轴上不受荷载时，如忽略轴的自重，则各油腔的油压相同，保持平衡，轴在正中央。这时各油腔封油面与轴颈间的间隙均为 h_0。如轴上受径向荷载 F（包括轴的自重），轴颈将产生偏心量 e。这时轴颈与轴承间在油腔3处的间隙减小为 h_0-e，油腔1处增大到 h_0+e。在油腔3处，由于油流经间隙小的地方阻力大，流量减小，因而流经节流器 T_3 的压降减小，由于供油压力 p_s 是一定的，所以油腔3内的油压 p_3 就升高；在油腔1处，由于油流经间隙大的地方阻力小，流量增大，因而流经节流器 T_1 的压降增大，所以油腔1内的油压 p_1 就降低。这种压差的变化就可以平衡外荷载 F。如油腔内油的有效截面积为 A，则

$$F = A(p_3 - p_1) \tag{3-10}$$

使静压轴承发挥良好的工作性能的关键在于节流器的设置和选用。节流器有以下两大类。

（1）固定节流器　固定节流器的节流阻力固定不变。常用的有毛细管节流器和小孔节流器两种。

（2）可变节流器　可变节流器的节流阻力可以随着油腔的压力变化而变化。常用的有薄膜式节流器和滑阀式节流器两种。

3. 气体静压轴承

气体静压轴承也称为气浮轴承或空气轴承，其工作原理与液体静压轴承相同。由于空气的黏度比液体小得多，故摩擦和功率损耗小，能在极高转速或极低温度下工作，且振动、噪声特别小，旋转精度高（一般 0.1 μm 以下），使用寿命长，基本上不需要维护，多用于高速、超高速、高精度机床主轴组件。

图 3-26 所示为前后轴承均采用半球状空气静压轴承的主轴组件。半球状空气静压轴承同时起径向支承和推力支承的作用。由于轴承的球形气浮面具有自动调心作用，因此可以提高前后轴承的同心度，从而提高主轴的回转精度。

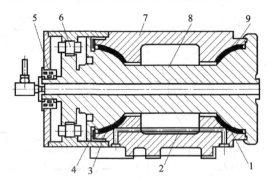

图 3-26　内装式双半球空气轴承主轴

1—前轴承；2—供气孔；3—后轴承；4—定位环；5—旋转变压器；
6—无刷电动机；7—外壳；8—主轴；9—多孔石墨

4. 磁浮轴承

磁浮轴承也称为磁力轴承，它利用磁力来支承运动部件，使其与固定部件脱离接触，从而实现轴承功能。磁浮轴承是一种高性能机电一体化轴承，其工作原理如图 3-27 所示。磁浮轴承由转子、定子两部分组成。转子由铁磁材料（如硅钢片）制成，压入回转轴承回转筒中。定子也是由相同材料制成。定子绕组产生磁场，将转子悬浮起来。通过四个位置传感器不断检测转子的位置。如转子位置不在中心位置，位置传感器测得其偏差信号，并将信号传送给控制装置，控制装置调整四个定子绕组的励磁功率，使转子精确地回到中心位置。

图 3-28 所示为一种磁浮轴承的控制框图。

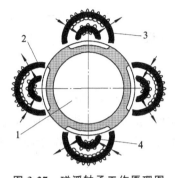 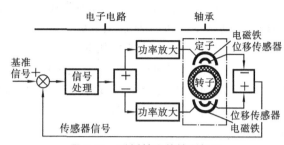

图 3-27　磁浮轴承工作原理图　　　　图 3-28　磁浮轴承的控制框图
1—转子；2—定子；3—电磁铁；4—位置传感器

　　磁浮轴承的特点是无机械磨损，理论上无速度限制；运转时无噪声，温升和能耗低；不需要润滑，不污染环境，可省掉一套润滑系统和设备；能在超低温和高温下正常工作，也可用于真空、蒸汽和有腐蚀性气体的环境。

　　装有磁浮轴承的主轴可以适应控制，通过监测定子绕组的电流，灵敏地控制切削力。通过检测切削力的微小变化控制机械运动，以提高加工质量。因此磁浮轴承特别适用于高速、超高速加工。国外已有高速铣削磁力轴承主轴头和超高速磨削主轴头，并已标准化。磁浮轴承的主轴结构如图 3-29 所示。

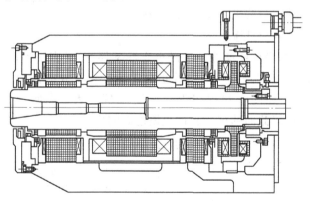

图 3-29　磁浮轴承主轴的结构

3.2　支承件设计

3.2.1　支承件应满足的基本要求

　　机床的支承件是指床身、立柱、横梁、底座等大件，它们相互固定，连接成机床的基础和框架。机床上其他零部件可以固定在支承件上,或者工作时在支承件的导轨上运动。因此,支承件的主要功能是承受各种荷载及热变形,并保证机床各零部件之间的相互位置和相对运动精度,从而保证加工质量。

支承件应满足的基本要求如下。

(1) 足够的刚度和较高的刚度-质量比　后者在很大程度上反映了设计的合理性。

(2) 较好的动态特性　这包括较大的位移阻抗(动刚度)和阻尼;与其他部件相配合,使整机的各阶固有频率不致与激振频率相重合而产生共振;不会发生薄壁振动而产生噪声等。

(3) 热稳定性好　热变形对机床加工精度的影响较小。

(4) 结构工艺性好　排屑畅通、吊运安全,具有良好的结构工艺性。

3.2.2　支承件的结构设计

一台机床支承件的质量可占其总质量的80%～85%,同时支承件的性能对整机性能影响很大,因此,应正确地进行支承件的结构设计。首先应根据其使用要求进行受力分析,再根据所受的力和其他要求(如排屑、吊运、安装其他零件等),并参考现有机床的同类型件,初步确定其形状和尺寸。然后,可以利用计算机进行有限元计算,求得其静态刚度和动态特性,并据此对设计进行修改和完善,选出最佳结构形式。这样,既能保证支承件具有良好的性能,又能尽量降低质量,节约材料。

1. 支承件的截面形状和选择

合理的支承件结构设计能够保证在最小质量条件下,具有最大静刚度。静刚度包括弯曲刚度和扭转刚度,它们均与截面惯性矩成正比。支承件截面形状不同,即使同一材料、相等的截面面积,其抗弯和抗扭惯性矩也不同。表 3-5 所示为截面积皆近似为 $100\ cm^2$ 的 8 种不同形状截面的抗弯和抗扭惯性矩的比较。

表 3-5　不同截面的抗弯抗扭惯性矩

序　号		1	2	3	4
截面形状		φ113	φ113, φ160, 23.5	φ160, φ196, 18	φ160, φ196, 18
惯性矩相对值	抗弯	1.0	3.02	5.03	—
	抗扭	1.0	3.02	5.03	0.07

续表

序号	5	6	7	8
截面形状	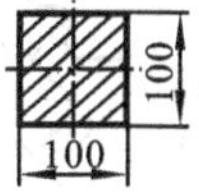 100×100 实心	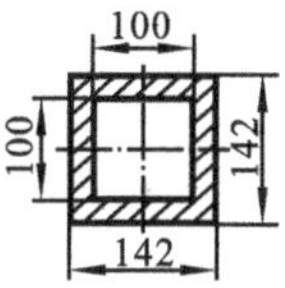 100×100 外/142×142 空心	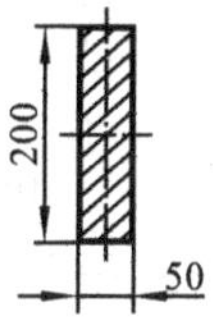 200×50	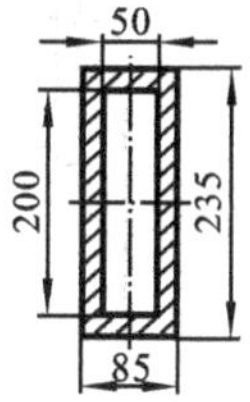 200×235 外/85×? 空心
惯性矩相对值 抗弯	1.04	3.19	4.17	7.33
惯性矩相对值 抗扭	0.88	2.69	0.44	1.65

比较后得出结论如下。

(1) 空心截面的惯性矩比实心的大。同样的截面形状,加大外轮廓尺寸、减小壁厚,可提高截面抗弯、抗扭刚度。因此,设计支承件时,应采用空心截面,加大外轮廓尺寸,在工艺允许的条件下,尽可能减小壁厚。当然壁厚也不能太薄,以免出现薄壁振动。

(2) 方形截面的抗弯刚度高于圆形截面,而抗扭刚度较低。因此,以承受转矩为主的支承件应采用圆形截面。以承受弯矩为主的支承件应采用方形或矩形截面。矩形截面在其高度方向的抗弯刚度比方形截面高,但抗扭刚度较低。因此,以承受一个方向的弯矩为主的支承件,其截面形状常取为矩形,以其高度方向为受弯方向。

(3) 封闭截面的刚度远远大于开口截面的刚度,特别是抗扭刚度。因此,在可能的条件下,应尽量把支承件的截面做成封闭的框形。但是,由于排屑、清砂及需安装电器件、液压件和传动件等,往往很难做成全封闭形状。

图3-30所示为机床床身断面,均为空心矩形截面。图3-30(a)所示为典型的车床类床身,工作时承受弯曲和扭转荷载,并且床身上需有较大空间排除大量切屑和切削液。图3-30(b)所示为镗床、龙门刨床等机床的床身,主要承受弯曲荷载。由于切屑不需要从床身排除,所以顶面多采用封闭的,台面不太高,以便于工件的安装调整。图3-30(c)所示为用于大型和重型机床的床身,采用三层壁。重型机床可采用双层壁结构床身,以便进一步提高刚度。

图3-31所示为数控车床的床身截面。床身采用倾斜式空心封闭箱形结构,这种结构排屑方便,抗扭刚度高。

2. 支承件肋板和肋条的布置

肋板又称隔板,是指连接支承件四周外壁的内板。它能使支承件外壁的局部荷载传递给其他壁板,从而使整个支承件承受荷载,加强支承件的自身刚度。

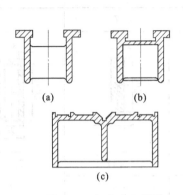
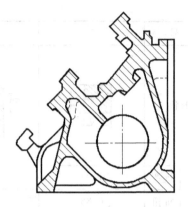

图 3-30　机床床身断面　　　　　图 3-31　数控车床床身截面

肋板布置一般有三种形式,即纵向肋板、横向肋板和斜向肋板。纵向肋板的作用是提高支承件的抗弯刚度,横向肋板主要是提高抗扭刚度,斜向肋板兼有提高抗弯和抗扭刚度的作用。

为了有效地提高抗弯刚度,纵向肋板应布置在弯曲平面内。例如图 3-32 所示的悬臂梁,如受荷载 F 作用,则肋板必须按图(a)布置。如果按图(b)布置,则会大大降低肋板对提高刚度的作用。

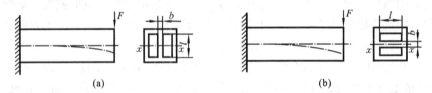

图 3-32　纵向肋板对刚度的影响

图 3-33 所示为加工中心床身断面,采用三角形肋板结构,抗扭、抗弯刚度均较高。图 3-34 所示为立式加工中心立柱采用的两种加肋形式。图 3-34(a)所示为立柱加菱形肋板,图 3-34(b)所示为立柱加 X 形肋板,截面形状近似正方形。这两种结构使得两个方向上的抗弯刚度基本相同,抗扭刚度也较高,用于复杂空间荷载作用的机床。

肋条又称加强肋,配置于支承件某一内壁上,主要是为了减小局部变形和薄壁振动,用来提高支承件的局部刚度,如图 3-35 所示。肋条可以纵向、横向和斜向布置,也可交叉排列布置,如布置成井字形、米字形等。必须使肋条位于壁板的弯曲平面内,这样才能有效地减少壁板的弯曲变形。肋条厚度一般为床身壁厚的 0.7~0.8。

局部增设肋条,提高局部刚度的例子如图 3-36 所示。图 3-36(a)所示为布置在支承件的固定螺栓、连接螺栓或地脚螺栓处的肋条。图 3-36(b)所示为布置在床身导轨处的肋条。

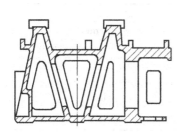

图 3-33 加工中心床身断面

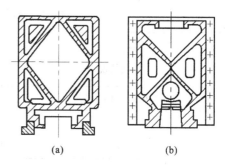

图 3-34 立式加工中心立柱断面

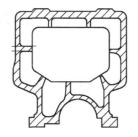

图 3-35 立柱肋条布置图

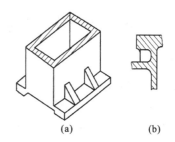

图 3-36 局部肋条

3. 合理选择支承件的壁厚

支承件的壁厚应根据工艺上的可能，尽量选择得薄一些。按照目前的工艺水平，砂模铸造铸铁件的壁厚 t 可根据当量尺寸 C 按表 3-6 选择。表中推荐的是最小壁厚。凸台与导轨的连接处等部位应适当加厚。当量尺寸 C 由下式确定：

$$C = \frac{2L + B + H}{3}(\text{m}) \tag{3-11}$$

式中：L、B、H——支承件的长、宽、高，单位为 m。

表 3-6 铸铁支承件壁厚推荐值

C/m	0.75	1.00	1.50	1.80	2.00	2.50	3.00	3.50	4.00
t/mm	8	10	12	14	16	18	20	22	25

焊接支承件一般采用钢板与型钢焊接而成。具体数字可参考表 3-7。

中型机床焊接支承件如用薄壁结构，可用型钢和厚度为 3～6 mm 的钢板焊接而成。靠采用封闭截面形状，正确地布置肋板、肋条来保证刚度和防止薄壁振动。

大型机床及承受荷载较大的导轨处的壁板往往采用双层壁结构，以提高刚度。一般选用双层壁结构的壁厚 $t \geqslant 3\sim6$ (mm)。

表 3-7　焊接床身壁厚选择

壁或肋的位置及承载情况	机床规格 壁厚/mm	
	大型机床	中型机床
外壁和纵向主肋	20～25	8～15
肋	15～20	6～12
导轨支承壁	30～40	18～25

3.2.3　支承件的材料

支承件常用的材料有铸铁、钢板和型钢、预应力钢筋混凝土、天然花岗岩、树脂混凝土等。

1. 铸铁

一般支承件用灰铸铁制成，在铸铁中加入少量合金元素可提高其耐磨性。若导轨与支承件铸为一体，则铸铁的牌号应根据导轨的要求选择。如果导轨是镶装上去的，或者支承件上没有导轨，则支承件的材料一般可用 HT150。

铸铁铸造性能好，容易获得复杂结构的支承件。同时铸铁的内摩擦力大，阻尼系数大，使振动衰减性能好，成本低。但铸件需做型模，制造周期长，仅适于成批生产。

铸铁支承件要进行时效处理，以消除内应力。

2. 钢板和型钢

用钢板和型钢等焊接的支承件，其制造周期短，可做成封闭件，而且可根据受力情况布置肋板和肋条来提高抗扭和抗弯刚度。由于钢的弹性模量约为铸铁的两倍，当刚度要求相同时，钢焊接件的壁厚仅为铸件的一半，使质量减小，固有频率提高。但焊接结构在成批生产时，成本比铸件高。因此，多用在大型、重型机床及自制设备等小批生产中。

钢板焊接结构的缺点是钢板材料内摩擦阻尼约为铸铁的 1/3，抗振性较铸铁差，为提高机床抗振性，可采用提高阻尼的方法来改善钢板焊接结构的动态性能。

3. 预应力钢筋混凝土

预应力钢筋混凝土主要用于制作床身、底座、立柱等支承件。其特点是刚度高，阻尼比大，抗振性好，成本较低。用钢筋混凝土制成支承件时，钢筋的配置对支承件影响较大。一般三个方向都要配置钢筋，总预拉力为 120～150 kN。其缺点是脆性强，耐蚀性差，另外油渗入预应力钢筋混凝土支承件会导致材质疏松，所以支承件表面应进行喷漆或喷涂塑料处理。

图 3-37 所示为数控车床的底座和床身，底座 1 为钢筋混凝土，由于混凝土的内摩擦阻尼很高，所以机床的抗振性好。床身 2 为内封砂芯的铸铁床身，也可提高床身的阻尼。

4. 天然花岗岩

天然花岗岩性能稳定,精度保持性好;抗振性好,阻尼系数比钢大 15 倍;耐磨性比铸铁高 5～6 倍;导热系数和线膨胀系数小,热稳定性好;抗氧化性强;不导电;抗磁;与金属不黏合,加工方便,通过研磨和抛光容易得到较高的精度和很低的表面粗糙度。目前多用于三坐标测量机、印制板数控钻床、气浮导轨基座等。其缺点是结晶颗粒大于钢铁的晶粒,抗冲击性能差,脆性较强;油和水等液体易渗入晶界中,会使表面局部变形胀大;难以制作形状复杂的零件。

5. 树脂混凝土

树脂混凝土是以合成树脂(不饱和聚酯树脂、环氧树脂、丙烯酸树脂)为黏结剂,加入固化剂、稀释剂、增韧剂等将骨料固结而成的一种复合材料,也称人造花岗岩。

树脂混凝土的特点是:刚度高;具有良好的阻尼性能,阻尼比为灰铸铁的 8～10 倍,抗振性好;热容量大,热传导率低,导热系数只为铸铁的 $1/25 \sim 1/40$,热稳定性高,其构件热变形小;密度为铸铁的 $1/3$,质量小;

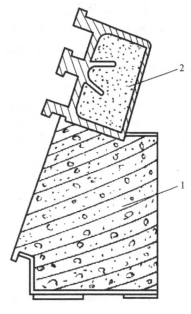

图 3-37 数控机床的底座和床身
1—预应力钢筋混凝土底座;
2—内封砂芯的铸铁床身

可获得良好的几何形状精度,表面粗糙度值也较低;对切削油、润滑剂、切削液有极好的耐腐蚀性;与金属黏结力强,可根据不同的结构要求,预埋金属件,使机械加工量少,降低成本;浇注时无大气污染,生产周期短,工艺流程短;浇注出的床身静刚度比铸铁床身提高 16%～40%。其缺点是力学性能差,但可以预埋金属或添加加强纤维。这种材料制作的支承件对高速、高效、高精度机床具有广泛的应用前景。

3.2.4 提高支承件结构性能的措施

1. 提高支承件的静刚度和固有频率

如前所述,要提高支承件的静刚度和固有频率,首先要根据支承件受力情况合理地选择支承件的材料、截面形状和尺寸,合理地布置肋板和肋条,以提高结构整体和局部的弯曲刚度和扭转刚度。因此,可以用有限元的方法进行定量分析,以便在较小质量的情况下得到较高的静刚度和固有频率。

另外,为了提高接触刚度,不仅导轨面,而且重要的固定结合面也必须配磨和配刮。以固定螺钉连接时,通常应使接触面间的平均预压压强不小于 2 MPa,以消除表面微观不平度的影响,并据此确定固定螺钉的直径、数量、布置位置及拧紧螺钉时施加的转矩。该转矩在装配时可用测力扳手控制。

2. 提高动态特性

(1) 改善阻尼特性　对于铸铁支承件，不清除铸件内的砂芯，或在支承件中充填型砂或混凝土等阻尼材料，可以起到减振作用。如图 3-38 所示的车床床身，图 3-39 所示的镗床主轴箱，为增大阻尼，提高动态特性，将铸造砂芯封装在型腔内。

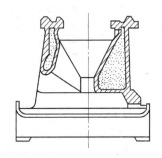
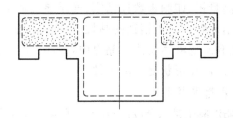

图 3-38　封砂结构的车床床身　　　　图 3-39　镗床主轴箱的断面图

对于焊接支承件，除了可以在内腔填充混凝土减振外，还可以采用具有阻尼性能的焊接结构，如采用间断焊缝、焊减振头等来加大摩擦阻尼。间断焊缝是指两焊接件之间留有贴合而未焊死的表面而形成的焊缝，在振动过程中，两贴合面之间产生相对摩擦起阻尼作用，使振动减小。间断焊缝虽可使静刚度有所下降，但其阻尼比也会大为增加，使动刚度大幅度增大。

图 3-40 所示为升降台铣床的悬梁。悬梁端部是一个封闭的箱形铸件。其空腔内装四块铁块，并充满钢珠，再注满高黏度的油。振动时，油在钢珠间隙之间运动，产生黏性摩擦，再加上钢珠间的碰撞，能耗散振动能量，增大阻尼。

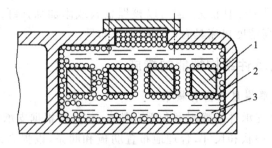

图 3-40　悬梁的阻尼
1—铸铁；2—钢球；3—高黏度油

(2) 合理选择材料　材料的选用与提高支承件的动态特性关系也很大。对于弯曲振动结构，尤其是薄壁结构，在其表面喷涂一层具有高内阻尼的黏滞性材料，如沥青基制成的胶泥减振剂、高分子聚合物和油漆腻子等，或采用石墨纤维的约束带和内阻尼高、剪切模量极低的压敏式阻尼胶等，能使阻尼比达 0.05～0.10。支承件采用新型的树脂混凝土材料,可以使动刚度提高几倍。

3. 提高热稳定性

机床热变形是影响加工精度的重要因素之一。热变形对精密机床、自动机床及重型机床的影响尤为显著。提高支承件的热稳定性,就要设法减少热变形,特别是不均匀的热变形,以及降低热变形对加工精度的影响。

(1) 散热和隔热　机床运转时,各种机械摩擦,电动机、液压系统等都会发热。如果能通过加大散热面积、加设散热片、设置风扇等措施改善散热条件,迅速将热量散发到周围空气中,则机床的温升不会很高。

隔热也是减少热变形的有效措施之一,如:把主要热源(如液压油箱、变速箱、电动机等)移到与机床隔离的地基上;在液压马达、液压缸等热源外面加隔热罩,以减少热源热量的辐射;采用双层壁结构,其间有空气层,可使外壁温升较小,又能限制内壁的热胀作用。

有时既需考虑隔热,又需考虑散热。这种情况下,在设计时要考虑气流方向问题。应有进、排气口,有时内部还要加某些隔板,引导气流流经温度较高的部位,以加强冷却。图3-41所示为一单柱坐标镗床,电动机外有隔热罩,立柱后壁设进气口,顶部有排气口,电动机风扇使气流向上运动,如图中箭头所示,与自然通风气流方向一致,以加强散热。

(2) 均衡温度场　影响机床精度的不仅仅是温升,更重要的是温度不均。如图3-42所示,磨床床身内油箱温度高于导轨处温度,故使油箱的油除能供给导轨润滑外,还可流经油沟,使温度场均匀。

(3) 热对称结构　支承件采用热对称结构,在热变形后,其对称中心线的位置基本不变,因而可减少热变形对加工精度的影响。图3-43所示为双立柱结构的加工中心或卧式坐标镗床,其主轴箱装在框式立柱内,且由左右两立柱的侧面定位。由于两侧热变形的对称性,主轴轴线的升降轨迹不会因立柱热变形而左右倾斜,这样就保证了定位精度。

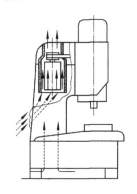

图 3-41　单柱坐标镗床的隔热与散热

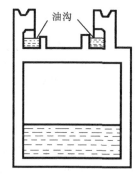

图 3-42　磨床床身均衡温度场

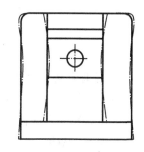

图 3-43　双立柱热对称结构

（4）采用热补偿装置　基本方法是:在热变形的相反方向上采取措施,产生相应的反方向热变形,使两者的影响互相抵消,从而减少综合热变形。

目前,国内外都已能利用计算机和检测装置进行热位移补偿。先预测热变形规律,然后建立数学模型存入计算机中进行实时处理,进行热补偿。现在,国外有些厂商已把热变形自动补偿修正装置作为产品生产和销售。

3.3　导轨设计

3.3.1　导轨的功用和应满足的基本要求

1. 导轨的功用和分类

导轨的功用是承受荷载和导向。在导轨副中,运动的部分叫做动导轨,不动的部分叫做支承导轨。动导轨相对于支承导轨的运动,通常是直线运动和回转运动。

导轨按结构形式可以分为开式导轨和闭式导轨。如果导轨所承受的倾覆力矩不大,在部件自重和外荷载作用下,动导轨和支承导轨的工作面始终保持贴合的称为开式导轨,如图 3-44(a)所示。在导轨受较大的颠覆力矩作用时(见图 3-44(b)),就必须增加压板 1 和 2,以形成辅助导轨面 g 和 h,才能保证主导轨面 e 和 f 都有良好的接触,这种导轨称为闭式导轨。

导轨副按两导轨面之间的摩擦性质不同可分为滑动导轨和滚动导轨。滑动导轨又可分为普通滑动导轨、动压导轨和静压导轨。

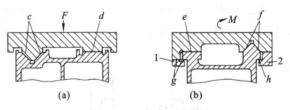

图 3-44　开式、闭式导轨
(a)开式导轨　(b)闭式导轨
1、2—压板

2. 导轨应满足的要求

（1）导向精度　导向精度是指动导轨沿支承导轨运动时,其运动轨迹的准确程度,即直线运动导轨的直线性和圆周运动导轨的真圆性。影响导向精度的主要因素有导轨的几何精度和接触精度、导轨的结构形式、导轨和支承件的刚度、导轨副的油膜厚度和油膜刚度,以及导轨和支承件的热变形等。

直线运动导轨的几何精度一般包括:垂直平面和水平平面内的直线度;两条导轨面间

的平行度。具体要求可参阅国家有关机床精度检验标准。

接触精度是指导轨副摩擦面实际接触面积占理论接触面积的百分比,或用着色法检查 25 mm×25 mm 面积内的接触点数。不同加工方法所生成导轨的表面,其检查标准是不相同的。

(2) 精度保持性　精度保持性是指导轨工作过程中保持其原始精度的能力,主要取决于导轨的耐磨性及其尺寸稳定性。耐磨性与导轨副的摩擦性质、材料、热处理及加工的工艺方法、受力情况、润滑和防护等因素有关。另外,导轨及其支承件内的残余应力也会影响导轨的精度保持性。

(3) 低速运动平稳性　低速运动平稳性是指导轨在低速运动或微量移动时不出现爬行现象的性能。影响低速运动平稳性的因素有导轨的结构形式,润滑情况,导轨摩擦面的静、动摩擦系数的差值,以及传动导轨运动的传动系统的刚度。

(4) 结构简单、工艺性好　在可能的情况下,应尽量使导轨结构简单,便于制造和维护。对于刮研导轨,应尽量减少刮研量;镶装导轨应更换容易。

3.3.2　导轨的材料

对导轨材料的主要要求是耐磨性好、工艺性好、成本低。常用的导轨材料有铸铁、钢、有色金属和塑料,其中以铸铁应用最为广泛。

1. 铸铁

铸铁是一种成本低,具有良好减振性和耐磨性,易于铸造和切削加工的材料。常用的牌号有 HT200 和 HT300 等。采用高磷铸铁(磷的质量分数高于 0.3%)、磷铜钛铸铁和钒钛铸铁作导轨,耐磨性可比普通铸铁高 1~4 倍。

为提高其表面硬度,铸铁导轨常采用高频淬火、中频淬火及电接触自冷淬火等表面淬火方法,表面硬度可达 55HRC,导轨的耐磨性可提高 1~2 倍。

2. 钢

采用淬火钢的镶钢导轨可大幅度地提高耐磨性。淬硬碳素钢或合金钢导轨分段镶装在床身上,每段长度为 500~700 mm。在钢制床身上镶装导轨,一般采用焊接方法连接;在铸铁床身上镶钢导轨,常用螺钉或楔块紧固,如图 3-45 所示。

3. 有色金属

用于镶装的有色金属板材料主要有锡青铜、铝青铜和锌合金等。它们多用于重型机床的动导轨,与铸铁的支承导轨相搭配。这种材料的优点是耐磨性高,可以防止撕伤,保证运动的平稳性和提高移动精度。

4. 塑料

(1) 塑料软带　用于镶装导轨的塑料主要为氟塑料导轨软带,可用黏结的方法将它们固定在动导轨上。氟塑料导轨软带是一种以聚四氟乙烯为基体,添加一定比例的耐磨

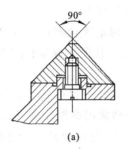
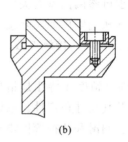

图 3-45 镶钢导轨
(a) 用螺钉固定　(b) 用楔块挤紧

材料构成的高分子复合物。它的优点是：摩擦因数小，动、静摩擦因数相近，具有良好的防止爬行的性能；耐磨性高，能够自润滑，可在干摩擦条件下工作；化学稳定性好，耐酸、耐碱、耐高温；质地较软，金属碎屑若进入导轨面之间可嵌入塑料，不致刮伤相配合的金属导轨面；更换维修方便。但是，局部压强很大的导轨，不宜采用塑料镶装导轨，因为塑料刚度低，会产生较大的弹性变形和接触变形。

（2）金属塑料复合导轨板　它是在镀铜的钢板上烧结一层多孔青铜粉，在青铜的孔隙中轧入聚四氟乙烯及其填料，经适当处理后形成金属-氟塑料的导轨板，如图 3-46 所示。这种导轨板既具有聚四氟乙烯良好的摩擦特性，又具有青铜与钢的刚度和导热性，适用于中、小型精密机床和数控机床。由于自润滑能力强，可应用于润滑不良或无法润滑的导轨面上，即可在干摩擦条件下工作。用于竖直导轨，更可显出它的优点。装配时可黏结或钉接在动导轨上。

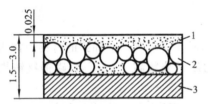

图 3-46　金属塑料复合导轨板截面示意图
1—聚四氟乙烯层；2—多孔青铜颗粒；3—钢板

5. 导轨副材料的选用

在导轨副中，为了提高耐磨性和防止咬焊，动导轨和支承导轨应分别采用不同的材料。如果采用相同的材料，也应采用不同的热处理使双方具有不同的硬度。目前在滑动导轨副中，应用较多的是动导轨采用镶装塑料导轨软带，支承导轨采用淬火钢或淬火铸铁；其次是动导轨采用不淬火铸铁，支承导轨采用淬火钢或淬火铸铁。对于高精度机床，因需采用刮研进行导轨的精加工，可采用不淬火的耐磨铸铁导轨副。只有移置导轨或不重要的导轨才采用不淬火的普通铸铁导轨副。

在直线运动导轨中，长导轨（通常是支承导轨）要用较耐磨和硬度较高的材料制造。这是因为：支承导轨各处使用机会难以均等，且修复困难，而动导轨是全长接触，且动导轨短，磨损后易于维修；长导轨不易防护；等等。

3.3.3 滑动导轨

1. 滑动导轨的结构

1) 直线运动导轨的截面形状

直线运动导轨的截面形状主要有四种:矩形、三角形、燕尾形和圆柱形,每种导轨副还有凹、凸之分。

对于水平布置的机床,凸形导轨不易积存切屑,但难以保存润滑油,因此只适合于低速运动;凹形导轨润滑性能良好,适合于高速运动,但为防止落入切屑等,必须配备有效的防护装置。

(1) 矩形导轨　如图 3-47(a)所示,矩形导轨具有承载能力大、刚度高、制造简单、检验和维修方便等优点。但它不可避免地存在侧面间隙,因而导向性差。矩形导轨适用于荷载较大而导向要求略低的机床。

(2) 三角形导轨　图 3-47(b)所示为三角形导轨。当其水平布置时,在垂直荷载作用下,导轨磨损后能自动补偿,不会产生间隙,因此导向性好。并且它的导向性能随顶角 α 的变化而改变,α 越小,导向性越好,但摩擦力也越大。通常取三角形导轨的顶角 α 为 $90°$。对于大型或重型机床,由于荷载大,常取较大的顶角,如 $\alpha=110°\sim120°$。精密机床可取 $\alpha<90°$。

此外,当导轨面 M 和 N 上受力不对称、相差较大时,为使导轨面上压力分布均匀,可采用不对称导轨(图 3-47(b)上图)。

(3) 燕尾形导轨　如图 3-47(c)所示,燕尾形导轨高度较小,间隙调整方便,可以承受颠覆力矩;但其刚度较差,加工、检验和维修不便。因此,这种导轨适用于受力较小、层次多、要求间隙调整方便的地方。

(4) 圆柱形导轨　图 3-47(d)所示为圆柱形导轨,其制造方便,工艺性好,但磨损后很难调整和补偿间隙,主要用于受轴向荷载的场合。

2) 回转运动导轨的截面形状

回转运动导轨主要用于圆形工作台、转盘和转塔头架等旋转运动部件。其截面形状有平面环形、锥面环形和双锥面三种。

(1) 平面环形导轨　图 3-48(a)所示为平面环形导轨,它具有承载能力大、结构简单、制造方便的优点。但是,平面环形导轨只能承受轴向荷载,因而必须与主轴联合使用,由主轴来承受径向荷载。这种导轨适用于由主轴定心的各种回转运动导轨的机床,如立式车床、齿轮加工机床和圆工作台平面磨床等。

(2) 锥面环形导轨　图 3-48(b)所示为锥面环形导轨,它除能承受轴向荷载外,还能承受一定的径向荷载,但不能承受较大的颠覆力矩。这种导轨的导向性比平面环形好,但要保持锥面和主轴的同轴度较困难。母线倾斜角一般为 $30°$,常用于径向力较大的机床。

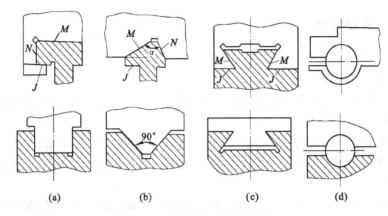

图 3-47 直线导轨的截面形状

(a) 矩形导轨 (b) 三角形导轨 (c) 燕尾形导轨 (d) 圆柱形导轨

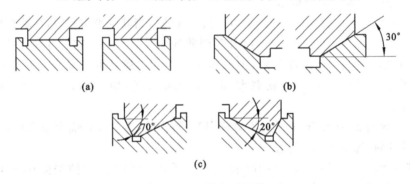

图 3-48 圆周运动导轨

(a) 平面环形导轨 (b) 锥面环形导轨 (c) 双锥面导轨

(3) 双锥面导轨 图 3-48(c) 所示为双锥面导轨,它能承受较大的轴向力、径向力和颠覆力矩,能保持很好的润滑。但制造较复杂,须保证两个 V 形锥面和主轴同轴。V 形锥面一般形状不对称,当床身和工作台热变形不同时,两导轨面将不同时接触。这种导轨一般用于荷载大、速度高的立式车床。

3) 导轨的组合

直线运动导轨一般由两条导轨组合而成。对于重型机床,由于其移动部件宽度较大,又承受较重荷载,因此常采用三条或三条以上导轨的组合,来实现导向并承受荷载。常见的组合形式如下。

(1) 双三角形导轨 如图 3-49(a) 所示,双三角形组合不需要镶条调整间隙,接触刚度高,导向性和精度保持性好。但是,工艺性差,加工、检验和维修不方便。多用在精度要求较高的机床中,如丝杠车床、导轨磨床、齿轮磨床等。

(2) 双矩形导轨 如图 3-49(b)、图 3-49(c) 所示,双矩形导轨承载能力大,但导向性稍差，多用于普通精度的机床和重型机床，如升降台铣床、组合机床和重型机床等。图3-49(c)所示的是由一条导轨的两侧导向，称为窄式组合；图3-49(b)所示的是分别由两条导轨的左、右侧面导向，称为宽式组合。导轨受热膨胀时，宽式组合比窄式组合的变形量大，调整时应留有较大的侧向间隙，因而导向性差。所以，双矩形导轨窄式组合比宽式组合用得多一些。

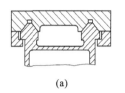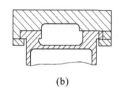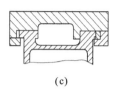

图 3-49　导轨的组合
(a) 双三角形导轨　(b) 宽式双矩形导轨　(c) 窄式双矩形导轨

(3) 矩形和三角形导轨的组合　图 3-44 所示为三角形和矩形导轨的组合。它兼有导向性好、制造方便和刚度高的优点，应用最广，如车床、磨床、龙门铣床的床身导轨。

(4) 矩形和燕尾形导轨的组合　这种组合能承受较大力矩，调整方便，多用在横梁、立柱、摇臂导轨中。

2. 导轨间隙的调整

导轨面之间的间隙对机床工作性能有直接影响。如果间隙过大，则会影响运动精度和平稳性；若间隙过小，则运动阻力大，会使导轨的磨损加快。因此必须保证导轨之间具有合理的间隙，磨损后又能方便地调整。常用压板和镶条来调整导轨的间隙。

(1) 压板　压板用于调整辅助导轨面的间隙和承受颠覆力矩，如图 3-50 所示。图3-50(a)所示为用磨或刮压板 3 的 e 和 d 面来调整间隙。这种方式构造简单，应用较多，但调整麻烦。图 3-50(b)所示为用改变压板与床鞍(或溜板)结合面间垫片 4 厚度的办法来调整间隙。这种方法比刮、磨压板方便，但调整量受垫片厚度的限制，而且降低了结合面的接触刚度。图 3-50(c)所示为在压板与床身导轨间用平镶条 5 来调整间隙。只要拧动带有锁紧螺母的螺钉即可调整间隙，故调整方便。但由于镶条的下面只与几只螺钉接触，因此刚度较差。

(2) 镶条　镶条用来调整矩形导轨和燕尾形导轨的侧向间隙，以保证导轨面的正常接触。镶条应放在导轨受力较小的一侧。常用的有平镶条和斜镶条两种。

平镶条如图 3-51 所示。调整时，只要拧动沿镶条全长均布的几个螺钉，便能调整导轨的侧向间隙，调整后再用螺母锁紧。平镶条制造容易，但在全长上只有几个点受力，容易变形，故常用于受力较小的导轨。

斜镶条的斜度为 1:(40～100)。斜镶条的两个面分别与动导轨和支承导轨均匀接触，其刚度高。通过调节螺钉或修磨垫的方式轴向移动镶条，以调整导轨的间隙。图3-52

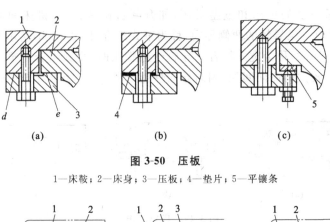

图 3-50 压板

1—床鞍；2—床身；3—压板；4—垫片；5—平镶条

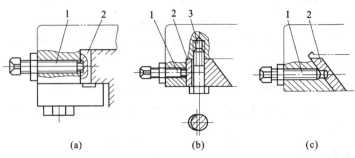

图 3-51 平镶条

1—调整螺钉；2—镶条；3—螺钉

所示为镶条用修磨垫来调整间隙。这种方法虽然麻烦，但导轨移动时，镶条不会移动，可保持间隙恒定。斜镶条由于厚度不等，在加工后应力分布不匀，容易弯曲。镶条在调整、压紧或在工作状态下也会弯曲，对于两端用螺钉调整的镶条更易弯曲。因此，镶条在导轨间沿全长的弹性变形和比压是不均匀的。当镶条斜度和厚度增加时，不均匀度将显著增加。为了增加镶条柔度，应选用小的厚度和斜度。当镶条尺寸较大时，要在中部削低下去一段，使镶条两端保持良好接触，并可减小刮研面积，或者在其上开横向槽，增加镶条柔度，如图 3-53 所示。

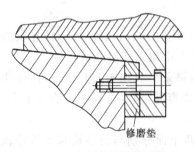

图 3-52 斜镶条的间隙调整

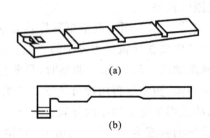

图 3-53 增加镶条柔度的结构

（3）导向调整板　图 3-54 所示为装有导向调整板的某立式加工中心的工作台和滑座截面。工作台 2 与双矩形导轨间的侧向间隙由导向调整板 4 进行调整。床身导轨接触面上贴有塑料软带 3，以改善摩擦润滑性能。图中导向调整板 4 是一种新型镶条，其调整原理如图 3-55 所示。工作台导向面的一侧两端各装有一个导向调整板 4，其上开了许多横向窄槽。导向调整板用调整螺钉 6 固定在支承板 2 上，支承板 2 用螺钉 3 固定在工作台上。当拧紧调整螺钉 6 时，导向调整板产生横向变形，厚度增加（增加厚度可达 0.2 mm），对导轨间隙进行调整。当导向调整板变形时，由窄槽分隔开的各个导向面会产生微小倾斜，有利于润滑油膜形成，以提高导轨的润滑效果。如果导轨不长，中间可以用一块支承板，两端各装一块导向调整板；如果导轨较长，可以一端各装一块支承板和一块导向调整板。采用导向调整板调整间隙，调整方便，接触良好，磨损小。

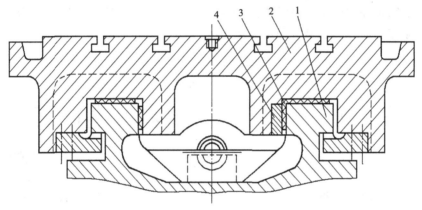

图 3-54　装有导向调整板的工作台滑座截面
1—导轨；2—工作台；3—塑料软带；4—导向调整板

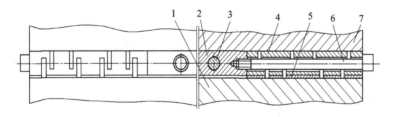

图 3-55　导向调整板
1—滑座；2—支承板；3—螺钉；4—导向调整板；5—塑料软带；6—调整螺钉；7—工作台

3.3.4　其他类型导轨

1. 静压导轨

静压导轨的工作原理与静压轴承相同。通常在动导轨面上均匀分布有油腔和封油面,把具有一定压力的润滑油输送到各油腔后,就能使动导轨微微抬起,在导轨面间充满润滑油所形成的油膜,从而使导轨处于纯液体摩擦状态。这种导轨的摩擦因数小,传动效率高,能长期保持导轨的导向精度,吸振性好,低速工作时不易产生爬行现象。缺点是结构较复杂,需要一套专门的供油设备,维修调整比较麻烦。因此,多用于精密和高精度机床或低速运动的机床中。

静压导轨按结构形式可分为开式和闭式;按供油情况可分为定量式和定压式。

图 3-56 所示为定压开式静压导轨。压力油经节流器进入导轨的各个油腔,使运动部件浮起,导轨面被油膜隔开,油腔中的油不断地通过封油边而流回油箱。当动导轨受到外荷载作用向下产生一个位移时,导轨间隙变小,增加了回油阻力,使油腔中的油压升高,以平衡外荷载。

图 3-57 所示为定压闭式静压导轨,多采用可变节流器。这种导轨油膜刚度较高,能承受较大荷载,并能承受偏载和颠覆力矩作用。

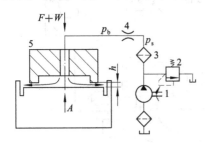
图 3-56 定压开式静压导轨
1—液压泵;2—溢流阀;3—滤油器;
4—节流器;5—工作台

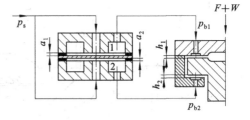
图 3-57 定压闭式静压导轨

定压式静压导轨的节流器进口处的油压是一定的,这是目前应用较多的静压导轨。对于定量式静压导轨,流经油腔的润滑油流量是一个定值,这种静压导轨不用节流器,而是对每个油腔均提供一个定量油泵供油。由于流量不变,当导轨间隙随外荷载的增大而变小时,油压升高,荷载得到平衡。荷载的变化只会引起很小的导轨间隙变化,因而油膜刚度较高,但这种静压导轨结构复杂。

气体静压导轨的工作原理与液体静压导轨类同。但由于气体的可压缩性,其刚度不如液体静压导轨。

2. 卸荷导轨

卸荷导轨用来降低导轨面的压力,减小摩擦阻力,从而提高导轨的耐磨性和低速运动的平稳性。尤其对于大、重型机床,其工作台和工件的质量很大,导轨面上的摩擦阻力很大,所以常用卸荷导轨。导轨卸荷量的大小用卸荷因数 α_u 表示,即

$$\alpha_u = \frac{F_u}{F}$$

式中：F——导轨上所承受的荷载力，单位为 N；

F_u——导轨上由卸荷装置承受的卸荷力，单位为 N。

对于大型和重型机床，减轻导轨荷载是主要考虑的，因此 α_u 应取大值（$\alpha_u=0.7$）；对于精度高的机床，保证加工精度是主要考虑的，因此 α_u 应取小值（$\alpha_u \leqslant 0.5$）。

导轨的卸荷方式有机械卸荷、液压卸荷和气压卸荷。

(1) 机械卸荷 图 3-58 所示为常用的机械卸荷导轨。导轨上的一部分荷载由支承在辅助导轨面 a 上的滚动轴承 3 承受。卸荷力的大小通过螺钉 1 和碟形弹簧 2 调节。卸荷点的数目取决于动导轨的荷载和卸荷系数的大小。为了减小滚动轴承支承轴的中心线与支承导轨面不平行的影响，可以采用调心球轴承。

(2) 液压卸荷导轨 将高压油压入工作台导轨上的一串纵向油槽，产生向上的浮力，分担工作台的部分外荷载，起到卸荷的作用。如果工作台上工件的重力荷载变化较大，可采用类似静压导轨的节流

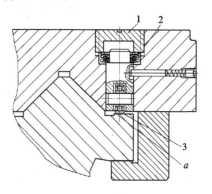

图 3-58 机械卸荷导轨
1—螺钉；2—碟形弹簧；3—滚动轴承

器调节卸荷压力。如果工作台全长上受载不均匀，可用节流器调整各段导轨的卸荷压力，以保证导轨全长保持均匀的接触压力。带节流器的液压卸荷导轨与静压导轨不同之处是：后者的上浮力足以将工作台全部浮起，形成纯液体摩擦；而前者的上浮力不足以将工作台全部浮起。但由于介质的黏度较高，由动压效应产生的干扰较大，难以保持摩擦力基本恒定。

(3) 自动调节气压卸荷导轨 导轨所受的荷载是随所承受的重量和切削力变化的。如果能使卸荷力随荷载而变，就可使导轨在不同荷载下的摩擦阻力比较接近，有利于提高定位精度。自动调节气压卸荷导轨就可以使卸荷力随外荷载变化而自动调节，其工作原理如图 3-59 所示。供气压力为 p_s 的压缩空气，经增压阀 6 的阀口进入动导轨的气槽，再经由导轨副的表面粗糙度形成的空隙 H 进入大气。气压 p_s 经阀口降至 p，再经空隙 H 降至 0。p 乘以气槽的有效面积就是这个气槽的卸荷力。每条导轨至少要有两个气槽。p_s 的另一路经节流阀 4 将气压降至 p_d，再经位移传感器 1 和支承导轨间形成的间隙 h 降至 0。这个 p_d 被引至阀 6 的中部。第三路是 p_s 经减压阀 3 减压至恒定的气压 p_c，并引入阀 6 的左侧，薄膜两侧的气压差与增压阀内的弹簧张力平衡，以保持一定的开口，从而形成一定的气槽气压 p。当荷载增加（重力 W 或切削力 F 增加）时，导轨面间因接触变形加大而使 h 减小，阻力增大，使 p_d 增加。膜片右方的作用力加大，阀芯 5 左移，开口增大。同时，H 也减小了。这就使 p 升高，卸荷力增加。反之，则 p 降低，卸荷力减小。p_d 的变化是很小的，经阀 6 使 p 发生较大的变化。因此，阀 6 是一个压力放大器。

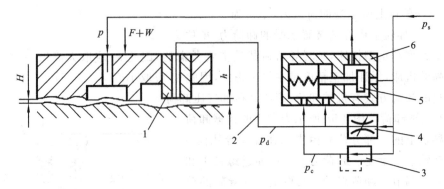

图 3-59 自动调节气压卸荷导轨
1—位移传感器；2—油管；3—减压阀；4—节流阀；5—阀芯；6—增压阀

采用自动调节气压卸荷导轨，当外荷载有较大变化时，导轨面的摩擦力只有微小变化，从而保证运动平稳、不爬行。工作介质是空气，不需回收，不污染环境。可用于精密进给导轨，如加工中心的工作台导轨等。

3. 滚动导轨

在静、动导轨面之间放置滚珠、滚柱或滚针等滚动体，使导轨面之间的摩擦具有滚动摩擦性质，这种导轨称为滚动导轨。与普通滑动导轨相比，滚动导轨有以下优点：摩擦因数小，动、静摩擦因数很接近，因此摩擦力小，运动轻便，运动灵敏度高；磨损小，精度保持性好，寿命长；低速运动平稳性好；移动精度和定位精度都较高；可采用脂润滑，润滑系统简单。滚动导轨的缺点是结构较复杂，制造比较困难，抗振性差，对脏物比较敏感，必须有良好的防护装置。滚动导轨常用于对运动灵敏度要求高的地方，如数控机床和机器人，或者精密定位、微量进给的机床。

1) 滚动导轨的类型

(1) 按滚动体类型分类　机床导轨常用的滚动体有滚珠、滚柱和滚针三种，如图 3-60 所示。滚珠式为点接触，承载能力差，刚度低，滚珠导轨多用于小荷载；滚柱式为线接触，承载能力大，刚度高，滚柱导轨用于较大荷载；滚针式为线接触，常用于径向尺寸小的导轨中。

(2) 按循环方式分类　分为循环式和非循环式。循环式滚动导轨的滚动体在运行过程中沿自己的工作轨道和返回轨道作连续循环运动，如图 3-61 所示。因此，运动部件的行程不受限制。这种结构装配和使用都很方便，防护可靠，应用广泛。

非循环式滚动导轨的滚动体在运行过程中不循环，因而行程有限。运行中滚动体始终同导轨面保持接触，如图 3-60(c) 所示。

2) 直线滚动导轨副的工作原理

直线滚动导轨副如图 3-61 所示。导轨条 1 是支承导轨，一般有两根，安装在支承件

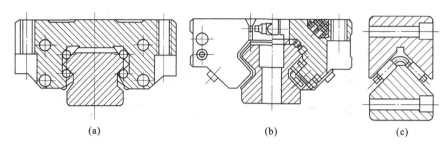

图 3-60 滚动直线导轨副的滚动体

(a) 滚珠循环型 (b) 滚柱循环型 (c) 滚针不循环型

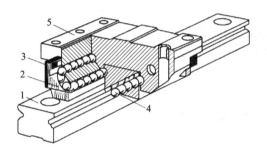

图 3-61 直线滚动导轨副

1—导轨条；2—端面挡板；3—密封垫；4—滚珠；5—滑块

(如床身)上,滑块 5 装在移动件(如工作台)上,沿导轨条作直线运动。每根导轨条上至少有两个滑块。若运动件较长,可在一根导轨条上装三个或更多的滑块。若运动件较宽,也可用三根导轨条。滑块 5 装有两组滚珠 4,两组滚珠各有自己的工作轨道和返回轨道,当滚珠从工作轨道滚到滑块的端部时,经端面挡板 2 和滑块中的返回轨道孔返回,在导轨条和滑块的滚道内连续地循环滚动。为防止灰尘进入,采用了密封垫 3 密封。

3) 滚动导轨块

图 3-62 所示为滚动导轨块,用滚子做滚动体。导轨块 2 用螺钉 1 固定在动导轨体 3 上,滚子 4 在导轨块与支承导轨 5 之间滚动,并经两端的挡板 7 和 6 及上面的返回槽返回,作循环运动。滚动导轨块由专业厂生产,已经系列化、模块化,有各种规格形式可供用户选用。

4) 滚动导轨的预紧

为了提高承载能力、运动精度和刚度,直线滚动导轨和滚动导轨块都可以进行预紧。直线滚动导轨副的预紧可以分为四种情况:重预载,预载力 $F_0=0.1C_d$ (C_d 为额定动荷载);中预载 $F_1=0.05C_d$；轻预载 $F_2=0.025C_d$；无预载,根据规格不同,留有 3~28 μm 间隙。无预载通常用于对精度无要求和要求尽量减小滑块阻力的场合,如辅助导轨、机械手

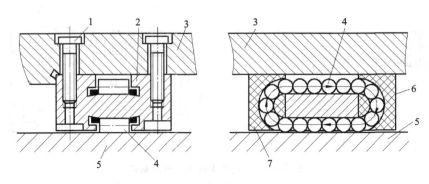

图 3-62 滚动导轨块

1—螺钉；2—导轨块；3—动导轨体；4—滚动体；5—支承导轨；6、7—挡板

等。轻预载用于精度要求高、荷载小的机床，如磨床进给导轨和工业机器人等。中预载用于对刚度和精度均要求较高的场合，如数控机床、加工中心导轨。重预载多用于重型机床。

对于整体型的直线滚动导轨副，可由制造厂通过选配不同直径的钢球来决定间隙或预紧。机床厂可根据要求的预紧订货，不需自己调整。对于分离型的直线滚动导轨副和滚动导轨块，应由用户根据要求，按规定的间隙进行调整。

预加荷载的方法可分为两种：一种方法是靠调整螺钉、垫块或楔块移动导轨来实现预紧，如图 3-63 所示；另一种方法是利用尺寸差达到预紧。

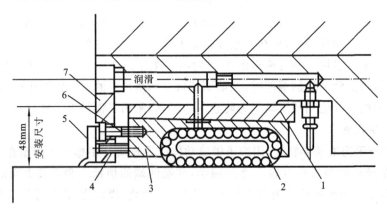

图 3-63 滚动导轨预紧

1—楔块；2—标准导轨块；3—支承导轨楔块；4、6—调整螺钉；5—刮屑板；7—楔块调节板

3.3.5 提高导轨耐磨性的措施

为使导轨在较长的使用期间内保持一定的导向精度，必须提高导轨的耐磨性。由于磨损速度与材料性质、加工质量、表面压强、润滑及使用维护等因素直接有关，因此要提高

导轨的耐磨性,必须从以下几方面采取措施。

1. 合理选择导轨的材料及热处理

适当选择材料和热处理可提高导轨抗磨损的能力。例如,支承导轨淬硬、动导轨表面贴塑料软带等。

2. 采用合理的导轨表面粗糙度和加工方法

导轨的表面粗糙度取决于导轨的精加工方法(精刨、磨削、刮研),一般 Ra 为 $0.8~\mu m$ 以下。精刨导轨由于刀具沿一个方向切削,因此导轨表面疏松,容易引起咬合磨损,降低耐磨性。磨削导轨可将导轨表面疏松组织磨掉,提高耐磨性,用于淬硬后加工。刮研导轨表面接触均匀,不易产生咬合磨损,易存油,耐磨性好,但刮研工作量很大。一般床身导轨采用精刨和磨削,工作台和溜板导轨用刮研。对于导轨面精加工质量要求高的机床,如坐标镗床、导轨磨床等导轨多用刮研。

3. 采取可靠的防护和润滑

导轨采取良好的润滑和可靠的防护措施可以降低摩擦力,减少磨损,降低温度和防止锈蚀,延长寿命。因此,必须有专门的供油系统,采用自动或强制润滑。应根据导轨工作条件和润滑方式,选择合适黏度的润滑油。

4. 改变导轨摩擦性质

导轨磨损的原因是由于导轨配合面在一定压力作用下直接接触并作相对运动。因此,不磨损的条件是让接合面在运动时不接触,如静压导轨。

当磨损不可避免时,可减小导轨面的压力,争取少磨损。如增加导轨的宽度及长度,以增加承载面积、减小单位面积上的荷载。另外,降低摩擦因数,如采用卸荷导轨、滚动导轨等也可使磨损量显著减小。

此外,应尽量使磨损均匀,减少磨损对加工精度的影响。若要均匀磨损可采取如下措施:力求使摩擦面上的压力均匀分布,例如导轨的形状和尺寸要尽可能对集中荷载对称,尽量减小扭转力矩和倾覆力矩;保证工作台、溜板等支承件有足够的刚度;摩擦副中全长使用机会不均的那些部分的硬度应高些,例如车床床身导轨的硬度应比床鞍导轨硬度高。

磨损后间隙变大了,设计时应考虑如何补偿、调整间隙。如采用可以自动调节间隙的三角形导轨;采用镶条、压板结构,定期调整、补偿。

3.4 机床刀架装置设计

3.4.1 刀架装置的功能和应满足的基本要求

1. 刀架装置的功能

机床刀架是用于安装刀具,以进行切削加工,并可移动和回转的部件。目前,机床正朝着在一次装夹中完成多道工序加工的方向发展,因而机床刀架装置也随之发生着变化。如数控机床多采用转位刀架。加工中心则采用了刀库和换刀机械手,实现了大容量储存刀具和自动交换刀具的功能。这种刀库安放刀具的数量从几十把到上百把,自动交换刀具的时间从十几秒减少到几秒甚至零点几秒。由刀库和换刀机械手组成的自动换刀装置成为加工中心的主要特征。

2. 刀架装置应满足的基本要求

(1) 满足加工工艺的要求。有足够的刀具储存量,能够正确提供多种刀具。

(2) 重复定位精度高,精度保持性好。在加工过程中,刀架需要经常转位和定位,刀架的重复定位精度要高,精度保持性要好。

(3) 刚度高、可靠性高。刀架、刀库和换刀机械手都必须具有足够的刚度,以保证切削过程和换刀过程平稳。

(4) 换刀时间短。刀架和自动换刀装置应尽可能地缩短换刀时间,以提高生产率。

(5) 操作方便,换刀动作灵活。

3.4.2 刀架装置类型

刀架装置按其功能特征可分为普通机床刀架、数控机床刀架和加工中心刀架装置三种类型。

1. 普通机床刀架

普通机床刀架按其安装刀具的数目可分为单刀架和多刀架,例如自动车床上的前、后刀架,天平刀架。按照结构形式可分为方刀架、转塔式刀架和回轮式刀架。按驱动方式可分为手动刀架和自动转位刀架。

2. 数控机床刀架装置

数控机床采用自动换刀装置,由于机床的配置形式不同,其换刀装置的结构形式也多种多样,但大多数采用电气或液压驱动。目前,除了自动换刀装置外,数控磨床的自动换砂轮、电加工机床的自动换模具等也日渐增多。

数控车床的刀架装置主要采用回转刀盘,刀盘上安装 8~12 把刀。有的数控车床采用两个刀盘,实现四坐标控制。少数数控车床也具有刀库形式的自动换刀装置。如图 3-64 所示。

图 3-64(a)所示为刀具与主轴中心平行安装的回转刀盘,回转刀盘既有回转运动又有纵向进给运动和横向进给运动。图 3-64(b)所示为刀盘中心线相对于主轴中心线倾斜的回转刀盘,刀盘上有 6~8 个刀位,每个刀位上可装两把刀具,分别加工外圆和内孔。图 3-64(c)所示为装有两个刀盘的数控车床,刀盘 1 的回转中心与主轴中心线平行,用于加工外圆;刀盘 2 的回转中心线与主轴中心线垂直,用以加工内表面。图 3-64(d)所示为配有刀库的数控车床,刀库可以是回转式或链式,通过机械手交换刀具。

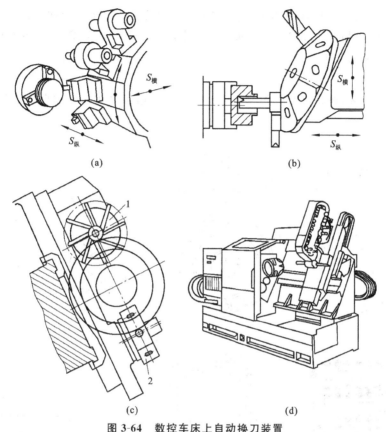

图 3-64 数控车床上自动换刀装置
(a)、(b) 回转刀盘　(c) 双回转刀盘　(d) 链式刀库的数控车床

3. 加工中心刀架装置

1) 自动换刀装置类型

加工中心又称自动换刀数控机床。它是具有刀库,能自动更换刀具,对一次装夹的工件进行多道工序加工的数控机床。加工中心的刀架装置主要是指带刀库的自动换刀装置,常见的有如下几种类型。

(1) 刀库式　按换刀方式可分为无机械手换刀、机械手换刀、机械手与刀具运送器换刀三种方式。无机械手换刀是指刀库与机床主轴直接换刀,省去机械手,其结构简单,但刀库运动较多,主要用于小型加工中心;机械手换刀方式是刀库只作选刀运动,由机械手更换刀具,特点是布局灵活,换刀速度快,适用于各种加工中心;机械手和刀具运送器方式是当刀库距机床主轴较远时,用刀具运送器将刀具送至机械手,采用这种换刀方式的装置结构复杂,一般用于大型加工中心。

(2) 成套更换式　成套更换式是直接更换转塔头、更换主轴箱或更换刀库。前两种分别用于扩大工艺范围的钻削中心和扩大柔性的组合机床。更换刀库可扩大加工工艺范围,充分提高机床利用率和自动化程度,主要用于加工复杂工件,需要很多刀具的加工中心或组成高自动化的生产系统。

2) 刀库类型

刀库类型很多,典型的有鼓轮式刀库、链式刀库、格子箱式刀库和直线式刀库等,如图3-65所示。

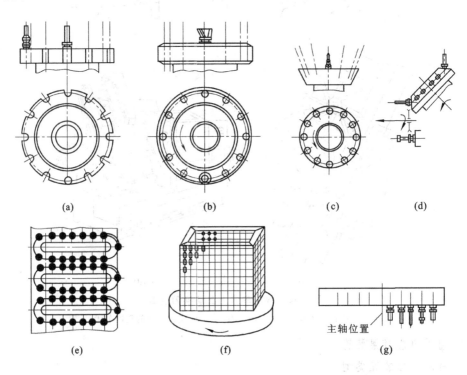

图 3-65 加工中心刀库的类型

(a)、(b)、(c)、(d) 鼓轮式刀库　(e) 链式刀库　(f) 格子箱式刀库　(g) 直线式刀库

3.4.3 机床刀架结构

刀架是机床的重要组成部分,其结构直接影响机床的切削性能和切削效率。在一定程度上,刀架的结构与性能体现了机床的设计制造技术水平。

1. 数控机床刀架结构

数控机床刀架分为转塔刀架和直排刀架两大类。

(1) 转塔式刀架　转塔式刀架分为立式数控转塔刀架和卧式数控转塔刀架,每种刀架按性能不同又可分为简易和全功能两种形式。它们的区别是:前者只能沿一个方向(一一般为逆时针方向)转位,而后者可按最短距离就近转位,其中卧式全功能数控转塔刀架可自动选择正反转。

图 3-66 所示为数控机床 12 个刀位的回转刀架结构。刀架的夹紧和转位都由液压缸驱动。接到转位信号后,液压缸 1 的右腔进油,将中心轴 5 和刀盘 6 左移,使端面齿盘 7 与 8 分离。然后,液压马达驱动凸轮 2 旋转。凸轮每转一周拨过一个柱销,使刀盘转过一个工位,同时,固定在中心轴尾端的 12 面选位凸轮,压合相应的计数开关 XK1 一次。当刀盘转到新的预选工位时,液压马达刹车,然后液压缸 1 前腔进油,将中心轴和刀盘向右压紧,使两端面齿盘啮合夹紧。此时,中心轴尾部平面压下开关 XK2,发出转位结束信号。该刀架可以朝正反两个方向旋转,并可自动选择最近的回转路线,缩短辅助时间。

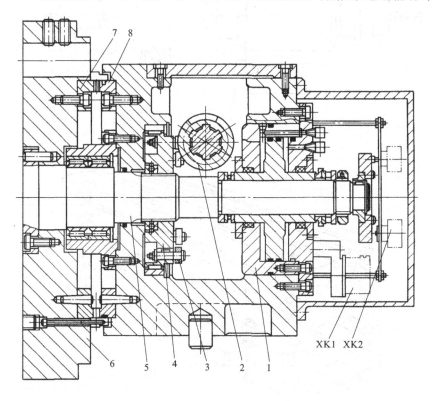

图 3-66 数控车床的回转刀架结构

1—液压缸;2—凸轮;3—柱销;4—柱销盘;5—中心轴;
6—刀盘;7、8—端面齿盘;XK1、XK2—计数开关

(2) 直排式刀架 直排式刀架的典型布局形式如图 3-67 所示。直排式刀架一般用于以加工棒料为主的小规格数控机床。夹持不同用途的刀具沿着机床的 X 轴向排列在快换台板上。该刀架的特点是刀具布置和机床换刀都比较方便,根据工件的车削工艺要

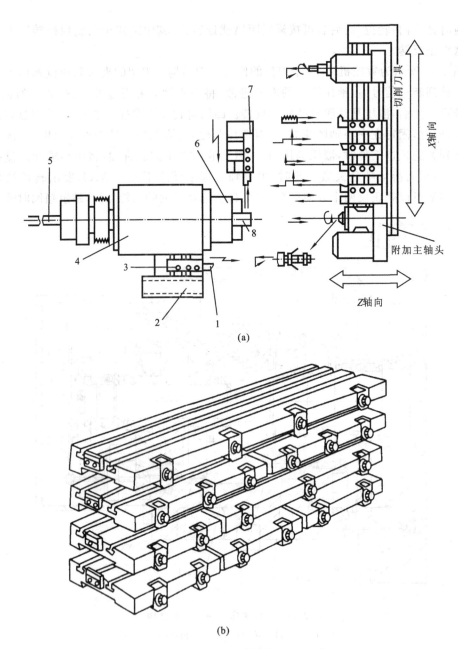

图 3-67 直排刀式刀架与快换台板
(a) 直排刀架布置图　(b) 快换台板
1—去毛刺和背面加工刀具；2—工件托料盘；3—切向刀架；4—主轴箱；
5—棒料送进装置；6—卡盘；7—切断刀架；8—工件

求,可任意组合各种不同用途的刀具。当一把刀完成车削工作后,快换台板按程序沿 X 轴向移动到预先设定的距离,第二把刀就达到加工位置,完成机床换刀动作。这种刀架换刀迅速,有利于提高机床的生产效率。当使用快换台板时,可实现成组刀具的机外预调。即当机床在加工一个工件的同时,可以利用快换台板在机外组成加工同一零件或不同零件的排刀组,利用对刀装置进行预调。当刀具磨损或需要更换加工零件品种时,可以通过更换台板来成组地更换刀具,从而使换刀的辅助时间大大缩短。在直排刀架上还可以安装不同用途的动力刀架,如钻、扩、铣、攻螺纹等二次加工工序,以使机床在一次装夹中完成工件的全部或大部分加工内容。这种刀架结构简单,制造成本低,适宜于加工回转直径小于 100 mm 的数控车床。

2. 机床刀架转位机构

刀架转位机构的作用是驱动刀架转到预定位置,以便使刀架准确定位。刀架的转位方式有手动转位、液压(或气动)转位、圆柱凸轮步进式转位、伺服电动机驱动转位等。

(1) 手动转位机构 普通车床采用手动转位机构,由手柄、销子、端面凸轮等带动刀架转位。其结构简单,操纵方便。

(2) 液压(或气动)转位机构 液压转位机构具有结构简单、转位速度可调、运动平稳可靠、维修方便等优点,因而应用较广泛。转位可以由液压缸活塞齿条带动齿轮使刀架转位,转位角度由挡块控制;也可以由液压马达及降速齿轮控制刀架转位,分度由接近开关和计数盘控制。转位机构也有采用气动的,其优点是结构简单,速度可调,但运动不平稳,有冲击现象产生,驱动力小,一般用于自动线转位装置。

(3) 圆柱凸轮步进式转位机构 这种转位机构依靠凸轮轮廓强制刀架作转位运动,运动规律完全取决于凸轮轮廓形状。如图 3-68 所示,圆柱凸轮是在圆周面上加工出一条两端有头的凸轮轮廓。从动回转盘(相当于刀架体)端面有多个柱销,柱销数量与工位数相等。当凸轮按图中所示方向旋转时,B 销先进入凸轮轮廓的曲线段,这时凸轮开始驱动回转盘转位,与此同时,A 销与凸轮轮廓脱离。当凸轮转过 180°时,转位动作终止,B 销接触的凸轮轮廓由曲线段过渡到直线段,同时与 B 销相邻的 C 销开始与凸轮的直线轮廓的另一侧面接触。此时,即使凸轮继续转动,回转盘也不会转动,在此间歇阶段 B 销和 C 销同时与凸轮直线轮廓两侧接触,限制了回转盘的转动,此时刀架处于预定位状态,转位动作结束。由于凸轮是一个两端开口的非闭合曲线轮廓,因此凸轮在正反转时均可带动回转盘作正反两个方向的旋转。这种转位机构转位速度高,运动特征可根据需要自由设计,但精度较低,制造较困难,成本较高,结构尺寸较大。这种转位机构可以通过控制系

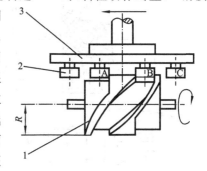

图 3-68 圆柱凸轮步进式转位机构
1—凸轮;2—分度柱销;3—回转盘

统中的逻辑电路或 PLC 程序来自动选择回转方向,以缩短转位时间,提高换刀速度。

（4）伺服电动机驱动转位机构　伺服电动机一般通过驱动蜗杆、蜗轮实现刀架转位。如图 3-69 所示,伺服电动机驱动转位机构的转位速度和角度可通过半闭环反馈进行控制,因此转位精度高。

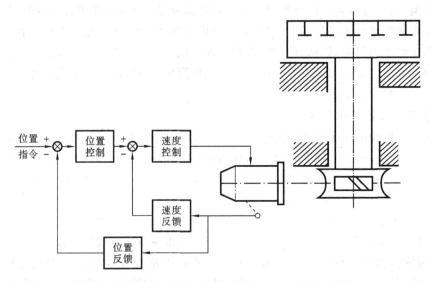

图 3-69　直流(交流)伺服电动机驱动的刀架转位机构

3. 机床刀架定位机构

机床刀架的定位机构的类型很多,常用的有圆锥销定位和端面齿盘定位。圆锥销依靠弹簧力(或液压、气动)将其压入定位孔中,实现定位。由于圆锥销磨损后仍可消除间隙,因此可获得较高的定位精度。端面齿盘定位由两个齿形相同的端面齿盘啮合组成,其定位精度高、刚度好、磨损小、使用寿命长。

3.4.4　自动换刀装置

1. 自动换刀装置的构成及工作原理

1) 转塔头自动换刀装置

转塔头自动换刀装置可分为水平转轴式和垂直转轴式两种。图 3-70 所示为具有 8 根主轴的水平转轴式自动换刀装置。转塔头绕水平轴转位,只有处于最下端"工作位置"上的主轴

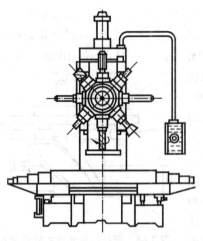

图 3-70　水平转轴式转塔头自动换刀装置

才能与机床主传动系统接通进行切削加工。待该工步加工完毕,转塔头按照指令转过一个或几个位置,完成自动换刀后,再进入下一步的加工。这种换刀装置结构简单,换刀迅速,但每把刀具都需一根主轴,所以储存刀具数量较少(一般为 6 把或 8 把),仅适用于简单工件加工。

2) 带刀库的自动换刀装置

带刀库的自动换刀装置应用最广泛,它由刀库和刀具交换机构组成。实现刀具在刀库与机床主轴间传送和装卸的机构称为刀具交换机构,它分为无机械手和有机械手的自动换刀两类。

(1) 无机械手的自动换刀　这种自动换刀装置在结构上只有一个刀库,是利用机床本身与刀库的运动实现换刀的。如 XH754 系列卧式加工中心(见图 3-71)。它的刀库在立柱的正前方上部,刀库中刀具的存放方向与主轴方向一致。

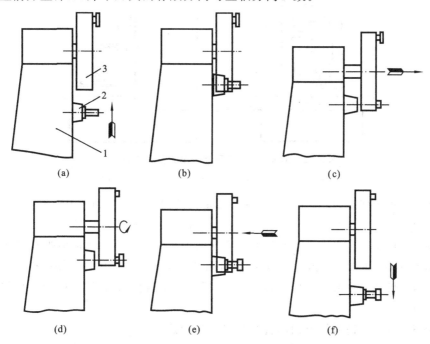

图 3-71　加工中心无机械手换刀过程
(a) 原始位置　(b) 主轴上移将刀具送至换刀位置　(c) 刀库右移将主轴刀具取出
(d) 刀库将待换刀具转至主轴位置　(e) 刀库左移将刀具送进主轴　(f) 主轴回原位
1—机床；2—主轴；3—刀库

换刀时,主轴箱带着主轴沿立柱导轨上升至换刀位置,主轴上的刀具正好进入刀库的某一个存放位置(刀具被夹持住)。随着主轴内夹刀机构松开,刀库顺着主轴方向向前移动,从主轴中拔出刀具。然后将下一步所需的刀具,转到与主轴对齐的位置,刀库退回,将新刀具插入主轴中,刀具随即被夹紧。主轴箱下移,开始新的加工。这种自动换刀系统,刀库整体前后移动,不仅刀具数量少,而且刀具尺寸也较小。这种刀库旋转是在工步间进行的,可使旋转所需的辅助时间与加工时间不重合,一般适用于中、小型加工中心。

(2) 机械手自动换刀　加工中心换刀机械手的种类繁多,典型的有单臂单爪摆动式机械手、单臂双爪回转式机械手和双臂单爪交叉式机械手。图 3-72 所示为采用单臂双爪式机械手的自动换刀装置简图。刀库 1 倾斜安装在机床的立柱上,其最下端刀具的位置为换刀位置。换刀步骤如下。

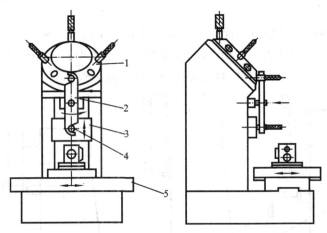

图 3-72　刀库、机械手联合动作的自动换刀装置
1—刀库；2—机械手；3—主轴箱；4—主轴；5—工作台

步骤 1　机床加工时,刀库 1 按指令将准备更换的刀具转换到换刀位置。

步骤 2　上一工步结束时,主轴 4 准停,主轴箱 3 退回原点准备换刀。

步骤 3　机械手 2 由水平位置逆时针方向回转 90°,机械手两爪同时抓住刀库中待更换的刀具与主轴上的刀具后,沿轴向外移,将两把刀具分别从刀库和主轴中拔出。

步骤 4　机械手顺时针方向回转 180°,然后沿轴向内移动,将被交换的刀具分别插入主轴和刀库中。

步骤 5　机械手逆时针方向回转 90°,返回到初始位置。

机械手自动换刀装置,换刀时间短,换刀动作灵活,是目前加工中心采用最多的一种形式。

2. 链式刀库

链式刀库是目前应用较多的一种刀库,由主动链轮、导向轮、带有刀座的链条和回零碰块等部分组成。图 3-73 所示为方形链式刀库的典型结构。主动链轮由直流(或交流)伺服电动机通过蜗杆蜗轮减速装置驱动(根据结构需要,有时还可加一对齿轮副)。导向轮一般做成光轮,圆周表面做硬化处理。左侧两个导向轮兼作张紧轮。调整回零开关的位置,可使刀座准确地停在机械手抓刀位置上,回零撞块可装在链条上,便于调整到任意位置上。刀库可以逆时针方向回零,也可以顺时针方向回零,但一种刀库只能从一个方向回零。

1) 换刀位置

为保证刀套准停精度和刀套定位刚度,链式刀库的换刀位置应设在主动链轮上,或者尽可能靠近主动链轮的刀座处。

2) 链条形式

目前采用日本椿本链条公司(TSUBAKI CHAIN CO.)生产的装有刀套的刀库专用链条来装备刀库,效果很好。考虑到刀具重量和刀库工作的平稳性,推荐采用以下两种形式的链条。

(1) 带导向轮的 SK04 链条 该链条形式及尺寸见表 3-8。

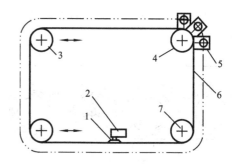

图 3-73 方形链式刀库结构

1—回零撞块;2—回零开关;3—导向轮(张紧轮);
4—主动链轮;5—刀座;6—链条;7—导向轮

表 3-8 SK04 链条形式及尺寸 单位:mm

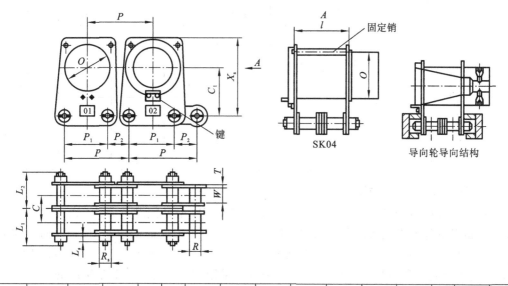

链条型号	刀具锥柄号	P_1	P_2	O	C_1	l	X_a	L_1	L_2	C	W	R	T	R_a	L_a
SK04	40	63.5	31.75	55	53	71.6	92	52.3	52.3	35.8	19.05	19.05	4	19.05	9.4
	50(45)	76.2	38.1	78	80	90.8	132.5	65.05	65.05	45.4	25.4	22.23	4.8	22.2	12.6
		88.9	44.45			97.5	133	68.55	68.55	48.9		25.4	5.6		

(2) HP 型链条 它是一种套筒式链条,其辊子本身就是刀座,该链条的形式和尺寸见表 3-9。

表 3-9 HP 型链条及尺寸   单位:mm

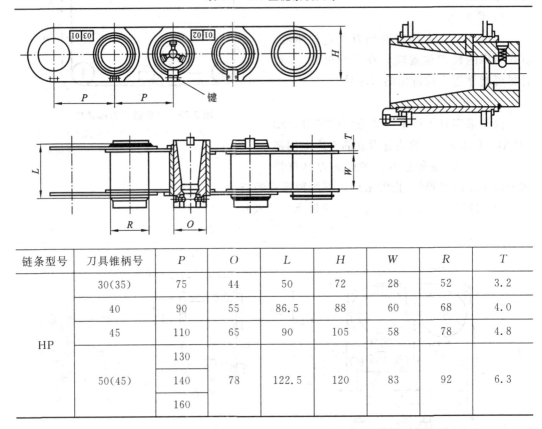

链条型号	刀具锥柄号	P	O	L	H	W	R	T
HP	30(35)	75	44	50	72	28	52	3.2
	40	90	55	86.5	88	60	68	4.0
	45	110	65	90	105	58	78	4.8
	50(45)	130						
		140	78	122.5	120	83	92	6.3
		160						

3) 链式刀库的结构形式

链式刀库的结构形式很多,图 3-74 所示为采用 SK 型悬挂式链条组成的链式刀库。悬挂式链条的导向形式有两种:一种是导向形式 A,用于刀库的侧边,一种是导向形式 B 用于刀库的上下边。这种刀库因受链条结构的限制,只能是刀座"外转型",故当刀库为方形时,就不能充分利用中间空间。图 3-75 所示为采用 HP 型套筒式链条组成的刀库。这种刀库在刀座"内转型"时,不发生刀座之间的干涉,故刀库空间利用率比悬挂式高。

3. 刀座准停

为实现换刀动作可靠,必须保证刀座准确地停止在换刀位置上,通常采取下列措施:

(1) 定位盘准停方式 这种准停方式如图 3-76 所示,定位销(由液压缸推动)插入定位盘的定位槽内,实现刀座的准停。定位盘上的定位销(或定位孔)的节距要相同,每个定位槽都对应一个相应的刀座。这种准停方式的优点是:能有效地消除传动链反向间隙的

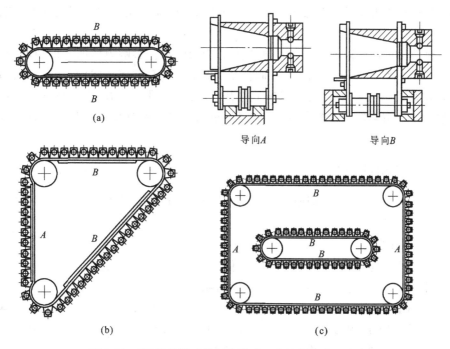

图 3-74　SK 型悬挂式链条的链式刀库的各种布局形式

影响；传动链不受换刀撞击力；驱动电动机不需采用制动自锁装置。

（2）链式刀库要选用节距精度高的套筒滚子链和链轮，往链条上装刀座时，要采用专用夹具定位，以确保刀座间距一致。链式刀库需加导向轮，如图 3-73 所示。这样链条沿其导向槽移动时，可防止链条运动时抖动，保证刀库和回零开关工作可靠，提高重复精度。

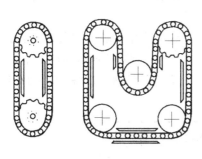

图 3-75　HP 型套筒式链条的链式
刀库的各种布局形式

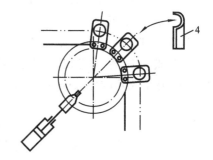

图 3-76　链式刀库换刀位置

（3）圆盘式刀库宜采用单头双导程蜗杆传动，同时应尽量提高刀座在圆盘上沿圆周安装的等分精度和径向位置精度。刀座需要翻转的刀库，还要保证每个刀座翻转的角度相同。

(4) 尽量减小刀座孔径和轴向尺寸的分散度,以保证刀柄槽在换刀位置上的轴向位置精度。

(5) 要消除反向间隙的影响。链式刀库的传动间隙会影响刀座的准停精度,并且该间隙还会随机械磨损和使用时间增加而增大。采用定位盘准停方式的刀库,过大的间隙将影响定位盘的正常工作。因此,必须消除其反向间隙,其方法有:电气系统自动补偿方式;在链轮上装编码器,对链轮传动进行补偿;单头双导程蜗杆传动;刀座双向运行,单方向定位等。

3.4.5 自动选刀方式

按程序指令从刀库中准确地调出所需刀具的操作称为自动选刀,主要有顺序选刀和任意选刀两种方式。

1. 顺序选刀方式

顺序选刀方式是指按照加工工艺顺序,依次将刀具插入刀库的每一个刀座内(刀具插放顺序不能错)。换刀时,将使用过的刀具放回原刀座。这种刀库不需刀具识别装置,但同一工序不同工步的相同刀具不能重复使用,这样就增加了刀具数量,而且在更换工件时,必须重新排列刀库中刀具的顺序。此外,人工装刀操作必须十分谨慎,如果刀具在刀库中的顺序发生差错,将造成设备或产品质量事故。

2. 任意选刀方式

目前大多数加工中心都采用任意选刀方式换刀。采用任意选刀方式的自动换刀系统中必须有刀具识别装置。刀具在刀库中不必按照工件的加工顺序排列,可任意存放。每把刀具(或刀座)都编上代码,自动换刀时,刀库旋转,每把刀具(或刀座)都经过刀具识别装置接受识别。当某把刀具的代码与数控指令的代码相符合时,该刀具就被选中,并将刀具送到换刀位置,等待机械手来抓取。

任意选刀方式的优点是刀库中刀具的排列顺序与工件加工顺序无关,相同的刀具可重复使用。因此,刀具数量可比采用顺序选刀方式的要少一些,刀库也相应地小一些。

目前加工中心常用的任意选刀方式有刀具编码选刀、刀座编码选刀和软件随机选刀等。

本章重点、难点和知识拓展

重点:主轴组件设计、导轨设计。

难点:主轴结构设计;滚动导轨设计。

知识拓展:系统了解机床各主要部件类型和功用,充分认识机床部件的设计和制造能力代表了机床制造业的水平。要想具备机床部件的设计能力,远非掌握了本章知识就所能及的。要系统地学习优化设计、模块化设计、动态设计、摩擦学设计、可靠性设计等现代设计方法,树立绿色设计、并行设计观念,把工程数据库、有限元分析、虚拟设计、模拟仿真等计算机辅助技术应用于机床设计中,不断提高机床部件乃至整机的设计能力和水平。

思考题与习题

3-1 主轴组件应满足哪些基本要求?

3-2 主轴轴向定位方式有哪几种?各有什么特点?各适用于何种场合?

3-3 试分析图 2-4 所示的主轴组件:

(1)根据所采用的轴承类型及主轴轴向定位方式说明此种配置形式的主要性能特点。

(2)主轴前支承轴承间隙应如何调整?

(3)分析主轴所受轴向力的传递路线。

3-4 主轴组件中滚动轴承的精度应如何选取?试分析主轴前支承轴承精度应比后支承轴承精度高一级的原因。

3-5 主轴滚动轴承的润滑方式有哪几种?各有何特点?

3-6 试分析主轴组件的几个主要结构参数对主轴组件弯曲刚度的影响。

3-7 试述多油楔动压滑动轴承的工作原理,以及静压轴承中节流器的作用。

3-8 试述磁浮轴承的工作原理及特点。

3-9 设计一车床主轴组件,前支承采用双列短圆柱滚子轴承,后支承采用的轴承自选。要求画出主轴组件的结构草图,表示出前、后轴承的结构,并说明轴承间隙如何调整,轴向力如何传递。

3-10 支承件常用的材料有哪些?有什么特点?

3-11 根据什么原则选择支承件的截面形状?如何布置支承件上的肋板和肋条?

3-12 提高支承件结构刚度和动态性能有哪些措施?

3-13 导轨设计中应满足哪些基本要求?

3-14 直线运动滑动导轨的间隙调整方法有哪些?各适用于什么场合?

3-15 导轨的卸荷方式有哪几种?各有什么特点?

3-16 导轨磨损对加工精度有何影响?提高导轨耐磨性有哪些措施?

3-17 数控机床的刀架和卧式车床的刀架有什么不同?为什么?

3-18 自动换刀装置有哪几种形式?各有什么特点?

3-19 自动选刀方式有哪几种?各有何特点?

第4章　普通机床数控化改造

4.1　概　　述

4.1.1　普通机床数控改造的必要性

数控机床一般由输入/输出装置、数控装置(CNC)、伺服驱动及位置检测装置、辅助控制装置、机床本体等几部分组成。随着数控技术的发展,数控机床在制造业中的作用越来越突出,世界各国都以机床的数控化率作为衡量一个国家制造业发展水平的一个重要指标。从目前我国企业面临的情况看,机床的数控化率低,且普通机床的拥有量大、役龄长,即使是数控机床,多数也是经济型数控机床,生产装备和技术陈旧而落后;还有一些改革开放后引进的数控设备,由于种种原因,设备不能正常运转,弃之可惜,只好成为摆设。面对这种情况,完全更换全新数控机床势必给生产企业带来很大的经济压力,且存在风险,对普通机床进行合理的数控改造是中小型企业的首选,可以节省因全部设备更新造成的能源消耗及污染排放。机床数控化改造后,可以由原来的专人专机转换为一人多机、智能控制。一些发达国家在机床的数控化改造方面已走在了我们的前面,在美国、日本、德国,用数控技术改造机床和生产线具有广阔的市场,已形成了机床和生产线数控改造的新的行业。在美国,机床改造业称为机床再制造(remanufacturing)业,从事再制造业的著名公司有:Bertsche工程公司、ayton机床公司、Devlieg-Bullavd(得宝)服务集团、US设备公司等。在日本,机床改造业称为机床改装(retrofitting)业,从事改装业的著名公司有:大畏工程集团、岗三机械公司、千代田工机公司、野崎工程公司、滨田工程公司、山本工程公司等。

4.1.2　机床数控化改造的内容

所谓机床数控化改造,就是应用现有的数控技术,在普通机床上加装数控装置,并对机床的局部结构进行改造,使机床全部或局部达到新数控机床的水平,具有一定的自动加工能力,以适应生产的具体要求。机床数控化改造主要包括以下内容。

1. 明确改造对象的功能、参数及要求

(1) 设备种类及型号　如:车床、铣床等。

(2) 要求控制轴数,特别是联动控制轴数　这对数控系统的选型至关重要,因为不同的数控装置所能同时控制的轴数是不同的。

(3) 机床的机械结构及参数　主要包括：① 主轴转速范围、有级还是无级调速,定位精度与重复定位精度,功率参数等；② 进给轴的速度范围、调速要求、精度要求、行程范围、转矩要求等；③ 机床的相关机械结构尺寸；④ 其他辅助参数。

(4) 机械结构的改造要求　丝杠、导轨、减速箱(包括主轴、进给轴)、刀架等部件的改造要求。

(5) 改造后要求机床所具备的功能及性能参数。

(6) 机床改造前的电气控制原理图(或电气控制方式)。

2. 数控系统的选型

数控系统的选型与配置需综合考虑机床状况、对改造后机床功能的要求、改造成本费用及各种数控系统的特点。系统配置时,需对电缆长度、电动机扭矩及额定转速、主轴功率、系统安装空间等细节予以充分考虑。由于国内外的数控系统种类及品种繁多,如西门子、FANUC、华中数控等,在选型时,除了考虑上述因素外,还要充分考虑数控系统厂家的技术支持能力。

3. 机械部分的设计计算

根据机床结构、机床参数及要求,参考《机床设计手册》,对主轴、进给轴等部分进行相关的受力分析计算；根据计算结果确定驱动电动机的功率、输出扭矩及型号,进一步选取驱动器类型和型号。

4. 机床的机械结构改造

机床的机械结构改造总的原则是：运动部件的质量越小越好,摩擦力越小越好,运动传动链尽可能短,尽可能避开采用多级齿轮减速的方法来调速,同时要保证有一定的机械传动刚度。

(1) 改造部分的机械图设计,包括零件图、装备图。

(2) 零部件的加工或外购。

(3) 改造部分的机械装配及调试,保证平行度、垂直度、机械传动刚度,以及机械定位精度,重复定位精度。

5. 规划机床侧顺序控制信号接口并设计电气原理图

根据机床数控改造的要求,规划机床侧的顺序控制信号接口及详细的顺序、连锁、互锁要求。这部分主要考虑：① 主轴部分；② 进给轴部分；③ 导轨；④ 刀具管理；⑤ 冷却；⑥ 照明；⑦ 安全门等。从而确定输入/输出点数,选取合理的PLC型号。然后设计电气原理图,给PLC输入输出端分配信号,同时可以编制PLC程序。

6. 机床数控化改造的工艺流程

机床数控化改造的工艺流程如图4-1所示。

7. 改造过程中需要注意的问题

(1) 机床导轨精度的恢复　恢复机床导轨精度的方法大多采用磨削修复或刮研修

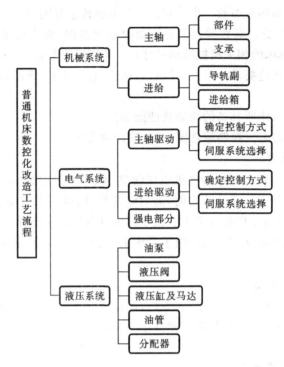

图 4-1 机床数控化改造的工艺流程

复,甚至两者相结合。磨削修复时需要避免床身的变形,而刮研修复的工作量较大,周期较长。

(2) 减小导轨摩擦　对于普通机床,可采用贴塑导轨;对于高刚度要求的机床,应采用直线滚动导轨,或采用滚动导轨块及镶钢导轨的配合以降低摩擦。

(3) 机床导轨及丝杠的自动润滑　变手动润滑为集中自动润滑后,使机床导轨及丝杠的润滑定时、定量,避免发生干摩擦。

(4) 尽量缩短传动链　电动机与丝杠的连接应采用无反向间隙的弹性联轴器;采用滚珠丝杠螺母传动和消隙齿轮齿条传动;如需增加传动转矩,可采用直连精密行星减速器,或者通过同步带减速增扭。

(5) 机械装配的合理性　确定好装配基准,明确配合件的配合性质,选择合理的装配方法和先后顺序;确定密封件的安装方案,避免硬性安装;根据实际加工需求,合理选择数控系统。

(6) 重视机床的调试　应该对机械及电气分开调试完成后,再整体试车。设置好系统各坐标轴的电子齿轮比,检查各坐标轴的硬限位是否有效,机床的软限位是否有效,然后进行机床手动回零,建立机床坐标系。

(7) 运行机床、检测机床的几何精度　先对机床精度粗调整,在静态几何精度合格后,必须进行试件的多次切削加工,以检验机床精度的稳定性。在调试的过程中,每次检验都要绘出机床导轨的直线度曲线图,同时记录检测室的温度和湿度,通过不同时段绘制的曲线图进行对比,找出变化规律,去掉尖端,平缓改进导轨的直线度,直到几天的不同时段仅有微小变化时,调整初期结束。在机床运行几个月最多半年后,再进行一次精调整。

本章主要阐述主传动系统和进给传动系统的数控化改造问题。

4.2　主传动系统的数控化改造

4.2.1　概述

如第 2 章所述,主传动系统的功能是将一定的动力由动力源传递给执行件;保证执行件具有一定的转速和足够的转速范围;能够方便地实现运动的启/停、变速、换向和制动等。对主传动系统的设计要求是:机床主轴必须有足够的变速范围和转速级数,以便满足实际使用的要求;主电动机、传动机构必须能提供和传递足够的功率及转矩,并具有较高的传动效率等。由此可见,主传动系统是机床的重要组成部分之一。在对机床的主传动系统进行数控改造时,无论采取何种改造方案,都必须满足上述要求。对于一般的经济型数控车床,其主传动系统是不能自动变速的,需要变速时,只能使机床停止运转,然后手动变速。现有一些经济型数控机床,因不具备自动变速功能,给加工带来了诸多不便。为了变速方便,在机床改造时采用了电磁离合器。但由于调速用的电磁离合器故障率较高,使用维护成本也较高,故使用效果不佳。为此,可把电磁离合器更换成变频调速系统。变频调速系统在保证主轴调速范围不变的条件下,可缩短传动链,从而简化主轴箱的结构。

4.2.2　电气控制部分改造方案

1. 将普通交流异步电动机驱动改为直流调速电动机驱动

因为直流控制系统易实现无级平滑调速,且调整范围较宽,所需机械挡数也较少。齿轮数量的减少,致使主轴箱结构简单,体积缩小,转动时的振动和噪声减小,有助于提高零件的加工精度。

一般不去改造原主轴箱,否则,必然加大机床改造的总费用,从而降低中、小型普通机床的改造的经济价值。

2. 保留原驱动系统

一般情况下,对机床的主传动采取保留原驱动系统的方案。对要求具有螺纹切削功能的机床,可在主轴部位安装主轴位置编码器。

4.2.3 机械部分改造设计

主传动系统机械部分的改造,大多是改变主轴的传动方式。由此再对主轴箱传动进行简化,必要时才对主轴的支承结构进行改造。本节主要介绍主传动系统传动方式的改造问题。

与普通机床相比,数控机床的主传动常采用交、直流主轴调速电动机,电动机调速范围大,并可无级调速,使主轴箱结构大为简化。为了适应不同的加工需要,数控机床的主传动系统有以下三种传动方式。

1. 电动机直接驱动

主轴电动机与主轴通过联轴器直接连接,或采用电主轴直接驱动,如图 4-2(a)所示,可以大大简化主轴箱结构,能有效地提高主轴刚度。但由于主轴的功率和转矩特性直接取决于主轴电动机的性能,这种变速传动的应用受到一定的限制。这种变速传动一般用于小型或高速数控机床。

2. 定比传动

主轴电动机经定比传动传递给主轴。定比传动可以采用带传动或齿轮传动,如图 4-2(b)所示。带传动又有传动噪声小、振动小等优点,一般应用在中小型数控车床上。采用定比传动扩大了直接驱动的应用范围,但其变速范围仍与电动机的调速范围相同。

3. 分挡变速传动

变速机构一般仍采用齿轮副,如图 4-2(c)所示。通过电动机的无级变速,配合变速机构可确保主轴的功率、转矩要求。采用分挡变速传动可适应更多种类的刀具材料和更广泛的工艺要求,满足各种切削加工的转矩输出要求,特别是可保证低速时的转矩和扩大恒功率的调速范围。目前,大中型数控机床多采用这种传动方式。

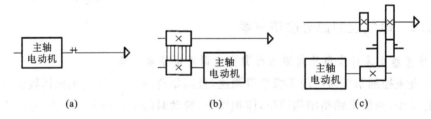

图 4-2 主传动的三种传动方式

4.2.4 某车床主传动系统的数控改造

1. 主传动系统改造方案

1) 原主传动系统情况

原主传动系统情况如表 4-1 所示。

表 4-1 各挡转速及其负载转矩

挡位	1	2	3	4	5	6	7	8
转速/(r/min)	7+5	120	200	300	500	800	1 200	2 000
转矩/(N·m)	38	38	38	38	38	24	16	9.55

表 4-1 中的负载转矩是基于 2 kW 负载核定的。电动机的主要额定参数如下。

(1) 额定功率：2.5 kW。

(2) 额定转速：1 440 r/min。

(3) 负载特点：恒转矩＋恒功率。

电动机到主轴采用两挡传动(两挡传动比为 u_1、u_2)，这时变频器输出频率 f、电动机转速 n_M 与负载转速 n_L 间的对应关系如表 4-2 所示。其中，n_{Lmid} 代表两挡转速分界点的"中间速"。

表 4-2 频率、电动机转速与负载转速间的对应关系

工作频率	电动机转速	低挡传动比	负载转速	高挡传动比	负载转速
f_{min}	n_{Mmin}	u_1	n_{Lmin}	u_2	n_{Lmid}
f_{max}	n_{Mmax}	u_1	n_{Lmid}	u_2	n_{Lmax}

与采用一级传动方案比，该方案具有以下优点。

(1) 电动机的有效转矩曲线与车床的机械特性曲线最吻合。

(2) 在负载速度范围不变的情况下，最低工作频率最高。

(3) 在相同的负载情况下，所需电动机的容量最小。

2. 改造方案的实施

1) 确定恒转矩区

据前所述，恒转矩区的分界点速度为

$$n_{LD} \approx n_{Lmax}/4 = (2\ 000/4)\ r/min = 500\ r/min$$

所以，500 r/min 以下为恒转矩区，500 r/min 以上为恒功率区。

2) 确定电动机的工作频率范围

最高频率 $f_{max}=75$ Hz；最低频率 $f_{min}=14.5$ Hz。

3) 中间速度的确定

$n_{Lmid}=387.8$ r/min，这里取 $n_{Lmid}=500$ r/min。

4) 确定传动比

根据表 4-2 的对应关系，可以得出

$$u_1 = \frac{1.5 \times 1\ 440}{500} = 4.32$$

$$u_2 = \frac{1.5 \times 1\ 440}{2\ 000} = 1.08$$

取 $u_1=4.5, u_2=1.5$。

5) 原有电动机的额定转矩

$$T_{MN}=9\ 550\times 2.5\ kW/1\ 440\ (r/min)=16.58\ N\cdot m$$

这样就得到在各挡转速下的折算转矩,见表 4-3。

表 4-3 各挡转速、转矩核算结果

负载转速/(r/min)	75	120	200	300	500	800	1 200	2 000
传动比	4.5	4.5	4.5	4.5	4.5	1.5	1.5	1.5
电动机转速/(r/min)	340	540	900	1 350	2 250	1 200	1 800	3 000
电动机工作频率/Hz	11.8	18.8	31.3	46.9	78	41.6	62.5	104
电动机折算转矩/(N·m)	74.6	74.6	74.6	74.6	47.75	24.9	19.9	11.9

将表 4-3 与表 4-1 对照,各挡转速下的折算转矩都能满足负载要求。因此,原有电动机不必更换,可以继续使用。

6) 变频器的选择及调速系统的结构

由于车床的主轴驱动系统没有较高的动态指标要求,所以选择一般的 V/f 型通用变频器,其最高输出频率可达 650 Hz,功率最大可达 1500 kW,主要用于标准异步电动机和恒磁同步电动机,对电网的允许波动范围是:电压±15%,频率±6%。

3. 光电编码器的安装

数控车床上要加工螺纹或丝杠,需要配置光电编码器。普通车床加工螺纹时,是通过挂轮来完成的,加工不同的螺纹则需不同的挂轮。改造后的车床将主运动和进给运动分开,但是为了能加工螺纹,需要用光电编码器把主轴运动和进给运动联系起来。它与车床主轴同步转动,发出主轴转角位置变化信号输送到数控装置,数控装置按照所需加工的螺距进行计算处理,实现准确加工螺纹的目的。

脉冲编码器安装在主轴箱内,通过一对传动比为 1∶1 的同步带与主轴联系起来,即异轴安装。工作时,主轴脉冲编码器与主轴同步旋转,并将信号传给数控装置,数控装置收到主轴转速信号后,控制伺服电动机的转速,使进给运动配合主轴转速,保证主轴每转一周,螺纹车刀移动一个螺纹导程。同时保证每次进给都在工件的同一点切入,防止乱扣。

4.3 进给传动系统的数控化改造

4.3.1 概述

进给传动系统是数控机床的重要组成部分。它由伺服驱动电路,伺服驱动装置(伺服电动机)、位置检测装置、机械传动机构以及执行部件等部分组成。其作用是：接收数控装置发出的进给位移和速度指令信号，由伺服驱动电路进行一定的转换和放大后，经伺服驱动装置和机械传动机构，驱动机床工作台或主轴头架等执行部件进行工作进给和快速进给。数控机床的进给伺服系统与一般机床的进给系统有本质上的差异，它能根据指令信号自动、准确地控制执行部件运动的位移、方向和速度，以及数个执行部件按一定的规律运动。进给伺服系统的性能，如最高移动速度、跟踪精度、定位精度等动态和静态性能，在很大程度上决定了数控机床的加工精度、加工工件表面质量和生产效率。数控进给伺服系统的性能取决于各个组成环节的特性，也取决于系统中各环节性能参数的合理匹配。

伺服驱动装置是位于电气控制装置和机械执行装置接点部位的一种能量转换装置。它能在控制装置的控制下，将输入的各种形式的能量转换为机械能。目前大多数伺服驱动装置都已经形成系列，所以在设计过程中可以根据需要进行合理选择。步进电动机驱动系统可以把输入的数字指令信号转换为相应的角位移，通过电动机定子的换相次数（脉冲数）来决定步进电动机的转角，通过换相的频率决定电动机的转速，而电动机的转向则由通电顺序决定。由于步进电动机成本较低，又易于实现计算机控制，故被广泛地应用在开环数控系统中。

4.3.2 进给传动系统设计的基本要求

1. 提高系统机械结构的传动刚度

对于开环数控进给系统，高的传动刚度有助于将计算机控制指令准确可靠地转换成要求的机械位移。由于开环系统没有检测元件检查运动部件的实际位移，这种转换精度决定了加工精度。对于闭环数控进给系统，传动刚度高有利于减小进给运动的超调和振荡，有助于改善系统的动态品质。提高进给系统机械结构传动刚度的措施主要有以下几项。

（1）提高传动元件的刚度 传动元件的变形会导致指令脉冲的丢失或传动系统的不稳定，影响加工精度和质量。

（2）消除传动元件之间的间隙 传动元件之间的间隙会导致运动反向时指令脉冲的丢失或传动系统的不稳定。尽管稳定的系统误差可采取输入补偿脉冲的方法加以补偿，但由于刚度不足和反向间隙造成的误差带有很大的随机性，完全精确补偿是不可能的。

（3）尽可能缩短进给传动链 缩短进给传动链有助于提高数控机床的传动刚度，然而，进给传动运动链的缩短首先要求伺服电动机调速范围和输出转矩能满足加工精度、生产率和快速运动的需要。目前，一般数控机床进给驱动的调速范围为 0～24 m/min，最先进的已达到 0～240 m/min，已经实现了驱动电动机不通过减速环节直接连接丝杠带动运动部件进行运动的方案。随着直线伺服驱动电动机性能的不断提高，由电动机直接带动工作台运动已成为可能。直接驱动取消了包括丝杠在内的所有机械传动元件，实现了数控机床的"零传动"。

(4) 采用预紧措施　预加载荷可以消除滚动摩擦传动副的间隙和提高其传动刚度，也可以提高传动元件的刚度。如丝杠可采用两端轴向固定和预拉伸的方法来提高其传动刚度。

2. 采用低而稳定的摩擦传动副

数控机床进给系统多采用刚度高、摩擦因数小而稳定的滚动摩擦副，如滚珠丝杠螺母副、直线滚动导轨等。聚四氟乙烯导轨和静压导轨由于其摩擦因数小、阻尼大，也为数控机床进给传动所采用。

3. 惯量匹配

最佳惯量匹配目的是为保证伺服电动机的工作性能和满足传动系统对控制指令的快速响应要求。由于在通常情况下，传动系统机械结构的惯量总是大于要求的数值，故而在设计时为得到最佳的惯量匹配，总是希望传动系统中元件的质量和惯量要小一些，降速比则要大一些。

4. 提高传动件的精度

高质量的机械传动配合与高性能的伺服电动机使现代数控机床进给系统性能有了大幅度的提高。随着控制系统分辨率从 0.001 mm 提高到 0.0001 mm，普通精度级数控机床的定位精度目前已从 ±0.012 mm/300 mm 提高到 ±0.005 mm/300 mm，精密级的定位精度已从 ±0.005 mm/全行程提高到 ±0.0015 mm/全行程，重复定位精度也已提高到 0.001 mm。

由于在提高传动精度和刚度，消除间隙及在惯量匹配等方面的努力，数控车床进给传动系统的快速响应能力，即伺服系统的响应能力和机械传动装置的加速能力方面已有了大幅度的提高。

4.3.3　进给传动系统电气控制部分的数控化改造

进给传动系统电气控制部分的数控化改造主要包括以下几个方面的内容。

1. 确定控制方式

(1) 开环控制方式　无位置检测反馈装置，其加工精度由执行元件和传动机构的精度来保证，定位精度较低（一般只能达到 ±0.02 mm/300 mm）。由于这种控制方式多以步进电动机为驱动元件，受其影响，进给速度一般不高，但投资少，安装调试方便。因此，这种控制方式适用于精度要求一般的机床改造，也是目前车床数控化改造中应用最为普遍的一种。

(2) 半闭环控制方式　虽然改造费用较大，但定位精度较高（可达 ±0.01 mm/300 mm），且多以直流、交流伺服电动机为驱动元件，速度也比开环控制方式高，安装调试也比较方便，因此适用于精度要求一般的机床改造，也是目前车床数控化改造中应用较普遍的一种。

(3) 闭环控制方式 由于要直接测量出移动部件的实际位置,需要在机床的相应部位安装直线检测元件,改造工作量大、费用高、调试困难。它的稳定性与机械部分的各种非线性因素有很大关系,因此,在机床数控化改造中一般不采用这种控制方式。

2. 选择伺服系统

在机床的数控化改造中,使用较广泛的伺服系统有步进电动机驱动系统、可控硅直流伺服系统以及大功率晶体管脉宽调速直流伺服系统。步进电动机驱动价格低,结构简单,安装调试和维修都非常方便,但控制精度和速度较低,多用于小型数控机床。大、中型机床大都采用可控硅直流伺服系统和大功率晶体管脉宽调速直流伺服系统。这两种系统控制精度高、调速范围宽、快速性好,容易实现半闭环控制,但价格较高,不便于维修。

3. 选择位置测量元件

位置测量元件是伺服系统中的一部分,用来测量运动部件按指令值移动的位移量,并将其位移量反馈给数控装置。位置测量元件可分为旋转型测量元件和直线型测量元件两类。

(1) 旋转型测量元件 目前在数控机床中使用最广泛的旋转型测量元件有旋转变压器和光电脉冲编码器。旋转变压器精度高、体积小,可以达到很高的转速,安装方便,耐冲击能力较强。具体采用哪一种测量元件,与所选用的数控装置有关,不同的数控装置对采用的测量元件类型有不同要求。

(2) 直线型测量元件 直线型测量元件用来测量直线移动部件的位移量,常用的有感应同步器和光栅。这两种测量元件都用在闭环控制方式的数控系统中,一般不用于机床的数控化改造。

在普通机床数控化改造中,要根据机床的类别、大小、加工对象以及加工要求等因素选择合适的控制方式、伺服系统和测量元件,应以满足机床改造后的加工要求为目标,不要盲目追求高精度、高性能,以免造成不必要的浪费,增加改造的难度。

4.3.4 进给传动系统机械部分的数控化改造

1. 进给系统的驱动方式

目前,数控机床的进给驱动方式主要有旋转伺服电动机加滚珠丝杠副和直线电动机直接驱动两种。机床数控化改造一般采用旋转伺服电动机加滚珠丝杠副驱动方式。目前,这种驱动方式在数控机床和加工中心上仍被广泛使用。

2. 机床进给传动元件的改造

对机床进给传动元件进行改造时,可采用以下两种方案。

(1) 用滚珠丝杠副代替普通丝杠副 滚珠丝杠副具有传动精度高、效率高、运动平稳、寿命长等特点,可以预紧以消除间隙并提高系统刚度和反向定位精度。因此在各种中小型数控机床的直线运动进给系统中得到了普遍采用。

（2）用普通丝杠副　在机床数控化改造时，由于滚珠丝杠副的径向尺寸较大，许多相关的部件都难修改。因此，在有些数控改造中，往往仍采用原普通丝杠副。但为消除过大的丝杠与螺母间隙，应将原来的单螺母副改成可调整间隙的双螺母副；有时可提高原普通丝杠副的制造精度，再配以螺纹间隙调整机构以提高传动精度。

3. 进给箱的改造

在普通机床数控化改造时，往往取消原进给箱或换成仅一级减速的进给箱。该箱体内的连接元件采用无键连接，传递元件要有消除或减小间隙的装置，如双齿轮机构，以提高反向定位精度。

4. 导轨副的改进设计

普通机床的导轨多采用滑动导轨。由于滑动导轨的静摩擦因数大，动摩擦因数随速度变化而变化，摩擦损失大，在低速时易出现爬行现象，直接影响运动部件的定位精度。因此，普通机床的数控化改造常采用以下形式的导轨副。

（1）滚动导轨　采用滚动导轨可消除爬行现象，提高定位精度。但其工艺复杂，许多有关零部件需进行更换或加工，改造工作量大、周期长，改造费用多，实现起来比较困难。

（2）贴塑导轨　在原移动部件的导轨上粘接四氟乙烯软带。这种软带耐磨损，且嵌入性能好，与其配合的金属导轨面不会拉伤。软带有自润滑性，当机械润滑系统出现故障时，导轨不会拉伤。采用粘接软带，零部件不需更换，加工部件少，改造工作量小、周期短、费用低。该导轨副在机床数控化改造中得到了广泛应用。

4.3.5　进给传动系统机械部分的计算

现以普通车床数控改造为例，介绍其进给传动系统机械部分的设计计算过程。

1. 工作台总质量的估算

机床工作台包括溜板刀架、床鞍、中拖板等零部件。则工作台总质量

$$m = m_{刀} + m_{鞍} + m_{拖板} + m_{其他} \tag{4-1}$$

在实际改造中，可根据具体的车床进行分析估算。

2. 确定系统的脉冲当量

数控装置给出一个脉冲指令，机床工作台就前进一个单位的位移量，这个最小的运动单元称为脉冲当量，它决定了数控机床的加工精度和驱动系统的最高工作频率。经济型数控车床的脉冲当量一般取 0.005～0.01 mm/step。

3. 切削力的计算

纵车外圆时，切削力可以用下面经验公式来粗略计算。

$$F_z = \frac{1\,000 P \eta}{v} \tag{4-2}$$

或
$$F_z = 0.67 D_{max}^{1.5} \tag{4-3}$$

式中：F_z——主切削力(N)；

P——机床主电动机功率(kW)；

v——切削线速度(m/s)；

η——主传动系统总效率；

D_{max}——被加工工件的最大直径(mm)。

各切削分力之间呈现以下比例关系：

$$F_z : F_x : F_y = 1 : 0.25 : 0.4 \tag{4-4}$$

式中：F_x——走刀方向的切削力；

F_y——垂直于走刀方向的切削力。

横切端面时，主切削力 F'_z 可取纵切削力的 $1/2$，此时走刀抗力 F'_y、吃刀抗力 F'_x 仍按式(4-4)的比例粗略计算。

4. 滚珠丝杠螺母副的选择和计算

滚珠丝杠螺母副是实现进给运动的主要部件，它把伺服电动机的回转运动转换为工作台的直线运动。由于其传动效率高、系统刚度好、传动精度高、运动平稳、使用寿命长，常为各类中、小型数控机床的直线进给系统（横向和纵向）所采用。纵向和横向进给系统中的滚珠丝杠的选择和计算方法相似，本节里仅对纵向进给系统进行阐述。

1) 计算进给牵引力 F_m

纵向进给为综合型导轨

$$F_m = K F_x + f'(F_z + G) \tag{4-5}$$

式中：K——考虑倾覆力矩影响的试验系数，综合导轨取 $K=1.15$；

f'——滑动导轨摩擦因数，取 $0.15 \sim 0.18$；

G——溜板及刀架重量。

2) 计算最大动负载 C

$$C = \sqrt[3]{L} f_w F_m \tag{4-6}$$

$$L = \frac{60 n T}{10^6} \tag{4-7}$$

$$n = \frac{1\,000 v_s}{L_0} \tag{4-8}$$

式中：L_0——滚珠丝杠导程，初选 6 mm；

v_s——最大切削力下的进给速度，可取最高进给速度的 $1/2 \sim 1/3$，此处 $v_s = 0.5$ m/min；

T——使用寿命，一般机床 $T=10\,000$ h，数控机床 $T=15\,000$ h；

f_w——运转系数，按一般运转取 $1.2 \sim 1.5$；

L——滚珠丝杠的使用寿命系数，L 的意义是以 10^6 转来描述滚珠丝杠的寿命。

依据工作动负荷 C 必须小于滚珠丝杠的额定动负荷 C_a，即 $C<C_a$ 的原则，参考机床设计手册，从滚珠丝杠的系列表中找出与最大动载荷 C 相近的值，并初步选定几个候选型号，列出其主要参数，为下面的验算工作做好准备。

5. 滚珠丝杠螺母副的刚度验算

滚珠丝杠的轴向变形会影响进给系统的定位精度和稳定性，而最终影响加工精度，所以要对所选择的滚珠丝杠进行刚度校核。滚珠丝杠轴向变形量主要来源于：① 丝杠的拉伸或压缩变形量 δ_1；② 滚珠与螺纹滚道间的接触变形量 δ_2；③ 支承滚珠丝杠的轴承的轴向接触变形量 δ_3。三者之和即为滚珠丝杠的总变形量 δ。其中

$$\delta_1 = \pm \frac{F_m L}{EA} \tag{4-9}$$

式中：E——材料的弹性模量 (N/mm^2)；

A——滚珠丝杠截面积 (mm^2)；

L——滚珠丝杠在支承间的受力长度 (mm)。

滚珠与螺纹滚道间的接触变形量 δ_2 可分为两种情形来分析。

当无预紧力时，有

$$\delta_2 = 0.00176 \sqrt[3]{\frac{1}{d_0}\left(\frac{F_m}{Z_\Sigma}\right)^2} \tag{4-10}$$

当有预紧力时，有

$$\delta_2 = 0.00028 \frac{F_m}{\sqrt[3]{d_Q F_{yu} Z_\Sigma^2}} \tag{4-11}$$

$$z = \frac{\pi D_0}{d_0} \text{（外循环）}$$

$$z = \frac{\pi D_0}{d_0} - 3 \text{（内循环）}$$

式中：F_{yu}——预紧力 (N)；

d_0——滚珠直径 (mm)；

Z_Σ——滚珠数量；

d_Q——轴承滚动体直径；

z——每圈的滚动体数量；

D_0——滚珠丝杠公称直径。

支承滚珠丝杠的轴承的轴向接触变形 δ_3 由所选择的支承轴承的类型决定，一般情况下，大多选择推力球轴承，其变形量可由下式计算：

$$\delta_c = 0.00052 \sqrt[3]{\frac{F_m^2}{d_Q Z^2}} \tag{4-12}$$

当受到预紧力作用时,$\delta_3=\delta_c/2$;否则,$\delta_3=\delta_c$。

依据式 $\delta=\delta_1+\delta_2+\delta_3<$定位精度,来判断所选择的滚珠丝杠是否符合刚度要求。

6. 稳定性校核

当细长杠受压时,往往会出现压力远没有达到强度破坏的程度时就发生弯曲变形而失去工作能力的现象,这种现象称为细长杆的失稳。对于滚珠丝杠,其受到纵向进给负载 F_y 的作用,有必要对其进行稳定性校核。这里不再讨论。

根据具体的工作要求,对滚珠丝杠的结构尺寸、循环方式、调隙方法、安装方式,价格等因素进行充分衡量和分析,最终确定合适的滚珠丝杠螺母副的型号。根据所选择的型号,进行验算,如果不能满足刚度及稳定性的要求,则重新选择,验算,直至满足要求为止。

4.4 普通机床数控化改造实例

本节以某立式升降台铣床为例,讨论其数控化改造的内容、分析计算方法和过程。

4.4.1 机床改造总体方案的确定

某立式升降台铣床改造总体方案布局如图 4-3 所示。该机床的数控化改造包括机械传动系统和电气控制系统两部分内容。

4.4.2 主传动系统的改造

主传动系统是铣床的核心动力执行部分,需要按照机床的实际特点制订改造方案。本改造对铣床主传动的机械部分不做改动,只改动其电气部分,主要将铣床的机械调速改为变频调速,采用了高性能的电流矢量控制型通用变频器。这种变频器具有可降低干扰、抑制来自电动机的冲击电压和降噪的优点,并且具有良好的节能性和稳定的恒力矩特性。

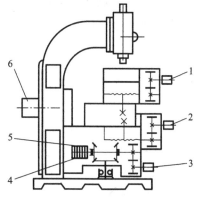

图 4-3 立式升降台铣床改造总体方案
1—X 轴伺服电动机;2—Y 轴伺服电动机;
3—Z 轴伺服电动机;4—超越离合器;
5—摩擦片式制动器;6—主轴电动机

4.4.3 进给传动系统的改造

由于 X、Y、Z 轴的进给传动系统改造形式类似,这里仅讨论 X 轴的进给传动系统的改造。

1. 确定脉冲当量

根据机床精度要求,X 轴的脉冲当量定为 0.01 mm/step。

2. 切削力的计算

1) 机床进给部件的质量估算

根据上面的参数,对机床进给部件的质量估算如下。

(1) X 轴工作台加上夹具等的质量约为 240 kg。

(2) Y 轴工作台等运动部件的质量约为 470 kg。

2) 工艺数据

(1) 硬质合金立铣刀的铣刀直径为 50 mm,刀齿数是 4。

(2) 最大铣削宽度为 6 mm,最大铣削深度为 8 mm,齿进给量为 0.3 mm。

3) 主切削力的计算

根据机床设计手册,用硬质合金立铣刀加工碳素钢工件,有

$$a_e = 3, \quad f_z = 0.1 \text{ mm/齿}, \quad a_p = 8, \quad z = 3, \quad d_0 = 50$$

$$F_c = 12 a_e^{0.85} a_f^{0.75} d_t^{0.73} a_p n_t^{0.13} z = 12 \times 6^{0.85} \times 0.1^{0.75} \times 50^{0.73} 4^{0.13} \times 8 \times 4 \text{ N} = 6\,520.4 \text{ N}$$

式中:a_e——切削接触弧深(mm);

a_f——每齿进给量(mm/齿);

d_t——铣刀直径(mm);

a_p——铣削深度(mm);

z ——铣刀齿数;

n_t——刀具转速(r/min)。

按切削力各分力比例,有

$$F_z : F_H : F_{VE} = 1 : 0.35 : 0.90$$

$$F_H = (6\,520.4 \times 0.35) \text{ N} = 2\,282.1 \text{ N}$$

$$F_{VE} = (6\,520.4 \times 0.9) \text{ N} = 5\,868.4 \text{ N}$$

3. 纵向进给丝杠的设计计算

1) 计算进给牵引力 F_m(N)

纵向进给为燕尾形导轨

$$F_m = KF_x + f'(F_z + 2F_y + G) = [1.15 \times 2\,282.1 + 0.004(6\,520.4 + 2 \times 5\,868.4 + 2\,400)] \text{N}$$
$$= 2\,707.0 \text{ N}$$

式中:K——考虑倾覆力矩影响的实验系数,对于综合导轨取 $K = 1.15$;

f'——滑动导轨摩擦因数;

G ——X 轴工作台加上夹具的重量等,取 2 400 N。

2) 计算最大动负载 C

$$C = \sqrt[3]{L} f_w F_m$$

$$L = \frac{60nT}{10^6}$$

$$n = \frac{1\ 000 v_s}{L_0}$$

式中：L_0——滚珠丝杠导程，初选 6 mm；

v_s——最大切削力下的进给速度，可取最高进给速度的 1/2～1/3，此处 v_s 为 0.5 m/min；

T——使用寿命，按 15 000 h；

f_w——运转系数，按一般运转取 1.2～1.5；

L——寿命，以 10^6 转为单位。

$$n = \frac{1\ 000 v_s}{L_0} = \frac{1\ 000 \times 1 \times 0.5}{6}\ \text{r/min} = 83.3\ \text{r/min}$$

$$L = \frac{60nT}{10^6} = \frac{60 \times 83.3 \times 15\ 000}{10^6} \approx 75$$

$$C = \sqrt[3]{L} f_w F_m = \sqrt[3]{75} \times 1.3 \times 2\ 707.0\ \text{N} = 14\ 840.6\ \text{N}$$

3）滚珠丝杠螺母副的选型

查相关手册，可选用 NL4006 内循环、螺纹调整预紧的双螺母滚珠丝杠副，其额定动负载为 18 500 N，精度等级选为 3 级。

4）传动效率计算

$$\eta = \frac{\tan\lambda}{\tan(\lambda + \varphi)}$$

式中：λ——螺旋升角，NL4006 的 $\lambda = 2°44'$；

φ——摩擦角，取 $10'$，滑动摩擦因数 0.003～0.004。

$$\eta = \frac{\tan\lambda}{\tan(\lambda + \varphi)} = \frac{\tan 2°44'}{\tan(2°44' + 10')} \approx 0.942$$

5）刚度验算

图 4-4 所示为纵向进给滚珠丝杠支承方式简图。最大牵引力为 2 707.0 N。支承间距 $L = 1\ 400$ mm，丝杠螺母及轴承均进行预紧，预紧力为最大轴向负载的 1/3。

（1）丝杠的拉伸或压缩变形量 δ_1　根据 $F_m = 2\ 707.0$ N，$D_0 = 40$ mm，从相关手册查表得出 $\delta_L/L = 0.85 \times 10^{-5}$，则

$$\delta_1 = \frac{\delta_L}{L} \times 1\ 000 = (0.85 \times 10^{-5} \times 1\ 000)\ \text{mm} = 0.85 \times 10^{-2}\ \text{mm}$$

由于两端均采用向心推力球轴承，且丝杠又进行了预拉伸，故其拉压刚度可以提高 4 倍。其实际变形 δ_1' 为

$$\delta_1' = \frac{1}{4} \times \delta_1 = \frac{1}{4} \times 0.85 \times 10^{-2}\ \text{mm} = 0.21 \times 10^{-2}\ \text{mm}$$

（2）滚珠与螺纹滚道间接触变形 δ_2　从相关手册查表得：NL 系列 2 列滚珠和螺纹滚

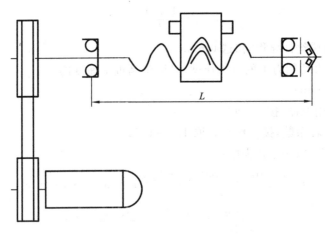

图 4-4　X 轴进给传动系统计算简图

道变形量 $\delta_Q = 7\times 10^{-3}$ mm。因对丝杠螺母进行了预紧，故

$$\delta_2 = \frac{d_Q}{2} = \frac{7\times 10^{-3}}{2}\ \text{mm} = 3.5\times 10^{-3}\ \text{mm}$$

（3）支承滚珠丝杠轴承的轴向接触变形 d_3　采用 51208 型推力球轴承，$d_1 = 30$ mm，滚动体直径 $d_Q = 8$ mm，滚动体数量 $z = 18$。

$$\delta_c = 0.000\ 52\sqrt[3]{\frac{F_m^2}{d_Q Z^2}} = 0.000\ 52\sqrt[3]{\frac{2\ 660.1^2}{8\times 18^2}}\ \text{mm} = 0.007\ 3\ \text{mm}$$

因施加了预紧力，故

$$\delta_3 = \frac{\delta_c}{2} \approx 0.003\ 7$$

根据以上计算，有

$$d = d_1' + d_2 + d_3 = (0.002\ 1 + 0.003\ 5 + 0.003\ 7)\ \text{mm} = 0.009\ 3\ \text{mm}$$

能够满足定位精度要求。

6）稳定性校核

滚珠丝杠两端采用推力轴承，不会产生失稳现象，故不需要做稳定性校核。

本章重点、难点及知识拓展

重点：主传动系统的数控化改造，进给传动系统的数控化改造。

难点：滚珠丝杠螺母副的设计。

知识拓展：由于机床以及技术的不断进步，机床改造是个"永恒"的课题。为节约成本，进一步发挥老式传统机床的功能和潜在价值，将大批传统普通机床改造为数控机床是一种必然性和趋势。系统地掌握普通机床数控改造的原理及方法，并能将模块化设计思想引入机床数控改造中。利用机床课程设计或毕业设计环节，积极参与机床数控化改造或设计项目，提高机床数控化改造或设计能力。

思考题与习题

4-1 何谓机床数控化改造？试简述其必要性。

4-2 普通机床与数控机床的区别是什么？

4-3 机床数控化改造包括哪些内容？

4-4 机床的机械结构改造总的原则是什么？

4-5 机床数控化改造应注意哪些问题？

4-6 怎样把一台普通机床改造成数控机床？

4-7 机床主传动系统一般采用何种方法改造？

4-8 为什么普通车床数控改造时要安装光电编码器？

4-9 进给伺服系统设计的基本要求是什么？

4-10 如何选定滚珠丝杠螺母？

4-11 完成 C6140 普通车床的数控改造。利用计算机对纵、横向进给系统进行开环控制，纵向脉冲当量为 0.01 mm/step，横向脉冲当量为 0.005 mm/step，驱动元件采用步进电动机，传动装置采用滚珠丝杠副，刀架采用自动转位刀架。

第 5 章　组合机床设计

为了适应各种零件的加工,通用机床强调加工范围的广泛性,随之带来的便是其结构的复杂性,并且在加工某一零件的某些表面时,机床不能发挥出全部效能。为了克服通用机床的弊端,工程技术人员相应地推出了专用机床,用于加工某一种(或几种)零件的特定工序,如汽车发动机中用于加工曲轴的曲轴车床等。由于专用机床是根据某一工艺要求专门设计制造的,所以它的自动化程度较高,生产率也比较高。相对通用机床而言,专用机床的造价昂贵,设计、制造周期长,特别是产品更新换代、变型时,原有的专用机床将不能满足新产品加工工艺的要求。因此,专用机床在一定程度上阻碍着产品的更新换代。为了解决以上通用机床与专用机床之间的矛盾,同时尽可能兼顾通用机床与专用机床的优越性,于是人们研制出了组合机床。可以说,组合机床是在通用机床与专用机床的夹缝中得以发展的,目前已得到越来越广泛的应用。

5.1　组合机床概述

5.1.1　组合机床的组成及特点

组合机床是根据工件加工需要,以大量通用部件为基础,配以少量专用部件组成的一种高效专用机床。图 5-1 所示为典型的三面复合式单工位组合机床。其组成是:侧底座 1、立柱底座 2、立柱 3、多轴箱 4、动力头 5、滑台 6、中间底座 7、夹具 8 等,各个部件都是具有一定独立功能的部件,并且大都是已经系列化、标准化和通用化的通用部件。通常夹具 8、中间底座 7 和多轴箱 4 是根据工件的尺寸形状和工艺要求设计的专用部件,但其中的绝大多数零件如定位夹压元件、传动件等也都是标准件和通用件。

通用部件是组成组合机床的基础。用来实现机床切削和进给运动的通用部件,如单轴工艺切削头(即镗削头、钻削头、铣削头等)、传动装置(驱动切削头)、动力箱(驱动多轴箱)、进给滑台(机械或液压滑台)等为动力部件。用以安装动力部件的通用部件,如侧底座、立柱、立柱底座等称为支承部件。

组合机床具有如下特点。

(1) 用途　主要用于箱体类零件和杂件的孔面加工。

(2) 生产率高　因为工序集中,可多面、多工位、多轴、多刀同时自动加工。

(3) 加工精度稳定　因为工序固定,可选用成熟的通用部件、精密夹具和自动工作循环来保证加工精度的一致性。

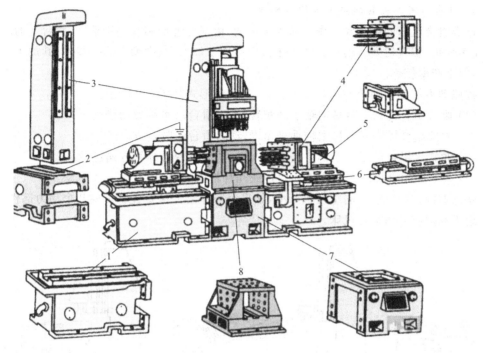

图 5-1 三面复合式组合机床

1—侧底座；2—立柱底座；3—立柱；4—多轴箱；5—动力头；6—滑台；7—中间底座；8—夹具

（4）研制周期短，便于设计、制造和使用维护成本低　因为通用化、系列化、标准化程度高，通用零部件占 70%～90%，通用件可组织批量生产，进行预制或外购。

（5）自动化程度高，劳动强度低。

（6）配置灵活　因为结构模块化、组合化，可按工件或工序要求，用大量通用部件和少量专用部件灵活组成各种类型的组合机床及自动线；机床易于改装，产品或工艺变化时，通用部件一般还可以重复利用。

5.1.2　组合机床的配置形式

组合机床的通用部件分大型和小型两大类。用大型通用部件组成的机床称为大型组合机床，用小型通用部件组成的机床称为小型组合机床。大型组合机床和小型组合机床在结构和配置形式等方面有较大的差别。

1. 大型组合机床的配置形式

大型组合机床的配置形式可分为三大类，即具有固定式夹具的单工位组合机床、具有移动式夹具的多工位组合机床、转塔式组合机床。

1) 具有固定式夹具的单工位组合机床

这类组合机床的夹具和工作台都固定不动,由动力滑台实现进给运动,滑台上的动力箱(连多轴箱)实现切削运动。这类机床特别适用于加工大、中型箱体类零件,其加工精度较高,但生产率较低。

按照动力箱和多轴箱的位置方式不同,其配置形式如图5-2所示。

(1) 卧式组合机床 刀具主轴水平布置,动力滑台沿水平方向进给。

(2) 立式组合机床 刀具主轴垂直布置,动力滑台沿竖直方向进给。

(3) 倾斜式组合机床 刀具主轴倾斜布置,动力滑台沿倾斜方向进给。

(4) 复合式组合机床 它为上述两种或几种形式的组合。

在以上四种配置形式的组合机床中,如果每一种之上再安置一个或几个动力部件,还可以组成双面或多面组合机床。

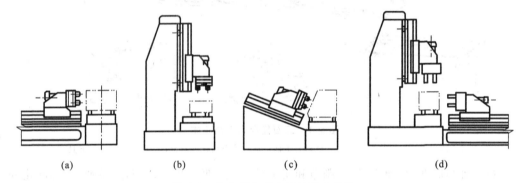

图5-2 具有固定式夹具的组合机床

(a) 卧式组合机床 (b) 立式组合机床 (c) 倾斜式组合机床 (d) 复合式组合机床

2) 具有移动式夹具的多工位组合机床

这类组合机床的夹具和工件安装在直线移动工作台或回转运动工作台上,并按照一定的节拍时间作间歇移动或转动,使工位得到转换。这类机床生产率高,但加工精度不如单工位组合机床,多用于大批量生产中对中小型零件的加工。

按照夹具和工件的输送方式不同,其配置形式有以下四种。

(1) 移动工作台组合机床 如图5-3所示,可先后在两个工位上从两面对工件进行加工,夹具和工件可随工作台直线移动来实现工位的变换。

(2) 回转工作台组合机床 图5-4所示为一台六工位回转工作台组合机床,这种机床的夹具和工件装在回转的工作台上,可绕竖直轴回转。在回转工作台上每个工位上通常都装有工件,并具有专门的装卸工位,使装卸工件的辅助时间与机动时间相重合,可提高机床的生产率。

(3) 鼓轮式组合机床 如图5-5所示,这种机床的夹具和工件可绕水平轴线回转,一一般为卧式单面或卧式双面形式,较少采用三面配置。此外,也可以采用径向辐射的动力部件来加工零件在竖直方向的表面。在这种机床上有专门装卸工件的工位。由于工序集中程度较高,生产率也较高,但分度精度较低,所以加工精度不高。

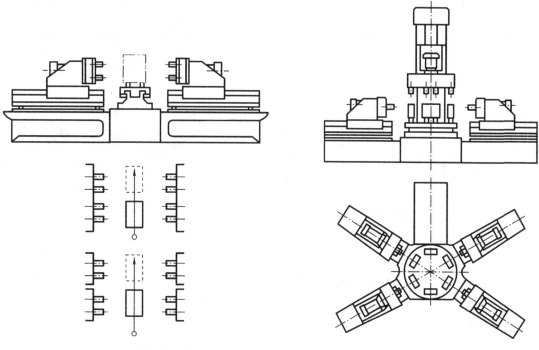

图 5-3　移动工作台组合机床　　　　　图 5-4　回转工作台组合机床

(4) 中央立柱式组合机床　图 5-6 所示为一台六工位中央立柱式组合机床,这种机床具有台面直径较大的环形回转工作台,在工作台中央安装立柱,动力部件安装在中央立柱上及工作台的四周,工件和夹具则安装在回转工作台上。由于分散配置动力部件,故工位数可以较多,有利于工序集中及提高机床的生产率。但机床的结构比较复杂,定位精度低,通用化程度差,特别是在工件更新时不便于改装,故未获得广泛应用。

3) 转塔式组合机床

转塔式组合机床的特点是几个多轴箱安装在转塔回转工作台上,各个多轴箱依次转到加工位置对工件进行加工,如图 5-7 所示。按多轴箱是否做进给运动,可将这类机床分为两类。

(1) 只实现主运动的转塔式多轴箱组合机床　多轴箱安装在转塔回转工作台上,主轴由电动机通过多轴箱内的传动装置带动做旋转主运动;工件安装在滑台的回转工作台上(如果不需工件转位时,可直接安装在滑台上),由滑台带动做进给运动,如图 5-7(a)所示。

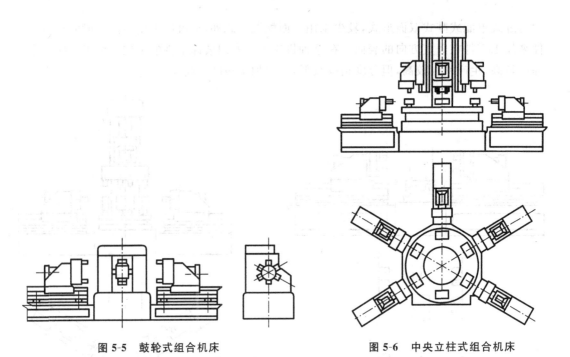

图 5-5　鼓轮式组合机床　　　　图 5-6　中央立柱式组合机床

（2）既实现主运动又可随滑台做进给运动的转塔式多轴箱组合机床　这类机床的工件固定不动（也可以做周期转位），转塔式多轴箱安装在滑台上并随滑台做进给运动，如图 5-7(b)所示。

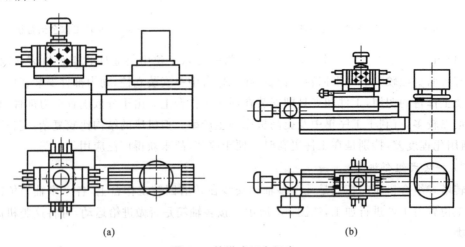

图 5-7　转塔式组合机床
(a) 工件进给转塔式组合机床　(b) 转塔进给式组合机床

这类机床切削时间与辅助时间不重合，转塔主轴各工位的切削时间串联，因此机床的工作效率较低,但因各工位切削时间不重合,可减少切削振动的互相干扰,故加工精度较高。当机床用于中批生产时,机床负荷率较高,机床占地面积较小。

2. 小型组合机床配置形式

小型组合机床也是由大量通用零部件组成的,其配置特点是:常用两个以上具有主运动和进给运动的小型动力头分散布置、组合加工。动力头有套筒式、滑台式,横向尺寸小,配置灵活性大,操作使用方便,易于调整和改装。图 5-8 所示为几种小型组合机床的配置形式。小型组合机床分单工位(见图 5-8(a)、(b)、(c)、(d))和多工位(见图 5-8(e)、(f)、(g))两类。目前在生产中使用较多的是各种多工位小型机床,其中最常用的是回转工作台式小型组合机床。

组合机床的配置形式是多种多样的,同一零件的加工可采用几种不同配置方案。在确定组合机床配置形式时,应对几个可行的方案进行综合分析,从机床负荷率、能达到的加工精度、使用和排屑的方便性、机床的可调性、机床部件的通用化程度、占地面积等方面作比较,选择合理的机床总体布局方案。

5.1.3 组合机床通用部件及其选用

通用部件是指具有特定功能,按标准化、系列化、通用化原则设计制造的组合机床基础部件。它有统一的联系尺寸标准,结构合理、性能稳定。组合机床的通用化程度是衡量其技术水平的重要标志。通用部件的选择是组合机床设计的重要内容之一。

1. 通用部件的分类

通用部件按其尺寸大小、驱动和控制方式、单机和自动线的不同,可分为:大型和小型通用部件;机械驱动、液压驱动或数控通用部件;组合机床和组合机床自动线通用部件。还出现了整机的通用模块,如专能机床(缸盖导管孔加工机床等)、柔性加工单元。但这些通用部件有其共性功能,按功能划分的类别覆盖面较大。通用部件按其功能通常分为五大类。

(1) 动力部件　动力部件是用于传递动力,实现工作运动的通用部件。它为刀具提供主运动和进给运动;是组合机床及其自动线的主要通用部件。它包括动力滑台、动力箱,具有各种工艺性能的动力头等。

(2) 支承部件　支承部件是用于安装动力部件、输送部件等的通用部件。它包括侧底座、中间底座、立柱、立柱底座、支架等。它是组合机床的基础部件,机床上各部件之间的相对位置精度、机床的刚度等主要依靠它来保证。

(3) 输送部件　输送部件是具有定位和夹紧装置、用于安装工件并运送到预定工位的通用部件。它包括回转工作台、移动工作台和回转鼓轮等。通常具有较高的定位精度。

(4) 控制部件　控制部件用来控制具有运动动作的各个部件,以保证实现组合机床工作循环。它包括可编程序控制器(PLC)、液压传动装置、分级进给机构、自动检测装置及操纵台电柜等。

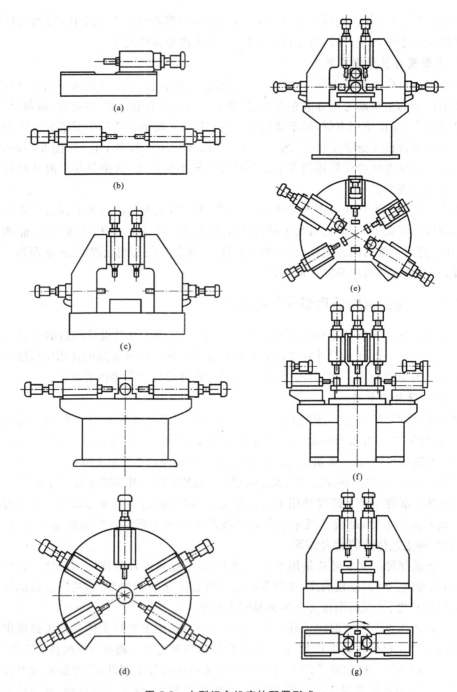

图 5-8 小型组合机床的配置形式

(5) 辅助部件　辅助部件包括定位、夹紧、润滑、冷却、排屑以及自动线的清洗机等各种辅助装置。

2. 通用部件的标准、型号、规格及其配套的关系

我国已分别于1975年和1978年颁布了共41项通用部件标准,建立了以滑台为基础的通用部件体系,即目前仍被企业广泛采用的HY、HJ、TC、TX、TA等系列的通用部件。1983年又颁布了13项与国际标准等效的通用部件新标准(国家标准),设计了"1字头"新系列通用部件。通用部件标准规定,动力滑台的主参数为工作台面宽度,其他通用部件的主参数用与其配套的滑台主参数来表示。

以滑台为基础的通用部件型号编制方法如下所示。

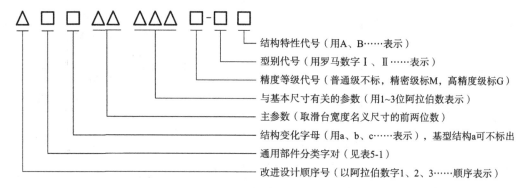

例如1HY32M-IB,表示经过第一次重大改进,台面宽度为320 mm的精密级液压滑台,滑台行程长度为短行程(I型),滑座体导轨为镶钢导轨;1TX63G-II,表示经过第一次改进设计、与台面宽度为630 mm的滑台配套、高精度级、带液压自动让刀机构的滑套式铣削头。

"1字头"通用部件的型号、规格及其配套关系见表5-1。

表5-1　"1字头"系列通用部件的型号、规格及其配套关系

部件名称	标　准	名义尺寸/mm					
		250	320	400	500	530	800
液压滑台	GB 3663.4—1983 (≈ISO2562:1973)	1HY25 1HY25M 1HY25G	1HY$_{32}$ 1HY$_{32}$M 1HY$_{32}$G	1HY40 1HY40M 1HY40G	1HY50 1HY50M 1HY50G	1HY63 1HY63M 1HY63G	1HY80 1HY80M 1HY80G
机械滑台		1HJ25 1HJ25M 1HJ$_b$25 1HJ$_b$25M	1HJ32 1HJ$_{32}$M 1HJ$_b$32 1HJ$_b$32M	1HJ40 1HJ40M 1HJ$_b$40 1HJ$_b$40M	1HJ50 1HJ50M 1HJ$_b$50 1HJ$_b$50M	1HJ63 1HJ63M 1HJ$_b$63 1HJ$_b$63M	

续表

部件名称	标　准	名义尺寸/mm					
动力箱	GB 3666.5—1983 (≈ISO2727:1973)	1TD25	1TD32	1TD40	1TD50	1TD63	1TD80
侧底座	GB 3666.6—1983 (≈ISO2769:1973)	1CC251 1CC2521 1CC251M 1CC252M	1CC321 1CC322 1CC321M 1CC322M	1CC401 1CC402 1CC401M 1CC402M	1CC501 1CC5021 1CC501M 1CC502M	1CC631 1CC632 1CC631M 1CC632M	1CC801 1CC802 1CC801M 1CC802M
立柱	GB 3666.7—1983 (≈2891:1977)	1CL25 1CL25M $1CL_b25$ $1CL_b25M$	1CL32 1CL32M $1CL_b32$ $1CL_b32M$	1CL40 1CL40M $1CL_b40$ $1CL_b40M$	1CL50 1CL50M $1CL_b50$ $1CL_b50M$	1CL63 1CL63M	
铣削头	GB 3668.9—1983 (≈ISO3590:1975)	1TX25 1TX25G	1TX32 1TX32G	1TX40 1TX40G	1TX50 1TX50G	1TX63 1TX63G	1TX80 1TX80G
钻削头		1TZ25	1TZ32	1TZ40			
镗削头与车削头		1TA25 1TA25M	1TA32 1TA32M	1TA40 1TA40M	1TA50 1TA50M	1TA63 1TA63M	

注:1. 机械滑台型号中,1HJ××型使用滚珠丝杠传动,1HJb××型使用铜螺母、普通丝杠传动;
   2. 侧底座型号中,1CC××1型高度为 560 mm,1CC××2型高度为 630 mm;
   3. 立柱型号中,1CLb××型与机械滑台配套使用,1CL××型与液压滑台配套使用;
   4. ISO 为国际标准化组织的标准。

3. 常用通用部件

1)"1 字头"动力滑台

动力滑台是由滑座、滑鞍和驱动装置等组成,实现直线进给运动的动力部件。根据被加工零件的工艺要求,在滑鞍上安装动力箱(用以配多轴箱)或切削头(如钻削头、镗削头、铣削头、攻螺纹头等主轴部件配以传动装置),可以完成钻、扩、铰、镗孔、倒角、刮端面、铣削及攻螺纹等工序;台面宽 320 mm 以下的滑台配有分级进给装置,可完成深孔加工。此外,滑台还可当移动工件台用,装上检测装置也可完成自动检测等工序。滑台本身可以安装在侧底座、立柱或倾斜的底座上,以便配置成卧式、立式或倾斜式等形式的组合机床。根据驱动和控制方式不同,"1 字头"动力滑台可分为 1HY 液压滑台、1HJT 机械滑台和 NC-1HJT 数控滑台三个系列。

(1) 1HY 液压滑台　液压滑台和液压传动装置是两个分离的独立部件。滑台上装有液压缸。液压滑台结构如图 5-9 所示,液压缸 3 固定在滑座 1 上,活塞杆 4 通过支架 6

与滑鞍连接。工作时,液压传动装置的压力油通过活塞杆带动滑鞍沿滑座顶面的导轨移动。液压滑台由调速阀实现无级调节,变换进给速度方便,机床易实现自动化,但液压滑台维修困难。

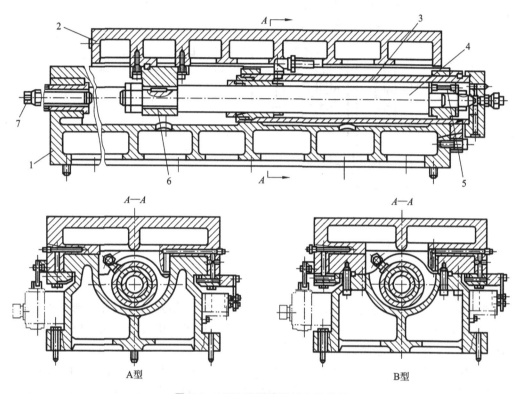

图 5-9 1HY 系列液压滑台结构图

1—滑座;2—滑鞍;3—液压缸;4—活塞杆;5—单向阀;6—支架;7—定程螺钉

(2) 1HJT 机械滑台 机械滑台由滑座、滑鞍、丝杠螺母副及传动装置等组成。其中滑座、滑鞍部分的结构与液压滑台基本相同。机械滑台的传动系统如图 5-10 所示。机械传动装置采用双电动机(工作进给电动机 3、快进电动机 2)差速器(行星机构)传动方式。滑台的工作进给是由工作进给电动机 3 经蜗杆、蜗轮和行星机构等驱动丝杠来实现的。滑台工作进给速度通过调整交换齿轮 A、B、C、D 获得;把电动机 3 改成双速电动机,滑台可实现二次工作进给。滑合的快进、快退由电动机 2 经齿轮直接驱动,此时工作进给电动机可以转动或不转动,转动时滑台的快进、快退速度略有变化;快进电动机靠其后端的傍磁式直流电磁铁制动器实现制动。在传动装置中设有过转矩保护装置,当滑鞍碰上死挡铁 7 停留或发生故障而不能前进时,丝杠不转,蜗轮亦不能转动,此时工作电动机仍在工作,迫使蜗杆产生轴向窜动,通过杠杆机构 4 压下行程开关 5 发出指令,使快速电动机反

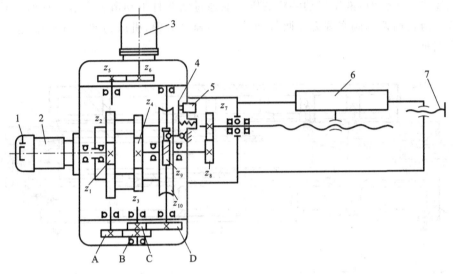

图 5-10 机械滑台的传动系统

1—制动器;2—快进电动机;3—工作进给电动机;4—杠杆机构;5—行程开关;
6—滑台滑鞍;7—死挡铁;A、B、C、D—交换齿轮

转,滑鞍快速退回。

机械滑台的工作电动机根据需要,可以左或右配置,不需要做任何补充加工或更换零件,只要将中间轴调头、左右两侧盖相互调换安装位置即可。机械滑台能实现的典型工作循环有:一次工作进给、超越进给、反向进给和分级进给。

(3) NC-1HJT 数控机械滑台 数控机械滑台是 1HJ 系列机械滑台的派生产品,只是传动装置采用了大连组合机床研究所研制的 ZHS-AC04D 交流伺服数控系统,其他组成部分及主要联系尺寸与 1HJ 系列机械滑台相同。其特点是可自动变换进给速度和工作循环,可在较宽范围实现自动调速和位控、执行零件加工的数控程序。交流伺服数控机械滑台传动原理如图 5-11 所示。数控机械滑台的主要技术性能、数控机械滑台与附属部件、支承部件配套关系及联系尺寸详见相关设计手册。

2) 主轴部件

主轴部件又称单轴头或工艺切削头,其端部安装刀具,尾部连接传动装置即可进行切削。每种主轴部件均采用刚性主轴结构。在加工时,刀杆(或刀具)一般不需要导向装置,加工精度主要由主轴部件本身以及滑台的精度来保证。主轴部件配上传动装置安装在动力滑台上,可以组成立式或卧式组合机床。这类机床不设导向装置,夹具结构较简单,机床配置灵活。

主轴部件种类较多,下面介绍大型组合机床上常用的铣削头、钻削头、镗削头。

(1) 1TX 系列铣削头 铣削头与相应规格的 1HJ 系列滑台配套,或与 IXG 系列铣削

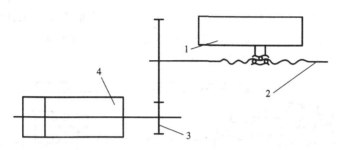

图 5-11　交流伺服数控机械滑台传动原理
1—滑台；2—双螺母滚珠丝杠；3—齿轮；4—交流伺服电动机

工作台配套，可组成各种形式的组合铣床，用以完成对铸铁、钢及非铁金属件的平面铣削、沟槽铣和成形铣等工序。

1TX 系列铣削头按精度分为普通级、精密级和高精度级三种，其结构完全相同，仅主要零件和轴承的精度不同。根据主轴滑套移动方式不同，又分两种类型：Ⅰ型只能手动移动和夹紧滑套，用于对刀调整。图 5-12 所示为 1TX Ⅰ型滑套式铣削头结构。Ⅱ型能液压自动移动和夹紧滑套，用于精铣自动让刀或凹入面加工进退刀。铣削头由主轴及轴承、滑套移动机构、滑套夹紧机构和液压让刀机构四部分组成。铣削头主轴孔锥度为 7∶24，刀盘由拉杆拉紧，靠端面键传动。

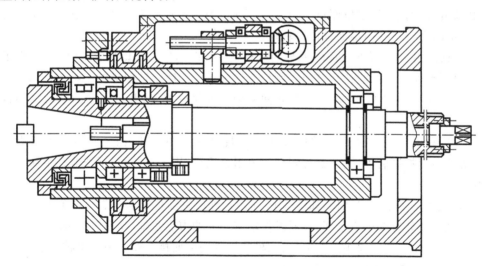

图 5-12　1TX Ⅰ系列铣削头结构

1TX 系列铣削头的转速应根据加工情况而定。对于同一种材料，加工面积小，铣刀盘直径小，转速应高些；铣削面积大，铣刀盘直径大，转速可低些。1TX 系列铣削头配有不同类型的专用传动装置，以满足不同的加工需要。

(2) 1TA 镗削头 1TA 镗削头用以完成对铸铁、钢及非铁金属工件的粗、精镗孔加工。图 5-13 所示为 1TA 系列镗削头结构图,镗削头与其他配套部件组成镗孔车端面头的配套关系及联系尺寸参见相关设计手册。

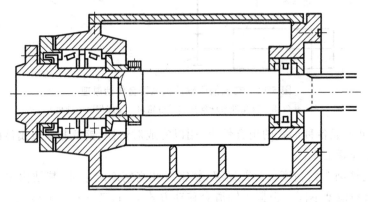

图 5-13 1TA 系列镗削头结构示意图

镗削头有普通级和精密级两种,其结构完全相同,但主要零件的加工精度和轴承精度等级有所不同。主轴前支承采用双列圆柱滚子轴承与角接触球轴承,后支承为单列圆柱滚子轴承。镗削头的主轴前端结构按 JB 2521—1979 选择。镗削直径不大的孔时,用主轴莫氏锥孔作为镗刀杆定位面;镗孔直径较大时,由于传递的转矩大,可用主轴前端的短圆锥面和端面定位,并由端面键传递转矩。

(3) 钻削头 1TZ 系列 钻削头与同规格的 1HY、1HJT 配套组成组合钻床,用于完成对铸铁、钢、非铁金属的钻孔、扩孔、倒角及锪沉孔等工序。钻削头的主轴结构采用一般钻床主轴轴承配置方式。主轴与刀具之间采用标准接杆连接,并由主轴前端压紧螺钉固定接杆。

(4) 攻螺纹头 1TG 系列 攻螺纹头与同规格的各种传动装置、液压滑台或机械滑台、攻螺纹行程控制装置、制动器等配套组成组合机床,用于在铸铁、钢及非铁金属零件上攻螺纹。

攻螺纹头主轴呈三层结构,如图 5-14 所示。外层主轴套支承在前后两个单列向心球轴承上,从传动装置获得主运动,并通过传动键使外伸内层主轴(靠模螺杆)旋转。中层主轴套用压板压紧在攻螺纹头前盖上,而靠模螺母则用端面接合器与中层主轴套连接,因而靠模螺母只能向前做轴向微量移动(不能转动)。

外伸内层主轴(靠模螺杆)支承在中层主轴套内,在旋转的过程中按靠模螺母副的螺距做一定的轴向运动以实现攻螺纹。传动装置通过花键驱动传动轴 5,由键 6 驱动主轴 4 回转。靠模 3 通过键 2 与紧固在箱体上的套筒 7 连在一起,因此在主轴回转的同时,在靠模螺母作用下,主轴前后移动,完成攻螺纹动作。

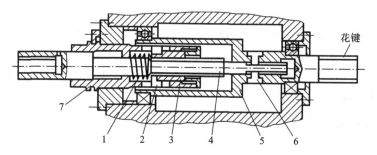

图 5-14 攻螺纹头主轴及攻螺纹靠模结构

1—弹簧；2—键；3—靠模；4—主轴；5—传动轴；6—键；7—套筒

3) 1TD 动力箱

动力箱是将电动机的动力传递给多轴箱,并使刀具做旋转运动的动力部件。它与多轴箱配套使用。图 5-15 所示为 1TD 系列齿轮传动的动力箱结构。其上的驱动轴由电动机经一对齿轮传动,并将运动传递给多轴箱。根据配套电动机型号的不同,同一规格的动力箱又可分为多种类型。1TD 系列动力箱的性能、1TD25~1TD80 动力箱与多轴箱、滑台的联系尺寸参阅相关设计手册。

图 5-15 1TD 系列齿轮传动的动力箱结构

4) 支承部件

组合机床的支承部件往往是通用和专用两部分的组合。例如,卧式组合机床的床身是由通用的侧底座和专用中间底座组合而成；立式机床的床身则由立柱及立柱底座组合而成。这种组合结构具有加工和装配工艺性好,安装和运输较方便等优点,但缺点是床身的整体刚度不好。

(1) 中间底座　中间底座的顶面用来安装夹具或输送部件,侧面可与侧底座或立柱底座相连接,并通过端面键或定位销定位。根据机床配置形式不同,中间底座的结构、尺寸需根据工件的大小、形状以及组合机床的配置形式等来确定。因此,中间底座一般按专用部件进行设计。但为了不致使组合机床的外廓尺寸过多,中间底座的主要尺寸应符合相关国家标准的规定。

(2) 侧底座　侧底座用于卧式组合机床,其上面安装滑台,侧面与中间底座相连接时可用键或锥销定位。侧底座的长度应与滑台相适应,即滑台行程有几种规格,侧底座长度就有几种规格。它的高度有 560 mm、630 mm 两种。当需要更低的高度时,其高度可按 450 mm 设计。为适应一定的装料高度的要求,如果夹具高度调整受限制,一般可在侧底座和滑台之间增加调整垫。

4. 立柱及立柱侧底座

立柱用于安装立式布置的动力部件。1CL 和 1CL$_b$ 型立柱分别用于液压滑台和机械滑台。立柱安装在立柱侧底座(1CD 系列)上，组成立式组合机床。根据主轴与工件间的距离要求，也可在立柱及其底座之间增加调整垫。立柱内装有平衡滑台台面及多轴箱等运动部分用的重锤。

5. 通用部件的选用

1) 动力部件的选用

选用动力部件主要是确定动力部件的品种和规格。

(1) 动力部件品种的确定　在设计组合机床时，究竟选用哪种动力部件，应当根据具体的加工要求、机床的配置形式、制造及使用条件等确定。对于完成主运动的动力部件，如钻削头、铣削头、镗削头等，通常是根据加工工艺要求和配置形式等确定。例如：设计一台镗孔加工的立式组合机床时，宜选用镗削头并配以尾置式的主传动装置；对于完成进给运动的动力部件，如液压滑台、机械滑台，通常是根据进给速度的稳定性、进给量的可调性、工作循环等要求来确定。例如：设计的组合机床要求进给速度稳定、工作循环不太复杂、进给量又不需要无级调速时，一般可选机械滑台；对于批量不大的多品种柔性化生产，应考虑选用数控滑台。

(2) 动力部件规格的确定　影响动力部件规格的因素有功率、进给力、进给速度、最大行程及多轴箱外形尺寸等。在确定动力部件规格时，一般先进行功率和进给力计算，再综合考虑其他因素后确定其规格。

2) 其他通用部件的确定

对于支承部件，如侧底座、立柱等通用部件，可选与动力滑台规格相配套的相应规格。

对于输送部件，可按所需工作台的运动形式、工作台台面尺寸(根据估算或夹具草图)、工位数、驱动方式及定位精度等来选用。通常根据运动形式及驱动方式等要求，确定输送部件的品种；根据所需工作台台面的大小、工位数及行程等要求，确定输送部件的规格。

选择通用部件时，还应根据加工精度要求、制造成本等确定通用部件的精度等级。

5.1.4　组合机床的设计步骤

在组合机床的设计过程中，应尽量做到：采用先进的工艺方案和合理的机床结构方案；正确选择组合机床通用部件及机床布局形式；注意保证加工精度和生产效率的措施以及操作使用方便性，力争设计出技术上先进、经济上合理和工作可靠的组合机床。组合机床设计的步骤大致如下。

1. 调查研究

调查研究的主要内容包括以下几个方面。

(1) 认真阅读被加工零件图样,研究其尺寸、形状、材料、硬度、重量、加工部位的结构及加工精度和表面粗糙度要求等内容。通过对产品装配图样和有关工艺资料的分析,充分认识被加工零件在产品中的地位和作用。同时必须深入到用户现场,对用户原来生产所采用的加工设备、刀具、切削用量、定位基准、夹紧部位和加工质量及精度检验方法、装卸方法及装卸时间、加工时间等作全面的调查研究。

(2) 深入到组合机床使用和制造单位,全面细致地调查使用单位车间的面积、机床的布置、工人的技术水平、刀具制造能力、设备维修能力等条件以及制造单位的技术能力、生产经验和设备状况等条件。

(3) 分析合同要求,查阅、搜集和分析有关技术资料,吸取先进的科学技术成果。对于满足合同要求的难点拟采用的新技术、新工艺应要求进行必要的试验,以取得可靠的设计依据。

总之,调查研究应为组合机床总体设计提供必要的大量的数据、资料,做好充分的、全面的技术准备。

2. 总体方案设计

总体方案的设计主要包括制订工艺方案(确定零件在组合机床上完成的工艺内容及加工方法,选择定位基准和夹紧部位,决定工步和刀具种类及其结构形式,选择切削用量等)、确定机床配置形式、制订影响机床总体布局和技术性能的主要部件的结构方案。总体方案的拟定是设计组合机床最关键的一步。方案制订得正确与否,将直接影响机床能否达到合同要求,能否保证加工精度和生产率,并且结构简单、成本较低和使用方便。对于同一加工内容,有各种不同的工艺方案和机床配置方案,在最后决定采用哪种方案时,必须对各种可行的方案作全面分析比较,并考虑使用单位和制造单位等诸方面因素,综合评价,选择最佳方案或较为合理的方案。

总体方案设计的具体工作是编制"三图一卡",即绘制被加工零件工序图、加工示意图、机床联系尺寸图,编制生产率计算卡。在设计联系尺寸图过程中,不仅要根据动力计算和功能要求选择各通用部件,往往还应对机床关键的专用部件结构方案有所考虑。例如:对于影响加工精度的较复杂的夹具要画出草图,以确定可行的结构及其主要轮廓尺寸;多轴箱是另一个重要专用部件,也应根据加工孔系的分布范围确定其轮廓尺寸。根据上述确定的通用部件和专用部件结构及加工示意图,即可绘制机床总体布局联系尺寸图。

3. 技术设计

技术设计就是根据总体设计已经确定的"三图一卡",设计机床各专用部件正式总图,如设计夹具、多轴箱等装配图以及根据运动部件有关参数和机床循环要求,设计液压和电气控制原理图。

4. 工作设计

当技术设计通过审查(有时还需请用户审查)后即可开展工作设计,即绘制各个专用部件的施工图样、编制各部件零件明细表。

5.2 组合机床总体设计

组合机床总体方案设计的内容和步骤与普通机床基本上相同,但由于组合机床只加工一种或数种工件的特定工序,工艺范围窄,主要技术参数为已知的,故总体方案设计的侧重点就有所不同,应侧重于工件分析和工艺分析。通过工件分析等掌握机床设计的依据,画出详细的加工零件工序图;通过工艺分析,画出加工示意图,然后进行总体布局,绘出机床尺寸联系图,即进行"三图一卡"设计。

5.2.1 工艺方案的拟定

拟定工艺方案是组合机床设计的关键一步,因为工艺方案在很大程度上决定了组合机床的结构配置和使用性能。

1. 确定组合机床工艺方案的基本原则

1) 粗、精加工分开原则

粗加工时的切削负荷较大,切削产生的热变形、夹压力引起的工件变形以及切削振动等,对精加工工序十分不利,会影响加工尺寸精度和表面粗糙度。因此,在拟定工件的多工序工艺过程时,应注意把粗、精加工工序分开。在同一台多工位机床上加工时,粗、精加工应安排在相隔工位数较多的两个位置上进行,使粗加工切削热有足够的时间散发出去,避免或减轻对精加工的影响。

2) 工序集中原则

在保证加工质量和操作维修方便的前提下,应适当提高工序集中程度,以便减少机床台数、占地面积和人力。工序集中可减少工件安装次数,有助于保证被加工表面间的相互位置精度,提高生产效率。

2. 确定组合机床工艺方案应注意的问题

1) 按一般原则拟定工艺方案时的一些限制

(1) 孔间中心距的限制　根据切削扭矩计算要求,主轴轴颈和轴承外径有一最小许用尺寸;对于螺孔加工还要考虑相应攻螺纹靠模的径向尺寸限制;对于镗孔,要考虑浮动卡头和导向尺寸或刚性主轴结构尺寸限制。当孔间距小于相应主轴轴间距许用值时,如果孔系相互位置精度要求不太严格,则可将近距孔分散在几个工位或几台机床上分别加工。

(2) 工件结构工艺性不好的限制　有些工件结构工艺性不好,如箱体多层壁上的同轴线的孔径中间大、两头小,则进刀困难。当孔径大于 $\phi 50$ mm 时,可采用让刀(镗杆削扁允许让刀）的办法加工。

2）其他应注意的问题

（1）精镗孔时应注意孔表面是否允许留有退刀刀痕。

（2）对互相结合的两壳体零件，均应分别从结合面加工连接孔。

（3）钻阶梯孔时，应先钻大孔后钻小孔，这样可缩短钻小孔的长度，提高生产率和减少小钻头钻孔时折断的事故。

（4）平面一般采用铣削加工。但孔口端面常对孔有垂直度要求而加工尺寸较小时，常用钻锪或扩锪复合刀具加工；加工尺寸较大时常采用镗孔车端面的方法，一次加工出孔和端面。工件内端面可用径向走刀的方法加工。

3. 确定组合机床配置形式及结构方案

确定机床配置形式和结构方案时应考虑以下主要问题。

1）被加工零件的特点对机床结构方案的影响

零件的特点是指零件的材料、硬度、加工部位的结构形状、工件刚度、定位基准等，它们对机床结构方案的制订有着重要的影响。例如：同样精度的孔，材料、硬度不同，其工艺方案也不同，直接影响机床结构方案的制订；加工薄壁易振的工件，安排工序时，必须考虑防止共振；若工件刚度不足，安排工序就不能过于集中，以免因同时加工表面多造成工件受力大、振动及发热而影响加工精度；对外形尺寸较大而又较重的零件，宜采用单工位机床；对于多工序的小型零件，宜采用多工位机床。

2）不同配置形式和结构方案对加工精度的影响

在确定机床配置形式和结构方案时，首先要考虑如何稳定地保证零件的加工精度。影响加工精度的主要因素有夹具误差和加工误差两方面。对于夹具误差，一般精加工的夹具公差为零件公差的 $1/3 \sim 1/5$；粗加工时，夹具精度可略低，但不能太低。加工误差根据机床的配置形式不同而不同，具体可参见相关设计资料。

3）生产批量对机床结构方案的影响

零件的生产批量是决定采用单工位、多工位或自动线，还是按中小批生产特点设计组合机床的重要因素。有时从工件外形及轮廓尺寸来看，本来可以采取单工位机床配置形式，但由于生产批量较大，就不得不采取多工位机床方案以使装卸上件时间与机动时间重合。

大批生产就要求机床有较高的生产率，加工精度应保持稳定，工序安排一般趋于分散。对于中小批生产，提高生产率往往是次要的，主要是保证机床的加工精度，设法提高机床的利用率，要力求减少机床台数，此时应将工序尽量集中在一台或少数几台机床上加工，以提高机床利用率。

4）机床使用条件的影响

（1）车间的布置情况　如受车间面积的限制，设计机床时，应采取占地面积小的布置形式,如立式回转工作台式或卧式鼓轮式机床。

(2) 在组合机床加工之前,应使毛坯或半成品具有较可靠的工艺基准,并要达到一定的加工精度。加工时要考虑下道工序加工的工艺基准和加工余量。

(3) 机床用户的设备维修能力。

5.2.2 组合机床的总体设计

绘制组合机床"三图一卡",就是针对具体零件,在选定的工艺和机床结构方案的基础上,进行组合机床总体方案图样文件设计。其内容包括:绘制被加工零件工序图、加工示意图、机床联系尺寸总图和编制生产率计算卡等。

1. 被加工零件工序图

1) 被加工零件工序图的作用与内容

被加工零件工序图是根据制订的工艺方案,表示所设计的组合机床(或自动线)上完成的工艺内容,加工部位的尺寸、精度、表面粗糙度及技术要求,加工用的定位基准、夹压部位以及被加工零件的材料、硬度和在本机床加工前加工余量、毛坯或半成品情况的图样。除了设计研制合同外,它是组合机床设计的具体依据,也是制造、使用、调整和检验机床精度的重要文件。被加工零件工序图是在被加工零件图基础上,为突出本机床或自动线的加工内容,并作必要的说明而绘制的。其主要内容包括以下几个方面。

(1) 被加工零件的形状和主要轮廓尺寸,以及与本工序机床设计有关部位结构形状和尺寸。当需要设置中间导向时,则应把设置中间导向临近的工件内部肋、壁布置及有关结构形状和尺寸表示清楚,以便检查工件、夹具、刀具之间是否相互干涉。

(2) 本工序所选用的定位基准、夹压部位及夹紧方向。以便据此进行夹具的支承、定位、夹紧和导向等机构设计。

(3) 本工序加工表面的尺寸、精度、表面粗糙度、几何公差等技术要求以及对上道工序的技术要求。

(4) 注明被加工零件的名称、编号、材料、硬度以及加工部位的余量。

汽车变速器上盖零件的工序图如图5-16所示。

2) 绘制被加工零件工序图的规定

为使被加工零件工序图表达清晰明了,突出本工序内容,绘制时规定:应按一定的比例,绘制足够的视图及剖视;本工序加工部位用粗实线表示,应保证的加工部位尺寸及位置尺寸数值下方画"—"粗实线或者加方框,其余部位用细实线表示,定位基准、夹压位置、辅助支承等符号按照相关规定绘制。

3) 绘制被加工零件工序图注意事项

(1) 加工部位的位置尺寸应从定位基准算起。当本工序定位基准与设计基准不符时,必须对加工部位的位置精度进行分析和换算,并把不对称公差换算为对称公差。有时

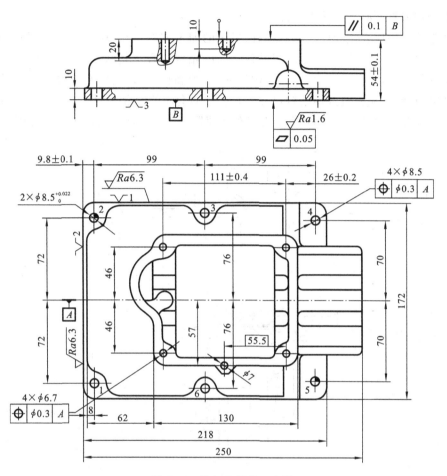

图 5-16 被加工零件工序图

也可将工件某一主要孔的位置尺寸从定位基准面开始标注,其余各孔则以该孔为基准标注。

(2) 在镗阶梯孔时,其大孔单边余量应小于相邻两孔半径之差,以便镗刀能通过。

(3) 当本工序有特殊要求时必须注明。如精镗孔时,当不允许有退刀痕迹或只允许有某种形状的刀痕时必须注明。又如薄壁或孔底壁薄,加工螺孔时螺纹底孔深度不够及能否钻通等。

2. 加工示意图

1) 加工示意图的作用和内容

加工示意图是表达工艺方案具体内容的机床工艺方案图。它是设计刀具、辅具、夹具、多轴箱和液压、电气系统以及选择动力部件、绘制机床总联系尺寸图的主要依据,也是调整机床和刀具所必需的技术文件。

加工示意图应表达和标注的内容有：机床的加工方法，切削用量，工作循环和工作行程，工件、刀具及导向装置、托架及多轴箱之间的相对位置及其联系尺寸；主轴结构类型、尺寸及外伸长度；刀具类型、数量和结构尺寸（直径和长度）；接杆（包括镗杆）、浮动卡头、导向装置、攻螺纹靠模装置等结构尺寸；刀具、导向套间的配合，刀具、接杆、主轴之间的连接方式及配合尺寸等。图 5-17 所示为汽车变速器上盖孔双面钻（铰）加工示意图。

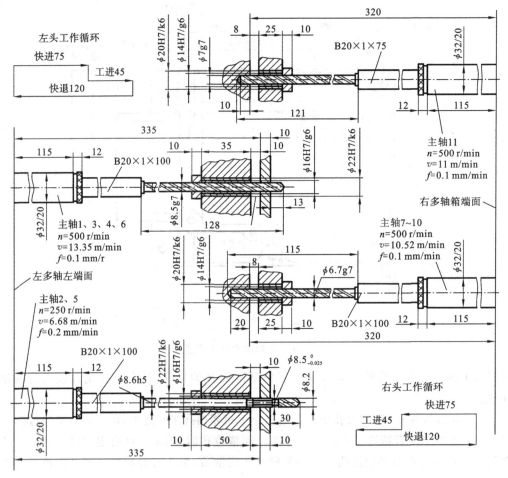

图 5-17 汽车变速器上盖孔加工示意图

2) 绘制加工示意图的注意事项

加工示意图应绘制成展开图。按比例用细实线画出工件外形。加工表面画粗实线。为简化设计，同一多轴箱上结构、尺寸完全相同的主轴（即指加工表面，所用刀具及导向装置，主轴及接杆等规格尺寸、精度完全相同）只画一根，但必须在主轴上标注与工件孔号相对应的轴号。一般主轴的分布不受真实距离的限制。当主轴彼此间距很近或需设置结构尺寸较大的导向装置时，必须以实际中心距严格按比例画，以便检查相邻主轴、刀具、辅具、导向装置等是否相互干涉。主轴应从多轴箱端面画起；刀具应按加工终了位置（攻螺纹则应按加工开始位置）绘制。对采用浮动卡头的镗孔刀杆，为避免刀杆退出导向时下垂，常选用托架支承退出的刀杆。这时必须画出托架并标出联系尺寸。采用标准通用结构（刀具、接杆、浮动卡头、攻螺纹靠模及丝锥卡头、通用多轴箱外伸出部分等）只画外轮廓，但须标注规格代号；对一些专用结构，如专用的刀具、导向装置、刀杆托架、专用接杆或浮动卡头等，须用剖视图表示其结构，并标注尺寸、配合及精度。

当轴数较多时，加工示意图必须用细实线画出工件加工部位分布情况简图（向视图），并在孔旁标明相应号码，以便于设计和调整机床。多面多工位机床的加工示意图一定要分工位，按每个工位的加工内容顺序进行绘制。并应画出工件在回转工作台或鼓轮上的位置示意图，以便清楚地看出工件及在不同工位时与相应多轴箱主轴的相对位置。

3）选择刀具、导向及有关计算

（1）刀具的选择　选择刀具应考虑工件材质、加工精度、表面粗糙度、排屑及生产率等要求。只要条件允许，就应尽量选用标准刀具。为提高工序集中程度或满足精度要求，可以采用复合刀具。孔加工刀具（钻、扩、铰等）的直径应与加工部位尺寸、精度相适应，其长度应保证加工终了时刀具螺旋槽尾端离导向套外端面 30～50 mm，以利于排屑和保证刀具磨损后有一定的向前调整量。刀具锥柄插入接杆孔内长度，在绘制加工示意图时应注意从刀具总长中减去。

（2）导向结构的选择　组合机床加工孔时，除采用刚性主轴加工方案外，零件上孔的位置精度主要是靠刀具的导向装置来保证的。因此，正确选择导向结构和确定导向类型、参数、精度是设计组合机床的重要内容，也是绘制加工示意图时必须解决的问题。图 5-18 所示为常见的导向装置。

（3）确定主轴类型、尺寸、外伸长度　主轴类型主要依据工艺方法和刀杆与主轴的连接结构进行确定。主轴轴颈及轴端尺寸主要取决于进给抗力和主轴-刀具系统结构。如与刀杆有浮动连接或刚性连接，主轴则有短悬伸镗孔主轴和长悬伸钻孔主轴。对于主轴，应根据选定的切削用量计算出切削转矩 T，查表初定主轴直径 d。综合考虑加工精度和具体工作条件，查表选定主轴外伸长度 L、外径 D 和内径 d_1 及配套的刀具接杆莫氏锥度号或攻螺纹靠模规格代号等。对于精镗类主轴，因其切削转矩 T 较小，如按 T 值来确定主轴直径，则刚度不足。因此，应按加工孔径→镗杆直径→浮动卡头规格→主轴直径的顺序，逐步推定主轴直径。

（4）选择接杆、浮动卡头　除刚性主轴外，组合机床主轴与刀具间常用接杆连接（称为刚性连接）和浮动卡头连接（称为浮动连接）。

在钻、扩、铰、锪孔及倒角和加工小孔时，通常都采用接杆。因多轴箱各主轴的外伸长

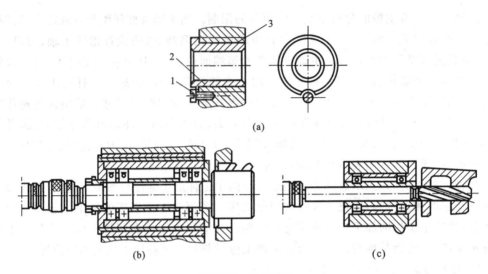

图 5-18 导向装置

(a)固定式导向装置 (b)内滚式导向装置 (c)外滚式导向装置

1—压紧螺钉；2—可换钻套；3—中间套

度和刀具长度都为定值，为保证多轴箱上各刀具能同时到达加工终了位置，须采用轴向可调整的接杆来协调各轴的轴向长度，以满足同时加工完各孔的要求。为使工件端面至多轴箱端面为最小距离，首先应按加工部位在外壁、加工孔深最浅、孔径又最大的主轴选定接杆，由此选用其他接杆。接杆已标准化，通用标准接杆号可根据刀具尾部结构(莫氏号)和主轴头部内孔直径 d_1 按相关设计表格选取。图 5-19 所示为一种标准接杆与主轴、刀具的装配图。

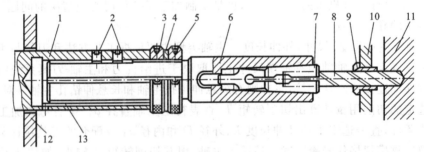

图 5-19 组合机床用接杆

1—主轴；2—螺钉；3、5—螺母；4—垫片；6—接杆；7—弹簧夹头；
8—直柄钻头；9—钻套；10—钻模板；11—工件；12—多轴箱前盖；13—键

为提高加工精度、减少主轴位置误差和主轴摆摆对加工精度的影响，在采用长导向或双导向和多导向进行镗、扩、铰孔时，一般孔的位置精度靠夹具保证。为避免主轴与夹具导套不同轴而引起刀杆变形,均可采用浮动卡头连接。浮动卡头的具体规格可查阅相关资料。

(5) 标注联系尺寸　首先从同一多轴箱上所有刀具中找出影响联系尺寸的关键刀具,使其接杆最短,以获得加工终了时多轴箱前端面到工件端面之间所需的最小距离,并据此确定全部刀具、接杆(或卡头)、导向托架及工件之间的联系尺寸。主轴端部须标注外径和孔径(D/d)、外伸长度L;刀具结构尺寸须标注直径和长度;导向结构尺寸应标注直径、长度、配合;工件至夹具之间的尺寸须标注工件离导套端面的距离;还须标注托架与夹具之间的尺寸、工件本身以及加工部位的尺寸和精度等。

多轴箱端面到工件端面之间的距离是加工示意图上最重要的联系尺寸。为使所设计的机床结构紧凑,应尽量缩小这一距离。这一距离取决于两方面的因素:一是多轴箱上刀具、接杆(卡头)、主轴等结构和互相联系所需的最小轴向尺寸;二是机床总布局所要求的联系尺寸。这两个方面是互相制约的。

(6) 标注切削用量　各主轴的切削用量应标注在相应主轴后端。其内容包括:主轴转速n_1、相应刀具的切削速度v_1、每转进给量f_r和进给速度v_f。刀具的进给速度v_f等于动力滑台的工进速度。

(7) 动力部件工作循环及行程的确定　动力部件的工作循环是指加工时,动力部件从初始位置开始运动到加工终了位置,又返回到初始位置的动作过程。一般包括快进、工进和快退等动作。有时还有中间停留、多次往复进给、跳跃进给、死挡铁停留等特殊要求。

① 工作进给长度$L_\text{工}$的确定　组合机床上有第一工作进给和第二工作进给之分。前者用于钻、扩、铰孔和镗孔等工序,后者常用于钻或扩孔之后需要进行锪平面、倒角等工序。工作进给长度$L_\text{工}$(见图5-20),应等于加工部位长度L(多轴加工时按最长孔计算)与刀具切入长度L_1和切出长度L_2之和。即

$$L_\text{工}=L_1+L+L_2$$

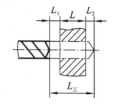

图5-20　工作进给长度

切入长度一般为5~10 mm,根据工件端面的误差情况确定。切出长度参见表5-2。

表5-2　切出长度L_2的确定

工 序 名 称	钻孔	扩孔	铰孔	镗孔	攻螺纹
切出长度L_2/mm	$\frac{1}{3}d+(3\sim 8)$	10~15	10~16	5~10	$5+L_\text{切}$

注:1. d为钻头直径;$L_\text{切}$为丝锥切削部分长度。
　　2. 当刀具切出平面为已加工表面时取小值,反之取大值。

② 快速引进长度的确定　快速引进是指动力部件把刀具送到工作进给位置,其长度

按具体情况确定。在加工双层或多层壁孔径相同的同轴孔系时,可采用跳跃进给循环进行加工,即在加工完第一层壁后,动力部件再次快速引进到位,再加工第二层壁孔,以缩短循环时间。

③ 快速退回长度的确定　快速退回的长度等于快速引进和工作进给长度之和,一般在固定式夹具钻孔或扩孔的机床上,动力部件快速退回的行程,只要把所有刀具都退至导套内,不影响工件的装卸就行了。

④ 动力部件总行程的确定　动力部件的总行程除了满足工作循环向前和向后所需的行程外,还要考虑因刀具磨损或补偿制造、安装误差,动力部件能够向前调节的距离(即前备量)和刀具装卸以及刀具从接杆中或接杆连同刀具一起从主轴孔中取出时,动力部件需后退的距离(刀具退离夹具导套外端面的距离应大于接杆插入主轴孔内或刀具插入接杆孔内的长度,即后备量)。因此,动力部件的总行程为快退行程与前后备量之和。

(8) 其他应注意的问题

① 加工示意图应与机床实际加工状态一致。表示出工件安装状态及主轴加工方法。

② 图中尺寸应标注完整,尤其是从多轴箱端面至刀尖的轴向尺寸链应齐全,以便于检查行程和调整机床。图中应表示出机床动力部件的工作循环图及各行程长度。确定钻-攻螺纹复合工序动力部件工作循环时,要注意攻螺纹循环(包括攻进和退出),丝锥退出工件后,动力部件才能开始退回。

③ 加工示意图应有必要的说明。如被加工零件的名称、图号、材料、硬度、加工余量、毛坯要求、是否加冷却液及其他特殊的工艺要求等。

3. 机床总联系尺寸图

1) 机床总联系尺寸图的作用与内容

机床联系尺寸总图是以被加工零件工序图和加工示意图为依据,并按初步选定的主要通用部件及确定的专用部件的总体结构而绘制的。它是用来表示机床配置形式、主要构成及各部件安装位置、相互联系、运动关系和操作方位的总体布局图,用以检验各部件相对位置及尺寸联系能否满足加工要求和通用部件选择是否合适。它为多轴箱、夹具等专用部件设计提供了重要依据,可以看成是机床总体外观简图。由其轮廓尺寸、占地面积、操作方式等可以检验机床是否适应用户现场使用环境。

机床总联系尺寸图表示的内容如下。

(1) 标明机床的配置形式和总布局　以适当数量的视图(一般至少两个视图,主视图应选择机床实际加工状态),用同一比例画出各主要部件的外廓形状和相关位置。表明机床基本形式(卧式、立式或复合式、单面或多面加工、单工位或多工位)及操作者位置等。

(2) 完整齐全地反映各部件间的主要装配关系和联系尺寸、专用部件的主要轮廓尺寸、运动部件的运动极限位置及各滑台工作循环总的工作行程和前后行程备量尺寸。

(3) 标注主要通用部件的规格代号和电动机的型号、功率及转速,并标出机床分组编号及组件名称,全部组件应包括机床全部通用及专用零部件,不得遗漏。

(4) 标明机床验收标准及安装规程。

2) 绘制机床联系尺寸总图之前应确定的主要内容

(1) 选择动力部件 动力部件的选择主要是确定动力箱(或各种工艺切削头)和动力滑台。动力箱规格要与滑台匹配,其驱动功率主要依据多轴箱所需传递的切削功率来选用。在不需要精确计算多轴箱功率或多轴箱尚未设计出来之前,可按式(5-1)进行估算。

$$P_{多轴箱} = \frac{P_{切削}}{\eta} \tag{5-1}$$

式中: $P_{切削}$——消耗于各主轴的切削功率的总和,单位为 kW,计算公式详见相关表格;

η——多轴箱的传动效率,加工铁金属时取 0.8~0.9,加工非铁金属时取 0.7~0.8;主轴数多、传动复杂时取小值,反之取大值。

图 5-21 中左右多轴箱均选用 1TD25IA 型动力箱驱动。

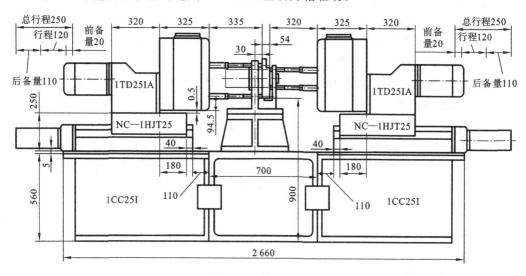

图 5-21 联系尺寸图

根据选定的切削用量来计算总的进给力,并根据所需的最小进给速度、工作行程,结合多轴箱轮廓尺寸,考虑工作稳定性,选用 1HJT25 型机械滑台,以及与其相配套的侧底座。

值得注意的是,当某一规格的动力部件的功率或进给力不能满足要求,但又相差不大时,不要轻易选用大一规格的动力部件,而应以不影响加工精度和效率为前提,适当降低关键刀具的切削用量或将刀具错开顺序加工,以降低功率和进给力。为保证机床进给的稳定性,选择动力部件时,还应考虑各刀具的合力作用点应在多轴箱与动力箱的结合面内,并尽可能缩小合力作用线与滑台(或丝杠)垂直中心面之间的距离,以减小倾覆力矩。

(2) 确定机床装料高度 H 装料高度一般是指工件安装基面至地面的垂直距离。在组合机床标准中,推荐装料高度为 1 060 mm。但考虑工人操作的方便性、车间运送工件的滚道高度、多轴箱允许的最低主轴高度等因素,装料高度常在 850～1 080 mm 之间选取。本例装料高度定为 900 mm。

(3) 确定夹具轮廓尺寸 主要确定夹具底座的长、宽、高尺寸。工件的轮廓尺寸和形状是确定夹具底座轮廓尺寸的基本依据。具体要考虑布置工件的定位、限位、夹紧机构、刀具导向装置以及夹具底座排屑和安装等方面的空间和面积需要。

加工示意图中已确定了一个或几个加工方向的工件与导向间距离以及导向套的尺寸。本例主要是确定钻模板厚度及夹具底座尺寸。如图 5-21 所示,左钻模板厚度为 40 mm,右钻模板厚度为 25 mm,夹具体底座长度为 400 mm。

夹具底座的高度尺寸,一方面要保证其有足够的刚度,同时要考虑机床的装料高度、中间底座的刚度,排屑的方便性和便于设置定位、夹紧机构。一般不小于 240 mm(本例为 240 mm,中间底座标准高度为 560 mm)。

(4) 确定中间底座尺寸 中间底座的轮廓尺寸,在长、宽方向应满足夹具的安装需要。它在加工方向的尺寸已由加工示意图所确定,如加工示意图中已规定了机床在加工终了时工件端面至多轴箱前端面的距离。由此,根据选定的动力箱、滑台、侧底座等的位置关系,并考虑滑台的前备量,通过尺寸链就可以计算确定中间底座加工方向的尺寸(实例中前备量取 20 mm,计算长度为 700 mm)。应注意,考虑到毛坯误差和装配偏移,当机床不用冷却液时,中间底座支承夹具底座的空余边缘尺寸不要小于 10～16 mm;使用冷却液时不要小于 70～100 mm。还须注意:当加工终了时,多轴箱与夹具体轮廓间应有足够的距离,以便于调整和维修,并应留有一定的前备量(一般不小于 15～20 mm)。

确定中间底座的高度方向尺寸时,应注意机床的刚度要求、冷却排屑系统要求以及侧底座连接尺寸要求。装料高度和夹具底座高度(含支承块)确定后,中间底座高度就已确定(实例高度为 560 mm)。

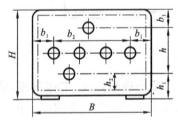

图 5-22 多轴箱轮廓尺寸确定

(5) 确定多轴箱轮廓尺寸 标准通用钻、镗类多轴箱的厚度是一定的,卧式为 325 mm,立式为 340 mm。因此,确定多轴箱尺寸,主要是确定多轴箱的宽度 B 和高度 H 及最低主轴高度 h_1。如图 5-22 所示,被加工零件轮廓以点画线表示,多轴箱轮廓尺寸用粗实线表示。

多轴箱宽度 B、高度 H 的大小主要与被加工零件孔的分布位置有关,即

$$\begin{cases} B = b + 2b_1 \\ H = h + h_1 + b_1 \end{cases}$$

式中:b——工件在宽度方向相距最远的两孔距离,单位为 mm;

b_1——最边缘主轴中心至箱体外壁距离,单位为 mm;

h——工件在高度方向相距最远的两孔距离,单位为 mm;

h_1——最低主轴高度,单位为 mm。

b 和 h 为已知尺寸。为保证多轴箱内有足够安排齿轮的空间,推荐 $b_1 > 70 \sim 100$ mm。多轴箱最低主轴高度 h_1 必须考虑与工件最低孔位置 h_2、机床装料高度 H、滑台总高 h_3、侧底座高度 h_4、滑台与侧底座间的调整高度 h_5 等尺寸之间的关系而确定。实例中 $h_2 = 10$ mm,$H = 900$ mm,$h_3 = 250$ mm,$h_4 = 560$ mm。

对于卧式组合机床,h_1 要保证润滑油不致从主轴衬套处泄漏到箱外,推荐 $h_1 > 85 \sim 140$ mm。

实例 h_1、H、B 的计算如下。

$$h_1 = h_2 + H - (0.5 + h_3 + h_4 + h_5) = [10 + 900 - (0.5 + 250 + 560 + 5)] \text{ mm} = 94.5 \text{ mm}$$

由图 5-22 可知 $h = 198$ mm,若取 $b_1 = 100$ mm,则可求出多轴箱的轮廓尺寸,即

$$H = h_1 + h + b_1 = [94.5 + 198 + 100] \text{ mm} = 392.5 \text{ mm}$$
$$B = b + 2b_1 = (152 + 2 \times 100) \text{ mm} = 352 \text{ mm}$$

由此按通用箱体系列尺寸标准,选定多轴箱轮廓尺寸,实例 $B \times H = 400$ mm $\times$ 400 mm。

3) 绘制机床联系尺寸总图的注意事项

机床联系尺寸总图应按机床加工终了状态绘制。图中:应画出机床各部件在长、宽、高方向的相对位置联系尺寸及动力部件退至起始位置尺寸(动力部件起始位置画虚线);应画出动力部件的总行程和工作循环图;应注明通用部件的型号、规格和电动机型号、功率及转速;对机床各组成部分标注分组编号。

当工件上加工部位对工件中心线不对称时,应注明动力部件中心线同夹具中心线的偏移量。对机床单独安装的液压站和电气控制柜及控制台等设备也应确定安装位置。绘制机床联系尺寸总图时,各部件应严格按同一比例绘制,并仔细检查长、宽、高三个坐标方向的尺寸链均要封闭。例如图 5-22 中高度方向尺寸链应封闭,即工件安装后其最低孔轴心线与地面的距离(等于装料高度 H 和工件最低孔与夹具安装基面间距之和),必须与多轴箱相应的最低主轴轴线与地面间的距离相等。

4. 机床生产率计算卡

根据加工示意图所确定的工作循环及切削用量等,就可以计算数控机床的生产率并编制生产率计算卡。生产率计算卡是反映机床生产节拍或实际生产率和切削用量、动作时间、生产纲领及负荷率等关系的技术文件。它是用户验收机床生产效率的重要依据。

1) 理想生产率 Q

理想生产率(单位为件/h)是指完成年生产纲领 A(包括备品及废品率)所要求的机床生产率。它与全年工时总数 t_h 有关,一般情况下,单班制 t_h 取 2 350 h,两班制 t_h 取

4 600 h,则

$$Q = \frac{A}{t_h}$$

2)实际生产率 Q_1

生产率 Q_1(单位为件/h)是指所设计机床每小时实际可生产的零件数量,即

$$Q_1 = \frac{60}{T_单}$$

式中:$T_单$——生产一个零件所需时间(min),可表示为

$$T_单 = t_切 + t_辅 = \left(\frac{L_1}{v_{f1}} + \frac{L_2}{v_{f2}} + t_停\right) + \left(\frac{L_{快进} + L_{快退}}{v_{fk}} + t_移 + t_装\right)$$

式中:L_1、L_2——刀具第Ⅰ、第Ⅱ工作进给长度,单位为 mm;

v_{f1}、v_{f2}——刀具第Ⅰ、第Ⅱ工作进给量,单位为 mm/min;

$t_停$——滑台在死挡铁上的停留时间,通常指刀具在加工终了时无进给状态下旋转 5~10 r 所需的时间,单位为 min;

$L_{快进}$、$L_{快退}$——动力部件快进、快退行程长度,单位为 mm;

v_{fk}——动力部件快速行程速度,用机械动力部件时取 5~6 m/min;用液压动力部件时取 3~10 m/min;

$t_移$——直线移动或回转工作台进行一次工位转换时间,一般取 0.1 min;

$t_装$——工件装、卸时间,它取决于装卸自动化程度、工件重量大小、装卸是否方便及工人的熟练程度,通常取 0.5~1.5 min。

如果计算出的机床实际生产率不能满足理想生产率要求,即 $Q_1 < Q$,则必须重新选择切削用量或修改机床设计方案。

3)机床负荷率 η

当 $Q_1 > Q$ 时,机床负荷率为二者之比。即

$$\eta_负 = \frac{Q}{Q_1}$$

组合机床负荷率一般为 0.75~0.90,自动线负荷率为 0.6~0.7。典型的钻、镗、攻螺纹类组合机床;按其复杂程度参照表 5-3 确定;对于精密度较高、自动化程度高或加工多品种组合机床,宜适当降低负荷率。组合机床生产率计算卡实例表格如表 5-4 所示。

表 5-3 组合机床允许最大负荷率

机床复杂程度	单面或双面加工			三面或四面加工		
主轴数	15	16~40	41~80	15	16~40	41~80
负荷率负	≈0.90	0.90~0.86	0.86~0.80	≈0.86	0.86~0.80	0.80~0.75

表 5-4 生产率计算卡

被加工零件	图号	Z-11302A		毛坯种类		铸件			
	名称	末端传动箱壳体		毛坯重量					
	材料	HT200		硬度		180~220HBS			
工序名称		左右面镗孔及刮止口		工序号					

序号	工步名称	被加工零件数量	加工直径/mm	加工长度/mm	工作行程/mm	切削速度/(m/min)	每分钟转速/(r/min)	进给量/(mm/r)	进给速度/(mm/min)	工时/min		
										机加工时间	辅助时间	共计
1	装卸工件	1									1.5	1.5
2	右动力部件											
	滑台快进 130										0.016	0.016
	右多轴箱工进(镗孔1)		152.4		70	92.6	194	0.08	24	2.92		2.92
	(镗孔2)		90	15.5	70	84.8	300	0.124	34			
	(刮止口)									0.052		0.052
	滑台快退 200								8000		0.025	0.025

备注	装卸工件时间取决于操作者熟练程度,本机床计算时取1.5 min	总计	4.5 min
		单件工时	4.5 min
		机床生产率	13.3 件/h
		机床负荷率	80%

5.3 组合机床多轴箱设计

5.3.1 多轴箱的功用和组成

多轴箱是组合机床的重要专用部件之一。它将动力箱的动力传递给主轴,使之按规定的转速和转向旋转,提供切削动力。多轴箱与动力箱一起安装在动力滑台上,可完成钻、扩、铰、镗等加工内容。多轴箱按结构特点有通用和专用之分。通用多轴箱由通用零件及少量专用零件组成,采用非刚性主轴,加工时,需要用导向装置引导刀具来保证被加工孔的位置精度;专用多轴箱根据被加工工件的特点及其加工要求进行设计,一般由专用零件组成,采用不需导向装置的刚性主轴来保证被加工孔的位置精度。本节只介绍通用多轴箱的设计。通用多轴箱主要由箱体类零件(含主轴箱体、前盖、后盖、上盖和侧盖等)、主轴、传动轴、齿轮以及润滑装置等组成,如图 5-23 所示。

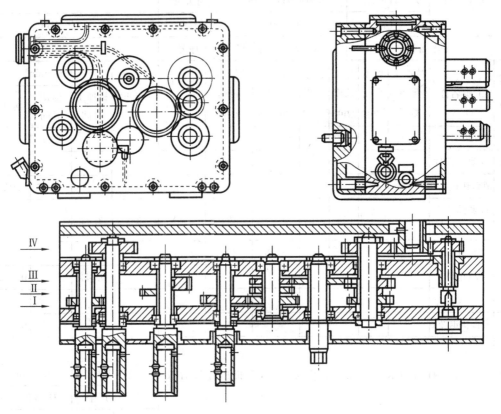

图 5-23 通用多轴箱的组成

由图 5-23 可以看出,在箱体内腔,可安装三排宽度为 24 mm 的齿轮(其中靠近前盖的齿轮称为第Ⅰ排),或两排宽度为 32 mm 的齿轮;在后盖内,可安装一排(后盖厚度为 90 mm、100 mm 时)或两排(后盖厚度为 125 mm 时)齿轮,分别为第Ⅳ、Ⅴ排。

5.3.2 多轴箱的通用件

1. 通用箱体类零件

通用箱体类零件包括主轴箱体、前盖、后盖、上盖和侧盖,如图 5-24 所示。箱体规格详见相关手册。多轴箱体的标准厚度为 180 mm,卧式组合机床的多轴箱前盖厚度为 55 mm,立式组合机床的多轴箱的前盖兼作油池,故加厚到 70 mm;基型后盖厚度为 90 mm,变型后盖厚度有 50 mm、100 mm 和 125 mm 三种,可根据多轴箱内传动系统安排,以及动

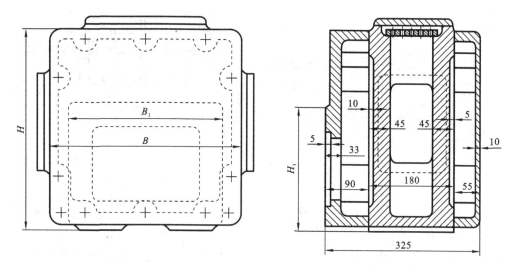

图 5-24 组合机床卧式多轴箱箱体

力箱与主轴箱的连接情况合理选用。

2. **通用轴类零件**

(1) 通用主轴　通用主轴分为钻削类主轴和攻螺纹类主轴两种,如图 5-25 所示。钻削类主轴采用两端轴向定位方式。按支承形式不同可分为圆锥滚子轴承主轴、深沟球轴承主轴、滚针轴承主轴三种。

圆锥滚子轴承主轴前后支承均为圆锥滚子轴承。这种支承可承受较大的径向和轴向力,结构简单,装配调整方便,广泛用于扩、镗、铰孔和攻螺纹等加工。当主轴进退两个方向都有轴向切削力时常采用这种结构。深沟球轴承主轴的前支承为推力球轴承和深沟球轴承,后支承为深沟球轴承或圆锥滚子轴承。因推力球轴承装在主轴前端,能承受单方向的轴向力,适用于钻孔主轴。滚针轴承主轴的前后支承均为无内环滚针轴承和推力球轴承,只有在主轴间距较小时才采用。

攻螺纹类主轴按支承形式分为圆锥滚子轴承攻螺纹主轴和滚针轴承攻螺纹主轴两种。其中,圆锥滚子轴承攻螺纹主轴的前后支承均为圆锥滚子轴承,而滚针轴承攻螺纹主轴的前后支承均为推力球轴承和无内环滚针轴承。

主轴材料一般为 40Cr 钢,热处理 C42;滚针轴承的主轴材料通常用 20Cr 钢,热处理 S0.5~1,C59。通用主轴的最小轴间距详见有关手册推荐值。

(2) 通用传动轴　按用途和支承形式可分为图 5-26 所示的六种。通用传动轴材料一般为 45 钢、热处理 T215;滚针轴承传动轴材料为 20Cr 钢,热处理 S0.5~1,C59。

(3) 通用齿轮　通用齿轮包括传动齿轮、动力箱齿轮、电动机齿轮和蜗杆轴传动齿轮四种。通用零件标准中对这些齿轮的模数、齿数和宽度等都作了规定,其中动力箱齿轮分

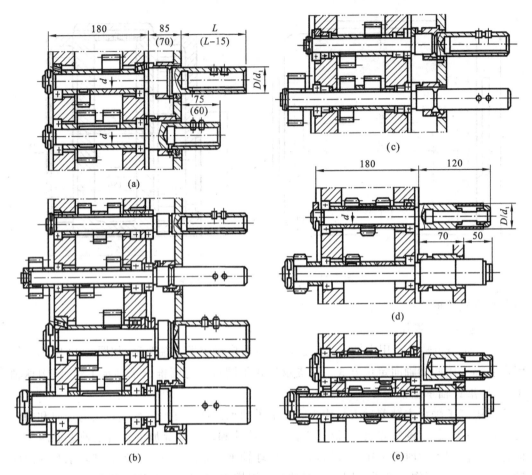

图 5-25 通用主轴

(a)、(b)、(c) 钻削类主轴　(d)、(e) 攻螺纹类主轴

为 A 型(宽度为 84 mm)和 B 型(宽度为 44 mm)两种,以适应不同厚度的后盖需要。当用 90 mm 厚的后盖时,选 A 型;用 50 mm 后盖和 100 mm、125 mm 加厚后盖时,选用 B 型动力箱齿轮。宽度为 24 mm 的传动齿轮,齿数取 16~50;宽度为 32 mm 的齿轮,齿数取 16~70;动力齿轮和电动机齿轮,齿数均为 21~26。通用齿轮的材料均采用 45 钢,热处理为齿部 G54。

5.3.3　通用多轴箱设计

多轴箱设计步骤大致为:根据"三图一卡",绘制多轴箱设计原始依据图;确定主轴结构形式及齿轮模数;拟定传动系统;计算主轴及传动轴坐标;绘制坐标检查图;绘制多轴箱总图、零件图及编制明细表。

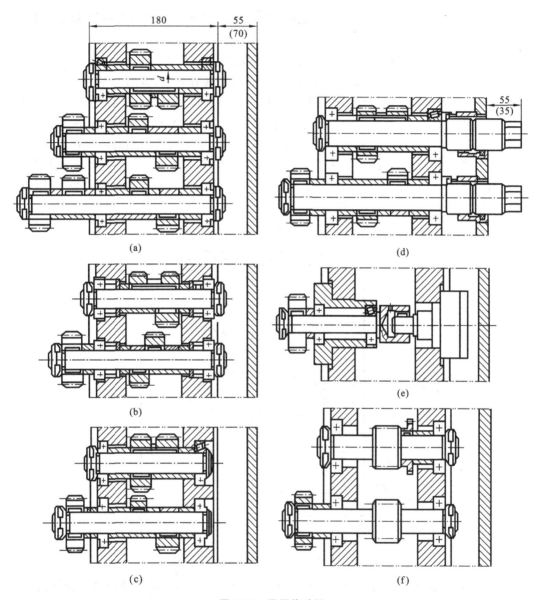

图 5-26 通用传动轴
(a) 圆锥滚子轴承传动轴 (b) 滚针轴承传动轴 (c) 埋头传动轴
(d) 手柄轴 (e) 液压泵传动轴 (f) 攻螺纹用蜗杆轴

1. 绘制多轴箱设计原始依据图

绘制多轴箱设计原始依据图的依据是"三图一卡"。现以图 5-16 所示汽车变速箱上盖孔加工卧式组合机床左主轴箱设计为例来说明原始依据图的绘制过程。

(1) 根据机床联系尺寸图绘制多轴箱外形图,标注轮廓尺寸及动力箱驱动轴 o_1 的相对位置尺寸。

(2) 标注所有主轴的位置尺寸及工件与多轴箱的相关尺寸。

特别提醒:主轴箱上主轴的横向坐标方位(面对主轴看去)与被加工零件上对应的待加工部位的横向坐标方位正好相反。初次进行主轴箱的设计时尤其要特别注意这一点,否则,主轴方位搞反了,整个主轴箱都将报废。另外,多轴箱上的坐标尺寸基准和被加工零件工序图的尺寸基准经常不重合,应根据多轴箱和被加工零件的相对位置找出统一基准,并标注出其相对位置关系尺寸。图 5-27 所示被加工零件中心线与多轴箱中心线重合,可作为水平方向的尺寸基准,所有轴孔的水平方向尺寸都由此基准算起。当工件与被加工孔不对称时,坐标点可以选在坐销孔心处。

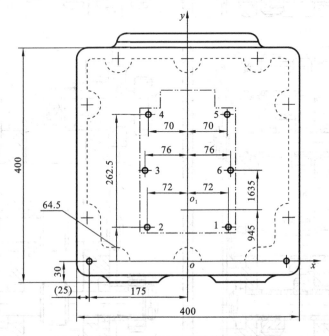

图 5-27 卧式组合机床左主轴箱原始依据图

(3) 标注主轴转向 因标准刀具多为右旋,因此要求主轴一般为逆时针方向旋转(面对主轴看),故逆时针方向旋转的可不标注;但顺时针方向旋转的必须标出。

(4) 列表标明工件材料、各主轴的工序内容、切削用量以及主轴的外伸尺寸,如表 5-5 所示。

(5) 注明动力部件型号及其性能参数。

2. 确定主轴的结构形式与所用齿轮

主轴结构形式和直径主要取决于刀具的进给抗力和切削扭矩或主轴-刀具系统结构上

表 5-5　主轴外伸尺寸与切削用量

轴号	主轴外伸尺寸		工序内容	切削用量			
	D/d	L/mm		n/(r/min)	v/(m/min)	f/(mm/r)	v_f/(m/min)
1、4、6	30/20	115	钻 f8.5	500	13.35	0.1	50
2、5	30/20	115	钻铰 f8.5H8	250	6.68	0.2	50

注：1. 被加工零件名称：汽车变速箱上盖。材料：HT200。硬度：175～255 HBW。
　　2. 动力部件型号：1TD25ⅠA动力箱，电动机型号 Y100L-6，功率 $P=1.5$ kW，转速 $n=940$ r/min，动力箱输出轴转速 520 r/min；NC-1HJ25Ⅰ数控机械滑台，交流伺服电动机型号 DKS04-ⅡB，功率 $P=1.5$ kW，额定转速 $n=750$ r/min，转速范围 0～2 400 r/min。

的需要。通常，钻孔时采用前支承有止推轴承的主轴；钻孔以外的其他工序，主轴前支承有没有止推轴承都可以，要视具体情况而定。设计时，尽可能不选用 15 mm 直径的主轴和滚针主轴，因为这种主轴的精度低，既不便于制造装配，也不便于使用和维修。齿轮模数可用类比法确定，也可根据所传递的功率进行估算。但在同一多轴箱中齿轮模数最好不要多于两种。

3. 多轴箱传动系统设计

传动系统的设计是多轴箱，特别是大型标准多轴箱设计中最关键的一环。所谓传动系统的设计，就是通过一定的传动链，按要求把动力从动力部件的驱动轴传递到主轴上去。同时，满足多轴箱其他结构和传动的要求。

一般来说，对同一个多轴箱的传动系统可以设计出几种方案。因此，设计时必须对各种传动方案进行分析，从中选出最佳方案，因为传动力系统设计得好与不好，将直接影响主轴箱的质量、通用化程度、设计和制造工作量的大小，以及其成本的高低等。

1）传动系统设计的一般要求

（1）在保证主轴的强度、刚度、转速和转向要求的前提下，力求使传动轴和齿轮最少。应尽量用一根传动轴带动多根主轴；当齿轮啮合中心距不符合标准时，可采用变位齿轮。

（2）在保证强度足够的前提下，主轴、传动轴和齿轮的规格要尽可能少，以减少零件的品种。

（3）通常应避免通过主轴带动主轴，否则将增加主动主轴的负荷。

（4）最佳传动比为 1～1.5，但允许用到 3～3.5。

（5）粗加工主轴上的齿轮应尽可能靠近前支承，以减少主轴的扭转变形；精加工主轴上的齿轮应尽可能安排在第Ⅲ排，以减小主轴端部的弯曲变形。

（6）刚性镗削主轴上的齿轮，其分度圆直径要尽可能大于被加工孔的直径，以减轻振动，提高传动的平稳性。

（7）尽可能避免升速传动，必要的升速最好放在传动链的最末两级，以减少功率损失。

(8) 驱动轴直接带动的传动轴数不要超过两根,以免装配困难。

2) 主轴分布类型

组合机床所加工的零件是多种多样的,结构各有不同,但被加工零件上孔的分布(亦即主轴箱上主轴的分布),大体可以归纳成下述几种类型。

(1) 同心圆分布(见图5-28)　图中的主轴1~4和主轴5~11都呈典型的同心圆分布,可分别用一根中间轴带动。主轴在同心圆上可均布或不均布,转速可相同或不相同。

(2) 直线分布(见图5-29)　图中的主轴以直线分布,可先将左右对称的两根主轴,找出其垂直平分线,然后在此线上安排一根中间轴。此时应考虑轴上能安装齿轮的大小及轴间距的尺寸。在确定齿轮齿数后,往往齿轮啮合中心距与实际中心距会产生偏差,可采用变位齿轮来解决。

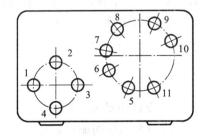

图 5-28　主轴同心圆分布

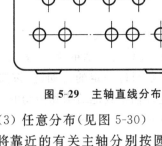

图 5-29　主轴直线分布

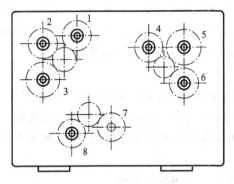

图 5-30　主轴任意分布

(3) 任意分布(见图5-30)　任意分布的主轴可将靠近的有关主轴分别按圆或直线分布,只有离开较远的主轴才单独处理。

3) 多轴箱传动系统设计方法

(1) 将主轴划分各种分布类型　尽可能使之形成同心圆分布,用一根中间传动轴带多根主轴。

(2) 确定驱动轴的转速、转向及其在多轴箱上的位置　当采用滑台时,驱动轴的转向可任意选择。驱动轴的转速根据动力箱的形式而定。驱动轴的位置,水平方向一般在多轴箱的中间。

(3) 用最少数量的齿轮和中间传动轴把驱动轴和各主轴连接起来。

多轴箱传动系统也可以用"传动树形图"来描述。它是一种用简单的线条描述多轴箱传动系统的图形,如图5-31所示。图中的"树梢"表示各个主轴,如主轴1~11;"树根"表示驱动轴,如驱动轴0;各分叉点表示传动轴,如传动轴12~18。"树枝"以定向边代表各轴之间的传动副,并用箭头表示传动顺序。根据定向边的箭头可以清楚看出多轴箱传动系统的传动路线。

4)汽车变速箱上盖钻铰孔左主轴箱传动系统设计

(1)拟定传动路线 把主轴3~6作为一组同心圆,在其中心上布置中心传动轴Ⅱ。把主轴1、2作为一组,视为直线分布,在两轴心连线的垂直平分线上布置中心传动轴Ⅲ。同样,油泵传动轴Ⅳ用中心传动轴Ⅱ驱动。然后,把中心传动轴Ⅱ、Ⅲ作为一组同心圆,在圆心上用传动轴Ⅰ驱动。最后,把传动轴Ⅰ和驱动轴o_1连接起来,就形成了图5-32所示的左主轴箱传动系统。

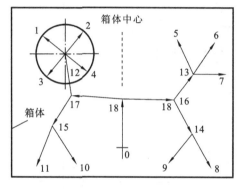

图5-31 传动树形图

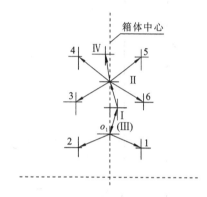

图5-32 左主轴箱传动系统的树形图

(2)确定驱动轴和主轴的坐标位置 在动力箱型号确定后,驱动轴的高度位置是已知的。再根据图5-27,可计算出驱动轴和主轴的坐标值,见表5-6。

表5-6 左主轴箱驱动轴、主轴坐标值

坐标	左销孔	驱动轴o_1	主轴1	主轴2	主轴3	主轴4	主轴5	主轴6
x	−175	0	72	−72	−76	−70	70	76
y	0	94.5	64.5	64.5	163.5	262.5	262.5	163.5

(3)确定传动轴的坐标位置和齿轮齿数 分别计算各传动轴(含油泵轴)的坐标值、各传动轴之间以及传动轴与主轴之间的齿轮副齿数。计算过程略。

(4)绘制左主轴箱传动系统图 传动系统图是表示传动关系的示意图,即用已确定的传动件把驱动轴和各主轴连接起来,绘制在主轴箱轮廓内的传动示意图,如图5-33所示。在齿轮传动系统中,用点画线画出所有啮合齿轮的节圆,用罗马数字标出齿轮啮合的排数。油泵可以由第Ⅰ排齿轮驱动,有时需要借助于油泵传动轴由第Ⅳ排齿轮驱动。要标出齿轮的齿数、模数,对变位齿轮还要标出变位系数,以检验轴间距是否正确。另外,还应检查位于同一排的非啮合齿轮的齿顶是否干涉,应画出主轴直径和轴套直径,以避免齿

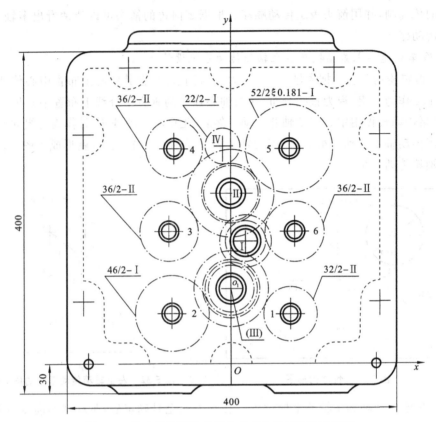

图 5-33 汽车变速箱上盖钻铰孔左主轴箱传动系统图

轮的齿顶与相邻的主轴轴套相碰。

驱动轴齿轮:19/3-Ⅳ。

轴Ⅰ齿轮:21/3ξ-0.013-Ⅳ;25/2-Ⅲ。

轴Ⅱ齿轮:34/2ξ0.013-Ⅲ;52/2ξ0.181-Ⅱ;36/2-Ⅱ。

轴Ⅲ齿轮:34/2ξ0.480-Ⅲ;32/2-Ⅰ;46/2-Ⅲ。

4. 绘制多轴箱总图

通用多轴箱的总图由主视图、展开图、装配表和技术要求等四部分组成。图 5-34 所示为汽车变速箱上盖钻铰孔左主轴箱主视图。主视图主要表明多轴箱的传动系统、齿轮排列位置、润滑系统、手柄轴的位置和各轴的编号。因此,只要在原来设计的传动系统基础上,加上润滑系统、轴的编号即可。主轴用实线双圆表示。

设计润滑系统时必须注意,卧式多轴箱箱体内的齿轮是用油盘润滑的,后盖内的齿轮则单独引油管润滑。分油器的安装位置要在靠近操作者的一侧,以便观察和检查润滑油泵的工作情况。

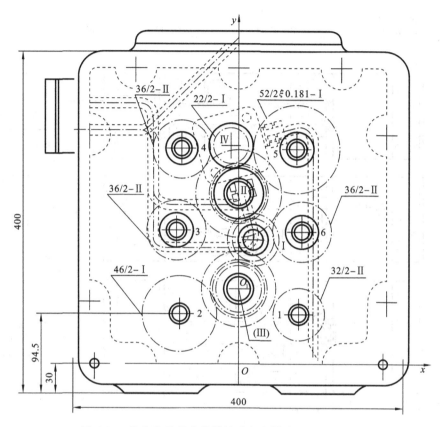

图 5-34　汽车变速箱上盖钻铰孔左主轴箱主视图(简图)

展开图如图 5-35 所示,主要表明各轴装配关系,主轴、传动轴、齿轮、隔套、防油套、轴承等的形状和相对位置。图中各零件的轴向尺寸要按比例画出。图上必须注明齿轮排数,轴的编号、直径和规格。对结构相同的同类型主轴和传动轴可只画一根,在轴端注明相同轴的轴号即可。对于轴向装配结构基本相同,只是齿轮大小及排列位置不同的两根或两组轴可以合画在一起,即轴心线两边各表示一根或一组轴。展开图上还应完整地标注多轴箱的厚度和箱体内腔有联系的尺寸,主轴外伸部分长度及内、外径等。

5.3.4　攻螺纹主轴箱设计

1. 组合机床上常用的攻螺纹方法及特点

组合机床上常用的攻螺纹方法有以下两种。

(1) 全部攻螺纹工序集中在一个主轴箱上　此时,常采用攻螺纹装置在单独的工位上或攻螺纹机床上进行加工。

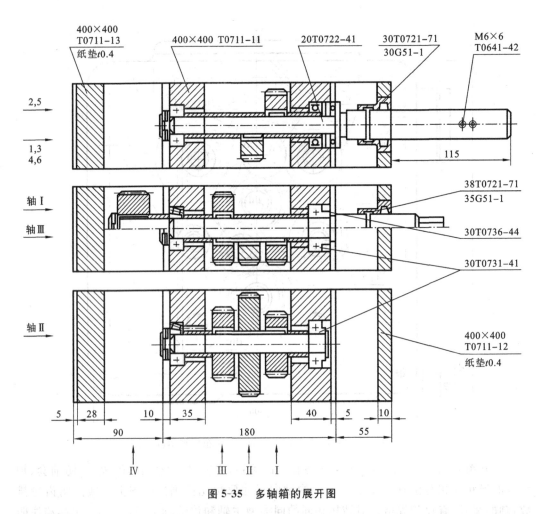

图 5-35 多轴箱的展开图

(2) 把攻螺纹工序和其他工序(如扩孔、镗孔、倒角等)合并在同一个动力头上进行。此时,动力头仍按钻、扩等工序需要的行程和工作循环进行,而利用装在主轴箱上的钻孔攻螺纹模板(或单独的攻螺纹模板)及单独的攻螺纹电动机进行攻螺纹。

不论是攻螺纹装置还是攻螺纹模板,都是用丝锥攻螺纹的。加工时,丝锥本身只做转动,当丝锥旋入底孔 1~2 扣后,丝锥便自动地引进,且丝锥每转一周,轴向移动一个导程。

组合机床上的攻螺纹主轴系统的作用:一方面是夹持丝锥,使丝锥旋转;另一方面,在丝锥自动攻入过程中,主轴系统也要把丝锥向前送进,以保证丝锥稳定可靠地攻入工件并加工出整个螺孔。为了使主轴的送进与丝锥的自动引进不发生矛盾,理论上应该要求主轴进给与丝锥的引进完全同步。但是由于丝锥及攻螺纹靠模都不可避免地存在制造误差,不可能做到完全同步。因此,在组合机床上,丝锥与攻螺纹主轴系统绝大多数不是刚性地连接在一起的,通常在二者之间设置有补偿进给差的环节。补偿越灵活,加工质量就越高。

上面所说的夹持丝锥的装置、补偿进给差的装置和使丝锥送进的装置组成攻螺纹靠模装置,它是保证攻螺纹质量的一个很重要的部件。

2. 攻螺纹靠模装置

图 5-36 所示为攻螺纹靠模装置原理图。其工作循环如下。

滑台带动动力箱、攻螺纹主轴箱、螺纹靠模装置、螺纹卡头快速移动至终止位置后停止;动力箱电动机正向转动,驱动螺纹靠模螺杆转动,与此同时,相对固定的靠模螺母做轴向移动,带动螺纹卡头转动并轴向进给攻螺纹;加工完毕后,动力箱电动机反转,丝锥反转并退回;丝锥离开工件后,动力箱电动机停止反转,滑台快速退回。

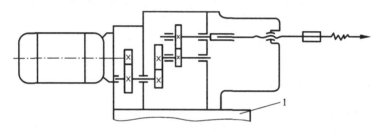

图 5-36 攻螺纹靠模装置原理图
1—滑台

图 5-37 所示为攻螺纹工序使用的 T0281 型攻螺纹靠模装置。攻螺纹主轴箱采用厚度为 300 mm 的加厚前盖。压板 3 把套筒 2 固定在攻螺纹主轴箱的前盖上。攻螺纹靠模螺杆前盖外的悬伸长度为 125 mm。螺纹卡头 8 的前端装卡丝锥,卡头的心杆插入靠模螺杆中。靠模螺杆的中部支承在衬套 4 中,并与靠模螺母 7 组成螺纹摩擦副,靠模螺杆的尾部插入攻螺纹主轴孔内。攻螺纹主轴靠双键把旋转运动传给靠模螺杆。靠模螺母通过

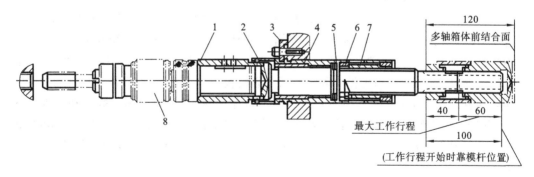

图 5-37 T0281 型攻螺纹靠模装置
1—靠模螺杆;2—套筒;3—压板;4—衬套;5—弹簧;6—结合子;7—靠模螺母;8—螺纹卡头

结合子 6 与套筒 2 相连接。当靠模螺杆 1 转动时,由于靠模螺母固定不动,迫使攻螺纹靠模螺杆轴向移动,推动丝锥旋入工件。当丝锥因故不能移动时,因转矩增大,套筒 2 与靠模螺杆 1 将同步转动,轴向进给停止,从而可避免损坏攻螺纹靠模机构和丝锥。

图 5-37 中的螺纹卡头 8 的结构如图 5-38 所示。动力由靠模螺杆传给卡头体 1,经过销 3 和卡头心杆 4 传给弹簧卡头和丝锥。卡头心杆能在卡头体内滑动,以补偿丝锥和攻螺纹靠模螺杆的导程误差。

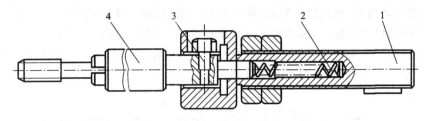

图 5-38　螺纹卡头结构简图
1—卡头体;2—弹簧;3—销;4—卡头心杆

3. 钻孔、攻螺纹混合的多轴箱设计

在钻孔、攻螺纹混合的多轴箱中,既有钻孔主轴,又有攻螺纹主轴,因而采用通用多轴箱体。钻孔主轴的进给运动是由动力滑台提供的,而攻螺纹是自动引进的。只要能够使丝锥和螺纹卡头转动,丝锥就会产生轴向运动。螺纹卡头相对于攻螺纹主轴端部的位移量等于丝锥的攻螺纹行程(即切入长度+攻螺纹长度+切出长度)与多轴箱进给量之差。为保证丝锥顺利切入工件,钻孔、攻螺纹混合多轴箱仍采用攻螺纹靠模装置。为使丝锥能退离工件,攻螺纹主轴采用单独的电动机和传动系统,利用电动机的正反转实现丝锥的进和退。攻螺纹靠模机构安装在活动靠模板上,它可以随主轴箱一起快速移动,而在攻螺纹时,靠模板固定不动,这与专门用于攻螺纹的攻螺纹多轴箱相同。用活动靠模板攻螺纹的钻孔、攻螺纹混合多轴箱的传动原理如图 5-39 所示。

图 5-40 所示为用于活动攻螺纹模板的 T0282 型攻螺纹靠模装置。其特点是:轴向尺寸小,没有单独的螺纹卡头,靠模螺杆兼作卡头体,丝锥直接插入螺纹卡头心杆中。动力由攻螺纹主轴经过弹簧键 8 传给靠模螺杆 7,经传动销 3 传给卡头心杆 2 和丝锥 1。靠模螺母 5 通过定位销 10 和压板 4 固定在活动靠模板上。攻螺纹时,靠模螺杆转动的同时还做轴向移动。由于靠模螺纹和丝锥的螺距不可能绝对相等,导致靠模螺杆和丝锥存在进给量误差,利用弹簧 6 可以补偿这种误差。当遇到故障、靠模螺杆难以轴向移动时,靠模螺母 5 后退将压板 4 推开,并脱离定位销 10,于是靠模螺母和靠模螺杆一起转动,可避免损坏丝锥。

特别需要注意的是,靠模螺杆的尾部不能与主轴孔底部相碰,即靠模螺杆与主轴孔的最大重合长度 L 应小于攻螺纹主轴端部轴孔的深度,并应保证弹簧键 8 的工作部分不

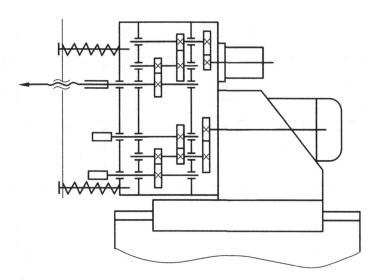

图 5-39 钻孔、攻螺纹混合多轴箱传动原理

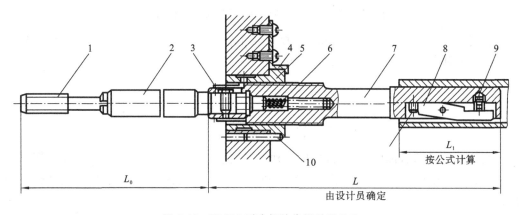

图 5-40 T0282 型攻螺纹靠模装置结构

1—丝锥；2—卡头心杆；3—传动销；4—压板；5—靠模螺母；6、9—弹簧；7—靠模螺杆；8—弹簧键；10—定位销

脱离主轴。当攻螺纹活动靠模板在定位的同时启动攻螺纹电动机正转时，如图 5-41 所示，靠模螺杆与主轴孔的最大重合长度 L 可按下式计算：

$$L = L_{攻} + K + l_1 + l_2$$

式中：K——最小配合长度，由弹簧键工作长度决定，单位为 mm；

$L_{攻}$——攻螺纹行程长度，单位为 mm；

l_1——丝锥攻螺纹和退回时滑台带动多轴箱移动的距离，单位为 mm；

l_2——丝锥退回后，即攻螺纹电动机停止后，滑台带动多轴箱移动的距离，单位为 mm。

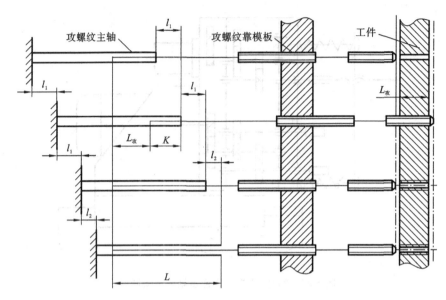

图 5-41 攻螺纹靠模螺杆与攻螺纹主轴的相对位置

设滑台的进给量为 $f_{滑}$（mm/min），攻螺纹主轴转速为 $n_{主}$（r/min），靠模螺纹导程为 $P_{靠模}$（mm），则丝锥攻螺纹和退回时滑台带动多轴箱移动的距离为

$$l_1 = \frac{L_{攻}}{n_{主}} \frac{f_{滑}}{P_{靠模}}$$

$$L = L_{攻}\left(1 + \frac{f_{滑}}{n_{主} P_{靠模}}\right) + K + l_2$$

当攻螺纹活动靠模板定位后，如果多轴箱又向前进给一段距离 l_3 后才启动攻螺纹电动机，则 L 应增大 l_3。另外，为了减小丝锥和螺纹底孔的同轴度误差，应尽量选择较小的 L 和较大的 L_0。

无论是纯攻螺纹主轴箱还是钻攻混合主轴箱，都应设置螺纹行程控制装置，以便螺纹在攻至规定的深度时，能及时地使攻螺纹电动机反转，退出丝锥。

思考题与习题

5-1 组合机床的工艺特点有哪些？常见的配置形式有哪些？

5-2 组合机床的主要组成有哪些？通用部件分哪几类？

5-3 机械滑台的丝杠传动有哪几种？

5-4 拟定组合机床工艺方案的步骤是什么？

5-5 被加工零件工序图和零件图有何异同？工序图如何绘制？

5-6 加工示意图上包含哪些内容？绘制的步骤是什么？

5-7 导向机构的作用什么？常见的有哪几种类型？

5-8 组合机床联系尺寸图的作用是什么？主要包含哪些内容？

5-9 组合机床的装料高度、夹具轮廓尺寸如何确定？

5-10 组合机床联系尺寸图的作用和主要内容是什么？

5-11 多轴路传动设计与通用机床的主传动设计有什么不同？

5-12 多轴箱传动系统设计的步骤是什么？

5-13 多轴箱主视图的作用是什么？怎样绘制？

5-14 多轴箱展开图的作用是什么，怎样绘制？

5-15 钻削主轴和攻螺纹主轴有何区别？

5-16 为什么攻螺纹时要使用攻螺纹靠模装置？

5-17 试述钻攻混合多轴箱的工作循环。攻螺纹主轴为什么要用单独的电动机驱动？

5-18 T0281型和T0282型攻螺纹靠模装置有何不同？各适用于什么场合？

第6章 机床夹具设计

6.1 机床夹具概述

6.1.1 工件的安装方法

为了获得满意的加工效果,工件在加工前必须在机床或夹具上进行定位和夹紧。完成工件一次定位并夹紧的过程称为安装。定位是指使一批工件在机床上或夹具中占有正确位置;夹紧是指对工件施加一定的外力,使其已确定的位置在加工过程中保持不变。安装是否正确、稳固、合理、方便,对加工质量、生产率和经济性均有较大的影响,因此必须认真对待。

工件在机床上的安装方式与其生产批量、结构形状、加工精度及定位特点有关。常用的安装方式有三种:直接找正安装,画线找正安装,使用夹具安装。

1. 直接找正安装

将工件直接放在机床上,工人可用百分表、画线盘、直角尺等以目测对被加工表面进行找正,确定工件在机床上相对刀具的正确位置之后再夹紧。图 6-1 所示为直接找正安装示意图。这种方法找正困难且费时间,找正精度取决于工人的技术水平和量具的精度,因此多用于单件、小批生产或某些相互位置精度要求很高、应用夹具装夹又难以达到精度的零件加工。

2. 画线找正安装

工件在加工前,按图样要求预先在毛坯表面上画出要加工表面的轮廓线,然后按所画的线将工件在机床上找正、夹紧。画线时要注意照顾各表面间的相互位置和保证被加工表面有足够的加工余量。例如要在长方形工件上镗孔(见图 6-2),可先在画线平台上画出孔的"十"字中心线,再画出找正线和加工线(两者之间的距离一般为 5 mm)。然后把工件放在四爪卡盘上轻轻夹住,转动四爪卡盘,用画针

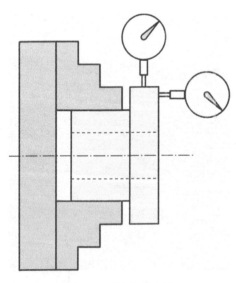

图 6-1 直接找正安装

检查找正线,找正后夹紧工件。

这种方法不需要专用设备,通用性好,广泛用于单件、小批生产,尤其是用于形状较复杂的大型铸件或锻件的机械加工。该方法的缺点是增加了画线工序,安装效率低,精度也不高,找正误差一般在 0.2~0.5 mm 之间。

3. **夹具安装**

夹具本身具有使工件定位和夹紧的装置,工件在夹具上固定以后便获得了相对刀具的正确位置。

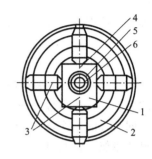

图 6-2 画线找正安装镗孔

1—工件;2—四爪卡盘;3—位置线;
4—找正线;5—加工线;6—毛坯孔

图 6-3 所示为一阶梯轴在夹具的 V 形块上定位铣键槽,无须找正就能保证工件相对刀具的位置,然后用压板夹紧工件,便可开始铣键槽。这种方法效率高、定位精度高且稳定,还可以减轻工人的劳动强度和降低对工人的技术水平要求,广泛用于成批生产和大量生产。

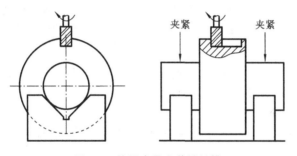

图 6-3 使用夹具安装铣键槽

对于某些零件,例如连杆、曲轴等,即使批量不大,为了达到某些特殊的加工要求,仍需要使用专用夹具安装。

6.1.2 机床夹具及其分类

凡是用来对工件进行定位和夹紧的工艺装备均称为夹具。夹具广泛应用于工件的焊接、热处理、机械加工、检测、装配等环节,因此就有焊接夹具、热处理夹具、机床夹具、检验夹具、装配夹具等夹具。在机床上用来确定工件位置并将其夹紧的工艺装备称为机床夹具(简称夹具)。

机床夹具的种类很多,可以从不同的角度对机床夹具进行分类,常用的分类方法有以下几种。

1. **按夹具的使用范围分类**

(1) 通用夹具 已经标准化的、可加工一定范围内不同工件的夹具称为通用夹具。如车、磨床上的三爪和四爪卡盘、顶针和鸡心夹、铣、刨床上的平口钳、分度头和回转工作台等。这些夹具已作为机床附件由专门工厂制造供应,只需选购即可。

(2) 专用夹具　专为某一工件的某道工序设计制造的夹具称为专用夹具。专用夹具一般在批量生产中使用,本章主要介绍专用夹具的设计。

(3) 可调夹具　夹具的某些元件可调整或可更换,以适应多种工件加工的夹具称为可调夹具。它还可分为通用可调夹具和成组夹具两类。通用可调夹具一般适用于同类产品不同品种的生产,略作更换或调整就可用来安装不同品种的工件。成组夹具适用于一组尺寸相似、结构相似、工艺相似工件的安装和加工,在多品种、中小批量生产中有广泛的应用前景。

(4) 组合夹具　采用标准的组合夹具元件、部件,专为某一工件的某道工序组装的夹具称为组合夹具。它特别适合单件小批生产中位置精度要求较高的工件的加工。

(5) 随行夹具　这是一类在自动线和柔性制造系统中使用的夹具。它既要完成工件的定位和夹紧,又要作为运载工具将工件在机床间进行输送,在输送到下一道工序的机床后,随行夹具应在机床上准确地定位和可靠地夹紧。一条生产线上有许多随行夹具,每个随行夹具随着工件经历工艺的全过程,然后卸下已加工的工件,装上新的待加工工件,如此循环使用。

2. 按使用机床分类

夹具按使用机床可分为车床夹具、铣床夹具、钻床夹具、镗床夹具、磨床夹具、齿轮机床夹具、自动机床夹具、数控机床夹具、自动线随行夹具以及其他机床夹具等。

3. 按夹紧的动力源分类

夹具按夹紧的动力源可分为手动夹具、气动夹具、液压夹具、气-液增力夹具、电磁夹具及真空夹具等。

6.1.3　机床夹具的作用及组成

1. 机床夹具的作用

(1) 稳定地保证工件的加工精度　用夹具装夹工件时,工件相对于刀具及机床的位置精度由夹具保证,不受工人技术水平的影响,因此可使一批工件的加工精度保持一致。

(2) 提高生产率　使用夹具装夹工件方便、快速,工件不需要画线、找正,可显著地减少辅助工时;工件在夹具中装夹后刚度提高了,因此可加大切削用量;可使用多件、多工位装夹工件的夹具,并可采用高效夹紧机构,进一步提高劳动生产率。

(3) 扩大机床的使用范围　有些机床夹具的使用实质上是对机床进行了部分改造,扩大了原机床的功能和使用范围。如在车床床鞍上安放镗模夹具,就可以进行箱体零件的孔系加工。

(4) 减轻工人的劳动强度,保证生产安全。

2. 机床夹具的组成

虽然机床夹具的种类繁多,但它们的工作原理基本上是相同的。将各类夹具中,作用相同的结构或元件加以概括,可得出夹具一般所共有的几个组成部分,这些组成部分既相互独立,又相互联系。

图 6-4(a)所示为钻铰扇形块 $3\times\phi 8H8$ 孔的工序简图,其钻铰夹具如图 6-4(b)所示。加工前,首先将夹具体 13 底面放在立式钻床工作台面上。调整夹具,使快换钻模套 12 的导孔中心与主轴回转中心同轴,并用螺钉和压板将夹具压紧在工作台上。然后,就可在夹具中安装工件钻铰 $3\times\phi 8H8$ 孔。工件在夹具中的安装过程简述如下:工件 1 以 $\phi 22H7$ 孔定位,该孔与定位销轴 2 的小圆柱面配合,工件端面 A 与定位销轴 2 的大端面靠紧,工件的右侧面靠紧挡销 3。拧动螺母 10,通过开口垫圈 9 可将工件夹紧在定位销轴 2 上。元件 12 是钻模套,钻头由它引导对工件进行加工,以保证加工孔到端面 A 的距离、孔中心与 A 面的平行度及孔中心与 $\phi 22H7$ 孔中心的对称度。

三个 $\phi 8H8$ 孔的分度是由固定在定位销轴 2 的转盘 11 来实现的。当分度定位销 5 分别插入转盘的三个分度定位套 4、4′和 4″时,工件可获得三个位置,以此来保证三孔均布 $20°\pm 10'$ 的精度。分度时,扳动手柄 7,可松开转盘 11。拔出分度定位销 5,由转盘 11 带动工件一起转过 $20°$ 后,将定位销 5 插入另一分度定位套中,然后顺时针方向扳动手柄 7,将工件和转盘夹紧,便可加工。

尽管夹具的种类繁多,夹具结构形式各异,但夹具一般都由下列几部分组成。

(1) 定位元件及定位装置　用于确定工件正确位置的元件或装置,如图 6-4(b)中的定位销轴 2 和挡销 3 都是定位元件,通过它们使工件在夹具中占据正确的位置。

(2) 夹紧元件及夹紧装置　用于固定工件已获得的正确位置的元件或装置,如图 6-4(b)中的开口垫圈 9 和螺母 10 就能起到上述作用。

(3) 对刀或导向装置　用于确定工件与刀具相互位置的元件,如图 6-4(b)中的钻模套 12。铣床夹具中常用对刀块来确定刀具与工件的位置。

(4) 连接元件　用于确定夹具在机床上正确位置的元件。如图 6-4(b)中夹具体 13 的底面为安装基面,保证了钻模套 12 的轴线垂直于钻床工作台及定位销轴 2 的轴线平行于钻床工作台。因此,夹具体可兼作连接元件。车床夹具上的过渡盘、铣床夹具上的定位键都是连接元件。

(5) 夹具体　用于将各种元件、装置连接成一体,并通过它将整个夹具安装在机床上。如图 6-4(b)中的元件 13,它将夹具的所有元件连接成一个整体。

(6) 其他装置或元件　根据加工需要而设置的装置或元件。如需加工按一定规律分布的多个表面时,常设置分度装置;为能方便、准确地定位,常设置预定位装置;对于大型夹具,常设置吊装工艺结构等。

需要指出的是,并不是每台夹具都具备上述各组成部分,但一般来说,定位元件、夹紧装置和夹具体是夹具中不可缺少的三部分。

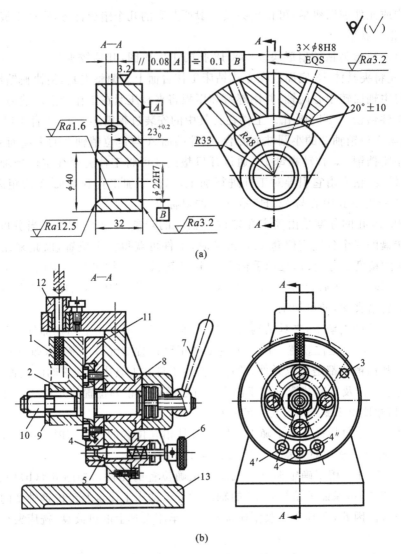

图 6-4 钻铰扇形块 $3\times\phi 8$ 孔夹具
(a) 工序图 (b) 夹具图
1—工件;2—定位销轴;3—挡销;4—定位套;5—分度定位销;6—手把;
7—手柄;8—衬套;9—开口垫圈;10—螺母;11—转盘;12—钻模套;13—夹具体

6.2 工件在夹具中的定位

在加工工件时,必须先要保证工件相对于机床或夹具的正确几何位置关系,这一操作过程称为定位。工件在夹具中定位的目的是使同一工序中的一批工件都能在夹具中相对于机床和刀具占据正确的位置。要解决工件在夹具中的定位问题,必须首先搞清楚下列几个问题:① 工件在空间有几个自由度? ② 如何限制这些自由度? ③ 工件的工序加工精度与自由度限制有什么关系? ④ 对工件自由度的限制有什么要求?

6.2.1 工件定位原理

1. 六点定位原理

工件可以视为自由刚体。任何一个自由刚体在空间都有 6 个自由度(3 个直线移动自由度和 3 个转动自由度),如图 6-5 所示。3 个沿坐标轴 x、y、z 方向的移动自由度分别用 $\vec{x},\vec{y},\vec{z}$ 表示;3 个绕坐标轴 x、y、z 转动的自由度分别用 $\hat{x},\hat{y},\hat{z}$ 表示。在布置定位方案时,有必要限制工件的 6 个自由度,以保证工件在夹具中的力学稳定性。

为便于讨论,引出了"定位支承点"的概念。最常用的方法是"3—2—1",即六点定位原理:用 6 个定位支承点约束工件的 6 个自由度,使工件在空间有 1 个唯一确定的位置,刚好是一个定位支承点约束一个自由度。

对于图 6-5 所示的工件,如果按图 6-6 所示那样布置 6 个支承点,工件的 3 个面分别与 6 个支承点保持接触,于是工件的 6 个自由度就都被限制了。

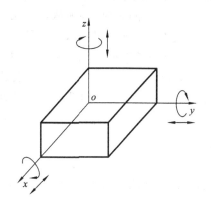

图 6-5 自由刚体的自由度

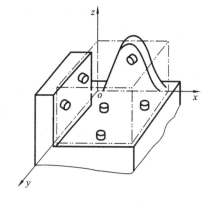

图 6-6 六点定位

2. 加工要求决定必须限制的自由度

难道在加工时工件的 6 个自由度总是都要限制吗? 到底工件在加工时该限制几个自由度? 答案是视具体加工要求而定。欲在图 6-7(a)所示零件上铣削加工一平面,保证尺寸 A。要定位一个平面,只需 3 个定位支承点就可以限制 3 个自由度($\hat{x},\vec{y},\vec{z}$)。如果在图 6-7(b)所示零件上加工台阶面,要保证尺寸 A、B,必须限制 5 个自由度($\hat{x},\hat{y},\vec{z},\vec{x}$)。当铣削图 6-7(c)所示零件上的盲槽时,6 个自由度($\vec{x},\vec{y},\vec{z},\hat{x},\hat{y},\hat{z}$)全都要限制。

需要限制的自由度有两类:第一类自由度是指影响工件的工序加工精度而必须要限

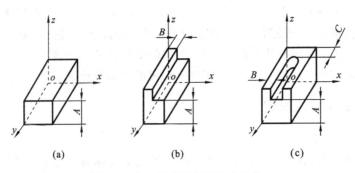

图 6-7 加工要求限制的自由度数

制的自由度;第二类自由度是指为了抵消切削力、夹紧力以及其他干扰力需要限制的自由度。需要指出的是,并非工件的 6 个自由度都要加以限制。第一类自由度必须要限制,至于第二类自由度是否需要限制,要视具体的加工情况而定。

3. 各种定位元件所限制自由度数

在夹具设计中,定位支承点是由具体的定位元件来体现的。一个定位元件究竟相当于几个支承点,要视定位元件的具体工作方式及其与工件接触范围的大小而论。图 6-6 中位于底面的 3 个支承点在实际的夹具结构中可能是一个大的平板,或是两块狭长平板,或是 3 个支承钉。因此在运用六点定位原理分析工件的定位问题时,必须从定位元件实际上能够限制的自由度数来分析判断。当 1 个较小的支承平面与尺寸较大的工件相接触时,只相当于 1 个支承点,因此只能限制 1 个自由度。1 个窄长平面支承在某一方向上并与工件有较大范围的接触,就相当于 2 个支承点,可以限制 2 个自由度。1 个与工件内孔的轴向接触长度较短的圆柱定位销相当于 2 个支承点;而 1 个与工件内孔在轴向接触长度较长的圆柱销则相当于 4 个支承点。同理,V 形块也有长短之分。固定的短 V 形块限制 2 个自由度,长 V 形块则能限制 4 个自由度。

4. 几种定位方式

(1) 完全定位　工件的 6 个自由度全被限制的定位方式称为完全定位,如图 6-8 所示。

(2) 不完全定位　根据工件加工精度要求,不需限制的自由度没有被夹具定位元件限制或没有被全部限制的定位。这种定位虽然没有完全限制工件的 6 个自由度,但仍能保证工件的加工精度要求。当铣削图 6-9 所示工件上的通槽时,只要限制 5 个自由度就行了。

(3) 欠定位　根据工件加工精度要求,需要限制的自由度而未加限制的定位称为欠定位。如图 6-10(a)所示,当加工台阶面时仅用 1 块大平板限制工件的 3 个自由度($\vec{x}$,$\vec{y}$,$\vec{z}$)。这种定位显然不能保证尺寸 B 的加工精度。为了保证尺寸 A 和 B 的加工精度,在工件的右侧面放置 1 块狭长平板,如图 6-10(b)所示。此时,工件的 5 个自由度($\vec{x}$,$\vec{y}$,$\vec{z}$,$\vec{z}$,x)被限制。这就是不完全定位,即欠定位。

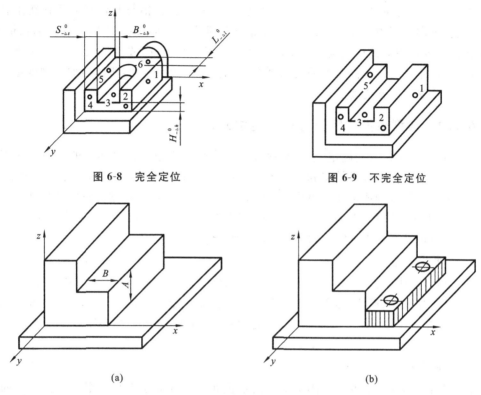

图 6-8　完全定位　　　　　　　　图 6-9　不完全定位

图 6-10　欠定位及其改进措施

（4）过定位　工件的同一自由度被 2 个或 2 个以上的定位支承点重复限制的定位方式称为过定位。过定位会影响工件的定位精度,导致定位不确定性,甚至导致工件或定位元件产生变形。图 6-11(a)所示为一套筒的定位情况。孔与长销配合可限制工件的 4 个自由度($\vec{x},\vec{z},\hat{x},\hat{z}$),而销的大端面限制工件 3 个自由度($\hat{x},\hat{z},\vec{y}$)。显然,$\hat{x}$、$\hat{z}$ 2 个自由

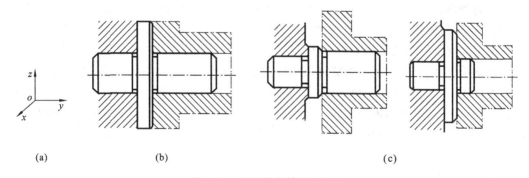

图 6-11　过定位及其改进措施

度被 2 个定位元件重复限制了。如果工件孔与其端面间、长销与其台肩面间存在垂直度误差,则在轴向夹紧力作用下,将导致定位销或工件产生变形,最终影响工件的加工精度。因此在定位设计中应该尽量避免过定位。建议采用图 6-11(b)或(c)所示的定位方案。

但是,过定位可以提高工件的局部刚度和工件定位的稳定性,所以当加工刚度差的工件时,过定位又是非常必要的。

6.2.2 典型表面的定位方式及定位元件

工件在夹具中位置的确定,主要是通过各种类型的定位元件来实现的。在机械加工中,虽然被加工工件的种类繁多和形状各异,但从它们的基本结构来看,不外乎是由平面、圆柱面、圆锥面及各种成形面所组成。工件在夹具中定位时,可根据各自的结构特点和工序加工精度要求,选取其上的平面、圆柱面、圆锥面或它们之间的组合表面作为定位基准。为此,在夹具设计中可根据需要,选用下述各种类型的定位元件。

1. 平面定位元件

在机械加工中,利用工件上一个或几个平面作为定位基面来定位工件的定位方式称为平面定位,如机座、箱体、盘盖类零件多以平面作定位基准。以平面作定位基准所用定位元件主要是基本支承,包括固定支承(支承钉、支承板)、可调支承和自位支承及辅助支承。

1) 固定支承

在夹具体上,支承点的位置固定不变的定位元件称为固定支承。根据工件上平面定位基准的加工状况,可选取如图 6-12 所示的支承钉和支承板。

常用支承钉的结构形式有平头、球头、网纹头,如图 6-12(a)、(b)、(c)所示。平头支承钉可以减少磨损,避免定位表面压坏,常用于精基准定位;球头支承钉容易保证它与工件定位基准面间的点接触,其位置相对稳定,但易磨损,多用于粗基准定位;网纹头支承钉能产生较大的摩擦力,但网槽中的切屑不易清除,常用在工件以粗基准定位且要求产生较大摩擦力的侧面定位场合。一个支承钉相当于一个支承点,限制一个自由度;在一个平面内,两个支承钉限制两个自由度;不在同一直线上的三个支承钉限制三个自由度。

常用的支承板结构形式如图 6-12(d)、(e)所示,常用于大、中型零件的精基准定位。平面型支承板结构简单,但沉头螺钉处清理切屑比较困难,适于作侧面和顶面定位;带斜槽型支承板,在带有螺钉孔的斜槽中允许容纳少许切屑,适于作底面定位。当工件定位平面较大时,常用几块支承板组合成一个平面。一个支承板相当于两个支承点,限制两个自由度;两个(或多个)支承板组合,相当于一个平面,可以限制三个自由度。

2) 可调支承

在夹具体上,支承点的位置可以调节的定位元件称为可调支承。常用可调支承结构形式如图 6-13 所示。可调支承多用于支承工件的粗基准面,支承高度可以根据需要进行

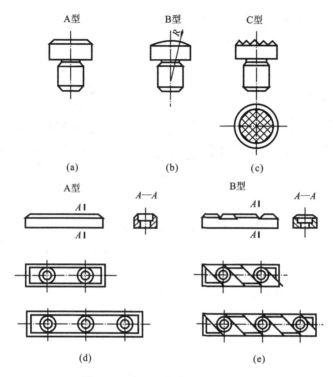

图 6-12 常用固定支承的结构形式

(a) 平头支承钉 (b) 球头支承钉 (c) 网纹头支承钉 (d) 平面型支承板 (e) 带斜槽型支承板

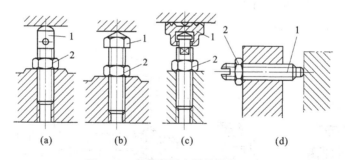

图 6-13 常用可调支承的结构形式

(a) 锥头可调支承 (b) 球头可调支承 (c) 自位可调支承 (d) 侧向可调支承

1—支承钉；2—锁紧螺母

调整，调整到位后用螺母锁紧。一般每批工件（毛坯）调整一次。可调支承也可用作成组夹具的调整元件。一个可调支承限制一个自由度。

3) 自位支承

支承点的位置在定位过程中，能随工件定位基准面位置的变化而自动调整，与之相适应的定位元件称为自位支承。常用自位支承的结构形式如图 6-14 所示。

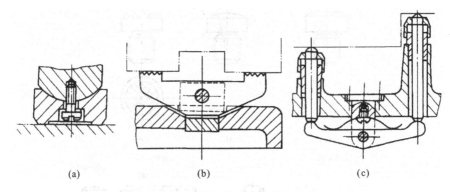

图 6-14 常用自位支承的结构形式

当工件的定位基面不连续，或为台阶面，或基面有角度误差时，或为了使两个或多个支承的组合只限制一个自由度，为避免过定位常使用自位支承。由于自位支承是活动或浮动的，因此无论结构上是两点或三点支承，其实质只起一个支承点的作用，所以自位支承只限制一个自由度。使用自位支承的目的在于增加与工件的接触点，减小工件变形或减少接触应力。

4）辅助支承

在夹具中，只能起提高工件支承刚度或起辅助定位作用的定位元件称为辅助支承。辅助支承是在工件定位后才参与支承，只起提高工件刚度和稳定性、承受切削力及辅助定位的作用，不能限制工件的自由度。图 6-15 列出了辅助支承的几种结构形式。图 6-16 所示为辅助支承的应用实例。

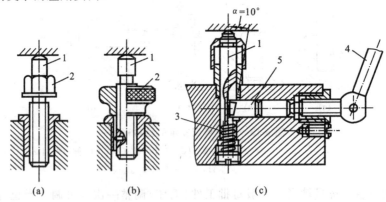

图 6-15 辅助支承的结构形式
(a) 简单的辅助支承 (b) 带自锁的辅助支承 (c) 自动调位的辅助支承
1—支承；2—螺母；3—弹簧；4—手柄；5—顶柱

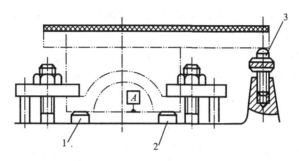

图 6-16 辅助支承的应用

1、2—支承板；3—辅助支承

2. 圆孔表面定位元件

在机械加工中，常以孔作为定位基准。工件以圆孔定位所用定位元件有定位销和定位心轴等。

1）定位销

在夹具中，以圆孔表面定位的工件使用的定位销一般分固定式和可换式两种。在大批量生产中，由于定位销磨损较快，为保证工序加工精度，需定期维修更换，此时常采用便于更换的可换式定位销。

图 6-17 所示为常用的固定式圆柱定位销的几种典型结构。它们主要用于零件上的小孔定位，一般直径不大于 50 mm。图 6-17(a) 所示定位销用于直径小于 10 mm 的孔；图 6-17(b) 所示为带凸肩的定位销；图 6-17(c) 所示为直径大于 18 mm 的定位销；图 6-17(d) 所示为带有衬套的定位销，它便于磨损后进行更换。有时为了避免过定位，可将圆柱销在过定位方向上削扁成所谓的菱形销，如图 6-18 所示，它也有上述四种结构。为便于工件顺利地装入，定位销的头部应有 15° 倒角。

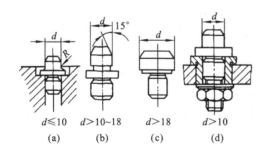

图 6-17 圆柱定位销的结构形式

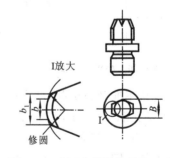

图 6-18 菱形定位销的结构形式

有时，工件还需限制轴向自由度，这时可采用圆锥销。图 6-19 所示为工件以孔在圆锥销上的定位情况，其中图 6-19(a) 所示的适用于粗基准，图 6-19(b) 所示的适用于精基准,可限制三个移动自由度。由于孔与锥销只能在圆周上作线接触,工件容易倾斜,为避免这种现象产生,常和其他元件组合定位。如图 6-19(c)所示,工件以底面安放在定位圆环的端面上,圆锥销依靠弹簧力插入定位孔,这样便消除了孔和圆锥销间的间隙,使圆锥销起到较好的定心作用,此时圆锥销只限制两个自由度,而定位圆环端面可限制工件三个自由度,这样就避免了工件轴线倾斜。

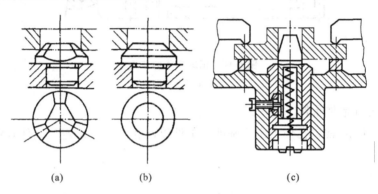

图 6-19 圆锥销
(a) 圆锥菱形销　(b) 圆锥销　(c) 伸缩式圆锥销

2) 定位心轴

定位心轴广泛用于车床、磨床、齿轮机床等机床上,根据工件的形状和用途的不同,定位心轴的结构形式很多,常用的有下列几种形式。

(1) 带小锥度的心轴(1/5 000～1/1 000)　为了消除工件与心轴的配合间隙,提高定心定位精度,在夹具设计中还可选用如图 6-20 所示的小锥度心轴。此类心轴可限制工件 5 个自由度(小锥度心轴不能可靠限制轴向方向的移动,因孔径稍有变化,就会引起较大的轴向位置变化),其定心精度高,可达 0.005～0.010 mm,但轴向位移大,传递扭矩小,常用于精加工中。

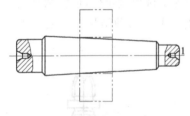

图 6-20 小锥度心轴

(2) 刚性心轴　在成批生产时,为了克服锥度心轴轴向定位不准确的缺点,可采用刚性心轴,如图 6-21 所示。图 6-21(a)所示为间隙配合,采用基孔制 H、G、F,其定心精度不高,但装卸方便。图 6-21(b)和(c)所示为过盈配合,配合采用基孔制 R、S、U,其定心精度高。

除上述心轴外,定位心轴还有弹性心轴、液塑心轴、定心心轴等,它们在完成定位的同时也可完成工件的夹紧,使用很方便,但结构比较复杂。

3. 外圆表面定位元件

工件以外圆表面定位在生产中较常用到,如轴套类零件等。经常使用的定位元件有

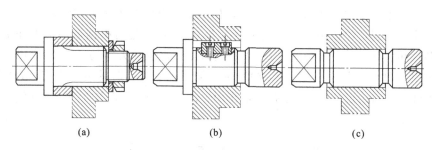

图 6-21 刚性心轴
(a) 间隙配合　(b)、(c) 过盈配合

V 形块和定位套等。

1) V 形块

不论定位基准是否经过加工,是完整的圆柱面还是圆弧面,都可以采用 V 形块定位。其优点是对中性好,能使工件的定位基准轴线对中在 V 形块两斜面的对称面上,而不受定位基面直径误差的影响,并且安装方便。

V 形块两斜面之间的夹角有 60°、90°、120°等,其中 90°夹角的 V 形块使用最广泛,其结构和尺寸均已标准化。在夹具设计过程中,若需根据工件定位要求自行设计 V 形块,则可参照图 6-22 对有关尺寸进行计算。

由图 6-22 中可知,V 形块的主要结构尺寸为

D——V 形块的标准心轴直径尺寸(即工件定位用外圆的理想直径尺寸);

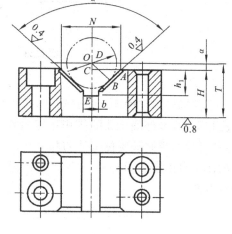

图 6-22 V 形块的结构尺寸

H——V 形块高度尺寸;

N——V 形块的开口尺寸;

T——对标准心轴而言,V 形块的标准定位高度尺寸(亦为 V 形块加工时的检验尺寸)。

当自行设计一个 V 形块时,D 是已知的,而 H 和 N 须先行确定,然后方可求出 T。由图 6-22 可知

$$T = H + \frac{1}{2}\left[\frac{D}{\sin\frac{\alpha}{2}} - \frac{N}{\tan\frac{\alpha}{2}}\right] \tag{6-1}$$

式中：D——工件或检验心轴直径的平均尺寸。当 $\alpha=90°$ 时，$T=H+0.707D-0.5N$。

除上述主要起定位作用的固定式典型 V 形块结构外，还可根据被加工工件定位基准的表面形状和状况设计各种代用元件，以及同时用于定位和夹紧的活动 V 形块。活动 V 形块的应用如图 6-23 所示。图 6-23(a)所示为加工轴承座孔时的定位方式，活动 V 形块除限制工件 1 个自由度之外，还兼有夹紧作用。图 6-23(b)中的 V 形块只起定位作用，限制工件的 1 个自由度。

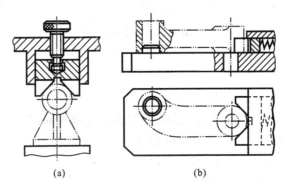

图 6-23 活动 V 形块的应用

2) 定位套

工件以外圆柱面在定位套筒(圆孔)中定位时，与前述的孔在心轴或定位销上的定位情况相似，只是外圆与孔的作用正好对换。常用定位套如图 6-24 所示。图 6-24(a)所示为短定位套，限制被定位工件的两个自由度。图 6-24(b)所示为长定位套，限制被定位工件的四个自由度。图 6-24(c)所示为锥面定位套，同锥面销对工件圆孔定位时一样限制三个自由度。

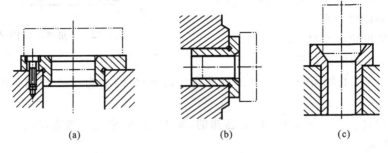

图 6-24 常用定位套

当工件尺寸较大或基准外圆不便直接插入定位套的圆柱孔中时，可用半圆孔定位。如图 6-25 所示，采用半圆孔定位时，定位套切成上、下两个部分，下半部 1 固定在夹具体上，上半部 2 装在铰链盖板上，前者起定位作用，后者起夹紧作用。半圆孔的定位情况与

V形块的基本相同。但采用V形块定位时,基准外圆与V形块只有两条母线接触,当夹紧力大时,接触应力也大,容易损坏工件表面;而采用半圆孔定位时,接触面积增大,可避免上述缺点。但应注意,工件基准外圆直径精度不应低于IT8～IT9级,否则,与定位半圆接触不良,以致实际上只有一条母线接触。根据半圆与工件定位表面接触的长短,它们将分别限制四个或两个自由度。

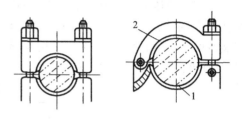

图 6-25 半圆孔定位

1—定位套下半部;2—定位套上半部

各种类型定位套和定位销一样,也可根据被加工工件批量和工序加工精度要求,设计成为固定式和可换式。同样,固定式定位套在夹具中可获得较高的位置定位精度。

4. 工件以组合表面定位

在实际生产中,工件往往不是以单一表面定位,而是采用几个定位面相结合的方式进行定位,即组合定位。常见的组合定位形式有:两顶尖孔定位、一端面一孔定位、一端面一外圆定位、一面两孔定位、两面一销定位等。图 6-26 所示为一个平面和两个与其垂直的外圆柱面的组合定位;图 6-27 所示为两个相互垂直的平面和一个与其中一个平面垂直的孔的组合定位;图 6-28 所示为一个平面和两个与其垂直的孔的组合定位。

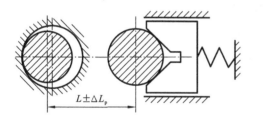
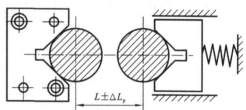

图 6-26 一面两个外圆面组合定位

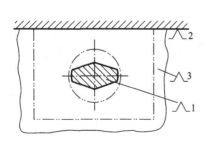

图 6-27 两面一销组合定位

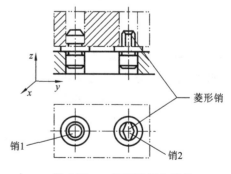

图 6-28 一面两孔组合定位

在加工箱体类零件时经常采用一面两孔组合（一个大平面及与该平面相垂直的两个圆孔组合）定位，夹具上相应的定位元件是一面两销。为了避免由于过定位而引起的工件安装时的干涉，两销中的一个应采用菱形销（或削扁销），并限制一个自由度。在夹具设计时，一面两销定位的设计按下述步骤进行，参见图 6-29。

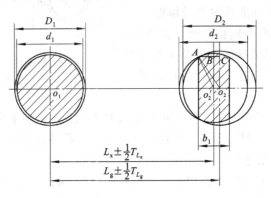

图 6-29　一面两销定位

一般已知条件为工件上两圆柱孔的尺寸及中心距，即 D_1、D_2、L_g 及其公差。

1) 确定夹具中两定位销的中心距 L_x

把工件上两孔中心距及公差化为对称公差，即

$$L_g {}^{+T_{g\max}}_{-T_{g\min}} = L_g \pm \frac{1}{2}T_{L_g}$$

式中：$T_{g\max}$、$T_{g\min}$——为工件上孔间距的上、下偏差；

T_{L_g}——工件上两圆柱孔中心距的公差。

取夹具两销间的中心距为 $L_x = L_g$，中心距公差为工件孔中心距公差的 $1/3 \sim 1/5$，即

$$T_{L_x} = (1/3 \sim 1/5)T_{L_g}$$

销中心距及公差也化成对称形式，即

$$L_x {}^{+T_{x\max}}_{-T_{x\min}} = L_x \pm \frac{1}{2}T_{L_x}$$

2) 确定圆柱销直径 d_1 及其公差

一般圆柱销 d_1 与孔 D_1 为基孔制间隙配合，d_1 基本尺寸等于孔 D_1 基本尺寸，配合一般选为 H7/g6 或 H7/f6，d_1 的公差等级一般高于孔的公差等级一级。

3) 确定菱形销的直径 d_2、宽度 b_1 及公差

可先按表 6-1 查 D_2，选定 b_1，按下式计算出菱形销与孔配合的最小间隙 $\Delta_{2\min}$，再计算菱形销的直径 d_2，即

$$\Delta_{2\min} \approx b_1(T_{L_x} + T_{L_g})/D_2$$

$$d_2 = D_2 - \Delta_{2\min}$$

式中：b_1——菱形销宽度；

D_2——工件上菱形销定位孔的最小直径；

$\Delta_{2\min}$——菱形销定位时销、孔间最小间隙；

T_{L_x}——夹具上两定位销中心距公差；

T_{L_g}——工件上两定位孔中心距公差；

d_2——菱形销基本尺寸。

菱形销的公差可按配合 H/g，销的公差等级高于孔的公差等级一级来确定。

表 6-1 菱形销尺寸参考表

D_2/mm	3～6	>6～8	>8～20	>20～25	>25～32	>32～40	>40～50
b_1/mm	2	3	4	5	5	6	8
B/mm	$D_2-0.5$	D_2-1	D_2-2	D_2-3	D_2-4	D_2-5	D_2-5

6.2.3 定位误差的分析与计算

用定位元件可以解决工件相对于夹具的定位问题。但对大批工件定位而言，即使单一定位副，由于不同工件的定位面尺寸存在差异，定位元件因磨损需要更换，不同的定位元件同样存在尺寸差异，因此用定位元件对一批工件定位时，不同的工件相对于夹具所占有的空间几何位置是不一样的。这种位置的变化就导致了采用调整法加工时工件工序尺寸和位置精度的变化。定位误差是指一批工件在夹具中定位时，工件的工序基准在工序尺寸方向或加工要求方向上的最大变化量。定位误差如何产生、如何计算、如何用定位误差评定定位方案的合理性是本节要重点解决的问题。

1. 定位误差产生的原因

工件在夹具中定位时会产生定位误差。为了有效地控制和最大限度地减小定位误差对加工精度的影响，必须搞清楚定位误差产生的原因。产生定位误差的原因有以下两种。

（1）基准不重合误差 Δ_B　在采用调整法加工一批工件时，由于工序基准与调刀基准不重合，而导致工序基准有可能产生的最大位置变化量称为基准不重合误差，用符号 Δ_B 表示。

如图 6-30 所示，刀具以支承钉 1 的支承面，即定位基准 E 面作调刀基准，一次调整好刀具位置，保证调刀尺寸 T 不变。而工序尺寸 A 的工序基准为 D 面，显然工序基准与调刀基准（定位基准）不重合，它们之间的尺寸为 $C\pm\delta_c$。由于尺寸 $C\pm\delta_c$ 是在本工序之前已加工好，因此在本工序定位中，对一批工件而言，其工序基准 D 相对于调刀基准（定位基准 E）有可能产生的最大位置变化量就是 $2\delta_c$。因为工序基准的变化方向与工序尺寸 A

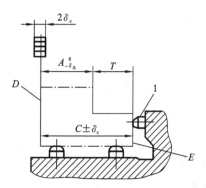

图 6-30 基准不重合误差产生的原因
1—支承钉

同向,所以这一位置变化会导致工序尺寸 A 产生 $2\delta_c$ 的加工误差。这一加工误差也就是由于基准不重合误差 Δ_B 而产生的定位误差 Δ_{dw}。即

$$\Delta_{dw} = \Delta_B = 2\delta_c$$

由此可见,基准不重合误差的值就等于工件上从工序基准到定位基准之间的距离公差。显然,基准不重合误差是由于工序基准选择不当引起的,可以通过不同的工序尺寸标注加以消除。

(2) 基准位移误差 Δ_Y 采用调整法加工一批工件时,由于定位副制造误差和两者的最小配合间隙的影响,使工件定位基准在工序尺寸方向上相对于调刀基准产生的最大位置变动量称为基准位移误差,用符号 Δ_Y 表示。

图 6-31 所示为某工件加工的定位方案示意图。设工件定位孔尺寸为 $D^{+\delta_D}_{\ 0}$,定位销直径尺寸为 $d^{\ 0}_{-\delta_d}$。由于孔和销(即定位副)的制造误差,当孔在销上定位时,孔的轴线(即定位基准)就会相对于销的轴线(即理想位置)发生位置移动。若移动的方向是任意的,即孔和销的母线可能在任意方向上接触,则该位置移动的范围为一圆,圆的直径就是其可能产生的最大移动量,其值为

$$\Delta_Y = X_{max} = (D + \delta_D) - (d - \delta_d) = \delta_D + \delta_d + X_{min}$$

式中:X_{min}——定位销与定位孔的最小配合间隙。

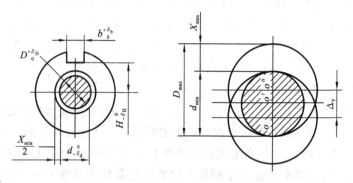

图 6-31 孔、销定位时的基准位移误差

由于工序尺寸 $H^{\ 0}_{-\delta_H}$ 的工序基准与定位基准(孔轴线)重合,因此定位基准的位置移动会导致工序基准产生具有与其相同的移动。当 Δ_Y 在工序尺寸 $H^{\ 0}_{-\delta_H}$ 方向上发生时,就导致工序尺寸 $H^{\ 0}_{-\delta_H}$ 产生 X_{max} 的加工误差,这一加工误差也就是由于基准位移误差 Δ_Y 而产生的定位误差 Δ_{dw},即

$$\Delta_{dw} = \Delta_Y = \delta_D + \delta_d + X_{min} \tag{6-2}$$

从上述分析可知：基准不重合和基准位移是导致定位误差产生的原因。但基准不重合和基准位移均是通过使工序基准发生位置变动，进而使工序尺寸产生加工误差。因此可以说，定位误差产生的根本原因是工序基准的位置变化，即定位误差均是由工序基准位置变化引起的。

由定位误差原因分析知道：基准位移误差是由于定位副制造误差及其最小配合间隙引起的，而基准不重合误差是由于工序基准选择不当而产生的。在工件定位时，上述两项误差可能同时存在，也可能只有一项存在，但无论如何，定位误差应是两项误差共同作用的结果。这种由于基准不重合和基准位移的存在而导致采用调整法加工一批工件时，工序尺寸（或位置精度）有可能产生的最大变化量称为定位误差，用符号 Δ_{dw} 表示。由于误差具有方向性，那么定位误差的一般计算公式应写成

$$\overline{\Delta}_Y + \overline{\Delta}_B = \overline{\Delta}_{dw} \tag{6-3}$$

$$\Delta_{dw} = \Delta_B \cos\alpha \pm \Delta_Y \cos\beta \tag{6-4}$$

式中：α——基准不重合误差 Δ_B 方向与工序尺寸方向间的夹角；

β——基准位移误差 Δ_Y 方向与工序尺寸方向间的夹角。

利用式(6-4)计算定位误差称为误差合成法。当 Δ_B 和 Δ_Y 是由同一误差因素导致产生的，这时称 Δ_B 和 Δ_Y 关联。当 Δ_B 和 Δ_Y 关联时：如果 $\Delta_B \cos\alpha$ 和 $\Delta_Y \cos\beta$ 方向相同，合成时取"＋"号；如果 $\Delta_B \cos\alpha$ 和 $\Delta_Y \cos\beta$ 方向相反，合成时取"－"号。当两者不关联时，可直接采用两者的和叠加计算定位误差。

综上所述，定位误差产生的前提是采用调整法加工一批工件。也就是说，只有采用调整法加工一批工件时，才可使用该定位误差理论分析计算。采用调整法加工时，调刀基准一般和定位基准重合。在定位误差计算中，应当清楚调刀基准的含义。在实际应用中，应当注意下列几种尺寸精度保证方法的调刀基准和定位误差的产生情况。

① 采用钻、镗套加工系列孔时，如图 6-32 所示，工序尺寸 l_1 和 l_2 分别由夹具中的刀具引导尺寸 L_1 和 L_2 保证。此时对工序尺寸 l_1 而言，工序基准、调刀基准和定位基准三者重合，不存在基准不重合误差的影响；而工序尺寸 l_2 只是工序基准和调刀基准重合，其调刀尺寸不受定位基准影响，因此工序尺寸 l_2 不但不存在基准不重合误差，同时也不存在基准位移误差。

② 多刀加工时，某一刀具可以用另一刀具位置作为其调刀基准，如图 6-33 所示。刀具 1 的轴向加工位置可依刀具 2 的刀尖为调刀基准。此时，工序尺寸 l 的调刀基准与工序基准重合，而与定位基准不重合。但工序尺寸 l 不受定位误差影响。

除上述尺寸精度获得方法外，试切法、定尺寸刀具法、靠模法等用非调整法保证的尺寸亦不存在定位误差。

在分析计算定位误差时必须清楚：定位误差与工序尺寸（或位置精度）是一一对应的关系，即某一个定位误差一定是某一个工序尺寸（或位置精度）的定位误差，某一个工序尺

寸(或位置精度)一定有它自己的定位误差。

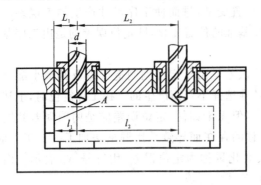
图6-32 孔系加工的定位误差

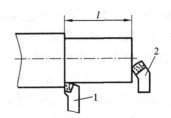
图6-33 多刀加工时的调刀基准
1—刀具1；2—刀具2

2. 常见典型单一面定位时的定位误差分析计算

工件的结构、形状、尺寸可以千变万化,但构成工件的表面不外乎平面、孔、外圆和特型面,而工件定位时尤以平面、圆柱孔和外圆柱面最为常用。以工件这三种常见单一面定位时的定位误差分析计算如下。

1) 平面定位时的定位误差计算

当工件以单一平面定位时,基准位移误差由平面度误差引起,而对工序加工而言,平面度误差的影响一般可以忽略不计。因此,单一平面定位时,定位误差只受基准不重合误差影响,即

$$\Delta_{dw} = \Delta_B \cos\alpha \tag{6-5}$$

2) 孔、销单边接触定位时的定位误差计算

工件以单一圆柱孔定位时常用的定位元件是圆柱销(心轴),此时定位误差的计算有两种情形:任意边接触和单边接触。任意边接触时的定位误差计算已在基准位移误差 Δ_Y 分析时已知,此处不再赘述。单边接触是指在工件重力或其他外力作用下,定位孔和销的母线总在固定方位上相接触。

图6-34所示为定位销水平设置时的情况:图6-34(a)所示为理想定位状态,工序基准(孔轴线)与定位基准(销轴线)重合,$\Delta_B = 0$；但在工件重力作用下,定位孔和销总在销的上母线处接触,孔轴线相对于销轴线将总是下移,图6-34(b)所示为可能产生的最小下移状态,图6-34(c)所示为最大下移状态,孔轴线在竖直方向上的最大位置变动量为

$$\Delta_Y = \overline{o_1 o_2} = \overline{oo_2} - \overline{oo_1} = \frac{D_{max} - d_{min}}{2} - \frac{D_{min} - d_{max}}{2}$$

$$\Delta_Y = \frac{\delta_D + \delta_d}{2} \tag{6-6}$$

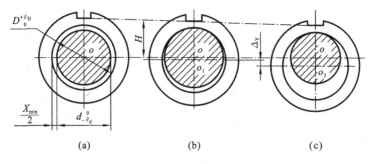

图 6-34 孔、销单边接触定位误差计算

此例的计算是通过分析工件在工序尺寸方向上的极限位置,然后根据几何关系计算定位基准(孔轴线)的最大位置变动量(定位误差)。这种分析计算定位误差的方法称为"极限位置法"。

需要注意:基准位移误差 Δ_Y 是最大位置变化量,而不是最大位移量,所以基准位移误差 Δ_Y 计算结果中没有包含 $X_{\min}/2$。这是因为,$X_{\min}/2$ 是常值系统误差,可以通过调刀消除。因此,在确定调刀尺寸时应加以注意。

3) 外圆柱面在 V 形块上定位时的定位误差计算

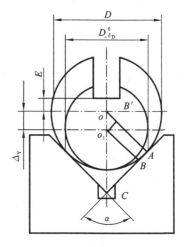

如图 6-35 所示,若不考虑 V 形块的制造误差,则工件定位基准(工件轴线)总是处于 V 形块的对称面上,这就是 V 形块的对中作用。因此,在水平方向上,工件定位基准不会产生基准位移误差。但在垂直方向上,由于工件定位直径尺寸的加工误差,将导致工件定位基准产生位置变化,其可能产生的最大位置变化量为

$$\Delta_Y = \overline{oo_1} = \overline{oC} - \overline{o_1C} = \frac{\overline{oA}}{\sin(\alpha/2)} - \frac{\overline{o_1B}}{\sin(\alpha/2)} = \frac{\delta_D}{2\sin(\alpha/2)} \quad (6-7)$$

图 6-35 V 形块定位误差计算

由式(6-7)可知:基准位移误差 Δ_Y 与 V 形块夹角 α 成反比,即夹角 α 越大,Δ_Y 反而越小。当 $\alpha=180°$ 时,$\Delta_Y=\delta_d/2$ 最小,但 V 形块的对中作用也最差(无对中作用)。所以,一般多采用 $\alpha=90°$ 的 V 形块定位。

图 6-36 所示为一外圆直径为 $d_{-\delta_d}^{0}$ 的轴类零件在夹角为 α 的 V 形块上定位铣键槽。求工序尺寸分别为 H_1、H_2、H_3 时的定位误差。

(1) 工序尺寸为 H_1 时的定位误差计算(见图 6-36(a))。

由于工序基准与定为基准均为外圆的中心,二者重合,故 $\Delta_B=0$;而基准位移误差按式(6-7)计算。故影响工序尺寸 H_1 的定位误差为

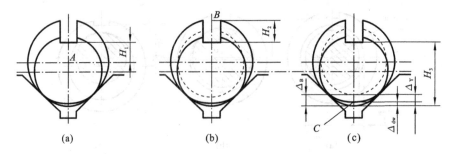

图 6-36 不同工序尺寸标注的定位误差计算

$$\Delta_{dw1} = \Delta_Y = \frac{\delta_d}{2\sin(\alpha/2)}$$

(2) 工序尺寸为 H_2 时的定位误差计算(见图 6-36(b))。

由于工序基准在外圆的上母线 B 处,而定位基准仍是外圆的中心,二者不重合,故基准不重合误差 $\Delta_B \neq 0$,$\Delta_B = \delta_d/2$;基准位移误差 Δ_Y 同上。由于 Δ_B 和 Δ_Y 均含有 δ_d,即都是由工件直径尺寸制造误差引起的,属于关联性误差,因此采用合成法计算定位误差时需要判断其正负。经过分析得

$$\Delta_{dw2} = \bar{\Delta}_Y + \bar{\Delta}_B = \frac{\delta_d}{2\sin(\alpha/2)} + \frac{\delta_d}{2}$$

(3) 工序尺寸为 H_3 时的定位误差计算(见图 6-36(c))。

由于工序基准在外圆的下母线 C 处,与定位基准不重合,故基准不重合误差 $\Delta_B \neq 0$,$\Delta_B = \delta_d/2$;基准位移误差 Δ_Y 同上。显然 Δ_B 和 Δ_Y 也属于关联性误差。经过分析得

$$\Delta_{dw3} = \bar{\Delta}_Y + \bar{\Delta}_B = \frac{\delta_d}{2\sin(\alpha/2)} - \frac{\delta_d}{2}$$

3. 组合面定位时的定位误差分析计算

单一表面定位是工件在夹具中定位的一种简单形式,更多情况下需要工件上多个表面共同参与定位。关于组合定位的定位误差分析计算如下。

1) 独立定位时的定位误差计算

当不同表面各自独立定位用于约束工件不同的自由度时,可按单一面定位分别计算不同方向上的定位误差。

如图 6-37 所示,工件以平面 B 和 C 定位,各自独立约束工件不同的自由度。工序尺寸 H_2 只受平面 C 定位的影响。由前面(见图 6-30)的分析可知

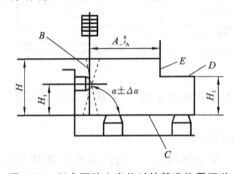

图 6-37 组合面独立定位时的基准位置误差

$$\Delta_{dwH_2} = 0$$

工序尺寸 A 只受平面 B 定位的影响，考虑平面 B 和 C 的夹角 $\alpha \pm \Delta \alpha$ 制造误差，则工序尺寸 A 的定位误差为

$$\Delta_{\mathrm{dw}A} = 2(H-H_1)\tan\Delta\alpha$$

该定位误差是由于定位基准之间的位置不准确引起的，称为"基准位置误差"，也可以看成是另一种基准位移误差。

2) 关联定位、独立误差因素的定位误差计算

由组合面共同约束工件某自由度的定位称为关联定位。图 6-38(a) 所示的零件以侧平面及部分外圆柱面和相应的定位元件侧平面 1 和斜平面 2 接触，工件的某些自由度由它们共同限制，如图 6-38(b) 所示。其中工件圆柱面和限位面 2 定位副所产生定位误差由外圆直径误差引起，而工件侧平面和限位面 1 定位副的定位误差由尺寸 35 的误差引起，即各定位副产生的定位误差分别由各自独立的误差因素引起。

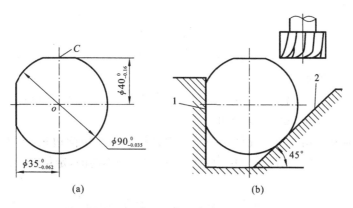

图 6-38 独立误差因素的关联定位

工件侧平面定位副定位时，只有水平方向的基准不重合误差，即

$$\Delta_{\mathrm{B1}} = 0.062 \text{ mm}$$

但由于受限位面 2 定位的影响，该误差只能沿平行于斜面 2 的方向变化，即使工序基准产生位置变化 $o \rightarrow o_1$，如图 6-39(a) 所示。因此，其在垂直方向上导致工序尺寸 40 可能产生的最大加工误差为

$$\Delta_{\mathrm{dw1}} = \Delta_{\mathrm{B1}}\tan 45° = 0.062 \text{ mm}$$

工件圆柱面定位副定位时，只有垂直于斜面 2 方向的基准不重合误差，大小为

$$\Delta_{\mathrm{B2}} = \frac{0.035}{2} \text{ mm} = 0.0175 \text{ mm}$$

但由于限位面 1 定位的影响，该误差只能沿平行于侧面 1 的垂直方向变化，即：使工序基准产生位置变化 $o' \rightarrow o_2$，如图 6-39(b) 所示。因此，其在垂直方向上导致工序尺寸 40 可能产生的最大加工误差为

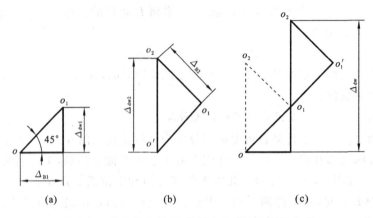

图 6-39　独立误差因素、关联定位的定位误差计算

$$\Delta_{dw2} = \frac{\Delta_{B2}}{\cos 45°} \approx 0.025 \text{ mm}$$

由于 Δ_{dw1} 和 Δ_{dw2} 并不相互关联，因此，工序尺寸 40 总的定位误差应是 Δ_{dw1} 和 Δ_{dw2} 的叠加，如图 6-39(c) 所示，则

$$\Delta_{dw1} = \Delta_{dw1} + \Delta_{dw2} = (0.062 + 0.025) \text{ mm} = 0.087 \text{ mm}$$

3) 双孔关联定位的定位误差计算

双孔定位时常采用的定位元件是一个短圆柱销和一个短削边销，如图 6-40(a) 所示。在不同的方向和不同的位置，其定位误差的计算方法是不同的，定位误差计算有下列几种情况。

(1) x 轴方向上的基准位移误差 $\Delta_{Y(x)}$。在 x 轴方向上的定位是由定位孔 1 实现的，定位孔 2 不起定位作用。因此，工件所能产生的最大定位误差是定位孔 1 相对于定位销 1 的基准位移误差，即

$$\Delta_{Y(x)} = \delta_{D1} + \delta_{d1} + X_{1\min}$$

(2) y 轴方向上的基准位移误差 $\Delta_{Y(y)}$。在 y 轴方向，基准位移误差受双孔定位的共同影响，其大小随着位置的不同而不同，且在不同的区域内计算方法也有所不同。如图 6-40(b) 所示。

在中心 o_1 或 o_2 处，其 $\Delta_{Y(y)}$ 就等于该处单孔、销定位的基准位移误差；在 o_1 和 o_2 的中间区域，应按双孔同向最大位移计算 $\Delta_{Y(y)}$，如图 6-40(b) 中 n 处的基准位移误差为 $n'n''$；在 o_1 和 o_2 的外侧区域，应按双孔的最大转角计算 $\Delta_{Y(y)}$，如图 6-40(b) 中 m 处的基准位移误差为 $m'm''$。

(3) 转角误差 $\pm \Delta\theta$。如图 6-40(c) 所示。最大转角发生的条件是：双孔直径最大 $D_1 + \delta_{D1}$、$D_2 + \delta_{D2}$；两销直径最小 $d_1 - \delta_{d1}$、$d_2 - \delta_{d2}$；销心距和孔心距应取最小相等值，由于其对转角误差影响不大，且考虑计算方便起见，销心距和孔心距一般取其基本尺寸。

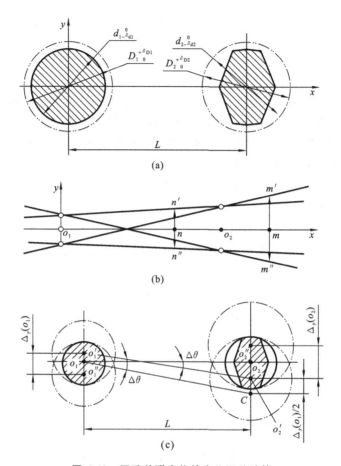

图 6-40 双孔关联定位的定位误差计算
(a) 工件以双孔定位 (b) y 方向的基准位移误差 (c) 转角误差计算

图 6-40 中 o_1 和 o_2 分别为两销中心。当双孔顺时针方向转动时,即孔 1 中心上移至 o'_1,而孔 2 中心下移至 o'_2 时转角有最大值。根据图 5-31(c) 中的几何关系得

$$\tan\Delta\theta = \frac{\overline{o_2 C}}{L} = \frac{\overline{o_2 o'_2} + \overline{o'_2 C}}{L} \tag{6-8}$$

式中:$\overline{o_2 o'_2} = \dfrac{\delta_{d2} + \delta_{D2} + X_{2\min}}{2}$,$\overline{o'_2 C} = \overline{o_1 o'_1} = \dfrac{\delta_{d1} + \delta_{D1} + X_{1\min}}{2}$。则

$$\tan\Delta\theta = \frac{\delta_{d1} + \delta_{D1} + X_{1\min} + \delta_{d2} + \delta_{D2} + X_{2\min}}{2L}$$

$$\Delta\theta = \arctan\left(\frac{\delta_{d1} + \delta_{D1} + X_{1\min} + \delta_{d2} + \delta_{D2} + X_{2\min}}{2L}\right) \tag{6-9}$$

当双孔逆时针方向转动时,具有相同的 $\Delta\theta$ 误差,故总的转角误差应为 $\pm\Delta\theta$ 或

$2\Delta\theta$。即

$$2\Delta\theta = 2\arctan\left(\frac{\delta_{d1} + \delta_{D1} + X_{1\min} + \delta_{d2} + \delta_{D2} + X_{2\min}}{2L}\right) \quad (6\text{-}10)$$

4. 对夹具的定位精度要求

合理的定位方案必须首先满足工件对工序加工精度的需要,即定位精度是合理的定位方案设计必须要保证的。那么,合理的定位方案其定位精度应是多少呢？事实上,影响加工精度的因素很多,但根据其影响程度,可将加工误差产生的原因归纳为以下四个方面。

(1) 工件在夹具中装夹时的定位误差 Δ_{dw}。
(2) 夹具在机床上安装时产生的夹具安装误差 Δ_{ja}。
(3) 由对刀、引导元件引起的对刀、引导误差 Δ_{yd}。
(4) 加工中其他因素引起的加工误差 Δ_{qt}。

上述所有误差的合成值不应超出工件的工序加工公差 T_w 之值,即

$$\Delta_{dw} + (\Delta_{ja} + \Delta_{yd}) + \Delta_{qt} \leqslant T_w \quad (6\text{-}11)$$

式(6-11)称为误差计算不等式。在判定工件定位方案合理性时,一般按 Δ_{dw}、$(\Delta_{ja} + \Delta_{yd})$ 和 Δ_{qt} 各占工序公差 T_w 的三分之一,即

$$\Delta_{dw} \leqslant \frac{1}{3} T_w \quad (6\text{-}12)$$

式(6-12)只能作为误差估算时的初步分配方案,此后还必须根据具体情况进行必要的调整。

6.2.4 工件定位方案分析与设计

在夹具设计时,工件在夹具中的定位可能有数种方案,为了进行方案之间的比较和最后确定满足工序加工要求的最佳方案,需要进行定位方案的设计,下面通过实例说明工件定位原理和方法的运用。

例 6-1 图 6-41 所示为在拨叉上铣槽。根据工艺规程,这是最后一道机加工工序,加工要求有:槽宽为 16H11,槽深为 8 mm,槽侧面与 ϕ25H7 孔轴线的垂直度为 0.08 mm,槽侧面与 E 面的距离为 11±0.2 mm,槽底面与 B 面平行。试设计其定位方案。

解 (1) 确定要限制的自由度及选择定位基准和定位元件。

从加工要求考虑,在工件上铣通槽,沿 x 轴的自由度可以不限制;但为了承受切削力,简化定位装置结构,$\vec{x}$ 要限制。

如图 6-42(a)所示,工件以 E 面作为主要定位面,用支承板 1 限制 3 个自由度,用短销 2 与 ϕ25H7 孔配合,限制两个自由度。为了提高工件的装夹刚度,在 C 处加一辅助支承。由于本工序垂直度要求的工序基准是 ϕ25H7 孔轴线,而工件绕 x 轴的旋转自由度 ($\hat{x}$) 由 E 面限制,因此定位基准与工序基准不重合,不利于保证槽侧面与 ϕ25H7 孔轴线的

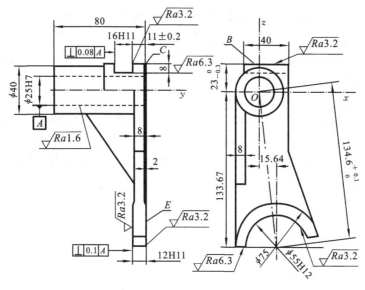

图 6-41 拨叉零件图

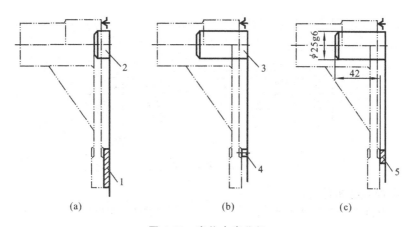

图 6-42 定位方案分析

1—支承板；2—短销；3—长销；4—支承钉；5—长条支承板

垂直度。

图 6-42(b)所示的是以 $\phi25H7$ 孔右端面作为主要定位基准面，用长销限制工件 4 个自由度，用支承钉 4 限制 1 个自由度，在 C 处设置一个辅助支承。由于工件绕 x 轴的旋转自由度$\hat{x}$由长销限制，因此定位基准与工序基准重合，有利于保证槽侧面与 $\phi25H7$ 孔轴线的垂直度。但这种定位方式不利于工件的夹紧，因为辅助支承不起定位作用，辅助支承上与工件接触的滑柱必须在工件夹紧后才能固定。当首先对支承钉 4 施加夹紧力时，由于其端面的面积太小，工件极易歪斜变形，夹紧也不可靠。

图 6-42(c)所示为用长销限制工件 4 个自由度,用长条支承板 5 限制两个自由度,这样,其中绕 z 轴的旋转自由度 $\hat{z}$ 被重复限制,属于过定位。当对长条支承板施加夹紧力时,工件会变形,但变形不大。由于在前工序中,已保证了 E 面与 $\phi 25H7$ 孔轴线有较高的垂直度,因此可以消除由过定位造成的影响。

比较上述三种方案可知,图 6-42(c)所示方案较好。

按照加工要求,必须限制工件绕 y 轴的旋转自由度 $\hat{y}$,限制的办法如图 6-43 所示。挡销放在图 6-43(a)所示位置时,由于 B 面与 $\phi 25H7$ 孔轴线的距离($23_{-0.3}^{0}$ mm)较近,尺寸公差又大,因此其防转效果差,定位精度低。挡销放在图 6-43(b)所示位置时,由于距离 $\phi 25H7$ 孔轴线较远,因而其防转效果较好,定位精度较高,且能承受切削力所引起的转矩。

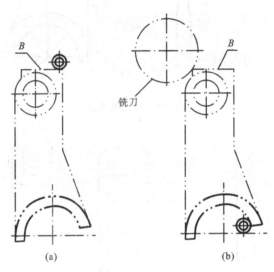

图 6-43 挡销的布置

(2) 定位误差分析计算。

除槽宽 16H11 由铣刀保证外,本工序的主要加工要求是槽侧面与 E 面的距离及侧面与 $\phi 25H7$ 孔轴线的垂直度。由于其他要求未注公差,因而只需计算上述两项加工要求的定位误差即可。

① 加工尺寸 11 ± 0.2 mm 的定位误差 采用图 6-42(c)所示定位方案时,E 面既是工序基准,又是定位基准。对一批工件来讲,E 面始终是紧靠在长条支承板 5 上的,因此,E 面与夹具上的元件基准也是重合的,属于基准重合,故加工尺寸 11 ± 0.2 mm 没有定位误差。

② 槽侧面与 $\phi 25H7$ 孔轴线垂直度的定位误差 取定位长销直径为 $\phi 25g6$,查表得
$$\phi 25H7 = \phi 25_{0}^{+0.025}(\text{孔}); \quad \phi 25g6 = \phi 25_{-0.025}^{-0.009}(\text{长销})$$

由图 6-44 可知,工序基准与定位基准重合,故 $\Delta_B = 0$。但是,由于工件定位孔(定位基准)与夹具定位销(限位基准)之间采用间隙配合(H7/g6),故定位基准与限位基准不重

合。定位基准相对限位基准可两个方向转动,单方向转角如图 6-44 所示。由图可知

$$\tan\Delta_\alpha = \frac{25.025 - 24.975}{2 \times 40} = 0.000\ 625$$

基准位移误差为

$$\Delta_Y = 2 \times 8 \times \tan\Delta_\alpha = 2 \times 8 \times 0.000\ 625\ \text{mm} = 0.01\ \text{mm}$$

定位误差为

$$\Delta_D = \Delta_B + \Delta_Y = \Delta_Y = 0.01\ \text{mm} < \frac{0.08}{3}\ \text{mm}$$

由此可知,定位误差小于垂直度要求的 1/3,因此定位方案的定位精度满足要求。

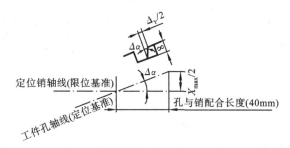

图 6-44　铣拨叉槽时的定位误差

通过以上例子可知,定位方案的设计是夹具设计的首要任务。在进行定位方案设计时,要根据工件的加工要求和结构特点,首先解决工件位置定不定的问题,然后选择合理的定位基准和定位元件,并且要对各种定位方案进行对比论证,保证具有足够的定位精度。同时,也要兼顾其他部分和整体结构。但在实际工作中,某些设计步骤往往是交叉进行的,可同时考虑几个方案,结合具体情况确定一个最佳方案。

6.3　工件在夹具中的夹紧

工件定位后将其固定,使其在加工过程中保持已定位的位置不发生改变的操作称为夹紧。夹紧是工件装夹过程的重要组成环节。工件定位后必须进行夹紧,才能保证工件定位不会因为切削力、重力、离心力等外力作用而破坏。这种对工件进行夹紧的装置就称为夹紧装置。夹紧装置设计要受到定位方案、切削力大小、生产率、加工方法、工件刚度、加工精度要求等因素的制约。

6.3.1　夹紧装置的组成和要求

1. 夹紧装置的组成

按照夹紧动力源的不同,一般把夹紧机构划分为两类:手动夹紧装置和机动夹紧装

置。根据扩力级数的多少,把具有单级扩力的夹紧装置称为简单(基本)夹紧装置,把具有两级或更多级扩力机构的夹紧装置称为复合夹紧装置。

由此可知,夹紧装置的结构形式是千变万化的。但不管夹紧装置的结构形式如何变化,简单夹紧装置一般都由以下三部分组成,如图6-45所示。

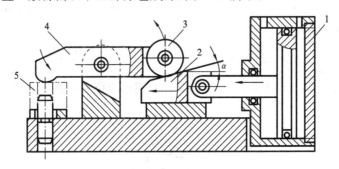

图 6-45 夹紧装置的组成
1—气缸;2—斜楔;3—滚轮;4—压板;5—工件

(1) 力源装置 力源装置指产生夹紧力的装置,它是机动夹紧的必要装置,如气动、电动、液压、电磁等夹紧的动力装置。图6-45中的气缸1就是力源装置。

(2) 夹紧元件 夹紧元件是指与工件直接接触,用于夹紧的元件。如图6-45中的压板4即为夹紧元件。

(3) 中间递力机构 介于力源装置和夹紧元件之间的机构称为中间递力机构。它把力源产生的力传递给夹紧元件以实施对工件的夹紧。为满足夹紧设计需要,中间递力机构在传力过程中,可以改变力的大小和方向,并可具有自锁功能。如图6-45中的斜楔及相关元件部分。

不同的夹紧装置有不同的构成。图6-46所示为机动和手动夹紧装置的不同构成。

2. 对夹紧装置的基本要求

夹紧装置设计的合理与否,直接影响着工件的加工质量及工人的工作效率和劳动强度等方面。为此,设计夹紧装置时应满足下列基本要求。

(1) 夹紧应保证工件各定位面定位可靠,而不能破坏定位。

(2) 夹紧力大小要适中,在保证工件加工所需夹紧力大小的同时,应尽量减小工件的夹紧变形。

(3) 夹紧装置要具有可靠的自锁功能,以防止加工中夹紧突然松开。

(4) 夹紧装置要有足够的夹紧行程,以满足工件装卸空间的需要。

(5) 夹紧动作要迅速,操作要方便、安全、省力。

(6) 手动夹紧装置,工人作用力一般不超过 80~100 N。

(7) 夹紧装置的设计应与工件的生产类型相一致。

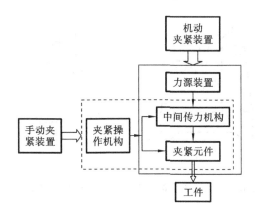

图 6-46 不同夹紧装置的构成

(8) 结构紧凑,工艺性要好,尽量采用标准化夹紧装置及元件。

6.3.2 夹紧力的确定原则

大小、方向和作用点是力的三要素。因此,夹紧力的大小、方向、作用点的确定就至关重要,它们直接影响着夹紧装置工作的各个方面。但作为夹紧力,由于其作用的目的不同,所以夹紧力是有所区别的。在确定夹紧力时首先要考虑夹具的整体布局问题,其次要考虑加工方法、加工精度、工件结构、切削力等方面对夹紧力的不同需要。

1. 夹紧力方向的确定原则

夹紧力作用方向主要影响工件的定位可靠性、夹紧变形、夹紧力大小诸方面。选夹紧力作用方向时应遵循下列原则。

(1) 为了保证加工精度,主要夹紧力的作用方向应垂直于工件的主要定位面,同时要保证工件其他定位面定位可靠。如图 6-47 所示,镗孔时要求孔中心线与 A 面垂直,夹紧力方向应与 A 面垂直,故图 6-47(a)所示方案正确,图 6-47(b)所示方案不正确。

(2) 夹紧力的作用方向应尽量避开工件刚度比较薄弱的方向,以尽量减小工件的夹紧变形对加工精度的影响。图 6-48 中,应避免图(a)所示的夹紧方式,可采用图(b)所示的夹紧方式。

(3) 夹紧力的作用方向应尽可能有利于减小夹紧力。假设机械加工中工件只受夹紧力 F_J、切削力 F 和工件重力 F_G 的作用,这几种力的可能分布如图 6-49 所示。为保证工件加工中定位可靠,显然只有在图 6-49(a)所示受力分布情况下夹紧力 F_J 最小。

2. 夹紧力作用点的确定原则

夹紧力作用点选择包括作用点的位置、数量、布局、作用方式等。它们对工件的影响主要表现在:定位准确性和可靠性及夹紧变形;同时,作用点选择还影响夹紧装置的结构复杂性和工作效率。具体设计时应遵循下列原则。

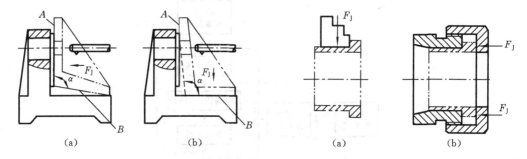

图 6-47 夹紧力作用方向与工件主要定位面的关系　　图 6-48 夹紧力作用方向对工件变形的影响

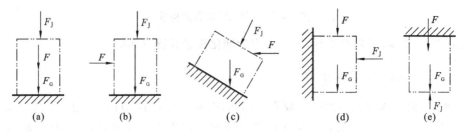

图 6-49 夹紧力与切削力、工件重力的关系

（1）夹紧力作用点应正对定位元件定位面或落在多个定位元件所组成的支承面内。图 6-50 所示夹具的夹紧力作用点确定就违背了这项原则，夹紧力作用点位于定位元件之外，会使工件发生翻转，从而破坏工件的定位。图 6-50 中用箭头指出了夹紧力作用点的正确位置。

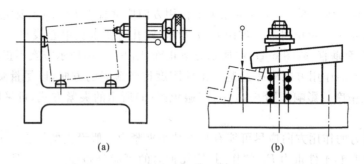

图 6-50 夹紧力作用点对工件定位的影响

（2）夹紧力作用点应落在工件刚度较好的部位上，以尽量减小工件的夹紧变形。如图 6-51(a)所示是错误的，图 6-51(b)所示是正确的。

（3）夹紧力作用点应尽量靠近加工部位，以提高夹紧的可靠性，必要时应在工件刚度差的部位增加辅助支承，以提高工件被加工部位的刚度，降低由切削力引起的加工振动。

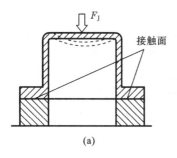
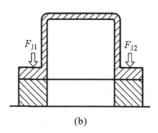

图 6-51　工件刚度对夹紧力作用点选择的影响

如图 6-52 所示,辅助支承应尽量靠近加工部位,同时给予附加夹紧力 F_{J2},这样可使夹紧刚度大大提高。

（4）选择合适的夹紧力作用点的作用形式,可有效地减小工件的夹紧变形,改善接触可靠性,提高摩擦因数,增大接触面积,防止夹紧元件破坏工件的定位和损伤工件表面等。如图 6-53(a)所示的作用形式适合于毛坯面的夹紧;图 6-53(b)所示的工件是薄壁套筒,为了减小夹紧变形,应增大夹压面积以使工件受力

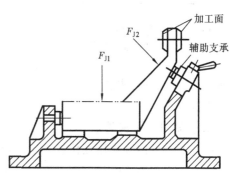

图 6-52　增加辅助支承和附加夹紧力

均匀;图 6-53(c)中作用面积大,该作用方式适用于对工件已加工面夹紧并可提高摩擦因数。

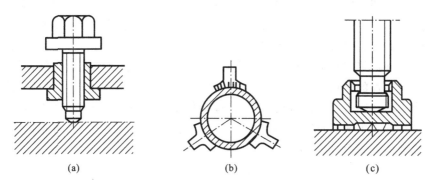

图 6-53　夹紧力作用点作用形式选择

3. 夹紧力的种类和设计注意事项

1) 夹紧力的种类

工件在夹具中装夹时,有时有多个夹紧力作用于工件,这些夹紧力的作用目的可能不

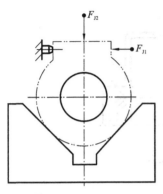

图 6-54 基本夹紧力和辅助
(定位)夹紧力的区别

尽相同。根据其作用目的的不同,将夹紧力分为下列三种。

(1) 基本夹紧力 为保证工件定位免遭切削力、重力、离心力等作用力破坏而施加的作用力。一般是在工件定位后才开始作用。如图 6-52 中的 F_{J1} 和图 6-54 中的 F_{J2}。

(2) 辅助(定位)夹紧力 在定位过程中,为保证工件可靠定位而施加的作用力。这种力与工件定位过程同步进行。如图 6-54 中的 F_{J1}。

(3) 附加夹紧力 为提高工件局部刚度而施加的作用力。一般在基本夹紧力作用后才开始作用。如图 6-52 中的 F_{J2}。

2) 夹紧力设计注意事项

在设计夹紧力时,必须明确工件装夹对上述三种夹紧力的要求,以及三种夹紧力作用的先后顺序。同时作用的夹紧力,应尽量采用联动或浮动夹紧机构。

4. 夹紧力大小的确定

在夹紧力方向和作用点位置确定后,还需合理地确定夹紧力的大小。夹紧力不可过小,否则,会因夹紧力不足引起加工过程中工件的位移;夹紧力也不可过大,否则,会使工件产生变形。计算夹紧力是一个很复杂的问题,一般只能粗略地估算。因为在加工过程中,工件受到切削力、重力、离心力和惯性力等的作用,从理论上讲,夹紧力的作用效果必须与上述作用力(矩)相平衡。但是在不同条件下,上述作用力在平衡系中对工件所起的作用各不相同。如一般切削加工中、小工件时,起决定作用的因素是切削力(矩);加工笨重大型工件时,还须考虑工件的重力作用;高速切削时,不能忽视离心力和惯性力的作用。此外,影响切削力的因素也很多,例如工件材质不均,加工余量大小不一致,刀具的磨损程度及切削时的冲击等因素都使得切削力会随时发生变化。为简化夹紧力的计算,通常假设工艺系统是刚性的,切削过程是稳定的,在这些假设条件下,根据切削原理公式或切削力计算图表求出切削力,然后找出在加工过程中最不利的瞬时状态,按静力学原理(即夹具和工件处于静力平衡下)求出夹紧力大小。为了保证夹紧可靠,尚须再乘以安全系数,即得实际需要的夹紧力,可表示为

$$F_J = KF_{计}$$

式中:$F_{计}$——在最不利条件下由静力平衡计算求出的夹紧力;

F_J——实际需要的夹紧力;

K——安全系数,一般粗加工时取 $K=2.5\sim3.0$,精加工时取 $K=1.5\sim2.0$。

下面举例说明计算夹紧力的方法和步骤。

例 6-2 图 6-55 所示为平面铣削时工件的安装和加工情况,试计算所需的夹紧力 F_J。

解 (1) 首先假定工艺系统为刚性体,加工过程中切削力稳定不变。

(2) 确定对工件夹紧最不利的瞬时状态,如图 6-55 所示,铣削合力 F_A 将使工件绕 O 转动,转动力矩为 $F_A L$。此力矩的大小随铣刀的切削位置的变化而变化,图中瞬间位置即为对工件的夹紧最不利的瞬时状态。以此作为计算夹紧力 F_J 的依据,绘制受力图。

(3) 按静力平衡原理列出平衡式,计算夹紧力 $F_{计}$。由图中的平衡条件可得

$$F_1 L_1 + F_2 L_2 = F_A L$$

不考虑压板与工件间的摩擦力,并略去工件的重力。设两压板夹紧力相等,得

$$F_1 = F_2 = \frac{1}{2} F_{计} f$$

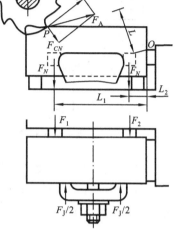

故

$$\frac{1}{2} F_{计} f(L_1 + L_2) = F_A L$$

即

$$F_{计} = \frac{2 F_A L}{f(L_1 + L_2)}$$

图 6-55 铣削加工夹紧力计算实例

(4) 计算实际所需夹紧力 F_J

$$F_J = K F_{计} = K \frac{2 F_A L}{f(L_1 + L_2)} \tag{6-13}$$

式中:F_A——切削力的合力,单位为 N;

L、L_1、L_2——力臂,单位为 mm;

f——接触面间的摩擦因数;

K——安全系数。

6.3.3 常用的夹紧机构

夹紧装置可由简单夹紧机构直接构成,大多数情况下使用的是复合夹紧机构。夹紧机构的选择要满足加工方法、工件所需夹紧力、工件结构、生产率等方面的要求。因此,在设计夹紧机构时,首先需要了解各种简单夹紧机构的工作特点(能产生夹紧力的大小、自锁性能、夹紧行程、扩力比等)。本节主要介绍几种常用的典型基本夹紧机构的设计问题。

1. 斜楔夹紧机构

图 6-56 所示为斜楔夹紧机构的工作原理图。在夹紧源动力 F_Q 的作用下,斜楔向左移动 L,由于斜楔斜面的作用,将导致斜楔在垂直方向上产生夹紧行程 S,从而实现对工件的夹紧。图 6-57 所示为斜楔夹紧机构的应用实例简图。

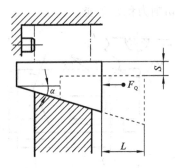
图 6-56 斜楔夹紧工作原理

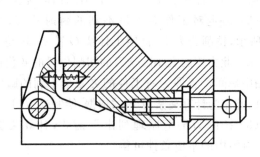
图 6-57 斜楔夹紧机构应用举例

1) 斜楔夹紧机构所能产生的夹紧力计算

以图 6-56 为例,夹紧时斜楔的受力分析如图 6-58 所示。当斜楔处于平衡状态时,根据静力平衡,方程组为

$$F_1 + F_{Rr} = F_Q$$
$$F_1 = F_W \tan\varphi_1$$
$$F_{Rr} = F_W \tan(\alpha + \varphi_2)$$

解上述方程组,可得斜楔夹紧机构所能产生的夹紧力为

$$F_W = F_J = \frac{F_Q}{\tan\varphi_1 + \tan(\alpha + \varphi_2)} \tag{6-14}$$

式中:F_Q——斜楔所受的源动力,单位为 N;

F_W——斜楔所能产生的夹紧力的反力,单位为 N;

φ_1、φ_2——斜楔与工件和夹具体间的摩擦角;

α——斜楔的楔角。

由于 α、φ_1、φ_2 均很小,设 $\varphi_1 = \varphi_2 = \varphi$,式(6-14)可简化为

$$F_W = F_J = \frac{F_Q}{\tan(\alpha + 2\varphi)} \tag{6-15}$$

2) 斜楔夹紧的自锁条件

手动夹紧机构必须具有自锁功能。自锁是指对工件夹紧后,撤除源动力时,夹紧机构依靠静摩擦力仍能保持对工件的夹紧状态。根据这一要求,当撤除源动力后,斜楔受力分析如图 6-59 所示。

由图 6-59 可知,要使斜楔能够保证自锁,必须满足

$$F_1 \geqslant F_{Rr}$$

即

$$F_W \tan\varphi_1 \geqslant F_W \tan(\alpha - \varphi_2) \tag{6-16}$$

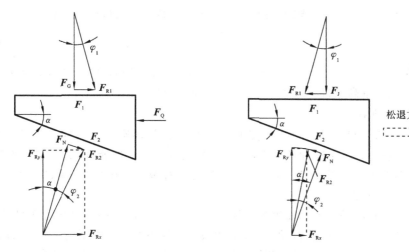

图 6-58 斜楔夹紧受力分析　　图 6-59 斜楔自锁时的受力分析

由于 α、φ_1、φ_2 的值均很小,所以式(6-16)可近似写成

$$\varphi_1 \geqslant \alpha - \varphi_2$$

即

$$\alpha \leqslant \varphi_1 + \varphi_2 \tag{6-17}$$

式(6-17)说明斜楔夹紧的自锁条件是:斜楔的楔角必须不大于斜楔分别与工件和夹具体的摩擦角之和。

对于钢铁表面,斜楔夹紧机构满足自锁的条件是 $\alpha \leqslant 11°\sim 17°$。为自锁可靠起见,一般 α 为 $6°\sim 8°$。由于气动、液压系统本身具有自锁功能,所以采用气动、液压夹紧的斜楔楔角可以选取较大的值,一般 α 为 $15°\sim 30°$。

3) 斜楔夹紧的扩力比(扩力系数)

扩力比指在夹紧源动力 F_Q 作用下,夹紧机构所能产生的夹紧力 F_J 与 F_Q 的比值,用符号"i_F"表示。

$$i_F = \frac{F_J}{F_Q}$$

扩力比反映的是夹紧机构省力与否。当 $i_F > 1$ 时,表明夹紧机构具有增力特性,即以较小的夹紧源动力可以获得较大的夹紧力;当 $i_F < 1$ 时,则说明夹紧机构是缩力的。在夹紧机构设计中,一般希望夹紧机构具有扩力作用。

斜楔夹紧机构是扩力机构,其扩力比为

$$i_F = \frac{F_J}{F_Q} = \frac{1}{\tan\varphi_1 + \tan(\alpha + \varphi_2)} \tag{6-18}$$

显然,α、φ_1、φ_2 越小,i_F 就越大。当取 $\varphi_1 = \varphi_2 = \alpha = 6°$ 时,$i_F \approx 3$。

4) 斜楔夹紧机构的行程比

一般把斜楔的移动行程 L 与工件需要的夹紧行程 S 的比值称为行程比,用符号"i_S"

表示。行程比在一定程度上反映了夹紧机构的尺寸。斜楔夹紧机构的行程比为

$$i_S = \frac{L}{S} = \frac{1}{\tan\alpha} \tag{6-19}$$

斜楔夹紧机构结构简单,有自锁性,斜角 α 越小,扩力比越大,但夹紧行程变小。故一般用于工件毛坯质量高的机动夹紧装置,且很少单独使用。

2. 螺旋夹紧机构

由螺钉、螺母、垫圈、压板等元件组成的夹紧机构称为螺旋夹紧机构。螺旋夹紧机构结构简单,容易制造。由于螺旋升角小,螺旋夹紧机构的自锁性能好,夹紧力和夹紧行程都较大,在手动夹具上应用较多。螺旋夹紧机构可以看做是绕在圆柱表面上的斜面,将它展开就相当于一个斜楔。

图 6-60(a)所示的是一个最简单的螺旋夹紧机构,但在使用中容易压坏工件表面,而且拧动螺钉时容易使工件产生转动,一般应用较少。图 6-60(b)中螺钉 3 的头部通过活动压块 1 与工件表面接触,拧动螺钉时,压块不随螺钉转动,故不会带动工件转动;由于压块 1 面积大,不会压坏工件表面。

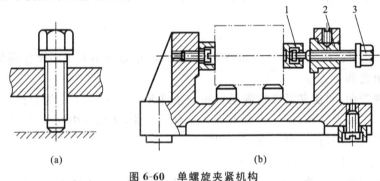

图 6-60 单螺旋夹紧机构
1—活动压块;2—螺母衬套;3—螺钉

1) 单螺旋夹紧机构的夹紧力计算

螺旋可以视为绕在圆柱体上的斜楔,因此可以由斜楔的夹紧力计算公式直接导出螺旋夹紧力的计算公式。如图 6-61 所示,工件处于夹紧状态时,根据力的平衡、力矩的平衡,可算得夹紧力 F_J 为

$$F_J = \frac{F_Q L}{r_z \tan(\alpha + \varphi_1) + r_1 \tan\varphi_2} \tag{6-20}$$

式中:α——螺旋升角,一般为 $\alpha = 2° \sim 4°$;

φ_1——螺母与螺杆间的摩擦角;

φ_2——工件与螺杆头部(或压块)间的摩擦角;

r_z——螺旋中径的一半;

r_1——摩擦力矩计算半径,其数值与螺杆头部或压块的形状有关。

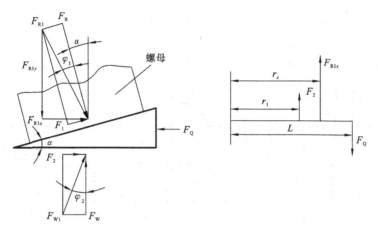

图 6-61 螺旋夹紧受力分析和当量摩擦角计算

2) 单螺旋夹紧机构的扩力比

单螺旋夹紧机构具有扩力作用,其扩力比为

$$i_F = \frac{F_J}{F_Q} = \frac{L}{r_z \tan(\alpha+\varphi_1) + r_1 \tan\varphi_2} \tag{6-21}$$

3) 螺旋夹紧机构的应用

螺旋夹紧机构由于具有较大的扩力比和几乎不受限制的夹紧行程,另外,由于采用标准螺纹副,而标准螺纹的螺旋升角 $\alpha<4°$,所以其自锁性能良好,因此在实际设计中得到了广泛应用,尤其适合应用于手动夹紧装置。

当夹紧行程较大时,螺旋夹紧机构的操作就显得比较费时。在实际应用中,可以采用其他手段实现螺旋夹紧机构对工件的快速装卸。图 6-62 所示是几种实现快速装卸的方法。

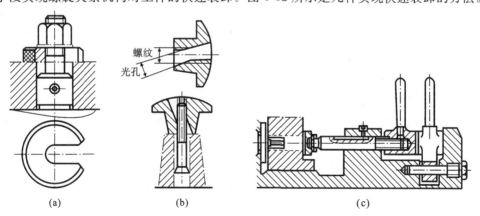

图 6-62 单螺旋夹紧快卸结构
(a) 快卸开口垫圈　(b) 快卸螺母　(c) 垫板快卸

在实际应用中,单螺旋夹紧机构常与杠杆压板构成螺旋压板夹紧机构。常见螺旋压板夹紧机构的组合形式如图 6-63 所示,组合形式不同,其扩力比大小也随之不同。在实际设计中具体采用哪一种组合,除考虑扩力比外,重点还要满足工件结构的需要。

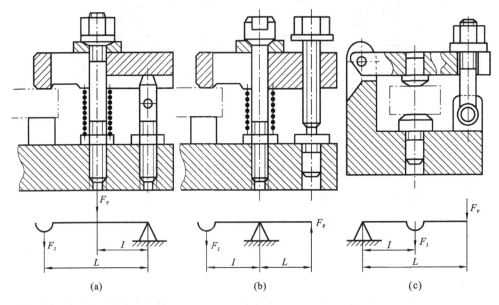

图 6-63 常见螺旋压板夹紧机构

3. 偏心夹紧机构

偏心夹紧机构是由偏心件来实现夹紧的一种夹紧机构。偏心夹紧机构经常与压板联合使用,如图 6-64 所示。偏心件有偏心轮和凸轮两种,其偏心方法分别采用了圆偏心和曲线偏心两种。曲线偏心为阿基米德曲线或对数曲线,这两种曲线的优点是升角变化均匀或不变,可使工件夹紧稳定可靠,但制造困难,故使用较少。圆偏心夹紧机构由于制造容易,因而使用较广。在此主要介绍圆偏心夹紧机构的原理和方法。

1) 圆偏心夹紧机构夹紧力计算

圆偏心夹紧机构实际上是斜楔夹紧机构的另外一种形式——变楔角斜楔夹紧机构。随着楔角增大,斜楔的夹紧力减小,自锁性能变差。因此,最大楔角处是偏心轮设计的重要依据。图 6-65 所示的是偏心轮在 P 点处夹紧时的受力情况。此时,$\alpha_P = \alpha_{\max}$,夹紧力接近最小,一般只需校核该点的夹紧力。在 P 点处可以将偏心轮看做是一个楔角为 α 的斜楔,该斜楔处于偏心轮回转轴与工件垫块夹紧面之间。圆偏心夹紧的夹紧力为

$$F_J = \frac{F_Q L}{\rho [\tan(\alpha + \varphi_1) + \tan \varphi_2]} \tag{6-22}$$

式中:L——手柄长度(mm);

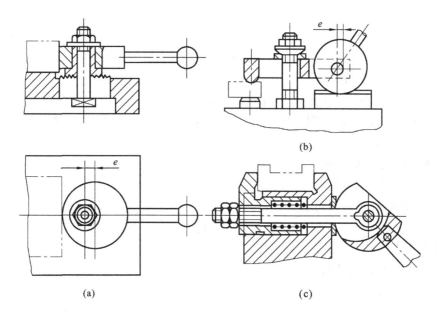

图 6-64 几种偏心夹紧机构

φ_1、φ_2——偏心轮与工件、偏心轮与回转轴之间的摩擦角；

ρ——夹紧点 P 到偏心轮回转轴线的距离；

α——偏心轮在 P 点处的楔角。

由于 α_p、φ_1 和 φ_2 均很小，当取 $\varphi_1=\varphi_2=\varphi$ 时，式(6-22)又可写成

$$F_J = \frac{F_Q L}{\rho \tan(\alpha_p + 2\varphi)} \quad (6\text{-}23)$$

2) 偏心轮夹紧的自锁条件

由于偏心轮夹紧只是斜楔夹紧的另一种形式，因此要保证自锁就必须满足

$$\alpha_p \leqslant \varphi_1 + \varphi_2$$

不计转轴处摩擦，并使 $\alpha_p = 2e/D$、$\varphi_1 = f_1$，则有

$$\frac{2e}{D} \leqslant f_1 \quad (6\text{-}24)$$

当 $f_1 = 0.1 \sim 0.15$ 时，式(6-24)又可写为

$$\frac{D}{e} \geqslant 14 \sim 20 \quad (6\text{-}25)$$

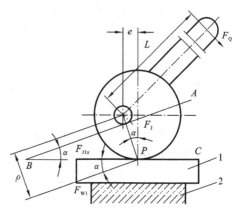

图 6-65 圆偏心夹紧力计算

1—垫块；2—工件

式(6-25)就是取不同摩擦因数时的偏心轮自锁条件。D/e 是偏心轮的重要特性参数。

3) 偏心轮夹紧机构的扩力比

$$i_F = \frac{L}{\rho[\tan(\alpha+\varphi_1)+\tan\varphi_2]} \tag{6-26}$$

4) 偏心夹紧机构的应用场合

圆偏心夹紧机构的操作方便,动作迅速,结构紧凑。但由于其夹紧力小,自锁性能不是很好,且夹紧行程小,故多用于切削力小、无振动、工件尺寸公差不大的场合。

4. 典型夹紧机构

(1) 联动夹紧机构　联动夹紧机构是指由一个夹紧动作使多个夹紧元件实现对一个或多个工件的多点、多向同时夹紧的夹紧机构。联动夹紧机构可有效地提高生产率和降低工人的劳动强度,同时还可满足有多点、多向、多件同时夹紧要求的场合。

图 6-66(a)所示为一多点、单向联动夹紧机构。当向下旋转螺母 1 时,可使两个压板 2 同时对工件进行夹紧。图 6-66(b)所示为一多件夹紧机构。其特点是:用一个原始力对数个点或数个工件同时进行夹紧。为了避免工件因尺寸或形状误差而出现夹紧不牢或破坏夹紧机构的现象,在压块两边各连接摆动压板,可以用摆动来补偿各自夹压的两个工件的直径尺寸公差。

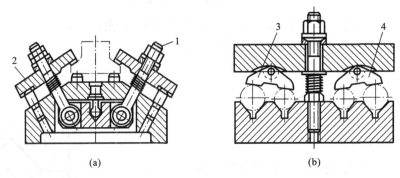

图 6-66　多位与多件夹紧装置
1—螺母;2—压板;3、4—摆动压板

(2) 定心夹紧机构　保证工件的对称中心不因工件尺寸的变化而变化的就称为定心。定心夹紧机构就是利用夹紧元件的等量变形位移或等速相向运动保持工件的对称中心不因夹持面尺寸变化而变化的定位、夹紧装置。

在图 6-67 中,1,2 是起定位夹紧作用的 V 形块,3 为左、右螺纹的双头螺柱。旋转螺柱 3,就可使 V 形块 1、2 做等速相向运动,实现对工件的定心夹紧。当需要调整定心位置时,可拧松螺钉 6,通过调节螺钉 5 调整定位叉座 7,使双头螺柱 3 的轴向位置发生改变,从而就可改变定心的位置。定心位置调整后,需先拧紧螺钉 6,再拧紧螺钉 4 锁死螺钉 5 的位置。

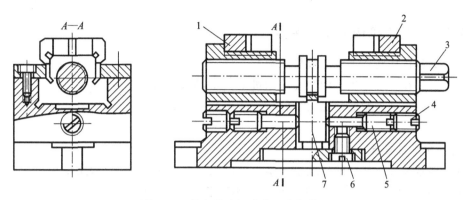

图 6-67 相向等速运动定心夹紧装置

1、2—V形块;3—双头螺柱;4—锁紧螺钉;5—调节螺钉;6—螺钉;7—定位叉座

由于定位叉座和双头螺柱间定位存在间隙,所以该定心夹紧装置较适合定位精度要求较低的轻载加工场合。

图 6-68 所示为液性塑料心轴定心夹紧机构,用于对工件孔的定心夹紧。夹紧时,推动柱塞 4 挤压液性塑料 3,利用液性塑料具有液体的不可压缩性,使薄壁套筒 2 沿径向产生均匀变形,从而实现对工件孔的定心和夹紧。图中,通过调整螺钉 5 限制柱塞 4 的移动位置,以保证夹紧力的大小;当装入或更换液性塑料时,应通过排气螺钉将空气排出。

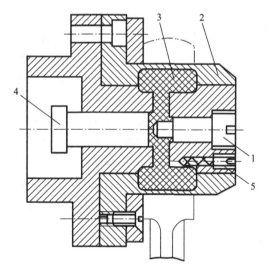

图 6-68 液性塑料心轴定心夹紧机构

1—排气螺钉;2—薄壁套筒;3—液性塑料;4—柱塞;5—调整螺钉

使用中应注意:薄壁套筒的变形量不能过大,因此在要求工件定位面需要有较高精度(一般要求 IT7～IT9)的情况下才能使用,不用时应装上保护套。

6.3.4 夹紧机构的动力装置

手动夹紧机构在各种生产规模中都有广泛应用,但手动夹紧动作慢,劳动强度大,夹紧力变动大。在大批量生产中往往采用机动夹紧,如气动、液动、电磁和真空夹紧。机动夹紧可以克服手动夹紧的缺点,提高生产率,还有利于实现自动化,但机动夹紧的成本也较高。

1. 气动夹紧装置

气动夹紧装置所使用的压缩空气是由工厂压缩空气站供给的,管路损失后实用压力为 0.4~0.6 MPa。在设计时,通常用 0.4 MPa 来计算。气动夹紧装置一般有以下特点。

(1) 夹紧力基本恒定,因为压缩空气的工作压力可以控制,所以由它产生的夹紧力也就基本恒定。

(2) 夹紧动作迅速,省力。

(3) 由于空气是可压缩的,故夹紧刚度差。

(4) 压缩空气的工作压力较小,一般为 0.4~0.6 MPa,所以对同样夹紧力而言,气动夹紧装置的气缸直径大于液压装置的液缸直径,因而结构较庞大。

典型的气压传动系统如图 6-69 所示,其中主要器件介绍如下。

① 分水滤油器 分离出水分并滤去杂质,以免锈蚀元件及堵塞管路。

② 调压阀 将气源送来的压缩空气的压力减至气动夹紧装置所要求的工作压力。

③ 油雾器 由气源送来的压缩空气,经过油雾器,其中的润滑油被雾化并进入送气系统,以对其中的运动部件进行充分润滑。

④ 单向阀 主要起安全保护作用,防止气源供气中断或压力突降导致夹紧机构松开。

⑤ 方向控制阀 控制压缩空气对气缸的进气和排气。

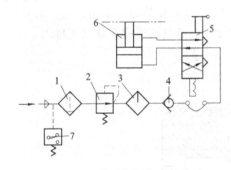

图 6-69 典型气压传动系统
1—分水滤油器;2—调压阀;3—油雾器;
4—单向阀;5—方向控制阀;
6—气缸;7—气压继电器

⑥ 气缸 将压缩空气的工作压力转换为活塞的移动,产生原始作用力推动夹紧机构动作。

⑦ 气压继电器 控制机床电路,一旦气压突然降落时,能切断主电路,使机床停止工作,防止事故发生。

气压传动系统各组成元件的结构尺寸都已标准化、系列化,设计时可查阅有关资料和设计手册。气压传动系统的设计是根据使用的机床、夹具、加工方式等因素来确定的。单一机床上机动夹紧装置中的气压传动系统同生产自动线多台机床的气压传动系统的设计有一定的区别,在设计时要注意这一点。

2. 液压夹紧装置

液压夹紧装置是利用压力油作为动力,通过中间传动机构或直接使用夹紧件来实现夹紧动作。它与气动夹紧比较有以下优点。

(1) 压力油工作压力较高,因此液压缸尺寸较小,不需增力机构,夹紧装置紧凑。

(2) 压力油具有不可压缩性,因此夹紧装置刚度大,工作平稳,夹紧可靠。

(3) 夹紧装置操作简便,噪声小,容易实现自动化夹紧。

采用液压夹紧时需要设置专用的液压系统,这增加了制造成本,所以多在液压机床上使用,此时可利用已有的液压系统来控制夹紧机构。

3. 气-液联合夹紧装置

在机床夹具中,为了综合应用气压夹紧和液压夹紧的优点,而又不需专门的液压夹紧装置,可以采用气-液联合的夹紧装置。由于该装置只利用气源即可获得高压油液,因此成本低,维护方便。

图 6-70 所示的气-液增压器就是将压缩空气的动力转换成较高的液体压力,供应给夹具的夹紧液压缸。

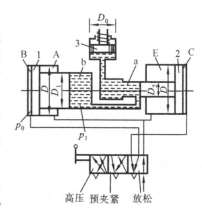

图 6-70 气-液增压器

其工作原理如下:当三位五通阀由手柄打到预夹紧位置时,压缩空气进入左气缸 B,活塞 1 右移,将 b 油室的油经 a 室压至夹紧液压缸下端,推动活塞 3 来预夹紧工件。由于 D 和 D_1 相差不大,因此压力油的压力 p_1 仅稍大于压缩空气压力 p_0。但由于 D_1 比 D_0 大,因此左气缸会将 b 室的油大量压入夹紧液压缸,实行快速预夹紧。此后,将控制阀手柄打到高压夹紧位置,压缩空气进入右气缸 C 室,推动活塞 2 左移,a、b 两室隔断。由于 D 远大于 D_2,a 室中压力会增大许多,推动活塞 3 加大夹紧力,将实现高压夹紧。当把手柄打到放松位置时,压缩空气进入左气缸的 A 室和右气缸的 E 室,活塞 1 左移而活塞 2 右移,a、b 两室连通,a 室油压降低,夹紧液压缸的活塞 3 在弹簧作用下下落复位,放松工件。

4. 其他动力装置

(1) 真空夹紧 真空夹紧是利用工件上基准面与夹具上定位面间的封闭空腔抽取真空后来吸紧工件的,也就是利用工件外表面上受到的大气压力来压紧工件的。真空夹紧特别适用于由铝、铜及其合金、塑料等非导磁材料制成的薄板形工件或薄壳形工件。图 6-71 所示为真空夹紧的工作情况,图 6-71(a) 所示为未夹紧状态,图 6-71(b) 所示为夹紧状态。

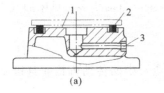 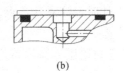

图 6-71 真空夹紧

(a) 未夹紧状态 (b) 夹紧状态

1—封闭腔；2—橡胶密封圈；3—抽气口

(2) 电磁夹紧 如平面磨床上的电磁吸盘，当线圈中通上直流电后，其铁芯就会产生磁场，在磁场力的作用下将导磁性工件夹紧在吸盘上。

(3) 其他方式夹紧 它们通过重力、惯性力、弹性力等将工件夹紧，这里不一一赘述。

6.4 典型机床夹具设计

不同种类的机床具有不同的加工工艺特点，且夹具与机床连接方式也不尽相同。因此，对不同种类的机床夹具设计就提出了不同的要求，每一类机床夹具的总体结构和技术要求上都有其各自特点。本节就典型机床的夹具类型、结构特点和设计要点等分别介绍。

6.4.1 车床夹具

1. 车床夹具的结构类型及特点

当在车床上加工形状比较复杂的零件时，通过卡盘或顶尖装夹工件比较困难，而利用花盘等装夹工件，又不能满足生产效率的要求，此时就需要设计专用车床夹具。专用车床夹具按其总体结构大致分为角铁类、定心类、花盘类等三种类型。

(1) 定心类车床夹具 在车床上加工具有同轴度要求的工件或进行切削余量较小的精加工时，对工件往往有定心要求。如图 6-72 所示，螺母 5 和弹簧胀套 4 向左移动时，夹具体 2 上的锥面迫使轴向开槽的弹簧胀套 4 径向胀大，从而使工件定心并夹紧。加工结束后，拉杆带动弹簧胀套 4 向右移动，弹簧胀套 4 收缩复原，便可装卸工件。

(2) 角铁类车床夹具 夹具体呈角铁状的车床夹具称为角铁类车床夹具，其结构不对称，主要用于加工壳体、支座、杠杆、接头等零件上的回转面和端面。图 6-73 所示为一镗轴承座孔的角铁类车床夹具简图。工件利用夹具上的一面两销定位，采用螺旋压板夹紧。导向套 7 用来引导加工孔的刀具，以提高刀杆刚度。轴向定程基面 3 用来控制刀具的轴向行程。夹具体 4 通过止口和过渡盘与机床主轴连接。

(3) 花盘类车床夹具 对形状复杂的工件，当定位基准面垂直于机床回转轴线或有一定夹角时，就可采用花盘式车床夹具。

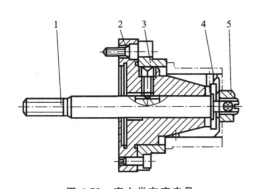
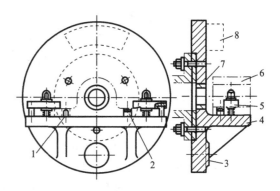

图 6-72 定心类车床夹具
1—拉杆;2—夹具体;3—轴向定位套;
4—弹簧胀套;5—螺母

图 6-73 角铁类车床夹具
1—菱形销;2—圆柱销;3—轴向定程基面;4—夹具体;
5—压板;6—工件;7—导向套;8—平衡配重

图 6-74 所示车床夹具,工件由两个 V 形块定心并夹紧在燕尾滑块 10 上。挡销 3、6 分别用来确定滑块 10 两端的位置。滑块先和挡销 6 接触,确定了大孔的加工位置(图示位置)。待加工完毕后,松开楔形压板 9,向左移动燕尾滑块 10,直到调节螺钉 2 和挡销 3 接触为止,再用楔形压板 9 压紧滑块 10,加工小孔。两孔间的距离可利用调节螺钉 2 调节。转动把手 7,活动 V 形块 5 即可进退。

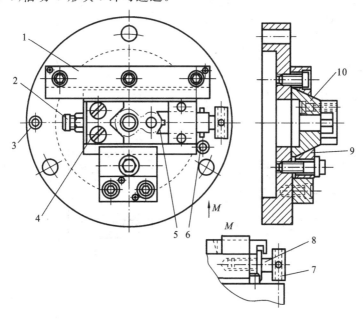

图 6-74 镗两个平行孔的车床夹具
1—导向板;2—调节螺钉;3、6—挡销;4—固定 V 形块;5—活动 V 形块;7—把手;8—螺杆;9—楔形压板;10—滑块

2. 车床夹具设计要点

（1）定位装置设计　　在车床上加工工件时，要求工件加工面的轴线与车床主轴回转轴线重合，夹具上定位装置的结构和布置，必须保证这一点。对于加工轴套、盘类工件，则采用定心类车床夹具或心轴类车床夹具；对壳体、支座等非规则零件，则用角铁类车床夹具或花盘类车床夹具。

（2）夹紧装置设计　　车床加工工件时，夹具随同主轴一起做旋转运动，所以在加工过程中，工件除了受切削扭矩的作用外，还受到离心力的作用，工件定位基准的位置相对于切削力和重力的方向来说是变化的。因此，夹紧机构所产生的夹紧力必须足够，自锁性能要好，以防止工件在加工过程中脱离定位元件。

（3）车床夹具与机床主轴连接　　夹具的回转精度主要取决于夹具在车床主轴上的连接精度。根据车床夹具径向尺寸大小，其在机床主轴上的安装一般有两种方式：

① 用锥柄连接　对于径向尺寸 $D<140$ mm，或 $D<(2\sim3)d$ 的小型夹具（见图 6-75(a)），一般通过锥柄安装在车床主轴锥孔中，并用拉杆拉紧。这种连接方式定心精度较高。

② 用过渡盘连接　对于径向尺寸较大的夹具，一般利用过渡盘与车床主轴轴颈连接。这种连接结构如图 6-75(b)所示。夹具体与过渡盘采用间隙配合（H7/h6）或过渡配合（H7/js6）连接，然后用螺钉紧固。过渡盘与车床主轴的连接形式取决车床主轴的前端

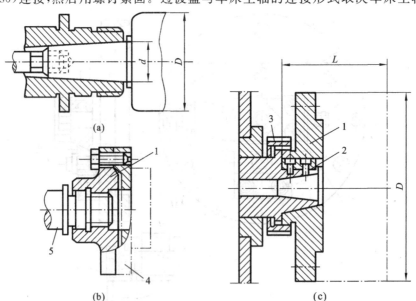

图 6-75　车床夹具的安装
1—过渡盘；2—平键；3—螺母；4—夹具；5—主轴

结构。图 6-75(b)所示的连接形式是过渡盘与车床主轴采用 H7/h6 或 h7/js6 配合连接,并采用螺纹紧固。如果主轴前端为圆锥体并有凸缘结构,如图 6-75(c)所示,则过渡盘 1 以锥体定心,用套在主轴上的螺母 3 锁紧。旋转运动的转矩则由平键 2 传递给过渡盘。这种结构定心精度高。

(4) 夹具总体结构设计　由于车床夹具多采用悬臂安装,因此应尽量缩短夹具的悬伸长度,使重心靠近主轴,以减少主轴的弯曲载荷,保证加工精度;应尽量减小夹具的外形尺寸,并使重心与回转轴线重合,以减小离心力和回转力矩对加工的影响。

夹具的悬伸长度 L 与其外廓直径 D 之比的参考数值:对直径在 150 mm 内的夹具,$L/D \leqslant 1.25$;对直径在 150~300 mm 间的夹具,$L/D \leqslant 0.9$;对直径大于 300 mm 内的夹具,$L/D \leqslant 0.6$。

6.4.2　钻床夹具

钻床夹具又称钻模。它一般通过钻套引导刀具对工件进行加工,被加工孔的尺寸精度主要由刀具本身的尺寸和精度来保证,而孔的位置精度则由钻套在夹具上相对于定位元件的位置精度来保证。

1. 钻床夹具的结构类型

(1) 固定式钻模　这类钻模在使用过程中,其在钻床上的位置固定不动,用于立式钻床时,一般只能加工单轴线孔,在摇臂钻床则可加工平面孔系。图 6-76 所示钻模,工件以孔 $\phi 25H7$ 和端面在心轴 6 上定位,通过螺母 5 和开口垫圈 4 实现工件的快速装卸,钻头借助钻套 1 引导加工工件孔 $\phi 6H7$,并保证尺寸 37.5±0.02 mm。

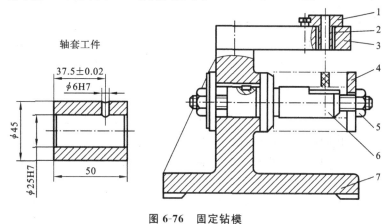

图 6-76　固定钻模

1—钻套;2—衬套;3—钻模板;4—开口垫圈;5—螺母;6—定位心轴;7—夹具体

(2) 分度式钻模　这类钻模主要用于加工按一定规律分布的孔系。图 6-77 所示为一分度式钻模。工件以内孔和端面在心轴 2 和分度板 12 上定位,用开口垫圈 4 和螺母 3

将工件夹紧。钻完一个孔后,通过手柄10拧松锁紧螺母,将对定销1拉出,即可将分度盘12转动到下一个加工位置,对定销在弹簧力作用下自动插入分度盘12下一个孔中,实现分度对定,然后拧紧锁紧螺母10,通过定位心轴2,锁紧分度盘12。

(3) 盖板式钻模　盖板式钻模没有夹具体,定位元件和夹紧装置全部安装在钻模板上,适合加工体积庞大工件上局部位置的孔,加工时,只要将它盖在工件上定位夹紧即可。

图6-78所示为一盖板式钻模。钻模以圆柱和钻模板端面在工件上定位,通过拧动螺钉2挤压钢球3,钢球3同时挤压推动三个径向分布的滑柱5沿径向伸出,在工件内孔中涨紧,从而使钻模夹紧在工件上。

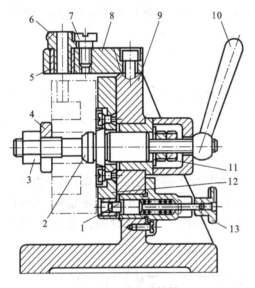
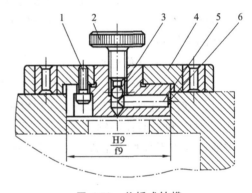

图6-77　分度式钻模
1—对定销;2—定位套;3—夹紧螺母;4—开口垫圈;
5—衬套;6—钻套;7—钻套螺钉;8—钻模板;9—夹具体;
10—锁紧手柄;11—螺母;12—分度盘;13—拉手

图6-78　盖板式钻模
1—螺钉;2—滚花螺钉;3—钢球;
4—钻模板;5—滑柱;6—锁圈

(4) 翻转式钻模　图6-79(a)所示的是用来加工某套类零件上6个径向螺纹底孔和端面上6个螺纹底孔的翻转式钻模,图6-79(b)所示为被加工零件工序图。

翻转式钻模主要用于加工小型工件不同方向上的孔,适合于中小批量工件的加工。由于加工时钻模需要在工作台上翻转,因此夹具不宜过重,夹具连同工件的总质量一般应小于10 kg。加工ϕ6以下孔时,由于切削力小,钻模在钻床工作台上不用压紧,直接用手扶持,非常方便。

(5) 滑柱式钻模　它可通过升降钻模板实现可调,其结构已标准化和系列化,设计时可直接按标准选用图6-80(a)所示成品,然后根据工件定位情况对其进行补充设计和加工,再设计添加少量零件就可组成图6-80(b)所示的钻模。根据钻模板升降采用的动力

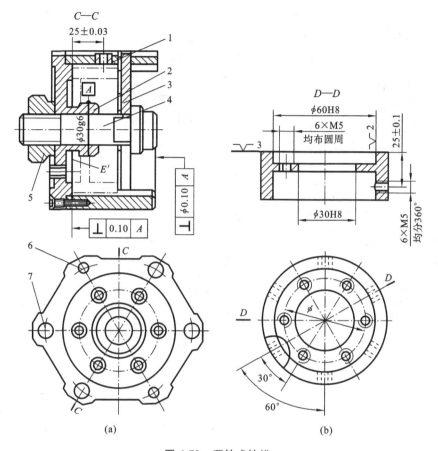

图 6-79 翻转式钻模

1—夹具体；2—定位件；3—削扁开口垫圈；4—螺杆；5—手轮；6—销；7—沉头螺钉

不同，可分为手动滑柱钻模和机动（如气动、液压）滑柱式钻模两类。

图 6-80 所示的是手动单齿条双柱式滑柱钻模的通用结构。转动操纵手柄 5，经斜齿轮 2 带动齿条导杆 3 上下移动，使钻模板升降。根据不同的工件的形状和加工要求，配置相应的定位、夹紧元件以及钻套，便可组成一个滑柱式钻模。

2. 钻床夹具的设计要点

1) 钻套形式的选择和设计

钻套和钻模板是钻床夹具的特殊元件，钻套的作用是引导钻头、扩孔钻或铰刀，以防止其在加工过程中发生偏斜。按钻套的结构和使用情况，可分为以下四种类型。

（1）固定钻套　如图 6-81 所示，固定钻套直接被压装在钻模板上，其配合为 H7/n6 或 H7/r6，其位置精度较高，但磨损后不易更换。适用于只需要钻孔的单一工步及生产批

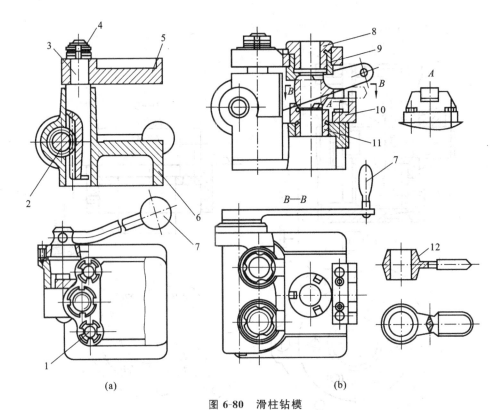

图 6-80 滑柱钻模

1—导柱；2—斜齿轮；3—斜齿条导杆；4—锁紧螺母；5—升降钻模板；6—夹具体；7—操纵手柄；8—钻套；9—上锥形定位套；10—挡块；11—下锥形定位套；12—工件

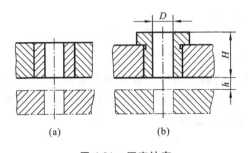

图 6-81 固定钻套

量较小的场合。

钻套导引孔的基本尺寸 D 应等于所导引刀具刀刃部分直径的最大极限尺寸。对钻孔和扩孔，钻套导引孔尺寸公差带一般取 F7；粗铰时，钻套导引孔尺寸公差带取 G7；精铰时，钻套导引孔尺寸公差带取 G6。如果采用刀具的导柱部分导向，则可按基孔制选取相应的配合，如 H7/g6、H6/g5、H7/f7 等。

钻套高度 H 即导引孔长度，H 较大则导向性好，但刀具和钻套的磨损较大；H 过小则导引作用差，刀具容易倾斜。设计时，应根据加工孔直径大小、深度、位置精度、工件材料、孔口所在的表面状况及刀具刚度等因素而定。一般情况下取 $H=(1\sim3)D$。若刀具容易偏斜（如在斜面或曲面上钻孔）或位置精度要求高，钻套的高度应按 $H=(4\sim8)D$ 选取。

钻套距工件孔端距离（间隙）h 会影响排屑和刀具导向。h 的值要根据工件材料和加工孔位置精度要求而定,总的原则是引偏量要小又利于排屑。在加工铸铁等脆性材料时,一般取 $h=(0.3\sim0.7)D$;加工塑性材料时,常取 $h=(0.7\sim1.5)D$;在斜面上钻孔时,为防止引偏,可按 $h=(0\sim0.2)D$ 选取;当被加工孔的位置精度要求很高时,也可以不留间隙(即 $h=0$),这样一来,刀具的导引良好,但钻套磨损严重。

(2) 可换钻套　图 6-82(a)所示为可换钻套。当加工孔以单一工步加工、生产批量较大时,为方便钻套的更换,则用这种钻套。可换钻套装于衬套中,而衬套与钻模板采用压配(H7/n6)。这类钻套需要压套螺钉固定以防转动或在退刀时随刀具带起,钻套与衬套孔常用 F7/m6 或 F7/k6 配合。

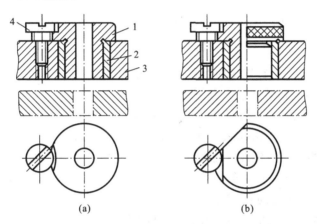

图 6-82　可换钻套与快换钻套的结构

(a) 可换钻套　(b) 快换钻套

1—钻套;2—衬套;3—钻模板;4—压套螺钉

(3) 快换钻套　图 6-82(b)所示为快换钻套。当孔需要钻、扩、铰多工步加工时,由于刀具直径尺寸不同,需要内径不同的钻套来引导刀具,这时采用快换钻套可减少更换钻套时间,其外径与衬套孔的配合亦为 F7/m6 或 F7/k6。

以上介绍的三种钻套均为标准钻套。

(4) 特殊钻套　因工件的形状或工序加工条件而不能使用以上三种标准钻套时,需自行设计的钻套称特殊钻套。常见的特殊钻套如图 6-83 所示。其中:图 6-83(a)所示为在斜面或圆弧面上钻孔的钻套,图 6-83(b)所示为在凹形表面上钻孔的加长钻套,图 6-83(c)所示为小孔距钻套。

2) 钻模板的类型和设计

钻模板主要用来安装钻套,有的还兼有夹紧功能,故应有一定的刚度和强度。其结构形式通常有以下四种。

(1) 固定式钻模板　图 6-76 中的钻模板 3 就是固定式钻模板。这类钻模板与夹具

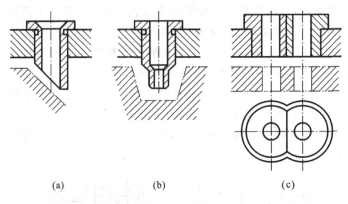

(a)   (b)   (c)

图 6-83 特殊钻套

体以铸、焊接、或用销和螺钉连接的形式做成一个整体。其结构简单,钻孔精度高。但这种结构对某些工件而言,装卸不太方便。

（2）铰链式钻模板　　当钻模板妨碍工件装卸或后续加工时,可采用图 6-84 所示的铰链式钻模板。铰链销 1 与钻模板 5 的销孔采用 G7/h6 配合,与铰链座 3 的销孔采用 N7/h6 配合,钻模板 5 与铰链座 3 之间采用 H8/g7 配合。钻套导向孔与夹具安装面的垂直度可通过修配两个支承钉 4 的高度加以保证。加工时,钻模板 5 由菱形螺母 6 锁紧。由于铰链销孔间存在配合间隙,用此类钻模板加工的精度比固定式钻模板低。

（3）可卸式钻模板　　如图 6-85 所示,可卸式钻模板以夹具体上的双销（圆柱销 2、削

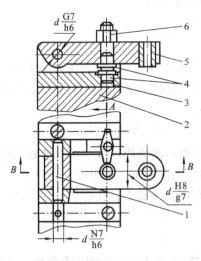

图 6-84　铰链式钻模板

1—铰链销；2—夹具体；3—铰链座；
4—支承钉；5—钻模板；6—菱形螺母

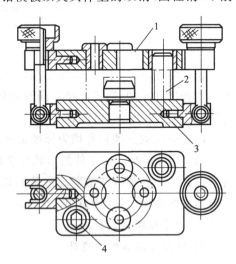

图 6-85　可卸式钻模板

1—钻模板；2—圆柱销；3—夹具体；4—削边销

边销4)和工件顶平面进行定位,然后采用两个铰链螺栓将钻模板和工件一起夹紧。在加工完一个工件后,需要将钻模板卸下,然后才能装卸工件。使用这类钻模板,装卸钻模板比较费力,钻套的位置精度较低,故多在使用其他类型钻模板不便于装夹工件时采用。

6.4.3 铣床夹具

铣床夹具主要用来加工平面、沟槽、缺口以及成形表面等。由于铣削时切削力较大,冲击和振动严重,因此铣床夹具的夹紧力要足够大,自锁性能要良好,夹具各组成部分要有较好的强度和刚度。

1. 铣床夹具的主要类型

铣床夹具的类型很多,下面就常用、典型的铣床夹具类型作一简单介绍。

(1) 直线进给铣削夹具 这类夹具用得最多,通常安装在铣床工作台上,随工作台直线进给运动。图 6-86 所示为铣削拨叉零件的直线进给式夹具。

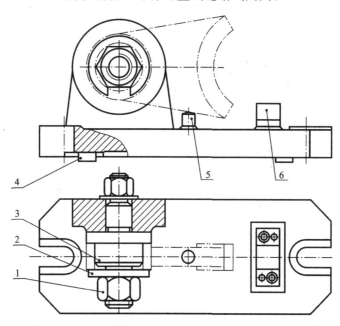

图 6-86　直线进给拨叉铣床夹具

1—螺母;2—开口垫圈;3—定位心轴;4—定位键;5—固定支承;6—对刀块

工件以孔和端面在心轴 3 上定位,同时用固定支承 5 限制工件绕心轴 3 的转动自由度。拧紧螺母 1,通过开口垫圈夹紧工件,并可实现工件的快速装卸。更换安装刀具时,可通过对刀块 6 实现快速刀具位置调整。

(2) 圆周进给的铣床夹具 这类夹具通常用在具有回转工作台的铣床上,一般均采用连续进给,生产率高。图 6-87(a)所示为一圆周进给铣床夹具简图,图 6-87(b)所示为拨叉加工工序图。转台 5 带动拨叉依次进入切削区,加工好后进入装卸区(非切削区)被取下,并装入新的待加工工件。

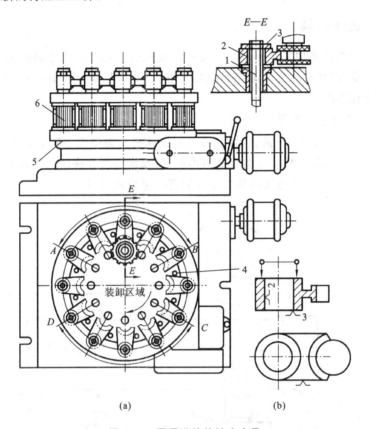

图 6-87　圆周进给的铣床夹具
1—拉杆;2—定位销;3—开口垫圈;4—挡销;5—转台;6—油缸

(3) 多件铣削夹具　在加工中小型零件时,铣床也常采用一次铣削多件的夹具装夹方法,图 6-88(a)所示为摇臂零件的多件铣削夹具。

该夹具采用"定位匣"式工件装夹方法,即夹具的定位装置自成一体,可在夹具上独立装卸,如图 6-88(b)所示。上部工件定位心轴由四部分构成:两端为对定部分,用于定位匣在夹具中的定位;左定端后面为工件定位部分;两端为定位匣连接部分。下部是菱形定位销,10 用于工件的定位,15 用于定位匣的定位。定位匣的圆柱销在夹具的 4、6 定位孔中定位;圆柱销 15 在定位槽 8 中定位,以避免过定位;削边销 10 在定位槽 9 中定位。

夹紧时,由夹紧螺母 1 压钩头压板 2,钩头压板 2 推动滑动块 3 实现对工件的夹紧。当拧松夹紧螺母 1 时,螺母 1 的凸肩会带动钩头压板 2 左移,而钩头压板 2 的凸缘卡在滑

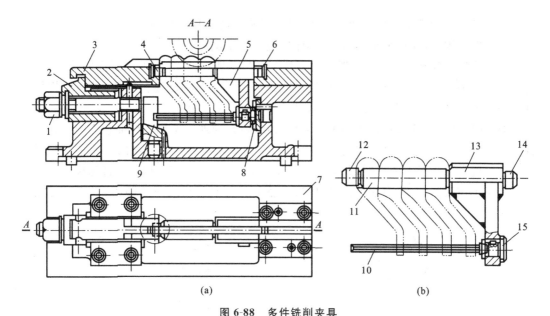

图 6-88 多件铣削夹具

1—夹紧螺母;2—钩头压板;3—滑动压块;4、6—定位孔;5—定位匣;7—夹具体;8、9—定位槽;
10—削边销;11—定位轴;12、14—定位轴的对定端;15—削边销的圆柱端

动块 3 的槽中一起左移。

2. 铣床夹具设计要点

鉴于铣削加工的特点,在设计铣床夹具时,应使夹具具有较高的刚度,夹紧必须牢固、可靠,尤其要注意铣床夹具特有元件——定位键和对刀元件的设计。

(1) 定位键的设计　为了保证夹具与机床工作台的相对位置,在夹具体的底面上应设置定位键。在一套铣床夹具上必须设置两个定位键,如图 6-89 所示,且应与机床工作台的同一个 T 形槽相配合。两个定位键相距越远,定向精度越高。

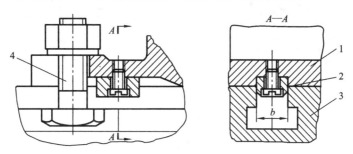

图 6-89 定位键应用

1—夹具体;2—定位键;3—机床工作台;4—T 形槽螺栓

定位键可承受铣削产生的扭转力矩,可减轻夹具的螺栓的负荷,加强夹具在夹紧过程中的稳固性。因此,在铣削平面时,夹具体也应装有定位键。

(2) 设置对刀装置　对刀装置由对刀块和塞尺组成,其形式视加工表面的情况而定。对刀块是用来确定刀具与夹具相对位置的元件。对刀块结构已经标准化,具体结构尺寸可参阅国家标准《夹具零件及部件》(GB/T 2240~2243—1991)。

对刀时,铣刀不能与对刀块的工作表面直接接触,应通过塞尺来校准它们间的相对位置,以免损坏刀刃或造成对刀块过早磨损。图 6-90 所示为各种对刀块的应用情况。对刀装置应设置在便于对刀的位置,并应布置在工件的切入一端。对刀时,应将塞尺放在刀具与对刀块工作表面之间,边抽动塞尺,以边调整刀具与对刀块之间的距离,以松紧感觉来判断铣刀的位置。

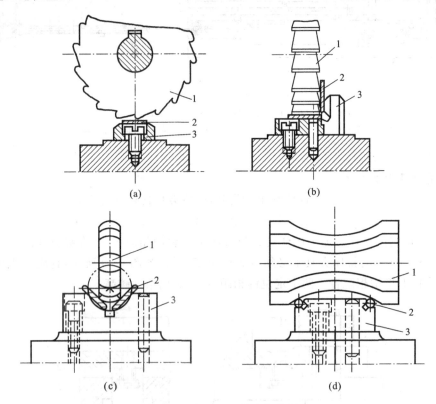

图 6-90　各种对刀块使用举例
1—铣刀;2—塞尺;3—对刀块

6.4.4　镗床夹具

镗床夹具也称镗模,它具有钻模的特点,所加工孔或孔系的位置精度主要由镗模保证。

1. **镗模的类型**

根据镗模支架的布置形式,镗模分为单镗套导向和双镗套导向两类。

(1) 单镗套导向　当镗杆用单镗套导向时,镗杆与机床主轴采用刚性连接。主轴回转精度影响镗孔精度,故适于小孔和短孔的加工。这种导向形式只有一个导向支架,可布置在刀具前面,称为前导向,也可布置在刀具后面,称为后导向。图 6-91(a)所示为单镗套前导向的形式,主要用于加工 $D>60$ mm、$l>D$ 的孔。一般情况下,$d<D$。因导向部分直径不受被加工孔径的影响,故在多工步加工时不需更换镗套。这种方式特别适合需要镗平面的工序。缺点是切屑易被带入镗套中。为了便于排屑,一般取 $h=(0.5\sim1)D$,但 h 不应小于 20 mm。

当镗削 $D<60$ mm、$l<D$ 的孔时,如图 6-91(b)所示,可使镗杆导向部分的直径 $d>D$。这种布局的优点是:镗杆刚度好,装卸工件和更换刀具方便,多工步加工时不需更换镗杆。

当加工长度 $l=(1\sim1.25)D$ 的孔时,如图 6-91(c)所示,可使镗杆导向部分的直径 $d<D$,以便镗杆导向部分可进入被加工的孔内,从而缩短镗套与工件之间的距离 h 以及镗杆的悬伸长度 L_1。

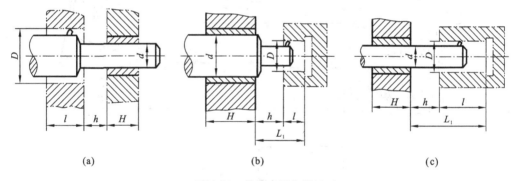

(a)　　　　　　　　　　(b)　　　　　　　　　　(c)

图 6-91　单镗套导向镗孔

(2) 双镗套导向　当镗杆用双镗套导向时,镗杆和机床主轴采用浮动连接。所镗孔的位置精度取决于镗模两导向孔的位置精度,而与机床主轴精度无关。

双镗套导向有两种方式:单面双支承和双面单支承。前者适用于不能同时使用前后支承的场合,如图 6-92 所示。由于镗杆悬臂,镗杆悬伸长度一般不大于镗杆直径的 5 倍。镗杆的引导长度 $H>(1.25\sim1.6)L$。

后者的两个镗套分别设置在刀具的前方和后方,如图 6-93 所示。它主要用于加工孔径较大、孔距精度或同轴度要求较高的孔。这种引导方式的缺点是:镗杆较长,刚度较差,更换刀具不方便。

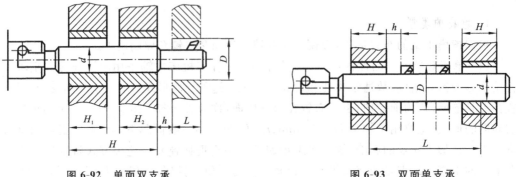

图 6-92 单面双支承   图 6-93 双面单支承

图 6-94 所示为镗削车床尾架孔的镗模。镗杆 9 和主轴之间通过浮动接头 10 连接。工件以底面、槽及侧面在定位板 3、4 及可调支承 7 上定位。采用联动夹紧机构,拧紧夹紧螺钉 6,压板 5、8 同时将工件夹紧。镗模支架 1 上装有滚动镗套 2,用以支承和引导镗刀杆。镗模以底面 A 装在机床工作台上,其位置用 B 面找正。

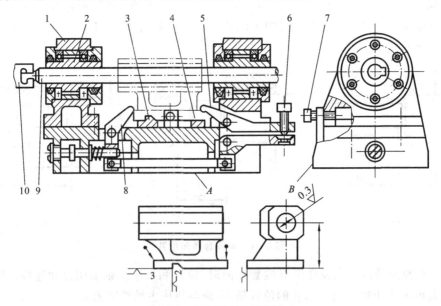

图 6-94 车床尾座孔镗削夹具

1—镗模支架;2—回转镗套;3、4—定位板;5、8—压板;6—夹紧螺钉;7—可调支承;9—镗杆;10—浮动接头

2. 镗套

镗套用于引导镗杆,可分为固定式镗套和回转式镗套两类。固定式镗套的结构与钻套相似,且位置精度较高。但由于与镗杆之间的相对运动,镗套易于磨损,一般用于速度较低的场合。当镗杆的线速度高于 20 m/min 时,应采用回转式镗套。图 6-95 所示为回

转式镗套,其中左端 a 所示结构为内滚式镗套,镗套 2 固定不动,镗杆 4 装在导向滑套 3 内的滚动轴承上。镗杆相对于导向滑套回转,并连同导向滑套一起相对于镗套移动。这种镗套的精度较好,但尺寸较大,因此多用于后导向。图中右端 b 的结构为外滚式镗套,镗杆与镗套 5 一起回转,两者之间只有相对移动而无相对转动。镗套的整体尺寸小,应用广泛。

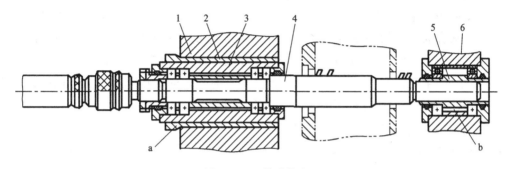

图 6-95 回转式镗套

1、6—导向支架;2、5—镗套;3—滑套;4—镗杆

6.5 机床专用夹具的设计方法

6.5.1 机床专用夹具设计的基本要求

(1) 保证工件的加工精度 定位精度是专用夹具设计必须满足的首要目标。为保证定位精度,应正确地选择定位方法和定位元件,进行误差分析和计算;同时,要合理地确定夹紧力三要素,尽量减少因加压、切削、振动所产生的变形;合理的夹具结构也可以有效地提高夹具的刚度,从而减少工件的加工误差。

(2) 提高生产率,降低生产成本 根据工件生产批量的大小,选用不同的夹具配置方案,以缩短辅助时间,最大限度提高生产率;同时还需尽量缩短夹具的设计和制造周期,降低夹具制造成本,提高经济性。

(3) 操作方便、省力和安全,能降低工人劳动强度 夹具的操作要尽量做到省力和方便。若有条件,尽可能采用气动、液压等自动化夹紧装置。同时,要从结构上保证操作的安全,必要时要设计和配备安全防护装置。

(4) 便于排屑 排屑不畅会影响工件在夹具上的定位精度,切削热不能较快地随切屑带走,工艺系统易产生热变形,从而影响加工质量,同时还会增加清理切屑的辅助时间。

(5) 良好的结构工艺性 在保证使用要求的前提下,要力求结构简单,制造容易,尽量采用标准元件和结构,以便于制造、装配、检验和维修。

6.5.2 机床专用夹具设计的方法和步骤

1. 明确设计任务,收集设计资料

研究被加工零件的零件图、工艺规程、工序图、毛坯图、生产纲领、切削用量,尤其要了解工件的定位基面、夹紧表面,及所用机床、刀具、量具等。

收集所用机床、刀具、量具、辅助工具等的有关资料。对机床夹具来说,主要是机床与夹具连接部分的尺寸,如对铣床类夹具应了解T形槽的槽宽和槽距,对车床类夹具主要应了解主轴前端结构尺寸,还应了解机床的主要技术参数;对刀具来说,主要了解刀具结构尺寸、精度、主要技术条件等;了解本厂制造夹具的经验与能力;收集国内外同类夹具资料,吸收其中先进而又符合本厂的实际情况的合理部分。

2. 拟定夹具结构方案,绘制夹具草图

(1) 确定工件定位方案　虽然定位基准在工序图中已经确定,仍然要分析研究其合理性,诸如定位精度和夹具结构实现的可能性。在确定定位方式以后,选择、设计定位元件,进行定位误差分析计算。

(2) 确定夹紧方案　选择或设计夹紧机构,并对夹紧力进行验算。

(3) 对刀、引导方案　设计刀具的对刀方案,或刀具导引方式,设计刀具的导向装置。

(4) 确定夹具的其他结构　根据夹具设计需求,确定夹具的分度装置、上下料装置等的结构方案。

(5) 确定夹具体的形式及夹具在机床上的安装方式。

(6) 绘制夹具草图　在夹具草图上要正确地画出工件定位、夹紧机构、重要的联系尺寸、配合尺寸及公差等,还要提出相应的技术要求。

(7) 方案的审查及改进设计　草图绘制好以后,要征求有关人员的意见,并送相关部门审查,综合各种意见,对设计方案进行改进。

3. 绘制夹具总装图及零件图

绘制图样时,首先须符合国家图样绘制标准,其次要尽量采用国家、行业和企业的设计标准,并且其设计应符合夹具制造的工艺规范。夹具总图设计尽量采用1∶1的比例,工件用双点画线绘制,并把工件视为透明体。夹具总图须清楚表明其工作原理,诸如定位原理、各元件的位置关系及夹紧机构工作原理等,同时应尽量清楚地反映夹具的总体及主要结构。夹具总图绘制顺序为:工件→定位元件→对刀、导引元件→夹紧装置→其他装置→夹具体→标注必要尺寸公差及技术要求→编制夹具明细表及标题栏。根据夹具设计总图,测绘所有非标准零件的零件图,在零件图中须标注出全部尺寸、表面粗糙度要求、必要的形状和位置公差、材料及热处理要求,以及其他的技术要求。

6.5.3 确定夹具的主要尺寸、公差和技术要求

1. 夹具总装图上应标注的几类尺寸

（1）夹具外形上的最大尺寸　夹具外形的最大轮廓尺寸包括长、宽、高三个方向的尺寸。如果夹具有活动部分，应用双点画线画出最大活动范围，标出活动部分与处于极限位置时的尺寸。

（2）影响定位精度的尺寸　主要指定位元件之间、工件与定位元件之间的尺寸和公差。

（3）影响对刀精度的尺寸和公差　主要指刀具与对刀元件或导向元件之间的尺寸及公差，钻头与钻套内孔的配合尺寸及公差等。

（4）影响夹具在机床上安装精度的尺寸和公差　主要是指夹具安装基面与机床相应配合表面之间的尺寸及公差。

（5）影响夹具精度的尺寸和公差　主要指定位元件、对刀元件、安装基面三者之间的位置尺寸和公差。

（6）其他装配尺寸和公差　主要指夹具内部各连接副的配合尺寸、各组成元件的位置尺寸等。如定位销（心轴）与夹具体的配合尺寸、钻套与夹具体的配合尺寸等，设计时可查阅有关手册加以确定。

2. 夹具的公差

在夹具设计中，除了合理设计夹具结构外，正确制订夹具的公差和技术要求也是一项极为重要的工作内容。若夹具公差控制得过严或过松，不仅会影响夹具本身的使用性能和经济性，更重要的是会直接影响产品零件的加工精度。因此，必须重视夹具公差和技术要求的制定。

一般夹具的公差，按其是否与工件的加工尺寸公差有关，可分为以下两类。

（1）直接与工件的加工尺寸公差有关　例如：夹具上定位元件之间的距离（常见的一面双孔定位时定位销间的中心距）、导向对刀元件之间的距离（孔系加工时钻套间的中心距）、导向对刀元件与定位元件之间的距离（对刀块工作表面至定位元件工作表面间的距离）等有关尺寸公差或位置尺寸公差。这类夹具公差是与工件的加工精度密切相关的，必须按工件加工尺寸的公差来决定。

由于目前在误差的分析计算方面还很不完善，因此在制订这类夹具公差时，还不可能采用分析计算方法，而只能沿用工厂在夹具设计和制造中积累的实际经验加以确定。在确定这类公差时，一般可取夹具的公差为工件相应加工尺寸公差的 $1/5 \sim 1/2$。在具体选取时，必须结合工件的加工精度要求、批量大小及工厂在制造夹具方面的生产技术水平等因素进行细致分析和全面考虑。

在夹具总装图上标注这类尺寸公差时，一律采用双向对称分布公差制。为此，在按工

件加工尺寸公差来确定夹具的尺寸公差时,都必须首先将工件的尺寸公差换算成双向对称分布公差,否则,便不可能保证工件加工尺寸的精度。

(2) 与工件加工尺寸公差无关　例如定位元件与夹具体的配合尺寸公差、夹紧机构上各组成零件间的配合尺寸公差等。这类尺寸公差主要是根据零件的功用和装配要求,按照一般的公差配合标准来决定。

3. 夹具的技术要求

夹具总装图上无法用符号标注而又必须说明的问题,可作为技术要求用文字写在总装图的空白处。

6.5.4　夹具精度的验算

在夹具设计中,当结构方案拟定之后,就应对夹具的方案进行精度分析和估算,在夹具总装图设计完成之后,有必要根据夹具有关元件和总装图上的配合性质及技术要求等,再进行一次验算。同时,这也是夹具设计者和校核者所必须进行的一项工作,尤其是对于某些产品中很重要工件的夹具,为了确保其质量而必须进行误差计算。误差计算不等式已在 6.2.3 节作了介绍。

现以图 6-96 所示的钻床夹具为例进行夹具精度验算。

图 6-96(a)所示为在一套筒形工件上加工 $\phi 6H7$ 孔的工序简图。工件以 $\phi 25H7$ 孔轴线为第一定位基准,端面 B 为第二定位基准,安装在图 6-96(b)所示的夹具上。$\phi 6H7$ 孔的最后工序为精铰。铰刀直径为 $\phi 6^{+0.010}_{+0.005}$ mm,快换钻套与铰刀的配合选 G6(快换钻套孔径为 $\phi 6^{+0.022}_{+0.014}$ mm),铰刀尺寸允许磨损到 $\phi(6-0.005)$ mm。快换钻套与固定衬套的配合为 $\phi 12H6/g5$。快换钻套的内、外圆柱面及衬套内、外圆柱面的同轴度公差为 $e_1 = e_2 = \phi 0.01$ mm。快换钻套高度 $H = 18$ mm,快换钻套与工件的距离 $h = 2$ mm。试判断该导引装置能否满足加工要求,如不满足应采取何种措施?

1. 计算定位误差 Δ_{dw}

对于工序尺寸 37.5 ± 0.06 mm,工序基准与定位基准重合。但由于定位端面与 $\phi 25H7$ 孔有垂直度误差 0.01 mm,由此产生的基准位置误差即为定位误差,即 $\Delta_{dw} = 0.01$ mm。

2. 计算刀具引导误差 Δ_{yd}

直接造成对刀误差因素如下。

(1) 钻模板底孔轴心线到定位表面距离的公差 $T_{L夹}$。其值取相应工序尺寸公差的 1/5,即

$$T_{L夹} = \frac{1}{5} T_L = \frac{1}{5} \times 2 \times 0.06 \text{ mm} = 0.024 \text{ mm}$$

(2) 钻头与快换钻套的最大配合间隙 Δ_1。

$$\Delta_1 = [(6 + 0.022) - (6 - 0.005)] \text{ mm} = 0.027 \text{ mm}$$

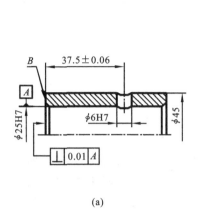
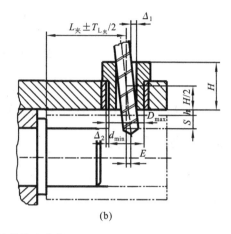

图 6-96 钻模精度分析

(a) 钻、铰孔工序简图　(b) 钻模对刀误差计算

(3) 固定衬套与快换钻套的最大配合的间隙 Δ_2，即 $\Delta_2 = D_{\max} - d_{\min}$。因两者的配合为 $\phi 12 \mathrm{H} 6/\mathrm{g} 5$，故

$$\Delta_2 = (12.011 - 11.986)\ \mathrm{mm} = 0.025\ \mathrm{mm}$$

(4) 快换钻套中钻头末端的偏斜 E。

$$E = \frac{\Delta_1}{H}\left(S + h + \frac{H}{2}\right) = \frac{0.027}{18} \times (10 + 2 + 9)\ \mathrm{mm} = 0.032\ \mathrm{mm}$$

(5) 快换钻套内、外圆的同轴度公差 e_1。

$$e_1 = 0.01\ \mathrm{mm}$$

(6) 固定衬套内、外圆的同轴度公差 e_2。

$$e_2 = 0.01\ \mathrm{mm}$$

对所有误差进行合成，则刀具引导误差为

$$\Delta_{\mathrm{yd}} = \sqrt{0.024^2 + 0.027^2 + 0.025^2 + (2\times 0.032)^2 + 0.01^2 + 0.01^2}\ \mathrm{mm}$$
$$\approx 0.078\ \mathrm{mm}$$

因 $\Delta_{\mathrm{yd}} > \frac{1}{3}T_{\mathrm{L}} = \left(\frac{1}{3}\times 2\times 0.06\right)\ \mathrm{mm} = 0.04\ \mathrm{mm}$，$\Delta_{\mathrm{dw}} = 0.01\ \mathrm{mm}$，如果取夹具安装误差 $\Delta_{\mathrm{ja}} = 0$，其他误差

$$\Delta_{\mathrm{qt}} = \frac{1}{3}T_{\mathrm{L}} = \left(\frac{1}{3}\times 2\times 0.06\right)\ \mathrm{mm} = 0.04\ \mathrm{mm}$$

那么，根据式(6-11)得

$$\Delta_{\mathrm{dw}} + \Delta_{\mathrm{yd}} = (0.01 + 0.078)\ \mathrm{mm} = 0.088\ \mathrm{mm} > \frac{2}{3}T_{\mathrm{L}} = 0.08\ \mathrm{mm}$$

由计算结果可知，该夹具结构方案不能满足要求。其原因是铰刀与快换钻套的间隙

Δ_1 太大。若对铰刀的尺寸磨损量加以限制,只允许磨损到 $\phi 6$,则间隙可缩小到 $\Delta_1 = 0.022$ mm,$E = 0.026$ mm。重新计算得

$$\Delta_{yd} = 0.067 \text{ mm}$$

$$\Delta_{dw} + \Delta_{yd} = 0.077 \text{ mm} < \frac{2}{3} T_L$$

这时可以满足加工精度要求,但铰刀的使用寿命会缩短。

6.5.5 夹具设计实例

现要求设计加工图 6-97 所示连杆零件上尺寸为 $10^{+0.2}_{0}$ mm 的八个槽的槽口所用的铣床夹具。已知零件材料为 45 钢,生产纲领为 5000 件/年,属中批生产,选用 X62W 卧式万能铣床。

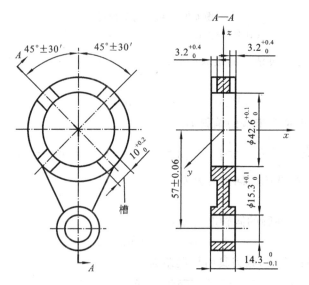

图 6-97 连杆铣槽工序图

具体设计步骤如下。

1. 工件的加工工艺分析

工件已加工过的大小头孔径分别为 $\phi 42.6^{+0.1}_{0}$ mm 和 $\phi 15.3^{+0.1}_{0}$ mm,两孔中心距为 57 ± 0.06 mm,大、小头厚度均为 $14.3^{0}_{-0.1}$ mm,两端面的平行度公差为 100 : 0.03。

在加工槽口时,槽口的宽度由刀具直接保证,而槽口的深度和位置则和设计的夹具有关。槽口的位置包括两方面的要求。

(1) 槽口的中心面应通过 $\phi 42.6^{+0.1}_{0}$ mm 的中心线,但没有在工序图上提出,说明此项要求精度较低,因此可以不作重点考虑。

(2) 要求槽口的中心面和两孔中心线所在平面的夹角为 $45°\pm 30'$。为保证槽口的深度 $3.2^{+0.4}_{0}$ mm 和夹角 $45°\pm 30'$，需要分析与这两个要求有关的夹具精度。

2. 确定夹具的结构方案

1) 确定定位方案，设计定位元件

(1) 确定工件需要限制的自由度，选择定位基准。

为保证槽深尺寸 $3.2^{+0.4}_{0}$ mm，应限制工件的 $\vec{x}$、$\vec{y}$、$\vec{z}$ 三个自由度；为了保证槽中心线与两孔连心线夹角 $45°\pm 30'$，需限制工件的 $\hat{z}$ 自由度；要使槽中心线通过大孔 $\phi 42.6^{+0.1}_{0}$ 的中心，需限制工件的 $\vec{y}$、$\vec{z}$ 两个移动自由度。总体来看，根据加工要求，应对该工件采取完全定位，限制工件的六个自由度。

在槽口深度方向的工序基准是工件的相应端面。从基准重合的要求出发，定位基准最好选择此端面。但由于要在此端面上开槽时，此面必须朝上，因此相应的夹具定位面势必要设计成朝下，这对定位、夹紧等操作和加工都不方便。因此，定位基准选在与槽相对的那个端面上比较合适，在该面上用三个支承点（用支承板）限制 $\vec{x}$、$\hat{y}$、$\hat{z}$ 三个自由度。只是端面间厚度尺寸 $14.3^{0}_{-0.1}$ mm 的误差将影响槽深的加工精度，即产生基准不重合误差，但因该误差仅为 0.1 mm，而槽深公差较大（0.4 mm），所以估计这样选择定位基准还是可以的。如果槽深精度要求较高，而基准不重合误差较大，还可以在工艺上采取措施，如在加工端面时减小厚度尺寸的公差值等，也不排斥采取基准重合的方案。

在保证夹角 $45°\pm 30'$ 方面，工序基准是双孔中心线所在平面，所以定位件采用一圆柱销和一削边销最为简便。由双孔定位的分析，已知圆柱销和孔的定位精度总是比削边销和孔的定位精度高。由于槽开在大头端面上，槽的中心面应通过孔 $\phi 42.6^{+0.1}_{0}$ 的中心线，这说明大头孔还是槽口的对称中心面的工序基准。因此，应选择大头孔 $\phi 42.6^{+0.1}_{0}$ 作为主要定位基准，定位元件用短圆柱销，以限制 $\vec{y}$、$\vec{z}$ 两个自由度，而小头孔 $\phi 15.3^{+0.1}_{0}$ 作次要定位基准，定位元件用短削边销，以限制 $\hat{x}$ 一个自由度，如图 6-98 所示。

(2) 选择定位元件的结构尺寸，确定其在夹具中的位置。

按上述分析，本定位装置由支承板、圆柱销、削边销组成。

两定位销中心距为

$$L_x \pm \frac{1}{2}T_{L_x} = L_x \pm \frac{1}{2}\left(\frac{1}{5} \sim \frac{1}{3}\right)T_{L_g} = 57 \text{ mm} \pm \frac{1}{2}\left(\frac{1}{5} \sim \frac{1}{3}\right) \times 0.06 \text{ mm}$$

取

$$L_x \pm \frac{1}{2}T_{L_x} = 57 \pm 0.02 \text{ mm}$$

圆柱销的尺寸及公差：

取 $\phi 42.6^{+0.1}_{0}$ 定位孔直径的最小值为圆柱销的基本尺寸，销与孔按 H7/g6 配合，则圆柱销的直径和公差为 $\phi 42.6^{-0.009}_{-0.025}$。

削边销的尺寸及公差：

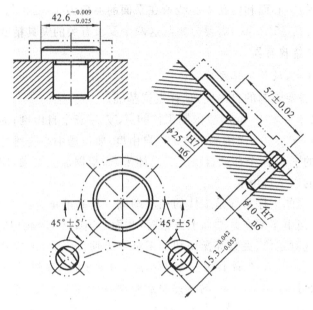

图 6-98 定位元件结构及其布置

由表 6-1 先取 $b_1=4, B=13$，则

$$\Delta_{2\min} \approx 2b_1 \frac{(T_{L_x}+T_{L_g})}{D_2} = \frac{2\times 4(0.02+0.06)}{15.3} \text{ mm} = 0.042 \text{ mm}$$

$$d_2 = D_2 - \Delta_{2\min} = (15.3-0.042) \text{ mm} = 15.258 \text{ mm}$$

直径公差按 h6 确定，可得

$$d_2 = \phi 15.258_{-0.011}^{\ 0} \text{ mm} = \phi 15.3_{-0.053}^{-0.042} \text{ mm}$$

两销与夹具体连接选用过渡配合 H7/n6 或 H7/r6。

在每个工件上铣八个槽，除正反两面分别装卸加工外，在同一面的四个槽的加工也可采用两种方案：一种方案是采用分度机构在一次装夹中加工，由于不能夹紧大头端面，夹具结构比较复杂，但可获得较高的槽与槽间的位置精度；另一种方案是采用两次装夹工件，通过两个菱形定位销分别定位（见图 6-98），由于受两次装夹定位误差的影响，获得槽与槽的位置精度较低。鉴于本例中槽与槽的位置精度要求不高（夹角为 $45°\pm 30'$），故可采用后一种方案。

(3) 定位误差的分析计算。

工件在夹具中加工时，造成加工表面质量的位置误差的原因是多方面的，定位误差只是其中之一。在初步确定定位方案时，一般先将定位误差控制在工件加工允差的 1/3 左右，最后再根据夹具总体设计及实际情况进行调整。

① 影响工序尺寸 $3.2_{\ 0}^{+0.4}$ 的定位误差 工序基准与槽相连，而定位基准为与槽相对

的另一端面,故存在基准不重合误差 Δ_B,其大小取决于两端面距离尺寸公差(0.1 mm)。两端面平行度误差每 100 mm 不超过 0.03 mm,对定位误差的影响一般应控制在尺寸公差范围内。因此,$\Delta_B=0.1$ mm。又因为定位端面已经加工,其基准位置误差可近似认为为零。所以对于槽深工序尺寸 $3.2^{+0.4}_{0}$,其定位误差为

$$\Delta_D = \Delta_B = 0.1 \text{ mm} < \frac{0.4}{3} \text{ mm} = 0.133 \text{ mm}$$

② 影响夹角 $45°\pm30'$ 的定位误差　工序基准为两孔连心线,与定位基准一致,故 $\Delta_B=0$。影响 $45°\pm30'$ 夹角的定位误差是两孔连心线相对两销连心线的最大转角误差 Δ_θ。

$$\Delta_\theta = \pm\arctan\frac{T_{D1}+T_{d1}+\Delta_{1min}+T_{D2}+T_{d2}+\Delta_{2min}}{2L_x}$$

$$=\pm\arctan\frac{0.1+0.016+0.009+0.1+0.011+0.042}{2\times 57}$$

$$\approx \pm 8'23'' < \pm\frac{30'}{3} = \pm 10'$$

③ 影响槽中心线通过孔 $\phi 42.6^{+0.1}_{0}$ 中心的定位误差　对于此项要求,工序图上虽未注明,但实际中仍存在。对于这项加工要求,工序基准应为大孔中心线,与定位基准重合。因此,只需计算基准位置误差,它等于孔销配合最大间隙,即

$$\Delta_D = \Delta_W = D_{1max} - d_{1min} = ESD - EId = (0.1+0.025) \text{ mm} = 0.125 \text{ mm}$$

通过对上述定位误差的分析计算,可知该定位方案能保证足够的定位精度。

2) 确定对刀装置

本工序中被加工槽的加工精度一般,主要保证槽深和槽中心线通过大孔($\phi 42.6^{+0.1}_{0}$)中心等要求。夹具中采用标准直角对刀块及塞尺的对刀装置来调整铣刀相对于夹具的位置。其中利用对刀块的竖直对刀面及塞尺调整铣刀,使其宽度方向的对称面通过圆柱销的中心,从而保证零件加工后,两槽对称面中心通过 $\phi 42.6^{+0.1}_{0}$ 大孔中心。利用对刀块水平对刀面及塞尺调整铣刀圆周刃口位置,从而保证槽深位置尺寸 $3.2^{+0.4}_{0}$ 的加工要求。对刀块采用销钉定位、螺钉紧固的方式与夹具体连接。具体结构如图 6-99 所示。

3) 夹紧方案选择及夹紧机构设计

在小批量生产时,夹紧机构采用螺钉压板夹紧机构较为合适(大批量生产时,可采用手动联动夹紧机构或液动、气动夹紧机构)。可供选择的夹紧部位有两种方案:一是压在大端上,留用两个压板(避开加工位置);另一是压在杆身上,此时只需用一个压板。前者的缺点是夹紧两次,后者的缺点是夹紧点离加工面较远,而且压在杆身中部可能引起工件变形。考虑到铣削力较大,且又是断续切削,加工中易引起振动,因此要求夹紧机构所提供的夹紧力足够大,并且要求具有较好的自锁性,为此应选用增力特性和自锁性能都比较好的螺旋压板夹紧机构,因此确定采用第一方案。具体结构如图 6-100 所示。

但当杆身截面较大,加工的槽也不深时,后一种方案也是可以采用的。

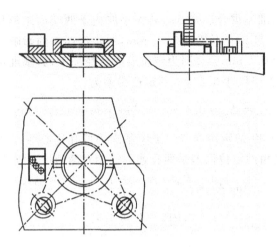

图 6-99 对刀装置

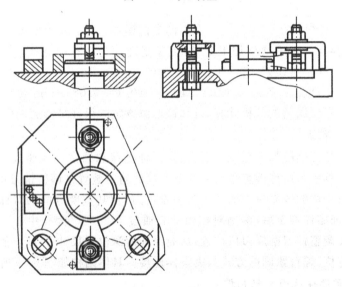

图 6-100 夹紧机构

4) 夹具体及总体设计

夹具体的设计应通盘考虑,使各组成部分通过夹具体能有机地联系起来,形成一套完整的夹具。此外,对于铣床夹具,还要考虑夹具在机床上的安装问题。从夹具的总体设计考虑,由于铣削加工易引起振动,因此要求夹具体及其上各组成部分的所有元件的刚度、强度要足够。夹具体及夹具总体结构如图 6-101 所示。

3. 绘制夹具总装图,标注夹具的主要尺寸、公差和技术要求

先用双点画线画出工件外形,然后依次画出定位元件(见图 6-98)、对刀装置(见图

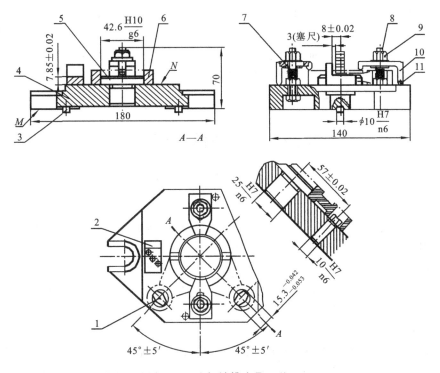

图 6-101 连杆铣槽夹具总装图

1—削边销；2—对刀块；3—定位键；4—夹具体；5—圆柱销；6—工件；
7—弹簧；8—螺栓；9—螺母；10—压板；11—止动销

6-99)、夹紧装置(见图 6-100)及其他元件,最后用夹具体把各种元件连成一体,便成为连杆铣槽夹具总装图(见图 6-101)。

1) 夹具总装图上应标注的尺寸及公差

(1) 夹具的最大轮廓尺寸为 180 mm×140 mm×70 mm。

(2) 定位孔与圆柱销的配合尺寸为 ϕ42.6H10/g6。

(3) 圆柱销与削边销之间中心距尺寸为 57±0.02 mm。

(4) 对刀元件的工作面与定位元件定位面间的位置尺寸为 7.85±0.02 mm 及 8±0.02 mm。

(5) 夹具定向键与夹具体的配合尺寸为 10H7/n6 或 10H7/m6。

(6) 圆柱销及削边销与夹具体的配合尺寸为 ϕ25H7/n6 及 ϕ10H7/n6。

(7) 为保证两次安装能够铣出工件同一面上的四个槽,夹具上装有两个削边销以确定工件的方向位置,因而标出方向位置尺寸 45°±5′。

2) 夹具总装图应标注的技术条件

(1) 上定位面 N 对夹具体底面 M 的平行度公差为 0.03/100。

(2) 定位元件 $\phi 42.6_{-0.025}^{-0.009}$ 轴线及 $\phi 15.3_{-0.053}^{-0.042}$ 销轴线对上定位面 N 的垂直度公差在全长上为 0.03 mm。

(3) 对刀块与对刀工作面相对定位键侧面的平行度公差为 0.05 mm。

最后对零件进行编号，填写零件明细表和标题(略)。

4. 绘制夹具零件图(略)

6.6　其他机床夹具

6.6.1　通用可调整夹具和成组夹具

通用可调整夹具和成组夹具的共同特点是：只要更换或调整个别定位、夹紧或导向元件，即可用于多种零件的加工，从而使多种零件的单件小批生产变为一组零件在同一夹具上的"成批生产"。产品更新换代后，只要属于同一类型的零件，就可在此夹具上加工。由于这类夹具具有较强的适应性和良好的继承性，所以使用这类夹具可大量减少专用夹具的数量，缩短生产准备周期，降低成本。

1. 通用可调整夹具

通用可调整夹具的加工对象较广，加工对象有时也不确定。如滑柱式钻模，只要更换不同的定位、夹紧、导向元件，便可用于不同类型工件的钻孔；又如，可更换钳口的台虎钳、可更换卡爪的卡盘等，均适用于不同类型工件的加工。

图 6-102 所示为加工法兰盘类零件的均布螺钉孔的可调整夹具，其钻套可换，在高度方向和半径方向上，夹具体上增加了 T 形槽或燕尾槽导向装置、刻度尺以及紧定手柄。高度方向经过粗调整即可，半径方向经粗调后，还需经检测后进行细调。该方式的优点是可调整范围大，通用性高，缺点是活动件和调整机构会降低夹具的精度和刚度，因此可用于位置精度要求不太高的场合。

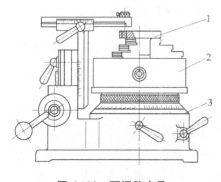

图 6-102　可调整夹具
1—法兰盘类工件；2—三爪自定心卡盘；3—转台

2. 成组夹具

成组夹具是根据成组工艺中的相似零件组进行设计的。其加工对象很明确，只能用于成组工艺中工艺特征相近的一组工件。调整范围只限于本组内的零件，调整时一般只需对个别定位元件、夹紧机构等进行更换或调整即可。

图 6-103(a)所示为按成组工艺要求划分的一组套筒零件，将其结构综合起来，可以得

到一个典型代表零件。按此代表零件可设计出如图 6-103(b)所示的套筒钻孔成组夹具。工件以端面在定位支承 2 上定位,旋转手轮 4 推动滑柱 3 将工件定心并夹紧。工序尺寸 C 采用分厘尺结构来进行调节,钻孔直径可通过可换钻套的更换,以引导相应的钻头来保证。

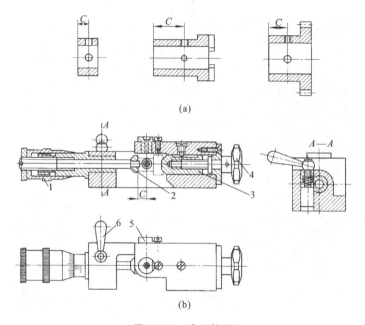

图 6-103 成组钻模

1—调节旋钮;2—定位支承;3—滑柱;4—手轮;5—钻套;6—紧固手柄

6.6.2 组合夹具

随着产品品种的日益增多,要求尽可能缩短生产准备周期和降低夹具成本。专用夹具对试生产和小批生产来说很不经济,因为它只能适应一种工件中指定的工序,而且其设计、制造周期长,当加工工件和工艺过程有变化时,原有的专用夹具就不能用了。可调夹具只能适用于一组工件。为使夹具通用性更强,应使夹具的每个元件都成为可以调整、更换,并可重新使用的标准件。将各种元件组合起来,可以对任何工件进行装夹的这类夹具称为组合夹具。

组合夹具由一套预先制造好的不同形状、不同规格、不同尺寸的标准元件及合件组装而成。图 6-104 所示为盘类零件钻径向分布孔的组合夹具立体图及其分解图。被加工工件如图 6-105 所示。

组合夹具一般是为某一工件的某一工序组装的专用夹具,也可以组装成通用可调整夹具或成组夹具。组合夹具适用于各类机床,但以钻模及车床夹具用得最多。

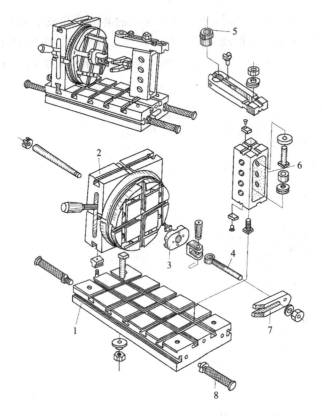

图 6-104　盘类零件钻径向分布孔的组合夹具
1—基础件；2—合件；3—定位件；4—紧固件；
5—导向件；6—支承件；7—压紧件；8—其他件

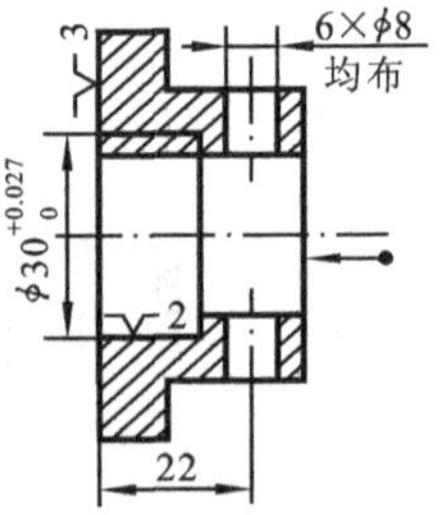

图 6-105　盘类零件钻径向分布孔工序图

组合夹具把专用夹具的设计、制造、使用、报废的单向过程变为组装、拆散、清洗入库、再组装的循环过程。可用几小时的组装周期取代几个月的设计制造周期，从而缩短生产周期，节省工时和材料，降低生产成本，同时还可减少夹具库房面积，有利于管理。

组合夹具的元件精度高、耐磨，并且实现了完全互换，元件精度一般为 IT6～IT7 级。用组合夹具加工的工件，位置精度一般可达 IT8～IT9 级，若精心调整，则可以达到 IT7 级。

由于组合夹具有很多优点，又特别适用于新产品试制和多品种小批量生产，因此近年来发展迅速，应用较广。组合夹具的主要缺点是体积较大，刚度较差，一次投资多，成本高，这使得组合夹具的应用推广受到一定限制。

6.6.3　数控机床夹具

随着科学技术的不断进步，数控加工设备已经飞速发展起来，与之相适应的数控机床夹具也在不断发展变化。国内数控加工设备已具有相当规模,数控加工在生产中已占有较大比例并将继续增加,而与之对应的数控机床夹具却未受到足够的重视。国内企业对传统工装夹具历来比较重视,但对数控机床夹具的应用缺乏足够的认识和规划。

由于对数控机床夹具系统的重要性认识不足,因而出现了在先进的加工设备上采用相对落后的通用夹具或专用夹具的情况,以至于不能充分发挥此类设备的效能。如何提高夹具的快速反应能力,以充分发挥数控机床和加工中心的加工效能,是目前夹具设计所面临的课题。

1. **数控机床夹具的设计要求**
(1) 优先采用夹紧动力装置,使装夹快速省力。
(2) 可采用通用可调夹具、成组夹具等,体现夹具结构设计的柔性化。
(3) 以多功能、系列化夹具结构代替单一功能夹具元件,使夹具可实现重复利用。
(4) 在夹具上设置编程零点,以满足数控机床编程要求。
(5) 夹具和夹具元件应具有较高的精度和刚度。
(6) 刀具在运动时,应防止刀具与夹具发生碰撞。

2. **数控机床夹具的设计特点**
(1) 数控机床夹具常采用网格状的固定基础板。
(2) 网格状基础板预先调整好相对数控机床的坐标位置。利用基础板上的定位孔可装各种夹具。
(3) 数控机床夹具是通用可调夹具和组合夹具的结合与发展。

3. **柔性夹具系统**

柔性夹具系统是由柔性夹具单元及专用夹具和组合夹具相互结合而成的一种夹具系统。柔性夹具单元是在组合夹具的基础上发展起来的一种新型夹具元件,它不但具备组合夹具生产准备周期短、通用性强的优点,而且其基础件相对集成,需要配备的元件更少,操作更简单,使用范围更广泛。它不仅可以与组合夹具兼容,还可以与专用夹具相结合。柔性夹具系统一方面具有组合夹具灵活性强的特点,具备专用夹具针对性强、结构紧凑、操作方便迅速的优点,另一方面又克服了组合夹具刚度低、精度低、质量大,以及传统专用夹具设计制造成本高、周期长等缺点。当然,柔性夹具系统也存在一些缺点。比如,由于柔性夹具元件制造精度高,对材料的要求高、工艺复杂,同时必须有一定数量的元件才能正常使用,因此一次性投资较大。另外,由于夹具通过拼装而成,因此夹具体较专用夹具笨重。

1) 柔性夹具单元

图 6-106 所示的柔性夹具单元是在组合夹具的基础上发展起来的一种新型夹具元件,板类基础、四面基础、角铁基础、T形基础是柔性夹具单元的代表。各基础上加工有准确孔心距位置的一组定位孔和一组紧固螺孔,它们呈网格分布。利用基础板上的定位孔

可装各种夹具,通过夹具定位方式、夹紧方式、加工方式的变化组合,可以保证夹具一次定位装夹多件加工,或一次定位装夹进行多面加工,从而缩短数控机床装夹工件的时间,充分发挥其效能。当加工对象变换品种时,只需适当调整组装方式或更换相应的夹具便可迅速转换为新零件的加工,适应性很强,可以更好地发挥数控机床的生产柔性。

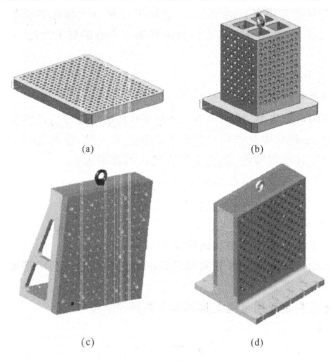

图 6-106 柔性夹具单元
(a) 基础板 (b) 四面基础 (c) 角铁基础 (d) T形基础

柔性夹具单元具有以下优点。

(1) 柔性夹具单元具有结构巧、精度高、刚度好、体积小、组装结合强度高、承受工作负荷大、组装调整安装快速和灵活多变、精度稳定、安全可靠等优点。

(2) 柔性夹具单元通过组装→分解→再组装,可循环使用。与专用夹具相比,它具有明显的技术经济效果,可以缩短夹具制造工时和生产准备周期,节约金属材料,降低成本。

(3) 柔性夹具单元通用性好,标准化程度高,适用于 ISO、JIS、DIN 和 USA 标准的数控机床。

(4) 柔性夹具单元选用优质钢材,并进行表面硬化处理,表面硬度可达到 58～62HRC,具有足够的强度和较好的韧度,主要工作面的几何公差等级可达到 IT3～4 级(传统组合夹具为 IT4～6 级),主要部位的公差可达到 0.01～0.005 mm(传统组合夹具为 0.03～0.05 mm)。

2) 专用夹具和组合夹具

传统的通用夹具具有定位、夹紧、导向和对刀四种功能,而数控机床上一般都配备有接触式测头、刀具预调仪及对刀部件等设备,可以由机床解决对刀问题。数控机床上由程序控制的准确的定位精度,可实现夹具中的刀具导向功能。因此,数控加工中的夹具一般不需要导向和对刀功能,只要求具有定位和夹紧功能,这样可简化夹具的结构。与柔性夹具单元相结合,通用夹具可设计得更加简便。夹具设计只需考虑如何快速可靠地定位夹紧工件,如何一次定位装夹进行多面加工或多件加工,以缩短数控机床的装夹停机时间,充分发挥其效能。柔性夹具单元与通用夹具的结合应用实例如图6-107所示。有了柔性夹具单元作为夹具的基础,工装在机床工作台上的定位变得十分方便。专用夹具在结构上可大大简化,在重量上大大降低。因此可以提高夹具设计和加工的速度,降低夹具成本。

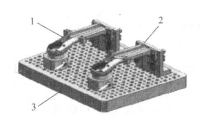 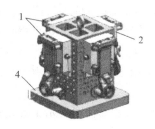

图 6-107 柔性夹具应用实例

1—工件；2—专用夹具；3—基础板；4—方箱

当产品批量很小或者通用夹具因损坏需要变更时,柔性夹具单元还可以与组合夹具相结合,组成临时夹具或过渡夹具,保证产品生产顺利进行。

3) 柔性夹具的设计及装配

柔性夹具系统拼装简单,不像组合夹具那样需要由受过专门培训的组装工来装配。柔性夹具单元在工装设计时可由工装设计者选择,并在工装图样上反映其装配关系及要求,由工装生产部门完成其装配和检验,由此既可保证夹具精度和质量,又能根据产品生产提前进行夹具准备。柔性夹具有对应的工装二维图样和三维图形,在现行的工艺过程卡或即将推行的三维工艺中能直接被引用,因此有利于指导产品生产和管理工艺工装,同时也可提高工艺装备系数。

本章重点、难点和知识拓展

重点:定位误差的分析计算;定位方案设计;夹紧方案设计;专用夹具设计方法步骤;

典型夹具设计特点。

难点：定位误差的分析计算；工件在夹具中加工的精度分析。

知识拓展：通过学习机床夹具设计的各种方法，结合设计实例，仔细分析理解专用夹具的设计过程及基本方法，从中体会如何根据被加工零件的结构形状、尺寸、精度要求、生产类型及所用机床的类型等多种实际条件进行专用夹具的设计，同时进一步了解计算机辅助夹具设计的原理，各种新型机床夹具的原理、结构特点及应用。

思考题与习题

6-1 机床夹具由哪些部分组成？

6-2 举例说明机床夹具在机械加工中的作用。

6-3 工件在夹具中定位主要解决哪些问题？

6-4 工件在夹具中定位时凡有六个支承点即为"完全定位"，这种说法对吗？为什么？试举例说明。

6-5 分析加工如题图所示工件定位时理论上所需限制的自由度。

6-6 如题图所示，连杆在夹具中的平面及圆柱销和V形块上定位，试问此定位是否合理？若不合理，应如何改进？

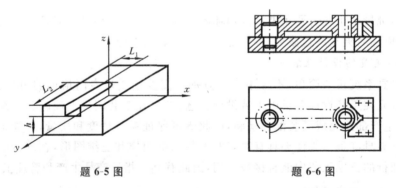

题 6-5 图　　　　　题 6-6 图

6-7 何谓定位误差？定位误差是由哪些因素引起的？定位误差的数值一般应控制在零件相应公差的什么范围之内？

6-8 工件的定位如题图所示，要保证加工 A 面与 B 面的距离尺寸为 100 ± 0.15 mm，试计算其定位误差。在保持原有方案的前提下，试提出减少定位误差的措施。

6-9 工件的定位如题图所示，欲加工 C 面，要求保证尺寸为 20 ± 0.1 mm，问该定位方案能否保证精度要求？若不能满足要求，应采取什么措施？

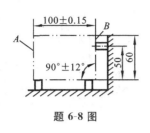

题 6-8 图

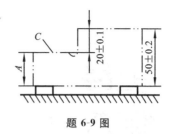

题 6-9 图

6-10 如题图所示零件,在铣槽工序中以底面和两孔定位,其中 $\phi 25^{+0.023}_{0}$ mm 孔以圆柱销定位,$\phi 9^{+0.036}_{0}$ mm 孔以削边销定位,两销均按 g8 制造,若夹具两定位销中心连线与铣刀走刀方向之间的调整误差为 $\pm 20'$,与安装无关的加工极限误差为 $\pm 10'$,试判断图中槽 A 方位角度为 $45°\pm 1°$ 时能否保证其加工精度。

6-11 在卧式铣床上用三面刃铣刀加工如题图所示零件的缺口。本工序为最后工序,试设计一个能满足加工要求的定位方案。

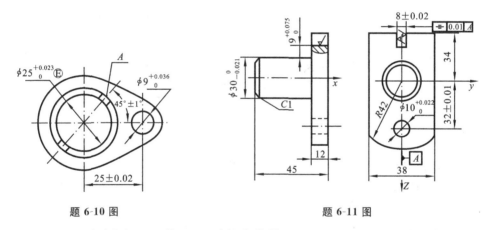

题 6-10 图　　　　　　　　　　　题 6-11 图

6-12 题图所示为加工工件 M 面时的定位情况。N 面、P 面已在前工序加工完毕,$L_1 = (45 \pm 0.2)$ mm,定位基准为 P 面,工序尺寸为 $L_2 = (20 \pm 0.25)$ mm,工序基准为 N 面。试计算定位误差,并分析能否满足工序要求。

6-13 加工题图(a)所示零件,在工件上欲铣削一缺口,保证尺寸 $8^{\ 0}_{-0.08}$ mm,现采用题图(b)、(c)两种定位方案,试计算各定位误差,并分析能否满足加工要求。若不能满足工序要求,试提出改进方案。

6-14 何谓工件在夹具中的夹紧? 工件在夹具中夹紧的目的是什么?

6-15 夹紧与定位有何区别? 对夹紧装置的基本要求有哪些?

6-16 设计夹紧机构时,对夹紧力的三要素有何要求?

6-17 试分析题图示各夹紧机构中夹紧力的方向和作用点是否合理。若不合理,应如何改进?

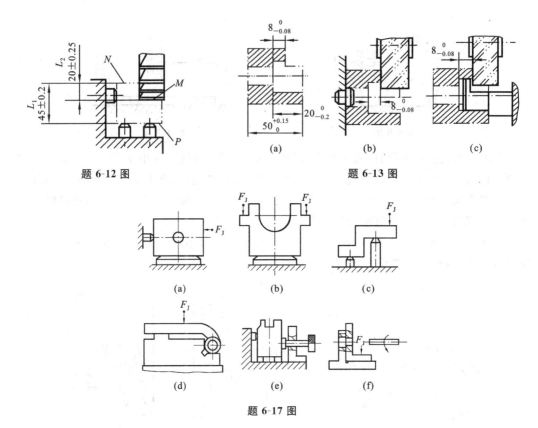

题 6-12 图   题 6-13 图

题 6-17 图

6-18 斜楔夹紧机构的特点及应用场合有哪些？

6-19 题图所示为某工件定位方案。试分析加工孔 o_1 时，能否满足加工要求，若定位方案不变，如何减少定位误差？

6-20 工件定位如题图所示。欲钻孔 o 并保证尺寸 A，试分析计算此种定位方案的定位误差。

6-21 题图所示钻模用于加工图（a）所示工件的两个 $\phi 8^{+0.036}_{\ \ 0}$ mm 孔。试指出该钻模设计中的不当之处，并提出改进意见。

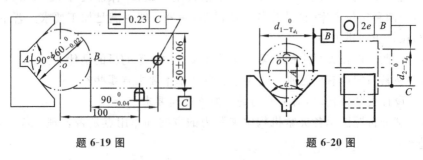

题 6-19 图   题 6-20 图

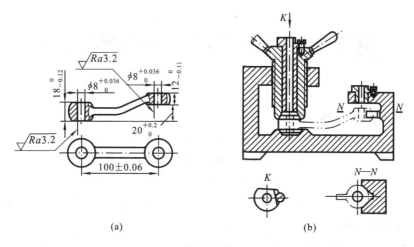

题 6-21 图

6-22 在题图所示支架上加工 $\phi 9H7$ 孔,其他表面均已加工好。试设计所需的钻模(只画草图)。

6-23 题图所示拨叉零件,材料为 QT40-17,毛坯为精铸件,生产批量为 2 000 件。工件上 $\phi 24H7$ 孔及其两端面已加工好,接着要卧铣叉口两侧面和钻 M8-6H 螺纹底孔。任选其中一道工序,试设计该工序的夹具。

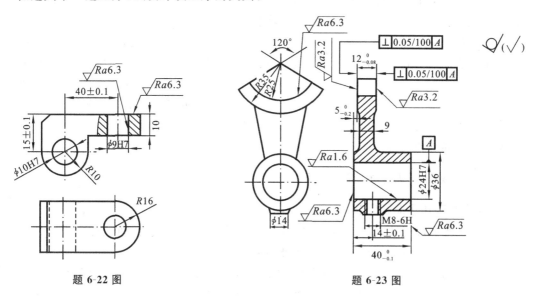

题 6-22 图　　　　　　　　　题 6-23 图

第 7 章　金属切削刀具设计

"工欲善其事，必先利其器"，金属切削刀具在机械加工中的作用已不言自明。目前，机械加工不只是要满足零件的加工质量和交货期的要求，还面临着以前从未遇到过的越来越多难加工材料的问题。这些材料包括钛合金、镍基合金、致密型石墨铸铁，甚至一些复合材料。事实上，工件材料要比切削加工它们的机床发展更快、变化更大。在机床与工件材料之间存在着一定的差距，为了缩小甚至超越这一差距，金属切削刀具得到了快速发展，并且其发展速度超过了其他的加工工艺。

事实证明，刀具的发展和变化是如此之大，不论规模多大的加工制造厂都需要对其刀具的设计和制造思路重新进行评价，不但需要重新审视刀具的选择，而且还要重新考量影响刀具的一些基本因素。

7.1　成形车刀设计

成形车刀是加工回转体成形表面的非标刀具，它的切削刃形状是根据工件的轮廓设计的。用成形车刀加工，只要一次切削行程就能切出成形表面，操作简单、生产效率高。成形表面的精度与工人操作水平无关，主要取决于刀具切削刃的制造精度。它可以保证被加工工件表面形状和尺寸精度的一致性和互换性，加工精度可达 IT9～IT10，表面粗糙度为 $Ra6.3\sim Ra3.2$。成形车刀的可重磨次数多，使用寿命长，但是刀具的设计和制造较复杂，成本高，故主要用在小型零件的大批量生产中。由于成形车刀的刀刃形状复杂，用硬质合金作为刀具材料时制造比较困难，因此多用高速钢作为刀具的材料。

本节主要简介成形车刀廓形的设计原理。

7.1.1　成形车刀的种类与用途

1. 按成形车刀刀体形状不同分类

如图 7-1 所示，按刀体形状分为平体、棱形和圆形成形车刀，它们通过径向进给切削成形表面，在行程终了时，获得所需加工要求的零件。

(1) 平体成形车刀　平体成形车刀除切削刃为成形刀刃外，结构和普通车刀完全相同，如图 7-1(a)所示。平体成形车刀常用于加工成形表面的简单零件，例如车螺纹、车圆弧表面和铲削成形刀齿后刀面。

(2) 棱形成形车刀　如图 7-1(b)所示，棱形成形车刀刀体呈棱柱形，用来加工外成形表面。

（3）圆形成形车刀　如图 7-1(c)所示,圆形成形车刀刀体是个带孔的回转体,可看成由长长的棱体车刀包在一个圆柱面上,并磨出容屑缺口和前刀面而形成。主要用来制造加工内、外成形表面。

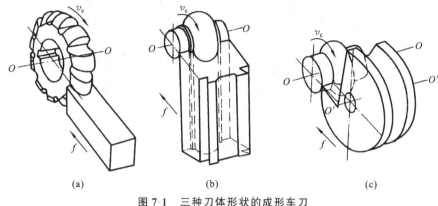

图 7-1　三种刀体形状的成形车刀
(a)平体成形车刀　(b)棱形成形车刀　(c)圆形成形车刀

棱形和圆形成形车刀均制有专用刀夹,经与刀具连接后,再固定在机床刀架上进行切削。

2. 按成形车刀进给方向不同分类

平体、棱形和圆形成形车刀均属径向进给成形车刀。按成形车刀进给方向不同还可分为径向、切向和斜向进给成形车刀。

（1）切向进给成形车刀　如图 7-2(a)所示,切向进给成形车刀的装夹和进给均切于加工表面,其特点是切削刃是逐渐切入和切离工件,切削力小,工作平稳,切削终了位置不影响加工精度,但切削行程长,生产率较低,主要用于自动车床上加工精度较高的小尺寸零件。

（2）斜向进给成形车刀　如图 7-2(b)所示,斜向进给成形车刀的进给方向不垂直于工件轴线,用于切削直角台阶表面时,能形成较合理的后角及偏角。

7.1.2　成形车刀的几何角度

成形车刀必须具有合理的前角和后角才能有效地工作。由于成形车刀的刃形复杂,切削刃上各点正交平面方向不一致,同时考虑测量和重磨方便,前角和后角都不在正交平面内测量,一般规定在刀具的假定工作平面(垂直于工件轴线的断面)内测量,并以切削刃上最外缘与工件中心等高点处的假定工作前角和假定工作后角作为标注值。

1. 成形车刀前角和后角的形成

1) 棱形成形车刀

棱形成形车刀的后刀面是成形棱形柱面,前刀面是平面,如图 7-3(a)所示。后刀面与

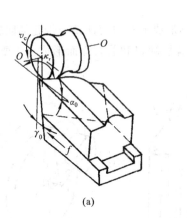 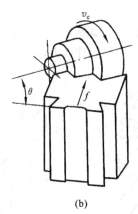

图 7-2 切向和斜向进给成形车刀
(a) 切向进给成形车刀 (b) 斜向进给成形车刀

燕尾面 $A—A$ 平行,而前刀面与 $A—A$ 呈倾角 $90°-(\gamma_f+\alpha_f)$。在制造棱形成形车刀时,将前刀面与后刀面的夹角磨成 $90°-(\gamma_f+\alpha_f)$。

在切削时,将距工件中心 $(O—O)$ 最近的切削刃 $1'(1'—1')$ 安装在工件水平位置上,并在假定工件平面内将后面斜装形成,同时也形成侧前角 γ_f,如图 7-3(b)所示。将侧后角 α_f 与侧前角 γ_f 定义为成形车刀的后角与前角。

如图 7-3(c)所示,切削刃 $1'$ 在工件中心水平位置上,切削刃上其余各点 $2'2'(3'3'、4'4'、\cdots)$ 低于工件中心水平位置,因此,其余各切削刃点的切削平面和基面的位置在变动,由各点的切削平面和基面与所在点的后面和前面形成的后角与前角都不相同,由图所示,离工件中心越远,后角越大、前角越小,即 $\alpha_f<\alpha_{f2}(<\alpha_{f3}<\alpha_{f4}\cdots);\gamma_f>\gamma_{f2}(>\gamma_{f3}>\gamma_{f4}\cdots)$。

2) 圆形成形车刀

圆形成形车刀前刀面刃磨出 γ_f,后刀面是成形回转表面,如图 7-3(d)所示。制造圆形成形车刀时要磨出容屑缺口,并使前刀面 A_γ 低于刀具中心 h 距离,h 应为

$$h=R\sin(\gamma_f+\alpha_f) \tag{7-1}$$

式中:R——圆形成形车刀廓形的最大半径。

如图 7-3(e)所示,在圆形成形车刀切削时,将离工件中心最近的切削刃 $1'(1'—1')$ 安装在工件中心水平位置上,并将刀具中心装高于工件中心 H 高度,则装高量 H 为

$$H=R\sin\alpha_f \tag{7-2}$$

圆形成形车刀通过制造和装刀后形成侧前角 γ_f 和侧后角 α_f。如图 7-3(f)所示,切削刃上各点后角与前角仍符合上述 $\alpha_f<\alpha_{f2}(<\alpha_{f3}<\alpha_{f4}\cdots),\gamma_f>\gamma_{f2}(>\gamma_{f3}>\gamma_{f4}\cdots)$ 的变化规律。

成形车刀的前角 γ_f 和后角 α_f 值不仅影响刀具的切削性能,而且影响加工零件的廓形

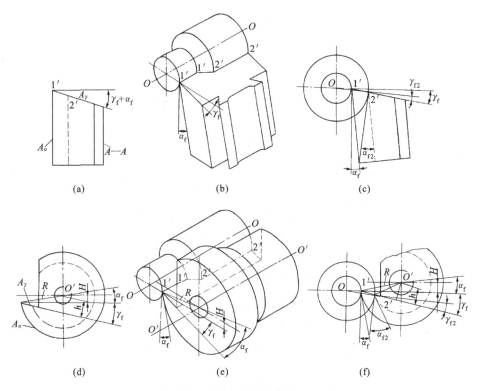

图 7-3 成形车刀的前角和后角
(a) 棱形成形车刀　(b) 棱形成形车刀工作时　(c) 棱形成形车刀的前角和后角
(d) 圆形成形车刀　(e) 圆形成形车刀工作时　(f) 圆形成形车刀的前角和后角

精度,因此,要求在制造、重磨、装刀和使用时,均不可变动。

成形车刀的前角 γ_f 值可根据工件材料选择(参考有关手册),后角 α_f 值可按下列数值选取。

平体成形车刀：　　　　　　　　$\alpha_f = 25° \sim 30°$
棱形成形车刀：　　　　　　　　$\alpha_f = 12° \sim 17°$
圆形成形车刀：　　　　　　　　$\alpha_f = 10° \sim 15°$

2. 在正交平面中切削刃后角的检验

成形车刀后刀面与加工表面之间的摩擦程度随切削刃上各点主后角 α_0 大小而异。为使刀具能顺利切削,需分析切削刃形状对 α_0 的影响。

成形车刀切削刃上各点主后角 α_0 与侧后角 α_f 的换算方法和普通车刀相同,由图 7-4 可知

$$\tan\alpha_{0x} = \tan\alpha_{fx} \sin\kappa_{rx} \tag{7-3}$$

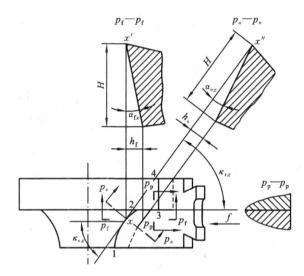

图 7-4 正交平面后角 α_{0x} 的换算

式中：κ_{rx}——切削刃上 x 点的主切削刃平面与假定工作平面夹角。

由式(7-3)可得，α_{fx} 愈小，α_{0x} 也愈小。如某段切削刃与工件轴线垂直，则 $\kappa_{rx}=0°$，$\alpha_{0x}=0°$，使该处后刀面紧贴加工后面，无法切削，所以利用公式校验主后角 α_0，保证最小主后角 $\alpha_{0x} \geqslant 2° \sim 3°$。

若 α_{0x} 过小则会影响正常切削，为此可采取图 7-5 所示的改善措施：图 7-5(a)所示为在不影响零件使用性能条件下，改变零件廓形；图 7-5(b)所示为在 $\kappa_{rx}=0°$ 的切削刃段的后面磨出凹槽，只保留 0.3～0.5 mm 的一段狭窄棱面，以减小摩擦面积；图 7-5(c)所示为将 $\kappa_{rx}=0°$ 的刃段磨出副偏角 $\kappa'_{rx}=2°\sim 3°$，这样可使摩擦大为减少，同时不改变工件的廓形，这种措施得到了普遍采用。图 7-5(d)所示为采用斜向进给成形车刀，以形成 $\kappa_{rx}>7°$，

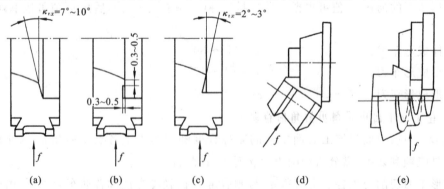

图 7-5 后角 α_{0x} 过小的改善措施

(a) 改变廓形　(b) 磨出凹槽　(c) 磨出侧隙角　(d) 斜装　(e) 螺旋后刀面

使 $\alpha_{0x} \geqslant 2° \sim 3°$；图 7-5(e)所示为采用螺旋成形车刀,将圆形成形车刀各段切削刃的后面制成螺旋面,使 $\kappa_{rx}=0°$ 处的后面与加工表面形成一定间隙。

7.1.3 成形车刀廓形设计

成形车刀设计的基本原理是根据工件的廓形求出相应的刀具廓形。为使制造和测量方便,棱形成形车刀的廓形是用其后刀面的法剖面内刃形来表示的,而圆形成形车刀的廓形则是用轴剖面内刃形来表示的。

成形车刀设计的主要内容有两部分:廓形设计和刀体设计。成形车刀的廓形设计通常有下列三种方法:作图法、近似计算法和精确计算法。作图法简单明了,但精度太低。近似计算法是生产中常用的方法,但也存在较大的理论设计误差。目前设计成形车刀廓形均可利用计算机进行,下面主要介绍工件与刀具廓形尺寸的分析及计算关系。刀体设计可选用厂标定型的结构及尺寸。成形车刀设计图包括:廓形设计图、刀体结构尺寸图以及检测廓形用的成对样板工作图。

1. 成形车刀廓形设计概念

成形车刀的廓形设计,就要由零件的廓形来确定刀具的廓形。零件的廓形是指零件在轴向平面内的形状与尺寸,包括深度、宽度和圆弧等。成形车刀的廓形是指切削刃在垂直于后面的平面上投影形成的形状。在这个平面内成形车刀的廓形容易制造和测量。

因成形车刀的 $\gamma_f > 0°$,$\alpha_f > 0°$,使棱形与圆形成形车刀廓形深度 P 小于工件廓形深度 T,因此,刀具的廓形不重合于零件的廓形而产生了畸变,如图 7-6 所示。一般刀具的廓形宽度与零件廓形宽度相同。因此,成形车刀廓形设计的主要内容是根据零件的廓形深度 T 和成形车刀的前角 γ_f、后角 α_f 修正计算成形车刀的廓形深度 P 和与它相关的尺寸。

2. 成形车刀廓形设计原理

1) 作图法设计

作图法设计的主要内容是在已知零件的廓形、刀具的前角 γ_f 和后角 α_f、圆形车刀廓形的最大半径 R 的情况下,通过作图找出切削刃在垂直于后刀面上的投影。

如图 7-7 所示,取零件廓形平均尺寸画出零件的主、俯视图。在主视图上零件的水平中心位置处 $1'$ 上作出刀具的前刀面和后刀面投影线;作出切削刃各点 $2'、3'、4'(5')$ 的后刀面投影线;在垂直后刀面截面中,连接各切削刃投影点与相等于零件廓形宽度引出线的交点 $1''、2''、3''、4''、5''$,连接各交点所形成的曲线即为成形车刀廓形。

2) 计算法设计

由于成形车刀切削刃的廓形宽度等于对应的零件廓形宽度。因此,成形车刀廓形设计主要是利用计算法求出成形车刀廓形深度。计算公式较为简单,但能达到很高精确度,通常取尺寸精度为 0.01 mm,角度精度为 $1'$。这些公式也可作为 CAD 设计的数学模型。

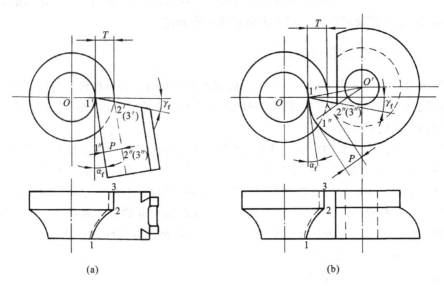

图 7-6 成形车刀廓形与加工零件廓形间的关系
(a) 棱形成形车刀 (b) 圆形成形车刀

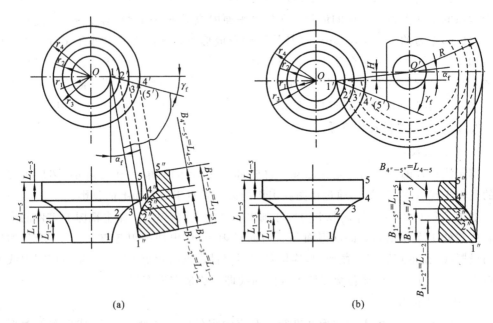

图 7-7 成形车刀廓形的作图法
(a) 棱形成形车刀 (b) 圆形成形车刀

(1) 棱形成形车刀 图7-8(a)所示为棱形成形车刀计算分析图。图中已知条件为：零件廓形半径 $r_1(r_2、r_3、\cdots)$，成形车刀前角 γ_f、后角 α_f，求刀具切削刃上任一点 x 的廓形深度 P_x。

由图可知
$$h = r_1 \sin\gamma_f$$
$$C = \sqrt{r_x^2 - h^2}, \quad C_1 = r_1 \cos\gamma_f$$
$$C_x = C - C_1 = \sqrt{r_x^2 - h^2} - r_1 \cos\gamma_f = \sqrt{r_x^2 - (r_1\sin\gamma_f)^2} - r_1 \cos\gamma_f$$
$$P_x = C_x \cos(\gamma_f + \alpha_f) = \left[\sqrt{r_x^2 - (r_1\sin\gamma_f)^2} - r_1 \cos\gamma_f\right]\cos(\gamma_f + \alpha_f) \tag{7-4}$$

(2) 圆形成形车刀 图7-8(b)为圆形成形车刀的计算分析图。图中已知条件为：零件廓形半径 $r_1(r_2、r_3、\cdots)$，成形车刀前角 γ_f、后角 α_f，刀具廓形最大半径 R。则刀具切削刃上任一点 x 的廓形深度 P_x。应为刀具最大廓形半径 R 与该切削上的点 x 所在位置的半径 R_x 之差，即 $P_x = R - R_x$。

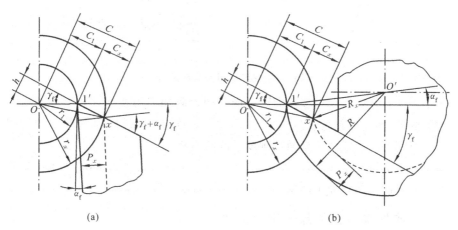

图 7-8 成形车刀计算分析图

(a) 棱形成形车刀 (b) 圆形成形车刀

由图可知：
$$h = r_1 \sin\gamma_f$$
$$C = \sqrt{r_x^2 - h^2}, \quad C_1 = r_1 \cos\gamma_f$$
$$C_x = C - C_1 = \sqrt{r_x^2 - h^2} - r_1 \cos\gamma_f = \sqrt{r_x^2 - (r_1\sin\gamma_f)^2} - r_1 \cos\gamma_f$$
$$R_x = \sqrt{R^2 + C_x^2 - 2RC_x\cos(\alpha_f + \gamma_f)}$$
$$P_x = R - R_x = R - \sqrt{R^2 + C_x^2 - 2RC_x\cos(\alpha_f + \gamma_f)} \tag{7-5}$$

从式(7-4)和式(7-5)中可知，r_1、γ_f、α_f、R 均已知，则成形刀具廓形深度 P_x 取决于切削刃所在点的零件廓形半径 r_x。

根据式(7-4)和式(7-5)计算出成形刀具切削刃上各点的廓形深度 P_x 和已知的零件

上对应廓形宽度 B_x（参见图 7-7），即可画出成形刀具廓形设计图。

3. 成形车刀的附加刀刃

成形车刀的附加刀刃为其两侧超出零件廓形宽度的部分，其作用分别为：倒角或修光端面和切断预加工。此外，有了两侧附加切削刀刃，可增大切削刃两侧尖角处强度。附加刀刃形状及尺寸如图 7-9 所示。

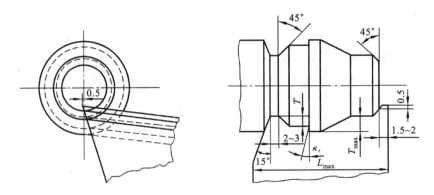

图 7-9 成形车刀的附加刀刃

成形车刀的总宽度 L_{max} 是零件廓形宽度与两侧附加刀刃宽度之和。总宽不应过宽，否则可能引起振动，一般超越量为 0.5 mm。如果总宽度 L_{max} 过长，可采取分段切削、用顶尖架增加夹持刚度或用辅助支承增加刚度等改善措施。

附加切削刃的偏角 κ_r 和 κ_{r1} 一般为 15°~20°，如工件端面有倒角，κ_{r1} 等于倒角的角度。

附加切削刃的切断预加工深度 t 不大于零件的最大廓形深度 T_{max}。

7.1.4 成形车刀其他部分设计简述

1. 成形车刀加工时的双曲线误差

用成形车刀加工圆锥体（或工件上的圆锥部分），加工后往往发现圆锥体母线不是直线，而是一条内凹的双曲线，这种误差称为双曲线误差。

图 7-10 所示为用棱形成形车刀加工圆锥体的情况。由于前角不等于零，包含前刀面的 M—M 平面不通过工件的中心，即切削刃不在工件的轴线平面上。根据圆锥体的形成原理可知，工件在 M—M 平面内应是一条外凸的双曲线。这样，刀刃在 M—M 平面上的形状应该是内凹的双曲线 1′—3′—2′，才能切出正确的圆锥体。然而刀刃却是直线 1′—4′—2′，即工件被多切去了一部分材料。加工后的工件表面便不是圆锥面，因而产生了双曲线误差。这种误差反映在工件上是工件表面的内凹量。

2. 成形车刀的刀体

成形车刀的刀体结构及其尺寸与所使用的机床和夹持成形车刀的刀夹有关。

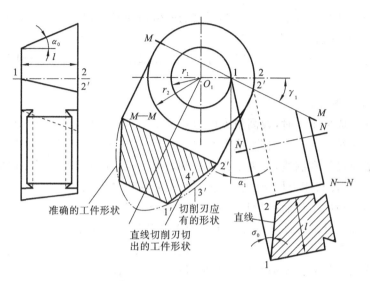

图 7-10 加工圆锥表面时产生的双曲线误差

图 7-11 所示为具有燕尾结构的棱形成形车刀和端面带销孔的圆形成形车刀组成尺寸。图中所示棱形成形车刀是用燕尾榫固定夹紧在刀夹燕尾槽中的。燕尾榫底面 $A—A$

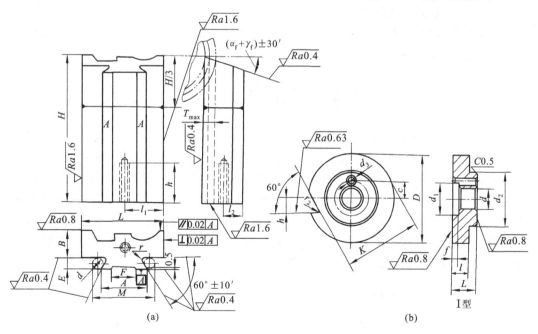

图 7-11 成形车刀刀体结构及其尺寸
(a) 棱形成形车刀 (b) 圆形成形车刀

是成形车刀的设计与夹紧定位基准,燕尾槽的两侧斜面是固定在刀夹上的夹紧面;圆形成形车刀通过内孔、端面和销孔(d_3)被定位夹紧在刀夹上。

成形车刀的刀体结构的各尺寸及精度、表面粗糙度、材料及热处理硬度等技术条件均按厂标确定。

3. 成形车刀的样板

制造和使用成形车刀时,较高精度的刀具截形可用投影仪等进行检验,而一般精度的刀具截形则常用样板检验。因此,成形车刀设计后还需设计成形车刀样板。成形车刀样板一般需要成对设计和制造,分为工作样板和校对样板,工作样板用于制造成形车刀时检验刀具截形,校对样板用于检验工作样板的精度和使用磨损程度。

成形车刀样板的工作面形状和尺寸与成形车刀截形吻合。

样板工作面尺寸的标注基准和成形车刀上的截形尺寸标注基准一致。

样板各部分基本尺寸等于刀具截形上对应的基本尺寸。

样板工作面各尺寸公差通常取成形车刀截形尺寸公差的 $1/3\sim1/2$,并且对称分布。

当成形车刀截形尺寸公差较小时,样板上的尺寸公差与之相同,但是成形车刀的最后尺寸应通过千分尺、投影仪等量具量仪检验。

样板的角度公差是成形车刀截形角度公差的 10%,但不小于 $3'$。

样板工作面的表面粗糙度 Ra 为 $0.08\sim0.32~\mu m$。

制造样板材料:T10A 或经表面渗碳处理的 $15\sim20$ 钢,硬度为 $40\sim61HRC$,样板厚度一般取 $1.5\sim2.5~mm$。

7.2 成形铣刀设计

成形铣刀与成形车刀相同之处是刀具廓形都要根据工件廓形设计。成形铣刀是用来加工成形表面的专用刀具。用成形铣刀可在通用的铣床上加工复杂形状的表面,并获得较高的精度和表面质量,生产率也较高。成形铣刀常用于加工成形直沟和成形螺旋沟等。

成形铣刀的刃形是根据所要铣削的工件截面形状设计的。有些成形铣刀,如凸半圆成形铣刀、凹半圆成形铣刀等,已经标准化;有些则可以根据标准制造;对于特殊刃形的成形铣刀,就要自行设计。属于成形铣刀的还有:麻花钻槽铣刀、丝锥槽铣刀、花键槽铣刀、螺纹铣刀、盘形齿轮铣刀、扳手钳口铣刀等。

7.2.1 铲齿成形铣刀的基本类型

铲齿成形铣刀是用于铣削工件成形表面的专用刀具。它的刃形是根据工件廓形设计计算的,它具有较高的生产率,并能保证工件形状和尺寸的互换性,因此得到广泛使用。成形铣刀按齿背形状可分为铲齿与尖齿两种。

1. 尖齿成形铣刀

尖齿成形铣刀的齿背是利用专门的靠模铣削和刃磨的,在磨损后要重磨后刀面,如果刃形复杂则刃磨很困难。它具有较高的耐用度和较好的加工质量,图7-12(a)所示的尖齿(半圆)成形铣刀,每次重磨时都要沿半圆形状来刃磨,给使用者带来很大困难,制造也较复杂,但刀具的耐用度和加工表面质量高,适合于大批量生产。刃形简单的成形铣刀一般做成尖齿形。

2. 铲齿成形铣刀

铲齿成形铣刀具有成形刃后角。其齿背是按一定曲线铲制的,磨损后可沿径向重磨前刀面,刃磨比较简单,重磨后能保证刃形不变,故在生产中一般采用铲齿结构。图7-12(b)所示为铲齿成形铣刀。本节只讨论铲齿成形铣刀的设计方法。

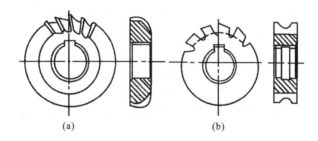

图 7-12 成形铣刀的种类

(a)尖齿成形铣刀 (b)铲齿成形铣刀

7.2.2 铲齿成形铣刀铲齿的原理

图7-13所示为成形铣刀的径向铲齿过程。铲刀的纵向前角 γ_f 为零,其前刀面应准确地安装在铲床的中心平面内,铣刀以铲床主轴轴线为旋转轴线做等速转动,当铣刀的前刀面转到铲床的中心高平面时,铲刀就在凸轮控制下向铣刀轴线等速推进,当铣刀转过 δ_0 角时,凸轮转过 φ_0 角,铲刀铲出一个刀齿的齿背(包括齿顶及齿侧面 1—2—6—5),而当铣刀继续转过 δ_1 角时,凸轮转过 φ_1 角,此时铲刀迅速退回到原来的位置。这样,铣刀转过一个齿间角 ε,凸轮转过一整周,而铲刀则完成一个往复行程。随后重复上述过程,进行下一个刀齿的铲削。由此可见,由于铲刀的前刀面始终通过铣刀的中心,所以铣刀在任意轴向剖面上的刃形必然和铲刀的刃形完全一致。铣刀重磨时,只要保证前刀面为轴向平面,就能使切削刃形状保持不变。

如果在铲齿时铲刀不快速退回,而是沿着齿背曲线 1→2→3→8 一直铲下去,则铣刀每转过一个齿间角 $\varepsilon\left(\varepsilon=\dfrac{2\pi}{z}\right)$,铲刀前进的距离 4→8 称为铲削量 K。与此相适应,凸轮旋转一周的升高量(半径差)也应该等于铲削量 K。一般在凸轮上都标注该凸轮的 K 值。

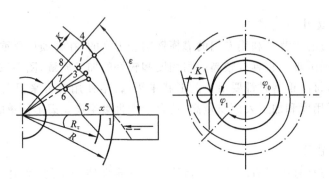

图 7-13 成形铣刀铲齿原理

1. 成形铣刀的后角及铲削量

铲齿成形铣刀通常给出进给方向的后角,设新刀齿顶进给后角为 α_{fa},并定义其为成形铣刀的名义后角,一般取 $\alpha_{fa}=10°\sim15°$,初步选定 α_{fa} 以后,需验算铣刀切削刃上某些点的主剖面后角 α_{fx},则

$$\tan\alpha_{fx}=\frac{Kz}{2\pi R_x}=\frac{R_0}{R_x}\tan\alpha_{fa} \tag{7-6}$$

由于刀齿高度与铣刀直径的比值很小,故可认为 $R_x\approx R_0$,则切削刃任一点的主剖面后角 α_{0x} 满足

$$\tan\alpha_{0x}\approx\tan\alpha_{fa}\sin\kappa_{rx} \tag{7-7}$$

式中:κ_{rx}——切削刃上任意点的主偏角。

由式(7-6)和式(7-7)可知,切削刃上任意点的 κ_{rx} 愈小,该点 α_{0x} 也愈小,但应保证 α_{0x} 不小于 $2°\sim3°$。实际计算表明,当 $\kappa_{rx}<10°$ 时难以满足这一要求,这时,应适当增大 α_{fa}。若仍不能满足要求,可采用将工件斜置的方法或斜向铲齿的方法增大后角。确定后角 α_{fa} 后,相应的铲削量可按式(7-8)计算。如图 7-14 所示,齿背曲线在 M 点的进给后角为 α_{fM},它与铲削量的关系式为

$$K=\frac{\pi d_0}{z}\tan\alpha_{fM} \tag{7-8}$$

式中:d_0——铣刀直径。

对于精度要求高的成形铣刀,其齿背除铲削外,尚需进行铲磨。对于铲磨的铣刀,其齿背必须做成双重铲齿的形式,即在铲齿时,齿背的 AB 段用铲削量为 K 的凸轮进行铲削(见图 7-15(a)),而将 BC 段用较大的铲削量 K_1 进行铲削,这样可将 BC 段多铲去一些,以免砂轮将 B 点之前磨光后,在 B 点之后形成凸台。

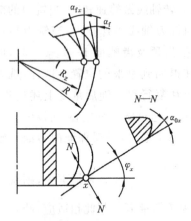

图 7-14 铲齿成形铣刀的后角

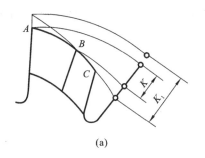
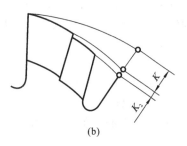

图 7-15 齿背的双重铲磨

(a) Ⅰ型　(b) Ⅱ型

双重铲齿成形铣刀的齿背亦可做成图 7-15(b) 所示的形式。常将前者称为Ⅰ型,后者称为Ⅱ型。当采用Ⅰ型铲齿形式时,$K_1 = (1.3 \sim 1.5)K$。

计算出 K 与 K_1 后,应按铲床凸轮的升距(即铲削量)选取相近的数值。

7.2.3　铲齿成形铣刀的廓形设计

1. 加工直槽的铲齿成形铣刀廓形设计

加工直槽的成形铣刀若采用 0°前角,则当铣刀轴线垂直于进给方向时,刀齿任意轴向剖面内的廓形皆与工件廓形相同,铣刀切削刃的形状与加工该铣刀的铲刀刃形相同,因此这种铣刀廓形设计简单,制造检验也方便,容易保证精度,所以精加工用的成形铣刀常用 0°前角。但 0°前角铣刀切削条件不合理,所以粗加工铣刀常做成正前角,即 $\gamma_f > 0°$。

如图 7-16 所示,当铣刀有了前角之后,刀齿轴剖面内的廓形与工件廓形不同,需要在设计时求出。其原理是根据工件廓形组成点到基准点的高度求出铣刀廓形相应点到基准

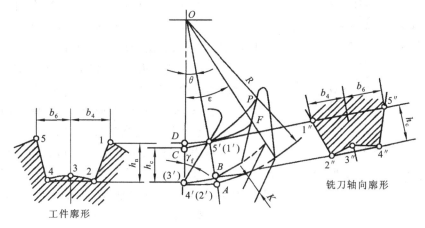

图 7-16　正前角铲齿成形铣刀廓形设计

点的高度,而铣刀各点到基准点的宽度等于工件廓形的相应宽度。图中 h_n 为工件5点廓形高,h_c 为铣刀对应点廓形高,其关系满足

$$h_c = h_n - \overline{AB} = h_n - \frac{Kz}{2\pi}\theta \tag{7-9}$$

式中:K——铲削量,单位为 mm;
  z——铣刀齿数;
  θ——$O5'$ 到 $O4'$ 的转角,单位为 rad,由

$$\sin(\theta + \gamma_{fa}) = \frac{R\sin\gamma_{fa}}{R - h_n} \tag{7-10}$$

确定。
式中:R——铣刀半径。

由于铣刀重磨后半径将减小,会影响 h_n 的数值,从而使成形铣刀重磨后精度降低,产生加工误差。

2. 加工螺旋槽的铲齿成形铣刀廓形设计

加工螺旋槽的铣刀广泛用于铣削各种刀具的螺旋容屑槽、蜗杆及螺纹等。铣削要在螺旋进给运动下进行,螺旋进给运动的轴线和参数与被加工螺旋面的轴线和参数相同,铣刀轴线经常在平行于工件轴线的平面内,与工件轴线交错一个安装角 Σ,满足

$$\Sigma = 90° - \beta - (1° \sim 4°) \tag{7-11}$$

如图 7-17 所示,工作台的转角为 $90°-\Sigma$,工作时铣刀旋转,工件做螺旋进给,当移动一个导程时铣刀旋转一周。为设计加工螺旋槽铣刀的形状和尺寸,需有已知条件:工件外径 d_w、螺旋角 β、铣刀直径 d_0、螺旋槽在端剖面中的形状和尺寸。设计时首先确定交错角 Σ,设计方法有图解法和计算法。由于计算机技术高度发展,计算法越来越快捷和精确,下面介绍计算法的原理。

由于铣刀切削刃绕轴线旋转所形成的回转表面与螺旋槽表面互切,因此把切线称为接触线,它是一条空间曲线,既在螺旋表面上,又在铣刀的回转面上。这条空间接触线绕工件轴线做螺旋运动,就形成螺旋槽表面,铣刀回转表面也可看做是接触线绕

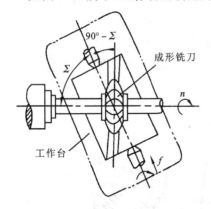

图 7-17 铣螺旋槽时铣刀与工件的安装

铣刀轴线回转而成,只要求出这条接触线,即可求得铣刀廓形。既然回转表面与螺旋槽表面相切,在切点上可以作一个两相切表面的公切面和一条公法线,然后回转表面廓形任一点的法线将通过回转轴线,因此切点处的公法线也必然通过铣刀轴线。换言之,若在螺旋槽表面各点上作法线,则法线通过铣刀轴线的点就是切点,这些切点的总和就是接触线,

接触线绕铣刀轴线旋转就形成铣刀的回转表面,而各点到铣刀轴线的距离就是铣刀的半径,这些半径排列起来就是铣刀廓形。

7.2.4 铲齿成形铣刀结构参数的确定

铲齿成形铣刀结构参数如下。

(1) 铣刀齿形高度 h 和宽度 B 如图 7-18 所示,成形铣刀齿形高度可取为

$$h = h_w + (1 \sim 2) \text{ mm} \tag{7-12}$$

式中:h_w——工件的廓形高度。

铣刀宽度 B 一般比工件廓形宽度 B_w 大 1~5 mm,并应采用标准系列尺寸。

(2) 容屑槽底形式 铲齿成形铣刀容屑槽底有两种形式:平底(见图 7-18)和中间凸起的加强形式(见图 7-19)。根据工件廓形最大高度 h_w 来选择容屑槽底的形式,当 h_w 较小和刀齿强度足够的情况下,可采用平底形式,否则,应采用加强形式。加强式槽底的形状可根据工件廓形确定。工件廓形为单面倾斜时,用Ⅰ型或Ⅱ型、Ⅲ型、Ⅴ型;工件廓形对称时,用Ⅳ型。

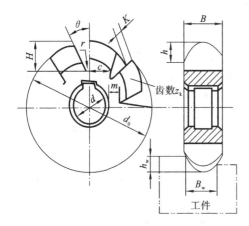

图 7-18 铲齿成形铣刀的结构

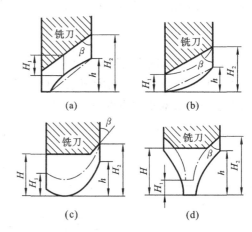

图 7-19 加强型容屑槽成形铣刀的结构

(3) 铣刀孔径 d 用铣刀切削时,要求其刀杆直径足够大,以保证在铣削力作用下有足够的强度和刚度。因此,铣刀孔径应按强度或刚度条件计算确定,在一般情况下,根据铣削宽度和切削条件,可参考表 7-1 选取。

(4) 铣刀外径 d_0 在保证铣刀孔径足够大、刀体强度足够的条件下,应取较小的铣刀外径,以减小扭矩和减少高速钢的消耗。

设计铣刀时,可首先用下式估算外径:

$$d_0 = (2 \sim 2.2)d + 2.2h + (2 \sim 6) \text{ mm} \tag{7-13}$$

式中:d——铣刀孔径;

m——铣刀刀体厚度,一般取 $m=(0.3\sim0.5)d$;

H——容屑槽高度。对加强形式的容屑槽,铣刀外径可取得略小。

表 7-1 成形铣刀的孔径

铣削宽度/mm	铣刀孔径/mm	
	一般切削	重切削
<6	13	13
>6~12	16	22
>12~25	22	27
>25~40	27	32
>40~60	32	40
>60~100	40	50

待确定了铣刀的其他有关参数后,再按 $d_0=d+2m+2H$ 校验铣刀刀体强度。

(5) 铣刀齿数 z 在保证刀齿强度和足够的重磨次数的条件下,应尽量增大铣刀齿数,以增加铣削平稳性,齿数 z 与铣刀直径之间有

$$z=\frac{\pi d_0}{t} \tag{7-14}$$

式中:t——铣刀圆周齿距,粗加工时取 $t=(1.8\sim2.4)H$,精加工时取 $t=(1.3\sim1.8)H$。

(6) 铲削量 对于精度要求高的成形铣刀,其齿背除铲齿外,还需铲磨,铲磨铣刀的齿背必须做成双重铲齿的形式。表 7-2 中所示为两种形式双重铲磨的铲床常用凸轮升距。由式 $K=\frac{\pi d_0}{z}\tan\alpha_{fM}$ 计算出铲削量 K 后,按表 7-2 取与铲床凸轮升距相近的值。

表 7-2 铲床常用凸轮升距　　　　　　　　　　　单位:mm

I 型													
K	2	2.5	3	3.5	4	4.5	5	5.5	6	6.5	7	8	9	10	11	12
K_1	3	4	4.5	5.5	6	7	7.5	8.5	9	10	10.5	12	13.5	15	16.5	18
II 型													
K	2	2.5	3	3.5	4	4.5	5	5.5	6	6.5	7	8	9	10	12
K_2	0.6~0.7				0.7~0.8				0.8~0.9				

(7) 容屑槽尺寸。

① 容屑槽底半径 r　容屑槽底半径 r 可表示为

$$r = \frac{\pi[d_0 - 2(h+K)]}{2Az} \tag{7-15}$$

式中：A——与铲床凸轮回程角 δ_r 有关的系数，$\delta_r = 60°$ 时，$A = 6$；$\delta_r = 90°$ 时，$A = 4$。

计算出的 r 应圆整为 0.5 mm 的整数倍。

② 容屑槽角 θ　θ 值应按加工容屑槽所用的角度铣刀的系列选取，一般取 22°、25°、30°，铣刀齿数少时取较大值，少数情况下可取 45°，如梳形螺纹铣刀。

③ 容屑槽深度 H　选取的 H 应保证铲齿时铲刀或砂轮不致碰到容屑槽底。对容屑槽为平底式且不需铲磨的成形铣刀，可用下式计算。

平底不需铲磨：　　　　　　　　$H = h + K + r$

Ⅰ型齿背：　　　　　　　　$H = h + \dfrac{K + K_1}{2} + r$

Ⅱ型齿背：　　　　　　　　$H = h + K + K_2 + r$

(8) 分屑槽　当铣刀宽度 $B < 20$ mm 时，切削刃不做分屑槽；$B > 20$ mm 时，切削刃做分屑槽，分屑槽也需铲磨，相邻刀齿分屑槽交错排列，因此，应取铣刀齿数为偶数，铲削时，隔一齿铲削一次，而铲削量为 $2K$。

(9) 校验铣刀刀齿和刀体强度　初定成形铣刀的各参数后，需校验刀体、刀齿强度是否足够。如果校验结果不符合要求，应重新假设和计算，直到满意为止。

① 校验刀齿强度　对于平底式容屑槽铣刀，可按下式计算齿根宽度 c（见图 7-18）。

$$c \approx \frac{3\pi(d_0 - 2H)}{4z_k} \tag{7-16}$$

要求 $c/H \geqslant 0.8$，当不满足时，应减少铣刀齿数。

对加强式槽底的成形铣刀，一般不需进行此项校验。

② 校验刀体强度　为保证刀体强度，要求 $m \geqslant (0.3 \sim 0.5)d$（见图 7-19）。$m$ 可表示为

$$m = \frac{d_0 - 2H - d}{2} \tag{7-17}$$

当不满足时，应增大铣刀外径。

刀齿齿根强度和刀体强度的校验亦可采用作图法进行，即按选定的铣刀结构参数直接画出铣刀的端面投影图，由图直接观察并测量铣刀齿根宽度 c 和刀体厚度 m 是否足够。

7.2.5　标准凸凹半圆成形铣刀的结构形式和主要尺寸

标准凸凹半圆成形铣刀的结构形式和主要尺寸如表 7-3 所示。

表 7-3 标准凸凹半圆成形铣刀的结构形式和主要尺寸　　单位:mm

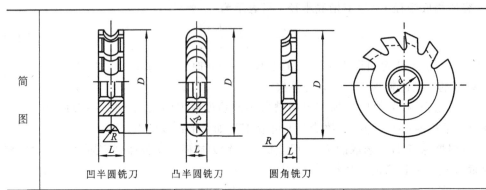

| 简图 | 凹半圆铣刀 | 凸半圆铣刀 | 圆角铣刀 |

凸半圆铣刀(GB/T 1124.1—2007)				凹半圆铣刀(GB/T 1124.1—2007)				圆角铣刀(GB/T 1124.1—2007)			
R	D	d	L	齿数 z	R	D	d	L	齿数 z	R	D	d	L	齿数 z
1	50	16	2	14	1	50	16	6	14	1	50	16	4	14
1.25			2.5		1.25					1.25				
1.6			3.2		1.6			8		1.6				
2			4		2			9		2			5	
2.5	63	22	5	12	2.5	63	22	10	12	2.5	63	22	6	12
3			6		3			12		3				
4			8		4			16		4			8	
5			10		5			20		5			10	
6	80	27	12		6	80	27	24		6	80	27	12	
8			16		8			32		8			16	
10	100	32	20	10	10	100	32	36	10	10	100	32	18	10
12			24		12			40		12			20	
16	125		32		16	125		50		16	125		24	
20			40		20			60		20			28	

7.3　圆孔拉刀设计

　　拉刀是一种高生产率、高精度的多齿刀具。拉削时,拉刀所做的等速直线运动是主运动。由于拉刀的后一个(或一组)刀齿高出前一个(或一组)刀齿,所以能够依次从工件上切下金属层,从而获得所需的表面。拉削时,由于刀齿的齿升量代替了进给运动,因此拉削加工中没有进给运动。拉削精度可达 IT7～IT8,表面粗糙度可达 $Ra5\sim0.8~\mu m$。拉削时,各刀齿不是连续工作的,因此刀齿磨损慢,刀具耐用度高,寿命长。这样由同一把拉刀加工出的工件,其质量稳定,具有很好的互换性。拉刀加工范围广,可拉削各种形状的通孔和外表面,在成批大量生产中得到了广泛的应用。但拉刀的设计、制造复杂,价格昂贵,不适应单件小批生产。

目前我国圆孔拉刀多采用综合式拉削,并已列为专业工具厂的产品。本节主要介绍圆孔拉刀设计方法与过程。通常设计拉刀前应分析被拉削工件材料及拉削要求、所用拉床规格及夹头结构、拉刀制造工艺及设备等。圆孔拉刀设计的主要内容有:工作部分和非工作部分结构参数设计;拉刀强度和拉床拉力校验;绘制拉刀工作图等。

7.3.1 拉刀的结构

拉刀的种类虽然很多,但它们的结构组成是相似的,下面以圆孔拉刀为例来加以说明。圆孔拉刀由工作部分和非工作部分组成。图 7-20 为圆孔拉刀结构图。

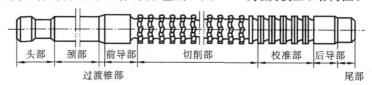

图 7-20 圆孔拉刀结构图

1. 工作部分

工作部分由许多顺序排列的刀齿组成,每个刀齿都有前角、后角和刃带,根据各刀齿在拉削时的作用不同,分为切削齿和校准齿两部分。

切削齿部分:担负全部切削工作。前为粗切齿,后面为精切齿,各齿直径依次递增,中间为过渡齿。

校准齿部分:最后几个无齿升量和分屑槽的刀齿不承担切削工作,仅起修光、校准作用。当切削齿因重磨直径减小时,它可依次递补成为切削齿。以提高孔的加工精度和表面质量,并可作为精切齿的后备齿。

2. 非工作部分

非工作部分包括头部、颈部、过渡锥部、前导部、后导部、尾部。各部分作用如下。

头部:与机床连接,传递运动和拉力。

颈部:头部和过渡锥连接部分,也是打标记的地方。

过渡锥部分:起引导作用,使拉刀容易进入工件的预制孔。

前导部分:引导拉刀进入正确位置,以保证工件预制孔与拉刀的同轴度,并可检查工件预制孔径尺寸,防止第一个刀齿发生因负荷过重而崩刃。

后导部分:用来保持拉刀最后几个刀齿的正确位置,防止拉刀在即将离开工件时,因工件下垂而损坏已加工表面质量及刀齿。

尾部:当拉刀长而重时,可以用托架支托拉刀的尾部,防止拉刀因自重而下垂,一般重量较轻的拉刀不需要尾部。

3. 拉刀切削部分要素

拉刀切削部分结构要素如图 7-21 所示。

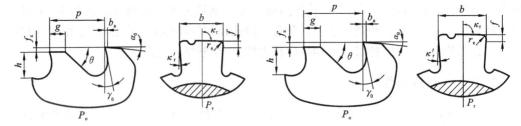

图 7-21 圆孔拉刀切削部分要素

1) 几何角度

(1) 前角 γ_0　前刀面与基面的夹角,在正交平面内测量。

(2) 后角 α_0　后刀面与切削平面的夹角,在正交平面内测量。

(3) 主偏角 κ_r　主切削刃在基面中的投影与进给方向(齿升量测量方向)的夹角,在基面内测量。除成形拉刀外,各种拉刀的主偏角多为 $90°$。

(4) 副偏角 κ_r'　副切削刃在基面中的投影与已加工表面的夹角,在基面内测量。

2) 结构参数

(1) 齿升量 f_z　拉刀前后相邻两刀齿(或齿组)高度之差。

(2) 齿距 p　相邻刀齿间的轴向距离。

(3) 容屑槽深度 h　从顶刃到容屑槽槽底的距离。

(4) 齿厚 g　从切削刃到齿背棱线的轴向距离。

(5) 齿背角 θ　齿背与切削平面的夹角。

(6) 刃带宽度 b_a　拉刀轴向测量的刀齿刃带尺寸。

7.3.2　拉刀工作部分设计

工作部分是拉刀的主要组成部分,它直接决定拉削效率、表面质量,以及拉刀的制造成本。

1. 确定拉削方式(拉削图形)

我国生产的圆孔拉刀一般采用组合式拉削方式。

2. 确定拉削余量

拉削余量 A 是拉刀各刀齿应切除金属层厚度的总和。应在保证去除前道工序造成的加工误差和表面破坏层的前提下,根据拉前孔的状态来具体确定拉削余量。确定方法有经验公式法和查表法。

1) 经验公式法

(1) 当拉前预制孔为钻孔或扩孔时

$$A=0.005D_m+(0.1\sim 0.2)\sqrt{L} \tag{7-18}$$

拉前预制孔为镗孔或粗铰孔时

$$A=0.005D_{mmax}+(0.05\sim 0.1)\sqrt{L} \tag{7-19}$$

(2) 当已知拉前孔径 D_w 和拉后孔径 D_m 时,则

$$A=D_{mmax}-D_{wmin} \tag{7-20}$$

式中:L——拉削长度,单位为 mm;

D_{mmax}——拉后孔最大直径,单位为 mm;

D_{wmin}——拉前孔最小直径,单位为 mm。

2) 查表法

拉削余量 A 可根据被拉孔的直径、长度和预制孔加工精度等查表确定。

3. 确定拉刀材料

拉刀材料一般选用 W6Mo5Cr4V2 高速钢,按整体结构构造,一般不焊接柄部。由于拉刀制造精度要求高,在拉刀成本中加工费用所占的比重较大,为了延长拉刀寿命,所以也常用 W2Mo9Cr4VCo2(M42)和 W6Mo5Cr4V2Al 等硬度和耐磨性均较高的高性能高速钢制造。还可用整体硬质合金做成环形齿,经过精磨后套装于 9SiCr 或 40Cr 钢制的刀体上。

4. 确定齿升量

综合式拉刀的前面齿由通过分块拉削制作的粗切齿和过渡齿组成,后面齿由通过同廓拉削制作的精切齿和直径相等的校准齿组成。

圆孔拉刀各齿的齿升量是指相邻刀齿半径之差。拉削余量确定后,齿升量越大,则切除全部余量所需刀齿数越少,拉刀长度越短,拉刀制造也较容易,生产效率也可提高。但齿升量过大,拉刀会因强度不够而拉断,而且拉削表面质量也不易保证。

粗切齿、精切齿、过渡齿和校准齿的齿升量各不相同。粗切齿升量较大,以保证尽快切除 80% 以上的余量,一般控制在 0.03~0.06 mm;精切齿齿升量较小,以保证加工精度和表面质量,但由于存在刃口钝圆半径 r_n,其不得小于 0.005 mm,因为如切削厚度 $b_D <r_n$,则不能切下切屑,易造成严重挤压,恶化加工表面质量,加剧刀具磨损,一般控制在 0.01~0.02 mm;过渡齿齿升量是由粗切齿逐步过渡到精切时的齿升量,以保证拉削过程

的平稳；校准齿的齿升量为零,主要起到修光与校准加工表面的作用。

综上所述,齿升量确定的原则应该在保证加工表面质量、容屑空间和拉刀强度足够的条件下,尽量选取较大值。图 7-22 所示为圆孔拉刀齿升量的分布图。圆孔拉刀齿升量可参考表 7-4 选取。

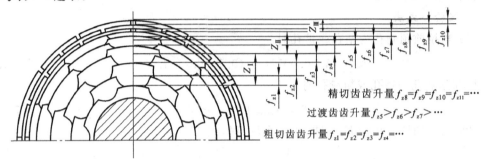

精切齿齿升量 $f_{z8}=f_{z9}=f_{z10}=f_{z11}=\cdots$
过渡齿齿升量 $f_{z5}>f_{z6}>f_{z7}>\cdots$
粗切齿齿升量 $f_{z1}=f_{z2}=f_{z3}=f_{z4}=\cdots$

图 7-22 圆孔拉刀齿升量的分布图

表 7-4 圆孔拉刀粗切齿齿升量　　　　　　　　　　单位:mm

Ⅰ.分层式拉刀

工件材料	碳钢和低合金钢 σ_b/GPa			高合金钢 σ_b/GPa		不锈钢	铸铁		铸钢	铝	青铜黄铜
	<0.49	0.49～0.735	>0.735	<0.784	>0.784		灰铸铁	可锻铸铁			
齿升量 f_z	0.015～0.02	0.015～0.03	0.015～0.025	0.025～0.03	0.01～0.025	0.01～0.03	0.03～0.08	0.05～0.1	0.02～0.05	0.02～0.05	0.05～0.12

Ⅱ.分块式拉刀

拉刀直径	10～30	30～50	50～100	>100
齿升量 f_z	0.05～0.1	0.08～0.16	0.1～0.2	0.15～0.25

Ⅲ.组合式拉刀切钢

拉刀直径	10～15	15～20	20～30	30～45	45～85
齿升量 f_z	0.03	0.035	0.04	0.05	0.06

注:1.拉削后工件表面粗糙度数值要求较小,或工件材料加工性较差,或工件刚度差(如薄壁筒),或拉刀强度低时,齿升量取小值;
　　2.小于 0.015 mm 的齿升量只适用于精度要求很高或研磨得很锋利的拉刀。

5. 确定齿距 p

齿距 p 为相邻刀齿间的轴向距离。齿距大小影响拉刀长度、容屑空间及同时工作的齿数。齿距大,同时工作的齿数就少,拉削平稳性就差,生产效率就低。反之,齿距小,同时工作的刀齿数就大,拉削平稳性就好,拉削力就大,生产效率就高,拉刀强度将受到威胁。为保证拉削平稳和拉刀强度,拉刀同时工作齿数应保证 $z_e=3\sim8$。

一般齿距 p 可用经验公式计算,即

$$p=(1.25\sim1.9)\sqrt{L} \tag{7-21}$$

式中:系数 1.25～1.5 用于分层式拉削的拉刀;1.45～1.9 用于分块式拉削及带空刀槽孔的拉刀(见图 7-23)。L 值较大或加工韧度、高强度材料时,系数宜取大值。

计算出的齿距应取接近的标准值。

齿距 p 确定后,同时工作齿数 z_e 可表示为

$$z_e=\frac{L}{p}+1 \tag{7-22}$$

当工件孔内有空刀槽时可表示为

$$z_e=\left(\frac{L}{p}+1\right)-\frac{L_2'}{p}=\frac{L-L_2'}{p}+1 \tag{7-23}$$

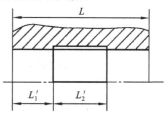

图 7-23 带空刀槽孔的结构简图

式中:L_2'——空刀槽宽度(mm)。

过渡齿的齿距取与粗切齿的齿距相同;精切齿的齿距小于粗切齿的齿距;校准齿的齿距取与精切齿的齿距相同,一般为粗切齿齿距的 0.7 倍。当拉刀总长度允许时,为了制造方便,也可对各类刀齿选用相同的齿距。有时为提高拉削表面质量,避免拉削过程中的周期性振动,拉刀也可设计成不等齿距。

6. 确定容屑槽形状和尺寸

拉削属于封闭式切削。在拉削过程中,切下的切屑须全部容纳在容屑槽中,因此,容屑槽的形状和尺寸应能保证较宽敞地容纳切屑,并尽量使切屑紧密卷曲。为保证容屑空间和拉刀强度,在一定齿距下,可以选用浅槽或基本槽或深槽,以适应不同的要求。常用的容屑槽形式如图 7-24 所示。

(1) 直线齿背型(见图 7-24(a)) 形状简单,制造容易;槽形的齿背与前刀面均为直线,二者与槽底圆弧 r 圆滑连接,容屑空间较小。适用于拉削脆性材料和分层拉削拉刀上。

(2) 曲线齿背型(见图 7-24(b)) 容屑空间较大;槽形由两段圆弧 R、r 和前刀面组成,便于切屑卷曲。适用于拉削塑性材料和综合拉削拉刀。

(3) 加长齿背型(见图 7-24(c)) 容屑空间大,制造容易;槽形底部由两段圆弧 r 和一段直线组成。当齿距 $p>16$ mm 时可选用。适用于分块拉削拉刀。

容屑槽尺寸应满足容屑条件。由于切屑在容屑槽内卷曲和填充不可能很紧密,为保证容屑,容屑槽的有效容积 V_P 必须大于切屑所占体积 V_D 即

$$V_P>V_D$$

或

$$K=\frac{V_P}{V_D}>1 \tag{7-24}$$

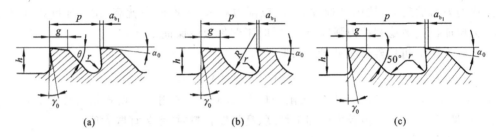

图 7-24 容屑槽的截面图
(a) 直线齿背型 (b) 圆弧齿背型 (c) 直线加长齿背型

式中：V_p——容屑槽的有效容积；

V_D——切屑体积；

K——容屑系数。

由于切屑在宽度方向上变形较小,故容屑系数可用容屑槽和切屑的纵向截面面积比来表示,如图 7-25 所示。

即

$$K = \frac{A_p}{A_D} = \frac{\frac{\pi h^2}{4}}{h_D L} = \frac{\pi h^2}{4 h_D L} \tag{7-25}$$

式中：A_p——容屑槽纵向截面面积,单位为 mm^2；

A_D——切屑纵向截面面积,单位为 mm^2；

h_D——切削厚度,单位为 mm。

综合式拉削时,$h_D = 2f_z$,其他时为 $h_D = f_z$。

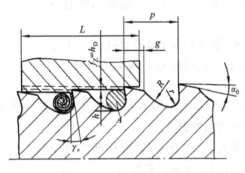

图 7-25 容屑槽容屑示意图

设计拉刀时,许用容屑系数[K]必须认真选择,其值与工件材料性质、切削层截形和拉刀磨损有关。对于带状切屑,当卷曲疏松、空隙较大时,[K]值应选大些；当脆性材料形成崩碎切屑时,因为较容易充满容屑槽,[K]值可选小些。一般在加工钢料时,[K]为 2.5～5.5；强度 σ_b 为 400～700 MPa 的碳钢和合金钢,切屑卷曲较紧密,[K]值较小；当钢材强度大时($\sigma_b > 700$ MPa),不易卷屑,故[K]值较大；而对低碳钢(10、15、10Cr、15Cr 等),由于材料韧度大,拉削变形大,切屑变厚,卷屑不好,[K]值应更大。加工铸铁或青铜时,[K]=2～2.5 即可。

当许用容屑系数[K]和切削厚度 h_D 已知时,容屑槽深度 h 用

$$h \geqslant 1.13\sqrt{[K]h_D L} \tag{7-26}$$

计算。

式(7-26)中[K]值可从拉刀设计资料中查表选取。根据计算结果,选用稍大的标准槽深 h 值。

7. 选择几何参数

(1) 前角 拉刀前角一般是根据加工材料的性能选取。材料的强度(硬度)低时,前角应选大些;脆性材料前角小些(见表 7-5)。单面齿拉刀(如键槽拉刀、平面拉刀、角度拉刀等)前角不超过 $15°$,否则刀齿容易"扎入"工件,使拉削表面质量下降,严重时会造成崩齿或使拉刀刀齿折断。对于小直径小齿距的拉刀,由于刃磨砂轮对前刀面的干涉,前角值要小于 $15°$;对于直径 $d_0 < 22$ mm 的拉刀,一般 $\gamma_0 = 6° \sim 12°$。高速拉削时,为防止拉削冲击而崩刃,前角要比一般拉削时小 $2° \sim 5°$。

校准齿前角可取小些,为了制造方便,也可取与切削齿的前角相同。

表 7-5 拉刀前角

工件材料	钢			灰 铸 铁		一般黄铜 可锻铸铁	铜、铝、镁合金 巴氏合金	青铜 黄铜
硬度 HRS	≤197	198~229	>229	≤180	>180	—	—	—
前角 γ_0	16°~18°	15°	10°~12°	8°~10°	6°	10°	20°	5°

(2) 后角 拉削时切削厚度很小,根据切削原理中后角的选择原则,应取较大后角。由于内拉刀重磨前刀面,如后角取得大,刀齿直径就会减小得很快,拉刀使用寿命会显著缩短。因此,内拉刀切削齿后角都选得很小,校准齿后角比切削齿的更小,如表 5-6 所示。但当拉削弹性大的材料(如钛合金)时,为减小切削力,后角可取得稍大些,外拉刀的后角可取到 $5°$。

(3) 刃带宽度 拉刀各刀齿均留有刃带,以便于制造拉刀时控制刀齿直径;校准齿的刃带还可以保证沿前刀面重磨时刀齿直径不变。各类刀齿刃带宽度见表 7-6。

表 7-6 拉刀后角和刃带

拉刀类型		粗 切 齿		精 切 齿		校 准 齿	
		α_0	b_a	α_0	b_a	α_0	b_a
圆孔拉刀		2°30′+1°	≤0.1	2°+30′	0.1~0.2	1°+30′	0.2~0.3
花键拉刀		2°30′+1°	0.05~0.15	2°+30′	0.1~0.2	1°+30′	0.2~0.3
键槽拉刀		3°+1°	0.1~0.2	2°+30′	0.2~0.3	1°+30′	0.4
外拉刀	不可调式	4°+1°	—	2°30′+30′	—	1°30′+30′	—
	可调式	5°+1°	—	3°+1°	—	1°30′+30′	—

8. 分屑槽

分屑槽的作用是将较宽的切屑分割成窄切屑,以便于切屑卷曲,以及容纳和清除切屑。拉刀前、后刀齿上的分屑槽应交错磨出。常见的分屑槽有圆弧形和角度形两种,它们的形状和尺寸见图 7-26。组合式圆拉刀的粗切齿、过渡齿一般采用圆弧形分屑槽,精切齿采用角度形分屑槽。

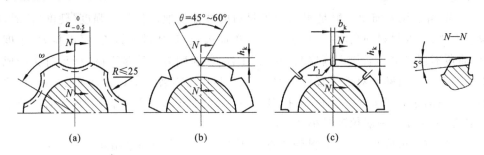

图 7-26 分屑槽的形式
(a) 弧形槽 (b) 角度槽 (c) 直形槽

设计分屑槽时应注意以下几个方面。

(1) 分屑槽的深度 h_k 必须大于齿升量,否则不起分屑作用。角形分屑槽 $\theta=90°$,槽宽 $b_k \leqslant 1.5$ mm,深度 $h_k \leqslant 1/2 b_k$。圆弧形分屑槽的刃宽略大于槽宽。

(2) 分屑槽两侧刃上须具有足够大的后角。

(3) 分屑槽槽数 n_k 应保证切屑宽度(也就是刀刃宽度 S_1)不太大,使切屑平直易卷曲。为便于测量刀齿直径,槽数 n_k 应取偶数。

(4) 在拉刀最后一个精切齿上不做分屑槽。拉削铸铁等脆性材料时,切屑呈崩碎状,也不必做分屑槽。

分屑槽槽数和尺寸的具体数值可参考有关资料选取。

9. 确定拉刀齿数和直径

(1) 拉刀齿数 根据确定的拉削余量 A,选定的粗切齿齿升量 f_z,可按

$$z = \frac{A}{2f_z} + (3 \sim 5) \tag{7-27}$$

估算切削齿齿数 z(包括粗切齿、过渡齿和精切齿的齿数)。

估算齿数的目的是为了估算拉刀长度。如拉刀长度超过要求,需要设计成两把或三把一套的成套拉刀。

拉刀切削齿的确切齿数要通过刀齿直径的排表来确定,该表一般排列于拉刀工作图的左下侧。圆孔的过渡齿、精切齿和校准齿的齿数可参考表 7-7 选取。

(2) 各刀齿直径 圆孔拉刀第一个粗切齿主要用来修正预制孔的毛边,可不设齿升量,此时第一个粗切齿直径等于预制孔的最小直径(也可以稍大于预制孔的最小直径,但

表 7-7　圆孔拉刀过渡齿、精切齿和校准齿齿数

加工孔精度	粗切齿齿升量	过渡齿齿数	精切齿齿数	校准齿齿数
IT7~IT8	0.06~0.15	3~5	4~7	5~7
	>0.15~0.30	5~7		
	>0.3	6~8		
IT9~IT10	<0.2	2~3	2~5	4~5
	>0.2	3~5		

该齿实际切削厚度小于齿升量)。其余粗切齿直径为前一刀齿直径加上 2 倍齿升量。过渡齿齿升量逐步减少,直到接近精切齿齿升量,其直径等于前一刀齿直径加上 2 倍实际齿升量。最后一个精切齿直径与校准齿直径相同。

校准齿无齿升量,各齿直径均相同。为了使拉刀有较高的寿命,取校准齿直径等于工件拉后孔允许的最大直径 D_{mmax}。考虑到拉削后孔径可能产生扩张或收缩,校准齿直径 d_{0g} 应取为

$$d_{0g} = D_{mmax} \pm \Delta \tag{7-28}$$

式中:Δ——拉削后孔径扩张量或收缩量。收缩时取"+",扩张时取"-"。

一般取 $\Delta = 0.003 \sim 0.015$ mm,也可通过试验确定。

孔径收缩通常发生在拉削薄壁工件或韧度大的金属材料时;孔径扩张受拉刀的制造精度、拉刀长度、拉削条件等因素影响,一般取孔径扩张。

拉刀切削齿直径的排表方法,可以先确定第一个粗切齿直径,再按顺序逐齿确定其他切削齿直径;也可以先确定最后一个粗切齿直径,然后反方向逐步确定其他切削齿直径。后一种方法较前一种省时。

7.3.3　圆孔拉刀其他部分设计

1. 头部(前柄)

拉刀头部尺寸已标准化,可参照国家标准 GB 3832.2—1983 选择。

2. 颈部及过渡锥

拉刀的商标与规格一般刻印在颈部上。颈部直径可取与前柄直径相同值,也可略小于前柄直径(一般小 0.5~1 mm)。

颈部长度要保证拉刀第一个齿尚未进入工件之前,拉刀前柄能被拉床的夹头夹住,即应考虑拉床床壁和花盘厚度、夹头与机床壁间距等数值。

由图 7-27 可得拉刀颈部长度(包括过渡锥长度)的计算公式为

$$l = H_1 + l_c + (l'_3 - l_1 - l_2) \tag{7-29}$$

式中:H——拉床床壁厚度,分别为 60 mm、80 mm、100 mm;

H_1——花盘厚度,分别为 30 mm、40 mm、50 mm;
l_c——卡盘与床壁间隙,分别为 5 mm、10 mm、15 mm;
l'_3、l_1、l_2——分别取 20 mm、30 mm、40 mm;
l——分别取 125 mm、175 mm、225 mm。过渡锥长度 l_3 可根据拉刀直径取为 10~20 mm。

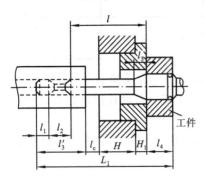

图 7-27 圆孔拉刀颈部长度

对于最常用的 L6110、L6120、L6140 三种型号拉床,可分别取颈部(包括过渡锥)长度为 110 mm、160~180 mm 和 200~220 mm。因直径小于 30 mm 拉刀的夹头尺寸小于拉床床壁孔径,允许拉刀牵引夹头进入拉床床壁孔内 10~30 mm,故小规格拉刀的颈部长度可以减短。实际生产中,为了缩短拉刀长度,还可将花盘拆去,配置厚度比花盘厚度较小的大衬套。

拉刀工作图上通常不标注 l 值,而标注柄部顶端到第一刀齿长度 L_1,由图 7-27 可得

$$L_1 = l_1 + l_2 + l + l_4 \tag{7-30}$$

3. 前导部与后导部及尾部

圆孔拉刀的前导部长度 l_4 一般可取工件孔的拉削长度 L,工件长径比 $\frac{L}{D} > 1.5$ 时,可取 $l_4 = 0.75L$。前导部的直径 $d_4 = D_{wmin}$,公差取 f8。

后导部长度 l_5 应大于工件加工表面长度的一半,但不得小于 20 mm。当孔内有空刀槽时,$l_5 = L'_1 + L'_2 + (5~10)$ mm。其直径 $d_5 = D_{wmin}$(拉后孔最小直径),公差取 f7。

尾部长度 l_6 一般取为拉后孔径的 0.5~0.7 倍,直径 d_6 等于护送托架衬套孔径。

4. 拉刀总长度

拉刀总长度受到拉床允许的最大行程、拉刀刚度、拉刀生产工艺水平、热处理设备等因素的限制,一般不超过表 7-8 所规定的数值。否则,需修改设计或改为两把以上的成套拉刀。

表 7-8 圆孔拉刀允许总长度

拉刀直径/mm	12~15	>15~20	>20~25	>25~30	>30~50	>50
拉刀总长度/mm	600	800	1 000	1 200	1 300	1 600

7.3.4 圆孔拉刀强度及拉削力校验

1. 拉削力

拉削时,虽然拉刀每个刀齿的切削厚度较小,但由于同时参加工作的切削刃总长度较

长,因此拉削力较大。

综合式圆拉刀的最大拉削力 $F_{\max}$ 为

$$F_{\max} = F'_c \pi \frac{d_0}{2} z_e (\text{N}) \tag{7-31}$$

式中:F'_c——切削刃单位长度拉削力,单位为 N/mm,可由有关资料查得。对综合式圆孔拉刀应按 $h_D = 2f_Z$ 查出 F'_c。

2. 拉刀强度校验

拉刀工作时,主要承受拉应力,可按下式校验:

$$\sigma = \frac{F_{\max}}{A_{\min}} \leqslant [\sigma] \tag{7-32}$$

式中:$A_{\min}$——拉刀危险截面面积,单位为 mm^2;

$[\sigma]$——拉刀材料的许用应力,单位为 MPa。

拉刀危险截面可能是柄部或第一个切削齿的容屑槽底部截面处。高速钢的许用应力 $[\sigma]=343\sim392$ MPa,合金钢的许用应力 $[\sigma]=245$ MPa。

3. 拉床拉力校验

拉床新旧程度不同,实际输出的拉力也不同。拉削时产生的最大拉削力,一定要小于拉床的实际拉力,即

$$F_{\max} \leqslant K_m F_m \tag{7-33}$$

式中:F_m——拉床额定拉力,单位为 N;

K_m——拉床状态系数,对于新拉床 $K_m=0.9$,对于状态较好的旧拉床 $K_m=0.8$,对于状态不良的旧拉床 $K_m=0.5\sim0.7$。

如果拉刀强度或拉床拉力不足,一般采取降低拉刀齿升量或加大齿距以减少同时工作齿数等措施解决。如有可能,也调换大型号的拉床加工。

7.3.5 圆孔拉刀的合理使用

1. 拉削表面的缺陷与解决方法

在拉削过程中,拉削表面常见的缺陷有以下几种。

(1) 划伤 加工表面粗糙度基本符合要求,但有局部划伤缺陷时,应主要从使用方面进行检查。例如:刀齿刃口是否有碰伤的缺口;刀齿(尤其是精切齿)上是否有附着的切屑未被清除干净;拉刀经过多次刃磨后容屑槽的形状是否造成不光滑的台阶形,以致切屑卷曲不顺利而挤坏刀齿和划伤加工表面等。此外,预加工孔的表面上若有氧化皮,也可能碰伤刀齿而造成局部划伤缺陷。

(2) 挤亮点 它是由于刀齿后刀面与已加工表面间产生较剧烈的挤压摩擦而造成的。常通过选择合适的后角(尤其是粗切齿的后角不应太小)和齿升量、采用性能良好的

切削液并需浇注充足,以及进行适当的热处理(针对硬度高的工件)以降低其硬度等方法来消除这种缺陷。

(3) 环状波纹　其主要是拉削过程中切削力变化较大,拉刀工作不平稳,使刀齿在圆周方向切削不均匀所致。为了消除这种缺陷,从设计方面主要检查齿升量的选定是否合理;同时工作齿数是否太少;刃带宽度是否均匀且偏小等,尤其要着重检查校准部的前七八个刀齿的加工精度。为了避免产生环状波纹,从使用方面看,拉削速度不要过高;拉床的精度与刚度要好,不产生颤动现象;拉刀的弯曲与径向跳动是否超差等。

(4) 鱼鳞状缺陷　这种缺陷是在拉削过程中已加工表面上产生了较大的塑性变形所致。当工件材料硬度低、拉刀前角小、拉刀刀齿刃口钝化时,容易产生鱼鳞状缺陷。为此,应通过合理选择与正确刃磨拉刀前角,对工件进行适当的热处理来改善其加工性,对钝化的刀齿及时进行刃磨以及选用性能良好的切削液等措施来消除这种缺陷。

(5) 分屑槽的沟痕　加工表面上出现的断屑沟痕,经常产生于校准齿前一个切削齿上的分屑槽处。这是由于相应于该切削齿分屑槽位置处的金属层未被切去,而校准齿上无齿升量,刃口也不够锋利,只能对残留下的金属薄层产生挤压,以致形成了分屑槽处的压痕。消除这种缺陷的主要措施是适当减小最后一个切削齿的直径,一般应减小 0.05～0.01 mm。

2. 圆孔拉刀的刃磨

圆孔拉刀磨损主要发生在后刀面上,尤其是分屑槽转角处磨损更为严重,如图 7-28 所示。通常 $VB>0.3$ mm 时需重磨。重磨要保证切削齿的前角不变,而且应使前刀面去除量保持一致,否则会引起切削齿负荷改变而损坏拉刀。

1) 锥面刃磨法

图 7-29 所示为砂轮锥面刃磨圆孔拉刀的情况。此时要使砂轮不过切刀齿前刀面,应

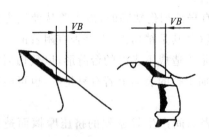

图 7-28　圆孔拉刀的磨损

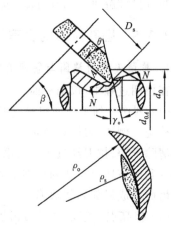

图 7-29　砂轮锥面刃磨示意图

使 $N—N$ 截面内砂轮曲率半径 ρ_s 小于刀齿前刀面的曲率半径 ρ_0。根据这一条件,设点 A 处拉刀直径 $d_{0A}=0.85d_{01}$(d_{01} 为第一个切削齿外径),砂轮直径 D_s 应满足

$$D_s \leqslant \frac{0.85d_{01}\sin(\beta+\gamma_0)}{\sin\gamma_0} \tag{7-34}$$

式中:β——砂轮轴线与拉刀轴线的夹角,一般取 $\beta=35°\sim55°$。

此时砂轮锥面的修整角 $\theta=\beta-\gamma_0$。

锥面刃磨法的优点是能保证前刀面获得正确的圆锥面,刃磨质量好,刀具使用寿命长。但当刃磨小直径或前角大的拉刀时,允许使用的砂轮直径很小,刃磨困难。

2) 圆周刃磨法

图 7-30 所示为砂轮圆周法刃磨圆孔拉刀情形。此时砂轮锥面修整角 θ 可减小,砂轮外缘修整出适当的圆弧。刃磨时不是用锥面磨削,而是让砂轮与拉刀前刀面仅沿砂轮外缘接触,这样实际磨出的前刀面不是锥面而是球面的一部分。采用圆周刃磨法时允许使用的砂轮直径较大,可按

$$D_s = \frac{d_{01}\sin[\beta-\arcsin(0.85\sin\gamma_0)]}{\sin\gamma_0} \tag{7-35}$$

计算。

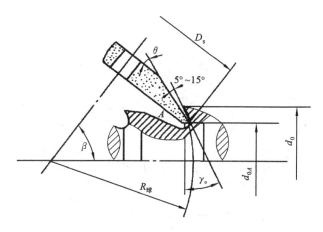

图 7-30 砂轮圆周刃磨示意图

砂轮修整角 $\theta=\beta-\gamma_0-(5°\sim15°)$。

采用砂轮圆周刃磨法优点是允许使用的砂轮直径较大,磨削效率较高;砂轮与前刀面接触面积较采用锥面刃磨法时大为减小,可使磨削温度降低,砂轮的修整和对刀也较容易。缺点是前刀面上磨出的"刀花"是互相交叉的小沟纹,刃口呈微观锯齿形,影响拉削表面质量。

7.4 齿轮刀具设计

齿轮刀具是指切削各种齿轮、蜗轮、链轮和花键等齿廓形状的刀具。齿轮加工刀具种类繁多,滚齿是齿形加工方法中生产率较高、应用最广的一种加工方法。本节主要介绍加工渐开线圆柱齿轮的滚刀的工作原理及其选择使用方法。

齿轮滚刀是按展成法加工齿轮的刀具。在齿轮制造中应用广泛,可用来加工外啮合的直齿轮、斜齿轮、标准齿轮和变位齿轮。加工齿轮的范围很大,从模数大于 0.1 mm 到小于 40 mm 的齿轮,均可用滚刀加工。加工齿轮的精度一般达 7～9 级,在使用超高精度滚刀和严格的工艺条件下也可以加工 5～6 级精度的齿轮。用一把滚刀可以加工模数相同的任意齿数的齿轮。根据用途的不同,滚刀分为齿轮滚刀、蜗轮滚刀、非渐开线展成滚刀和定装滚刀等。

7.4.1 齿轮滚刀的工作原理

滚齿机上用齿轮滚刀加工齿轮时,齿轮滚刀与工件的运动,相当于一对螺旋齿轮做无侧隙强制性的啮合,如图 7-31 所示,滚刀相当于小齿轮,工件相当于大齿轮。

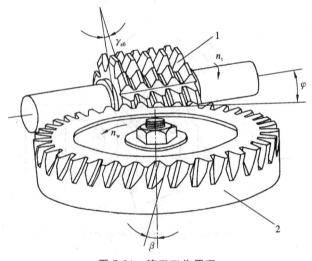

图 7-31 滚刀工作原理
1—滚刀;2—被加工工件

滚刀的基本结构是一个螺旋齿轮,但只有一个或两个齿,因此其螺旋角 β_0 很大,螺旋升角 γ_{z0} 就很小,使滚刀的外形不像齿轮,而呈蜗杆状。滚刀的头数即是螺旋齿轮的齿数。

由于滚刀轴向开槽,齿背铲磨切削刃,故滚刀在与齿坯啮合运动过程中就能切出齿轮槽形。被切齿轮的法向模数 m_n 和分圆压力角 α 与滚刀向模数和法向齿形角相同,齿数

z_2 由滚刀的头数 z_0 与啮合传动比 i 决定。齿轮滚刀端面齿形为渐开线,则滚切出的齿轮也具有渐开线齿形。

滚齿的主运动是滚刀的旋转。进给运动包括齿坯的转动及齿轮滚刀沿工件轴线的移动。调节滚刀与工件的径向距离,就可控制滚齿时的背吃刀量。滚切斜齿轮时,工件还有附加运动,它与滚刀的进给运动配合,可在工件圆柱表面切出螺旋齿槽。

为保持滚刀与工件齿向一致,如图 7-32 所示,齿轮滚刀安装时令其轴线与工件端面倾斜 φ 角。φ 角的调整有以下三种情况。

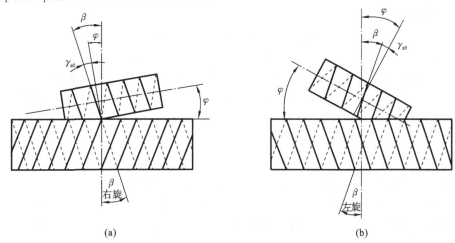

图 7-32 齿轮滚刀的安装角

(a) 螺旋线旋向一致 (b) 螺旋角旋向相反

(1) 滚刀与被切齿轮螺旋角旋向一致时,如图 7-32(a) 所示,有

$$\varphi = \beta - \gamma_{z0} \quad (7\text{-}36)$$

(2) 滚刀与被切齿轮螺旋角旋向相反时,如图 7-32(b) 所示,有

$$\varphi = \beta + \gamma_{z0} \quad (7\text{-}37)$$

(3) 被切齿轮是直齿轮时,有

$$\varphi = \gamma_{z0} \quad (7\text{-}38)$$

式中:β——被切齿轮螺旋角;

γ_{z0}——滚刀螺旋升角。

7.4.2 滚刀的产形蜗杆

滚刀的产形蜗杆也称为"滚刀的基本蜗杆"。如图 7-33 所示,为了使蜗杆能起切削作用,须沿其长度

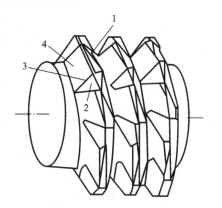

图 7-33 齿轮滚刀的产形蜗杆

1—顶后刀面;2—前刀面;
3—切削刃;4—侧后刀面

方向开出好多容屑槽(直槽或螺旋槽)，因此把蜗杆上的螺纹割成许多较短的刀齿，并产生了前刀面 2 和切削刃 3，每个刀齿有一个顶刃和两个侧刃。为了使刀齿有后角，还要用铲齿方法铲出侧后刀面 4 和顶后刀面 1，但是各个刀齿的切削刃必须位于这个相当于斜齿圆柱齿轮蜗杆的螺纹表面上，因此这个蜗杆就称为产形蜗杆。产形蜗杆的螺纹通常做成右螺旋的，有时也做成左螺旋的。滚切齿轮时，就是滚刀的产形蜗杆与被切齿坯展成啮合的过程。

齿轮滚刀设计时可选用三种产形蜗杆。

1. 渐开线蜗杆

渐开线蜗杆实质上就是斜齿轮。端面的齿形是渐开线，在与基圆柱相切的断面中，齿形左、右侧分别为斜角等于正、负 α_0 的直线。渐开线蜗杆的几何特征如图 7-34 所示。

渐开线蜗杆轴向断面齿形不是直线，因此给加工制造、精度检验带来了一定的困难。不能用工具显微镜投影法测轴向齿形角，必须用滚刀检验仪测量与基圆柱相切断面的齿形角；不能用径向铲齿代替轴向铲齿，否则重磨后齿形将发生变化。因此，只有对高精度的滚刀才将滚刀的产形蜗杆设计成渐开线蜗杆。

2. 阿基米德蜗杆

阿基米德蜗杆实质上是一个梯形螺纹，其几何特征如图 7-35 所示。

阿基米德蜗杆齿形的轴向断面是直线，齿形角分别为 $+\alpha_x$、$-\alpha_x$。因此可用检验轴向断面齿形角的方法控制蜗杆的精度。将直线刃零前角的车刀，安装在蜗杆的轴心线上，即可车出精确的阿基米德蜗杆螺旋面。此外，直线齿形可用径向铲齿代替轴向铲齿，使制造工艺简便。

阿基米德蜗杆的端面轮廓是阿基米德螺旋线。这一特征说明阿基米德蜗杆在理论上不能满足渐开线齿轮的啮合要求，因为它不是齿轮，而是螺纹。最终使切出的齿轮端面轮廓不是渐开线，会形成齿形的理论误差。根据分析计算可知，经过合理设计，修正阿基米德蜗杆原始齿形角，可以将滚刀齿形误差控制在很小的范围之内。如零前角直槽阿基米德滚刀的齿形误差只有 $2\sim10~\mu m$，对齿轮的传动精度影响较小，所以阿基米德产形蜗杆被广泛采用。

3. 法向直廓蜗杆

法向直廓蜗杆实质上是在齿形法截面中具有直线齿形的梯形螺纹，其几何特征如图 7-36 所示。图中齿槽的法向断面 $N-N$ 为直线齿形，因此这种蜗杆称为法向直廓蜗杆。齿廓法向断面 N_1-N_1 为直线齿形时称为齿廓法向直廓蜗杆。

法向直廓蜗杆的加工较为方便。用直线刃车刀安装在 $N-N$ 或 N_1-N_1 断面上进行车削，铲磨时用工具显微镜投影方法测量法向齿形角，以控制齿形精度。

法向直廓蜗杆轴向截面轮廓是延长渐开线，因此理论上也不能满足渐开线齿轮的啮合要求。即使设计合理，修正蜗杆原始齿形角，其齿形误差也比阿基米德蜗杆滚刀大。

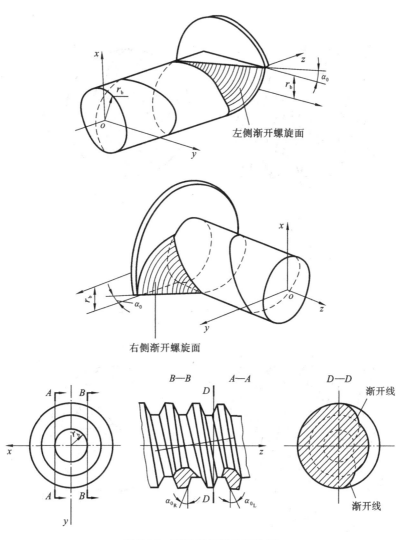

图 7-34 渐开线蜗杆几何特征

法向直廓蜗杆滚刀主要用于制造大模数、多头、螺旋槽滚刀,或用于粗加工的滚刀。

7.4.3 阿基米德滚刀结构参数与选用

整体阿基米德滚刀结构如图 7-37 所示,其分刀体、刀齿两部分。刀体包括内孔、键槽、轴台、端面。内孔是安装的基准,套装在滚刀的刀轴上,用键槽传递转矩。两端有轴台,其外圆精度较高,用于校正滚刀安装时的径向跳动。每个刀齿有顶刃和左右侧刃,它们都分布在产形蜗杆的螺旋面上。滚刀的顶刃与侧刃分别用同一铲削量铲削(铲磨),得

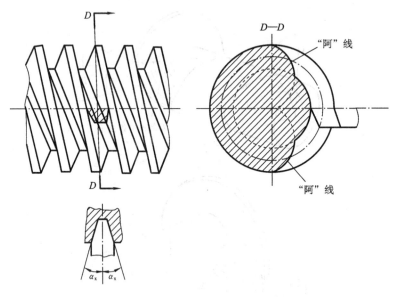

图 7-35　阿基米德蜗杆的几何特征

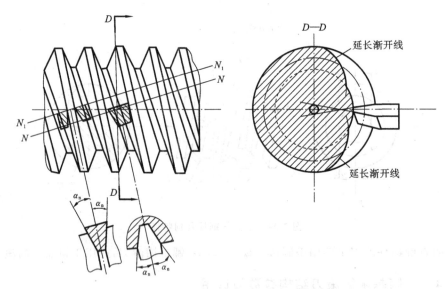

图 7-36　法向直廓蜗杆的几何特征

到的齿侧也是阿基米德螺旋面,左侧铲面导程小于产形蜗杆导程,右侧铲面导程大于产形蜗杆导程,使两侧铲面与顶面缩在产形蜗杆的螺旋面之内,这样既可保证有正确的刃形,获得所需的后角,又可使重磨前面后能保持齿形不变。

滚刀的参数分三类,即切削参数、齿形参数、结构参数。

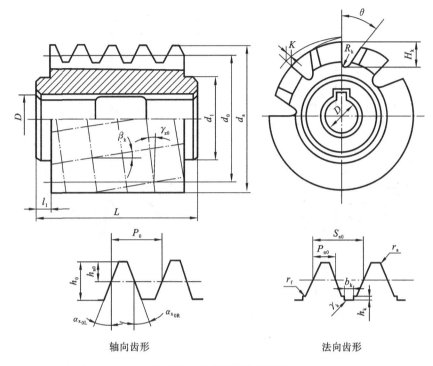

图 7-37　整体阿基米德滚刀

1. 滚刀的切削参数

（1）滚刀前面结构与选择　滚刀前面的一般形式是由直母线形成的螺旋面。它的特征由前角、容屑槽螺旋角决定。

前角定义在假定工作平面顶刃处，用符号 γ_{fa} 标注，分圆前角用 γ_f 标注，如图 7-38 所示。

$$\sin\gamma_{fa}=2e/d_a \tag{7-39}$$

$$\sin\gamma_f=2e/d_0 \tag{7-40}$$

螺旋角定义在分圆柱上，用符号 β_k 标注。常取 $\beta_k=-\gamma_{z0}$，即容屑槽与滚刀产形蜗杆螺纹垂直，旋向相反，如图 7-39 所示。

$$\frac{\tan}{\beta_k}=\frac{\pi d_0}{P_k} \tag{7-41}$$

前角与螺旋角组合可能有以下四种形式。

① 零前角直槽滚刀：$\gamma_f=0°$、$\beta_k=0°$。

② 正前角直槽滚刀：$\gamma_f>0°$、$\beta_k=0°$。

③ 零前角螺旋槽滚刀：$\gamma_f=0°$、$\beta_k\neq0°$。

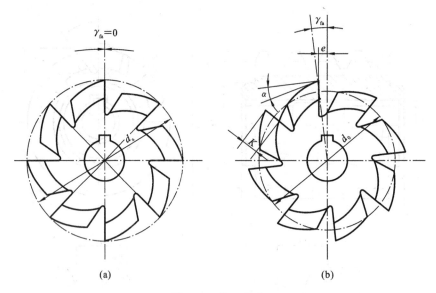

图 7-38 滚刀前角

(a) 零前角 (b) 正前角

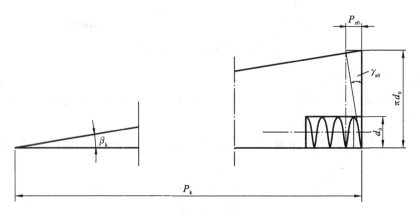

图 7-39 滚刀容屑槽导程

④ 正前角螺旋槽滚刀：$\gamma_f > 0°$、$\beta_k \neq 0°$。

零前角直槽滚刀的优点是制造、刃磨、检验方便，产形蜗杆与渐开线蜗杆近似，齿形误差最小。

正前角滚刀可以改善切削条件，切齿精度与滚齿效率高。由前角引起的齿形误差，可通过修正产形蜗杆的原始齿形角得到一定的消除。一般对于精滚刀取 $\gamma_f = 9°$，对于粗滚刀 γ_f 增加到 $12°\sim 15°$。

如图 7-40 所示，直槽滚刀左、右侧切削刃的工作前角不等，一侧大于 $0°$，另一侧小于

$0°$。顶刃具有刃斜角,其大小相当于螺旋升角,有利于提高切齿的平稳性。

螺旋槽滚刀 $\beta_k = -\gamma_{z0}$,可使两侧切削刃的工作前角相等,均为 $0°$。

根据以上分析,为权衡加工精度、效率、滚刀成本,前三种前面结构的适用范围如下。

零前角直槽滚刀:模数 $1\sim10$ mm 的标准齿轮滚刀。

正前角直槽滚刀:齿轮专业工厂使用的滚刀。

零前角螺旋槽滚刀:$\gamma_{z0} > 5°$ 的多头、大模数滚刀及蜗轮滚刀。

正前角螺旋槽滚刀较少使用。

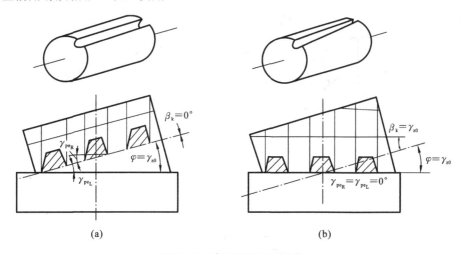

图 7-40 滚刀侧刃工作前角
(a) 直槽滚刀 (b) 螺旋槽滚刀

(2) 滚刀后面结构参数 后面结构包括齿顶铲面及左、右侧铲面,它们都是阿基米德螺旋面。由于阿基米德蜗杆轴向截面具有直线齿形,如图 7-41 所示,当采用同一铲削量 K 分别对齿顶及侧刃进行铲削(磨)时,就相当于齿侧用铲削量 K_z 进行轴向铲齿。铲齿后齿形角、齿顶、齿根宽度不变,重磨前面后相当于有了位移量的变化,不影响滚刀产形蜗杆与齿坯的正确啮合。

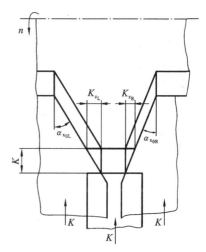

从滚刀后面的结构可知,齿轮滚刀实质上是一个变位螺旋齿轮。重磨前面后,产形蜗杆变位系数减小,节圆变小,但齿形角、模数不变。因此切齿时只要调节与齿坯啮合的中心距,就仍能加工出合乎要求的渐开线齿轮。

图 7-41 滚刀后面铲削量

一般齿轮滚刀顶刃后角取 $10°\sim12°$，按此计算并选择铲削量凸轮，铲磨后两侧刃正交平面后角约为 $4°$。

2. 滚刀的齿形参数

滚刀的齿形参数指模数、齿形角、齿高等参数。由滚齿原理知，滚刀产形蜗杆法向模数、齿形角应与被切齿坯的法向模数 m_n、分圆压力 α_n 角相等，其余法向齿形参数可按齿轮标准计算。图 7-42 中法向齿形各参数计算式如下。

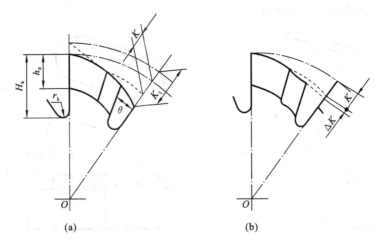

图 7-42　滚刀端面齿形
(a) 两次铲削齿形　(b) 双线凸轮铲削齿形

法向齿距 P_{n0}：
$$P_{n0}=m_n\pi \tag{7-42}$$

法向齿厚 s_{n0}：
$$s_{n0}=\frac{m_n\pi}{2} \tag{7-43}$$

齿顶高 h_{a0}：
$$h_{a0}=m_n(h_a^*+c^*) \tag{7-44}$$

全齿高 h_0：
$$h_0=2m_n(h^*+c) \tag{7-45}$$

圆角半径 r_0：
$$r_0=r_f=0.3m_n \tag{7-46}$$

对 $m_n>4$ mm 的滚刀，齿形根部需制出铲磨用退刀槽参数：宽度 b_k、深度 h_k、圆角半径 r_k 等。

齿形中齿高方向参数与法向齿形相同，齿距 P_0 和齿形角 $\alpha_{X_{0L}}$、$\alpha_{X_{0R}}$ 与法向齿形不同，有

$$P_0=\frac{P_{n0}}{\cos\gamma_{z0}} \tag{7-47}$$

对零前角直槽滚刀而言，有

$$\alpha_{X_{0L}}=\alpha_{X_{0R}}=\cot\alpha_{n0}\cos\gamma_{z0} \tag{7-48}$$

对螺旋槽滚刀而言，$\alpha_{X_{0L}}$ 与 $\alpha_{X_{0R}}$ 不等，需参考有关资料计算。

3. 滚刀的结构参数

滚刀的结构参数包括安装定位结构参数及刀齿、容屑槽参数。

(1) 外形结构参数　如图 7-37 所示,滚刀的外形尺寸包括外径 d_a、孔径 D、全长 L、凸台直径 d_1 及宽度 l_1 等。表 7-9 列出了部分标准齿轮滚刀的外形尺寸。

表 7-9　标准齿轮滚刀外形尺寸(GB/T 6083—2001)　　　　　单位:mm

模数系列		Ⅰ 型					Ⅱ 型				
1	2	d_a	L	D	l_1	z_k	d_a	L	D	l_1	z_k
1		63	63	27	16	5	50	32	22	12	12
1.25								40			
1.5								50			
2	1.75	71	71	32			63	56	27		
2.5	2.25	80	80					63			
3	2.75	90	90					71			
	3.25	100	100	40	14			80	32		
	3.5							90			
	3.75							100			
4	4.5	112	112				112	112			10
5	5.5	125	125	50			118	118	40		
6	6.5	140	140		12		118	125			
	7						125	132			
8		160	160	60			140	150			
	9	180	180								
10		200	200				150	170	50		

增大滚刀外径的优点是:能使分圆螺旋升角减小,有利于减少理论齿形误差;可加大孔径,有利于提高刀轴刚度及滚齿效率;有利于增大齿槽数,减少齿形包络误差。但大直径的滚刀也加大了锻造、热处理工艺的难度,同时也增加了滚齿切入的时间。所以滚刀标准中分Ⅰ型与Ⅱ型。Ⅰ型的外径、孔径、齿槽数均大于Ⅱ型,可选用与精度较高的 A4 级滚刀;Ⅱ型用于 A、B、C 级滚刀。

(2) 端面齿槽参数　滚刀端面齿槽形状类似铲齿成形铣刀,如图 7-42 所示,主要参数有槽数 z、槽深 H_k、铲削量 K 以及槽形角、槽底圆弧半径等。

图中：h_0 表示齿形深度；K 是齿背精加工时用的铲磨量，它决定了切削刃的后角；K_1 是齿背粗加工时用的铲削量，也称不铲磨部分铲削量，一般选取 $1.5K$。粗加工选用铲削量较大的目的是将铲磨时砂轮不能磨出的部分预先铲掉，以免形成负后角。有的工厂采用双线凸轮粗铲，将不能磨出的部分预先铲下 ΔK，如图 7-42(b)所示，一般 $\Delta K = 0.6 \sim 0.9$ mm。

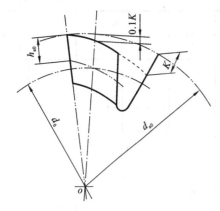

图 7-43 滚刀分圆直径

(3) 分圆参数　分圆参数是指分圆直径 d_0、分圆螺旋升角 γ_{z0}，它们是滚刀齿形计算的原始参数。

如图 7-43 所示，滚刀原始齿形截面在新滚刀齿形、旧滚刀重磨后齿形的中间位置，即取

$$d_0 = d_{a0} - 2h_{a0} - 0.2K \quad (7-49)$$

由于滚刀理论造形误差在分圆处为零，远离分圆部位的误差更大。分圆直径取新滚刀分圆直径、旧滚刀重磨后分圆直径的中间值，可使重磨前后齿顶、齿根误差分布均匀。

分圆螺旋升角 γ_{z0} 可表示为

$$\sin\gamma_{z0} = \frac{m_n z_0}{d_0} \quad (7-50)$$

滚刀端面应打印分圆螺旋升角 γ_{z0}、模数 m_n、精度等级，供选择使用。

4. 滚刀精度等级

标准滚刀的制造精度分 AA、A、B、C 共 4 个等级。根据被加工齿轮工作平稳性精度要求选用。一般 AA 级滚刀用于加工 6～7 级精度齿轮，A 级滚刀用于加工 7～8 级精度齿轮，B 级滚刀用于加工 8～9 级精度齿轮，C 级滚刀用于加工 10 级以上精度齿轮。加工 6 级以上精度齿轮，要采用 AAA 或更高精度的滚刀。

7.4.4　其他齿轮滚刀简介

1. 剃(磨)前滚刀

剃(磨)前滚刀用于剃(磨)齿前的预加工。它与齿轮滚刀的主要区别是齿形应根据不同的留剃(磨)形式来计算。常用的留剃形式如图 7-44 所示，其特点如下。

(1) 齿厚做薄，留出剃(磨)余量，Δ 是分圆留剃(磨)量，一般按模数大小选取，为 $0.08 \sim 0.18$ mm。

(2) 剃前齿形的齿根有修缘刃，使齿轮顶部切出倒角，避免剃齿后齿顶产生毛刺或碰伤。

(3) 剃前齿形的齿顶做出加宽的凸角，使齿根部切出沉割槽，以减轻剃齿刀齿顶负荷，提高剃齿刀的耐用度。

(4) 磨前齿形做出带圆头的凸角,使齿根有少量的沉割,磨后齿形能与齿底光滑衔接。这种齿形能保留齿底热处理获得的表面应力状态,适合重载齿轮的磨前加工。

2. 硬质合金刮削滚刀的特点

图 7-45 所示的是硬质合金刮削滚刀,它可用于 45～64 HRC 硬齿面的精加工,可代替磨齿。这种技术提高了大模数齿轮精加工的效益。

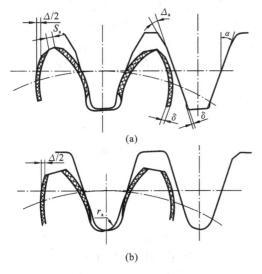
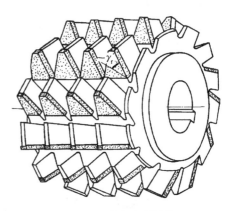

图 7-44 剃前、磨前滚刀的齿形
(a) 带凸角修缘齿形 (b) 圆头凸角齿形

图 7-45 硬质合金刮削滚刀

硬质合金刮削滚刀设计成直槽－30°前角,刀片选用 YT05、材 21、材 22 等新牌号材料,采用真空炉焊,制造精度高。齿坯预先用剃前滚刀加工,留出适当的精刮余量。热处理后可用 $v_c=30\sim70$ m/min 速度刮削滚齿。A 级滚刀可加工 7～8 级精度齿轮,齿面粗糙度可达到 Ra $0.32\sim1.25$ μm。

在钟表和精密仪器、仪表制造业中,广泛使用整体硬质合金齿轮滚刀加工多种小模数齿轮。制造滚刀的材料为细颗粒和超细颗粒硬质合金。

7.4.5 滚刀的合理使用

1. 齿轮滚刀的选用和合理安装

在加工齿轮时,选用适当的滚刀是很重要的。滚刀的法向模数和法向齿形角应选得与被加工齿轮的法向模数和法向齿形角相同。同时还应注意滚刀的精度等级是否与齿轮要求的精度等级相当。用低精度滚刀加工精密齿轮是不可取的,用精度过高的滚刀加工一般的齿轮也是不可取的。工具厂供应的标准齿轮滚刀(GB/T 6083—2001)都是阿基米德齿轮滚刀,有 AA 级、A 级、B 级和 C 级几个精度等级,分别用来加工 7 级、8 级、9 级、10 级精度的齿轮。滚刀的心轴应选得较短,以增强刚度和减小振动。滚刀安装在心轴上,应尽量靠近滚齿机的主轴孔一端,并要用千分表检查滚刀两端轴台的径向跳动量(见图 7-46),它不应超过允许值,两端的跳动方向也应一致,以免滚刀轴线安装偏斜。

为了延长滚刀的寿命,滚刀可以沿轴向蹿刀,使每个刀齿磨损均匀。如图 7-47 所示,设滚刀与齿轮展成中心位置的刀齿为 0 号,由此分界,编号 1、2、3……的边为切入边。编号 -1、-2、-3……的边为切出边。滚刀工作时从最大编号齿依次参加切削。实践证明,滚刀最大磨损的刀齿在切入边第 3 到第 7 号齿。因此,这几个刀齿后面磨损达到 0.25~0.3 mm 时。就可进行一次轴向蹿刀,即在滚刀心轴上调整垫圈的厚度或用其他方法,使滚刀沿齿轮旋转的反方向轴向移动一个齿距,使磨损量最大的刀齿逐渐远离展成中心,直到刀齿全部用完为止。

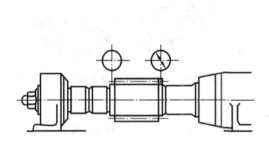

图 7-46 滚刀轴台径向跳动量的检查　　　图 7-47 滚刀切削区及刀齿的编号

2. 滚刀的重磨

使用磨损的滚刀滚齿时,会降低齿轮的齿形精度和恶化表面质量,还会加剧机床的振动。滚刀的磨损量在粗切时超过 0.8~1 mm 或精切时超过 0.2~0.5 mm 时,就需要重磨前刀面。滚刀的重磨精度对于滚刀的齿形精度有很大影响,必须十分重视。为保证滚刀的重磨精度,滚刀刃磨需使用专用的刃磨机,它具有精密的分度机构、正弦尺螺旋运动机构及砂轮修正机构。在工具磨床上加装附件也可刃磨滚刀。图 7-48 所示的是用靠模刃磨螺旋槽滚刀的原理。滚刀分齿、导程误差均由靠模精度来保证。滚刀前角的精度是在修正砂轮时,通过调整金刚石笔移动直线与滚刀心轴的偏距来保证的。对于零前角滚刀,金刚石移动直线应通过心轴中心线,调整好的金刚石笔及其导轨座就锁定在台面上。修整砂轮是通过移动砂轮轴座来实现的,因此不管怎样修整砂轮都不会影响刃磨精度。刃磨滚刀需用碟形砂轮的锥面工作,这样既可减少磨削接触面积,又可减少螺旋面的干涉。

砂轮直径越大、容屑槽导程越小,这种干涉越严重。一般 $\beta_k > 8°$ 时,前刀面总是会磨成外凸形,如图 7-49 所示。消除这种误差的方法是将砂轮截面形状磨成外凸状。手工修正砂轮时可用试磨、测量、再修正的方法控制前刀面磨成平面。直槽滚刀的前刀面是平面,可以用直母线的锥形砂轮来重磨。图 7-50 所示的是重磨(或刃磨)滚刀时砂轮的位置,需用样板来对准,使砂轮的锥面母线方向通过滚刀轴线。

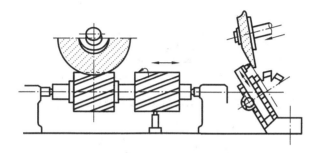

图 7-48 刃磨滚刀的装置

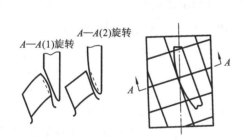

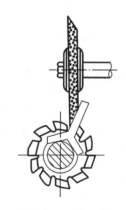

图 7-49 螺旋槽滚刀刃磨的干涉　　图 7-50 零前角滚刀刃磨时砂轮的相对位置

3. 重磨滚刀时产生的误差及其检验方法

重磨或刃磨滚刀时可能产生的误差主要有以下三项。

(1) 前刀面径向性误差　这是因为砂轮和滚刀的相对位置调整不准确而产生的。由于前刀面不通过滚刀轴线(见图 7-51(a)、图 7-51(d)),刀齿的齿形发生了畸变(见图 7-51(b)、图 7-51(e)),而加工出来的齿轮齿形也产生了误差(见图 7-51(c)、图 7-51(f))。

(2) 前刀面与滚刀轴线的平行性误差　这是因为滚刀在磨刀机床上的安装误差引起的。这种误差会使滚刀各刀齿的侧刃依次逐渐离开正确的基本蜗杆表面,而顶刃的外径也形成锥度。这样的滚刀切出的齿轮齿形会向一侧歪斜,使刀齿的两侧齿形不对称,如图 7-52 所示。

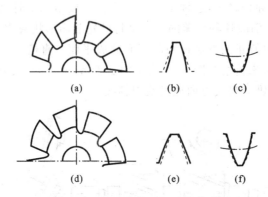

图 7-51 零前角滚刀的前角误差及造成的齿轮齿形误差

图 7-52 前刀面与滚刀轴线的平行性误差引起的齿轮齿形误差

(3) 圆周齿距误差 这是因为磨刀机床的分度机构不准确而产生的。滚刀的侧后刀面是经过铲磨的,当圆周齿距不相等时,各刀齿的齿厚就大小不均匀,因而各侧刃就不在同一个基本蜗杆的螺纹表面上,这样就造成工件上不规则的齿形误差。

由于这三项误差都影响滚刀的精度,所以在重磨(或刃磨)滚刀后,应对这些项目进行检验:检验零前角滚刀的前刀面径向性误差时(见图 7-53(b)),预先把千分表测头的位置用校正心轴调整好(见图 7-53(a)),心轴上的切口平面通过心轴中心,因而能保证测头对准滚刀中心。检验时,将千分表沿滚刀的半径方向移动(见图 7-53(b)),即可测出前刀面的径向性误差。检查直槽滚刀前刀面与滚刀轴线的平行性误差时(见图 7-53(c)),只需将千分表沿滚刀的轴线方向移动即可。图 7-53(d)所示的是测量圆周齿距误差的情况。这项误差通常是以圆周齿距的最大累积误差来表示。测量方法与测量齿轮的累积误差相同,即先测出各齿的相邻圆周齿距误差,然后计算出最大累积误差。

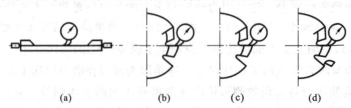

图 7-53 检验滚刀刃磨质量的示意图

7.5 数控加工刀具与工具系统

数控加工刀具是指用于数控车床、数控铣床、加工中心等数控机床上加工的刀具,如快速钻、喷水钻、立铣刀杆、精镗刀、粗镗刀、面铣刀盘、数控刀粒、沉头刀、麻花钻头、数控刀柄。除数控磨床和数控电加工机床以外,其余数控机床都必须采用数控加工刀具。从现实情况看,对数控机床加工刀具应该从广义角度来理解。随着数控机床结构、功能的发展,数控机床现在所采用的不是普通机床的"一机一刀"模式,而通常是有多种不同类型的刀具在数控机床上轮换使用,从而达到自动换刀的目的。因此,数控加工刀具应理解为"数控工具系统"。数控加工刀具发展到现在,品种较多并已形成系列,是影响数控机床发展的主要因素之一。数控加工刀具必须适应数控机床高速、高效和自动化程度高的特点,一般应包括通用刀具、通用连接刀柄及少量专用刀柄。刀柄要连接刀具并装在机床动力头上,因此已逐渐标准化和系列化。

7.5.1 数控加工刀具概述

以数控机床为主的柔性自动化加工是按预先编好的程序指令自动地进行加工。应适应加工品种多、批量小的要求,刀具除应具备普通机床用刀具应有的性能外,还应满足下列要求。

(1) 为避免因刀具崩刃等意外损坏而造成停机事故,刀具的切削性必须稳定、可靠。

(2) 刀具应具备合适的卷屑或断屑装置,以便在加工塑性材料时能可靠地卷屑或断屑,并将切屑自动排除。

(3) 刀具的耐用度应定得高些,以减少换刀次数。

(4) 刀具或刀夹的结构能实现快速更换。

(5) 刀具的尺寸能精确而迅速地调整。

(6) 尽量采用先进的高生产率的刀具。

(7) 数控机床用刀具更需要系列化、标准化,以利于编制加工程序和便于刀具管理。

(8) 对于易折断的小直径钻头和丝锥及易打刀的切断刀等,应有超载保护装置或在线检测装置,以便及时排除故障。

1. 数控加工刀具的类型及选用

数控加工刀具通常分为标准刀具和专用刀具两大类。在以自动生产线为代表的刚性自动化生产中,应尽可能提高刀具的专用化程度,以取得最佳的总体效益。而在以数控机床、加工中心为主体构成的柔性自动化加工系统中,为了提高加工的适应性,同时考虑到加工设备的刀库容量有限,应尽量减少使用专用刀具,而选用通用标准刀具、刀具标准组合件或模块式刀具。

数控加工刀具常用种类有：可转位车刀、高速钢麻花钻、机夹扁钻、扩孔钻、铰刀、镗刀、立铣刀、面铣刀、丝锥和各种复合刀具等。刀具的选用与其使用条件、工件材料与尺寸、断屑情况及刀具和刀片的生产供应等许多因素有关。此外，刀具的结构有时对工艺方案的拟定也起着决定性影响，因此必须慎重对待，综合考虑。一般选用原则如下。

(1) 为了提高刀具的耐用度和可靠性，应尽量选用以各种高性能、高效率、长寿命的刀具材料制成的刀具。

(2) 应选用机夹可转位刀具的结构。

(3) 为了集中工序，提高生产率及保证加工精度，应尽可能采用复合刀具。

(4) 应尽量采用各种高效刀具。

2. 数控刀具装夹机构

为了充分发挥自动化加工设备应有的效率，必须配备一套标准的装夹机构，建立一套标准的工具系统，以实现快速自动换刀。

在当前的自动化加工生产中，比较完善的工具系统主要有镗铣类数控机床用工具系统（简称 TSG 系统）和车床类数控机床用工具系统（简称 BTS 系统）两大类，也出现了可同时适应数控车削和数控镗铣加工的工具系统。它们主要由刀具的柄部（刀柄）、接杆（接柄）和夹头等部分组成。工具系统中规定了刀具与装夹工具的结构、尺寸系列及其连接形式。更完善的工具系统还包括自动换刀装置、刀库、刀具识别装置和刀具自动检测装置等。

7.5.2 自动化换刀系统

为了减少自动线更换刀具的停机时间，必须实现刀具的快速更换。换刀方式和刀具的夹紧机构对刀具的快换都很重要。

1. 换刀方式

常用的换刀方式按其更换元件的不同可分为更换刀片的换刀方式、更换刀体的换刀方式、更换刀夹的换刀方式和更换刀柄的换刀方式。

1) 更换刀片的换刀方式

如图 7-54(a) 所示，切削刃磨损后，将可转位刀片转位或更换新刀片。其优点是被更换的元件小，轻便；不需要机外对刀装置，切削刃正确位置由刀片精度保证；可减少刀杆的周转量和制造量。但该换刀方式也有缺点，如为了保证互换性及调整精度，需用精密级刀片，刀片成本高；换刀精度低，仅能达到 $\pm 80\ \mu m$ 左右；机床工作空间较小时，刀片的拆装及刀片槽的清理不方便。更换刀片的换刀方式适用于数控车床和自动线个别工序以及多刀加工机床。

2) 更换刀体的换刀方式

如图 7-54(b) 所示，刀体上安装有基面和调整元件，在机外对刀装置上预先调好尺寸

L 和 F，再从刀夹上换下已磨损的刀具。采用更换刀体的换刀方式时，可选用普通精度等级的可转位刀片，因而：换刀成本低；换刀精度较高；更换刀体时占空间较小，有利于多刀加工；换刀轻便、迅速的优点。但刀体上要有调整装置，由于精度要求较高，因而一般需要专门设计，而且需要机外对刀装置，以增加预调工作量。更换刀体的换刀方式主要用在自动线上，尤其是用在多刀加工的机床或工序中。

3）更换刀夹的换刀方式

如图 7-54(c)所示，刀具与刀夹组成一体在机外预调刀尖的位置，更换时连同刀夹一起更换。采用更换刀夹的换刀方式的优点是可用标准刀杆和普通精度等级刀片；换刀精度高，便于自动换刀；同类型机床刀夹可以通用，便于刀夹系列化、标准化和专业化生产；刀具的中心便于调整；适用于多品种加工。其缺点是被更换元件体积大，使用范围受到限制；刀夹的设计、制造复杂且要求精度较高；机外对刀装置较为复杂；刀架系统刚度较低。更换刀夹的换刀方式主要用于数控机床工序间的换刀，也可用在自动线上。

4）更换刀柄的换刀方式

如图 7-54(d)所示，刀具与刀柄组成一体在机外预调尺寸，换刀时连同刀柄一起更换。采用更换刀柄的换刀方式便于使用标准刀具，同类型机床上刀柄可以通用，便于刀柄的系列化、标准化和专业化生产。但刀具与刀柄的连接往往要用莫氏锥套等中间环节，影响刀具的定位精度和刚度，锥柄的精度要求高，制造比直柄困难些，且需要专门的机外对刀装置。更换刀柄的换刀方式主要用于数控镗、铣床工序间的换刀和自动线孔加工刀具的更换。

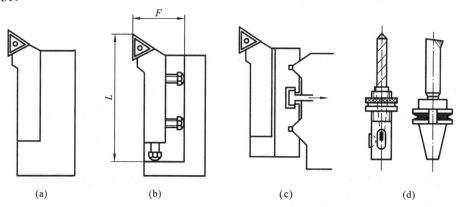

图 7-54 换刀方式

(a) 更换刀片的换刀方式 (b) 更换刀体的换刀方式 (c) 更换刀夹的换刀方式 (d) 更换刀柄的换刀方式

2. 刀具的夹紧机构

刀具夹紧机构的性能直接影响换刀精度及换刀速度。不同换刀方式有各自的夹紧方式。为了尽量减少换刀的时间损失，应尽量采用快速装夹方式。图 7-55 所示为锥柄刀具的一种快速装夹装置,装有刀具的锥柄通过锁紧螺母的内端面压紧在刀柄的锥孔里。图 7-56 所示为用于数控多轴钻床上的刀具快换夹头的典型结构。刀具长度通过接长杆 4 上的调整螺母 5 在机外进行调整,刀具靠弹簧 1 推动外套 2 压迫钢球 3 来夹紧。

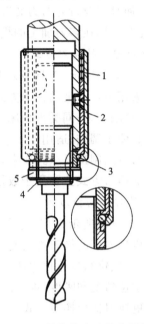

图 7-55　锥柄刀具的一种快速装夹装置

图 7-56　刀具快换夹头的典型结构
1—弹簧;2—外套;3—钢球;4—接长杆;5—调整螺母

7.5.3　数控刀具尺寸的调整与预调

为了保证刀具更换迅速,自动线上用的刀具都应有调整装置,使刀具能迅速而精确地在自动线上进行调整,或在自动线外进行预调,使刀具更换后不必再对刀或试切就可以进行加工。

1. 调整装置

带有调整装置的刀具,不仅可以加快调整速度、提高调整精度,还可以补偿刀具磨损。如果将测量装置与调整装置连接起来,就可以实现刀具的自动补偿。这样,刀具或刀片的精度不必要求太高,降低了刀具的成本。

图 7-57 所示为镗刀的螺钉单向调整装置。图 7-57(a)和图 7-57(b)中均通过旋转调节螺钉 2 来微量调节镗刀 1 的伸出量,调整好后用螺钉 3 紧固。若镗刀 1 伸出量超过要求值,则须用手把镗刀 1 推回。其调整精度与镗刀和镗杆间的间隙及螺纹精度有关。这种结构也可用于对车刀的调整。

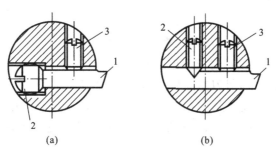

图 7-57 镗刀的螺钉单向调整装置

1—镗刀；2—调节螺钉；3—螺钉

图 7-58 所示为车刀的螺钉双向调整装置，使用这种装置，车刀后退时无须用手推。

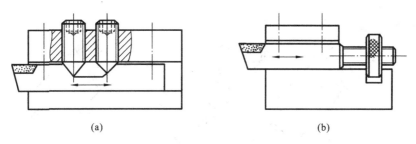

图 7-58 车刀的螺钉双向调整装置

(a) 车刀调整方向一　(b) 车刀调整方向二

图 7-59(a)所示为用楔块调整车刀刀尖高低的装置，图 7-59(b)所示为用刀杆调整车刀径向尺寸的装置。这两种装置都不影响车刀切削部分的几何角度，且车刀刀杆也不需改动。但图 7-59(a)中的装置只能将车刀刀尖调高和向外调，如图 7-59(b)中的装置也只能向外调，如要调低或退回则需人工推回楔块或刀杆。

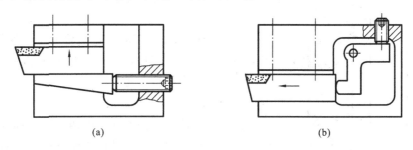

图 7-59 车刀调整装置

(a) 用楔块调整车刀刀尖高低的装置　(b) 用刀杆调整车刀径向尺寸的装置

2. 预调方法与装置

为了减少停机时间，最好将刀具尺寸通过对刀装置，借助刀具或刀夹上的调整元件，在机外预先调好。

1) 机外对刀(预调)装置设计时应考虑的因素

机外对刀(预调)装置设计时应考虑以下因素。

(1) 定位基准一致　即对刀基准与刀具实际使用基准一致。

(2) 对刀装置与对刀检查器的相应角度、方位等应与刀具使用时的进给方向角一致

图 7-60 所示为车端面时,刀夹、对刀器、对刀检查器的相应安装关系,应使

$$\theta_1 = \theta_2 = \theta_3$$

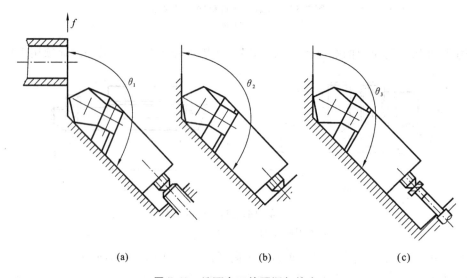

图 7-60　端面车刀的预调与检查

(a) 刀夹　(b) 对刀器　(c) 对刀检查器

(3) 根据工件加工精度要求,确定对刀装置的测量方法。

(4) 预调时,应尽可能使每次接触压力保持一致

图 7-61 所示长度可调的车刀,通过弹簧和定长杆使对刀时的接触压力保持不变。

2) 钻头和立铣刀的预调方法

钻头和立铣刀过去大多是锥柄结构,不能调整轴向尺寸。在自动线中这类刀具可改成直柄,使其轴向尺寸可调,如图 7-62(a)所示。此外,也可在锥柄外加一圆柱套,使轴向尺寸可调,如图 7-62(b)所示。

镗刀、孔加工刀具和铣刀的尺寸检测和预调一般都使用专用的调刀仪。调刀仪有光学式调刀仪和电测

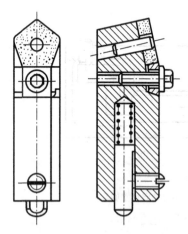

图 7-61　长度可调的车刀

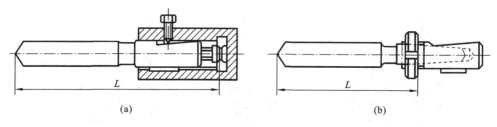

图 7-62 轴向尺寸可调的刀柄结构
(a) 直柄式钻头 (b) 套筒式钻头

式调刀仪。最新的调刀仪和计算机相连,可将所测数据存入计算机,供调用刀具时使用。

3) 简易对刀器

图 7-63 所示为端面车刀的线外对刀器。刀杆的底面及侧面紧贴在对刀器的定位槽里,同时使刀尖与对刀板接触。对刀板的位置相当于工件端面的位置。该对刀器适用于工件允许有切出空刀的情况,不适用于带凸台的端面或有台肩的外圆。

4) 多工位对刀器

图 7-64 所示为棒类刀具多工位轴向尺寸对刀器。对刀块固定在中间可回转的立柱上,四周有多个对刀孔位。为提高对刀精度,对刀块上可以夹持百分表。

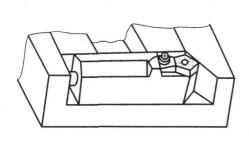

图 7-63 端面车刀的线外对刀器

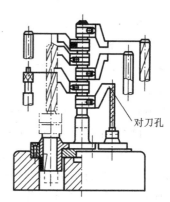

图 7-64 棒类刀具多工位轴向尺寸对刀器

5) 镗刀对刀仪

图 7-65 所示为内孔镗刀对刀仪和校准样件。校准样件 1 可用来调整百分表 2 的初始指示值——零位,然后按相对测量法来对刀。

7.5.4 数控工具系统

从数控机床自动换刀装置的工作需要看,为了保证刀具间的互换性,机床的自动换刀

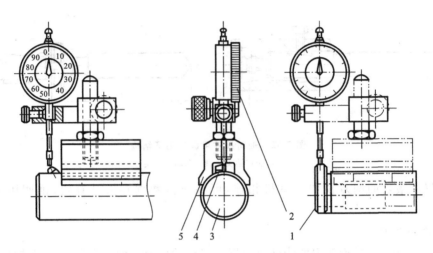

图 7-65 内孔镗刀对刀仪和校准样件
1—校准样件；2—百分表；3—镗杆；4—镗刀；5—对刀仪

结构、刀具的刀柄和数控工具系统都应该满足自动换刀的需要。机床自动换刀结构可以理解为机械手或工业机器人，各种换刀结构有很大差异，并有其自身特点及设计与制造的理论和方法，在此不作介绍。下面对刀具的刀柄和数控工具系统作简单阐述。

1. 刀柄

刀柄是机床主轴和刀具之间的连接工具，是加工中心必备的辅具。它除了能够准确地安装各种刀具外，还应满足在机床主轴上的自动松开和拉紧定位，刀库中的存储和识别以及机械手的夹持和搬运等需要。刀柄的选用要和机床的主轴孔相对应，并且已经标准化和系列化。

加工中心上一般采用 7∶24 圆锥刀柄，如图 7-66 所示。这类刀柄不能自锁，换刀比较方便，与直柄相比具有较高的定心精度和刚度。其锥柄部分和机械抓拿部分均有相应的标准。国家标准《自动换刀机床用 7∶24 圆锥工具柄部 40、45 和 50 号圆锥柄》(GB/T 10944.1—2007)和《自动换刀机床用 7∶24 圆锥工具柄部 40、45 和 50 号圆锥柄用拉钉》(GB/T 10945.1—2006)对此作了规定。这两个国家标准与国际标准 ISO7388/1 和 ISO7388/2 等效。选用时，具体尺寸可以查阅有关国家标准。

2. 数控工具系统

由于数控机床特别是加工中心加工内容的多样性，其配备的刀具和装夹工具种类也很多，并且要求刀具更换迅速。因此，刀辅具的标准化和系列化十分重要。把通用性较强的刀具和配套装夹工具系列化、标准化，就成为通常所说的数控工具系统。采用数控工具系统进行加工，虽然成本较高，但能准确可靠地实现快速更换刀具，最大限度地提高生产率并保证加工质量，使加工中心的效能得到充分的发挥。

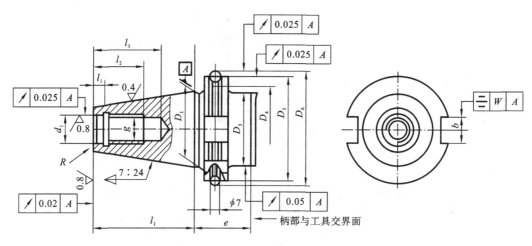

图 7-66 数控机床用 7∶24 圆锥工具刀柄

目前,我国建立的数控工具系统是镗铣类数控工具系统,这种数控工具系统一般由与机床主轴连接的锥柄、延伸部分的连杆和工作部分的刀具组成。它们经组合后可以完成钻孔、扩孔、铰孔、镗孔、攻螺纹等加工工艺。镗铣类数控工具系统分为整体式结构和模块式结构两大类。

1) 整体式结构

我国 TSG82 数控工具系统就属于整体式结构的数控工具系统。它将锥柄和接杆连成一体,不同品种和规格的工作部分都必须带有与机床相连的柄部。其特点是结构简单、使用方便、可靠、更换迅速,但锥柄的品种和数量较多。图 7-67 所示为 TSG82 数控工具系统,选用时一定要按图示方式进行配置。

TSG82 整体式工具型号标记形式如图 7-68 所示。

① 锥柄形式 JT 表示加工中心用锥柄柄部(带机械手夹持槽),ST 表示一般数控机床用锥柄柄部(没有机械手夹持槽),MTW 表示无扁尾莫氏锥柄,MT 表示有扁尾莫氏锥柄,ZB 表示直柄接杆,KH 表示 7∶24 锥度的锥柄接杆。

② 锥柄尺寸 如 30、40、45、50 分别表示大端直径为 ϕ31.75 mm、ϕ44.45 mm、ϕ57.15 mm、ϕ69.85 mm。

③ 用途 如 XP 表示装侧固式刀柄用,用于装侧固式刀柄的立铣刀。

④ 规格 用数字表示工具的规格,其含义随工具不同而异。对于有些工具该数字为轮廓尺寸 D-L,对于有些工具该数字表示应用范围。

TSG82 工具系统中各种工具柄部形式和尺寸代号、工具的代号和意义参见表 7-10 和表 7-11。

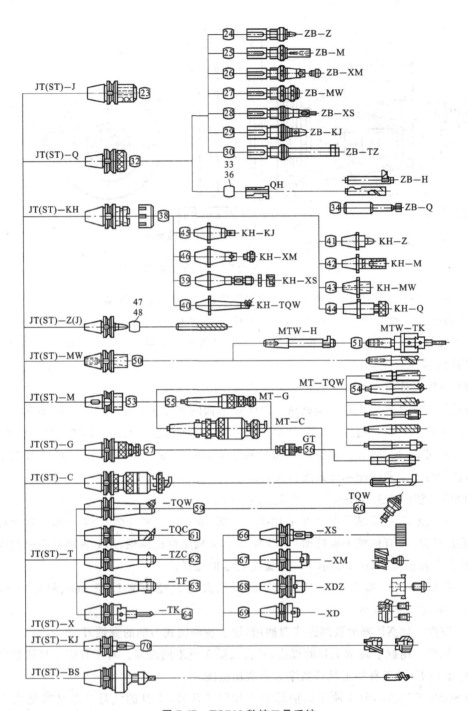

图 7-67　TSG82 数控工具系统

$$\underset{①}{JT} \underset{②}{40} - \underset{③}{XP} \underset{④}{25\text{-}90}$$

图 7-68 TSG82 整体式工具型号

表 7-10 TSG82 工具系统的工具柄部形式

柄部的形式		柄部的尺寸	
代号	代号的意义	代号的意义	举例
JT	加工中心机床用锥柄柄部,带机械手夹持槽	ISO 锥度号	50
ST	一般数控机床用锥柄柄部,无机械手夹持槽	ISO 锥度号	40
MTW	无扁尾莫氏锥柄	莫氏锥度号	3
MT	有扁尾莫氏锥柄	莫氏锥度号	1
ZB	直柄接杆	直径尺寸	32
KH	7:24 锥度的锥柄接杆	锥柄的锥度号	45

表 7-11 TSG82 工具系统工具的代号和意义

代号	代号的意义	代号	代号的意义	代号	代号的意义
J	装接长杆用刀柄	C	切内槽工具	TZC	直角型粗镗刀
Q	弹簧夹头	KJ	用于装扩、铰刀	TF	浮动镗刀
KH	7:24 锥度快换夹头	BS	倍速夹头	TK	可调镗刀
Z(J)	用于装钻夹头(贾氏锥度加注 J)	H	倒锪端面刀	X	用于装铣削刀具
		T	镗孔刀具	XS	装三面刃铣刀
MW	装无扁尾莫氏锥柄刀具	TZ	直角镗刀	XM	装面铣刀
M	装带扁尾莫氏锥柄刀具	TQW	倾斜式微调镗刀	XDZ	装直角面铣刀
G	攻螺纹夹头	TQC	倾斜式粗镗刀	XD	装面铣刀

2) 模块式结构

在模块式结构,工具的柄部和工作部分被分开,制成了系统化的主柄模块、中间模块和工作模块,每类模块中又分为若干小类和规格。这样就方便了制造、使用和保管,减少了工具的规格、品种和数量的储备,对加工中心较多的企业有很高的使用价值。图 7-69 所示为模块式数控工具系统——TMG21 数控工具系统。模块式结构是数控工具系统的发展趋势,目前世界上模块式数控工具系统有几十种结构,其区别主要在于模块之间的定位方式和锁紧方式不同。

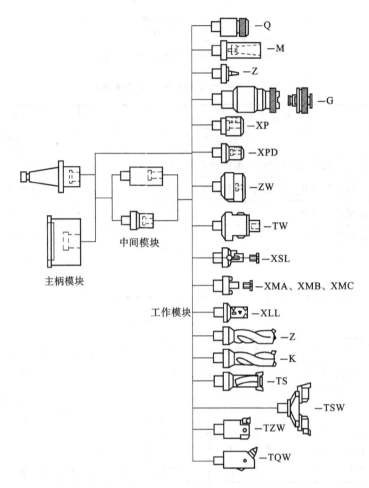

图 7-69 TMG21 数控工具系统

3) 高速铣削用的工具系统

高速铣削有许多优点,近年来在加工中已使用转速达 20 000～60 000 r/min 的高速加工中心。7∶24 锥度刀柄镗铣类工具系统存在某些缺点,远不能满足高速铣削要求。7∶24 前端锥孔在传统主轴高速旋转时,由于离心力的作用会发生膨胀,膨胀量的大小随着旋转半径与转速的增大而增大,主轴锥孔成喇叭状扩张(见图 7-70)。由于 7∶24 实心刀柄膨胀较小,导致总的锥度连接刚度降低。在拉杆拉力作用下,刀具的轴向位置发生变化,还会

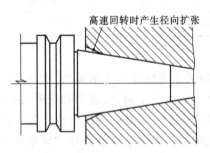

图 7-70 高速运转时主轴锥孔成喇叭状扩张状态图

引起刀具及夹紧机构质心偏离,从而影响主轴的动平衡。由上述可知,刀柄与主轴连接中存在的主要问题是连接刚度、精度、动平衡等性能差。目前改进的最佳途径是将原来的刀具系统仅靠锥面定位改为锥面与端面同时定位。这种方案最有代表的是德国 HSK 刀柄、美国的 KM 刀柄及日本 BIG-PLUS 刀柄。

德国 HSK 双面定位型空心刀柄是一种典型的 1∶10 短锥面工具系统,如图 7-71 所示。HSK 刀柄由锥面和端面共同实现定位和夹紧。其主要优点如下。

(1) 采用锥面和端面过定位的结合方式,提高了结合刚度。
(2) 锥部短,采用空心结构,质量小,自动换刀快。
(3) 采用 1∶10 锥度,楔紧效果较好,故有较强的抗扭能力。
(4) 有较高安装精度。

但这种结构的缺点是与现在的主轴结构和刀柄不兼容,且由于过定位安装使其制造工艺难度大,制造成本高。

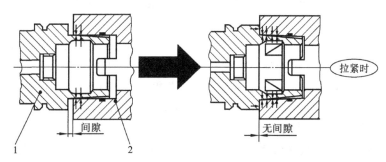

图 7-71　HSK 双面定位型空心刀柄结构
1—HSK 刀柄；2—主轴

图 7-72 所示为美国的 KM 刀柄,它采用 1∶10 短锥配合,锥柄长度仅为 7∶24 锥柄长度 1/3,部分解决了锥面与端面同时定位而产生的干涉问题。刀柄为空心结构,当拉杆轴向移动时,拉杆上圆弧槽推动钢球径向凸出,卡在刀柄槽内,使刀柄一起轴向移动。在拉杆轴向拉力作用下,短锥可径向收缩,实现端面与锥面同时接触定位。锥度配合部分有较大过盈量(0.02～0.05 mm),所需的加工精度比 7∶24 长锥配合所需的精度低。锥柄直径较小,在高速旋转时的扩张小,高速性能好。其主要缺点是它与传统的 7∶24 锥柄连接不兼容;短锥的自锁会使换刀困难;锥柄是空心的,夹紧需由刀柄的法兰实现,这样增加了刀具悬伸量,削弱了连接刚度。

日本 BIG-PLUS 刀柄的锥度仍然为 7∶24,如图 7-73 所示。将刀柄装入主轴时,端面的间隙为(0.02±0.005)mm。锁紧后,利用主轴内孔的弹性膨胀,使刀柄端面贴紧,如图 7-73 上半部所示,使刚度增大;同时使振动衰减效果提高,轴向尺寸稳定。通常刀柄端面不贴紧,有空隙,如图 7-73 下半部所示。它能迅速推广应用的一个原因是它和一般的

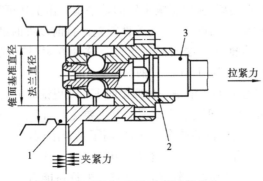

图 7-72 KM 刀柄与主轴连接结构
1—KM 刀柄；2—主轴；3—拉杆

刀柄之间有互换性。它所允许的极限转速为 40 000 r/min。其主要缺点是由于过定位安装，必须严格控制锥面基准线与法兰端面的轴向位置精度，与它配合的主轴也须控制这一轴向精度，因此制造困难。

在加工中心进行高速切削时，不平衡的工具系统会产生很大离心力，使机床和刀具振动。其结果一方面影响工件的加工精度和表面质量；另一方面影响主轴轴承和刀具使用寿命。所以高速铣削用的工具系统都应进行动平衡试验。目前还没有制定专门的动平衡标准，一般可参照 ISO 1940—1 标准来衡量工具系统的动平衡，高速铣削用的工具系统平衡精度等级在大于 G2.5 小于 G16 的范围内。

高速铣削时，由于刀具的旋转速度高，因此无论从保证精度方面考虑，还是从操作安全方面考虑，对它的装夹技术都有很高要求。原来工具系统的弹簧夹头、螺钉等传统的刀具装夹方法已不能满足高速加工需要。为此德国 Schunk 等公司开发了高精度液压夹头，如图 7-74

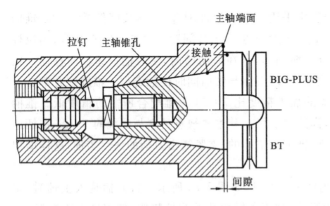

图 7-73 BIG-PLUS 刀柄与 BT 刀柄结构比较图

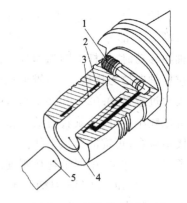

图 7-74 高精度液压夹头
1—加压螺栓；2—油腔；
3—油腔内壁；4—装刀孔；5—刀具

所示。通过使用内六角螺栓扳手拧紧加压螺栓1,提高油腔2内的油压,促使油腔的内壁3均匀径向膨胀,从而起夹紧刀具5作用。这种夹头具有精度高(定位精度≤3 μm)、传递转矩大、结构对称性好、外形尺寸小等优点,是高速铣削不可缺少的辅助工具。

热装夹头是继液压夹头之后开发出的另一种新型夹头,它是一种无夹紧元件的夹头,夹紧力比液压夹头大,可传递更大的转矩,且结构对称,更适合模具的高速切削。

本章重点、难点和知识拓展

重点:掌握专用刀具的结构特点、应用场合以及设计方法。

难点:圆孔拉刀工作部分设计和齿轮滚刀的设计。

知识拓展:制造业的加工技术水平受刀具行业整体水平的影响较大,而制造业的发展也会促进刀具行业的发展。根据制造业发展的需要,多功能复合刀具、高速高效刀具、专用刀具将成为刀具发展的主流。面对日益增多的难加工材料,刀具行业必须改进刀具材料,研发新的刀具材料和更合理的刀具结构。切削技术快速发展,高速切削、硬切削、干切削继续快速发展,应用范围在迅速扩大。目前,数控机床刀具正向着标准化、系列化及通用化的方向发展,数控工具系统的出现和日益完善使得多种不同类型的数控刀具同时在数控机床上轮换使用成为可能,满足了自动化生产的需求。

思考题与习题

7-1 成形车刀的前角和后角规定在哪个参考系的坐标平面中表示?为什么?

7-2 成形车刀切削刃上各点前角、后角是否相同?为什么?

7-3 分别说明零件廓形和成形车刀廓形在哪个投影平面上表示?在什么条件下两者廓形相同?

7-4 简述作图法求成形车刀廓形的步骤。

7-5 试作出棱形成形车刀计算法用的计算分析图。

7-6 试作出圆形成形车刀计算法用的计算分析图。

7-7 成形车刀附加刀刃有何用途?

7-8 成形铣刀有几种齿背结构?各有哪些优缺点?

7-9 试叙述成形铣刀铲齿的目的和过程。

7-10 什么是铲齿成形铣刀的后角？它与铲背量有何关系？

7-11 为什么铲齿成形铣刀会出现后角等于零的刀段？有哪些改进措施？

7-12 试述拉削的特点和圆孔拉刀的结构组成。

7-13 综合式圆孔拉刀各齿齿升量如何分布？

7-14 圆孔拉刀设计为什么常采用组合式结构？

7-15 圆孔拉刀校准齿直径和公差应如何确定？

7-16 圆孔拉刀的粗切齿为什么需要设计有分屑槽？而精切齿的后角为什么取值较小？

7-17 试述综合式圆孔拉刀粗切齿、过渡齿、精切齿和校准齿的用途。

7-18 使用齿轮滚刀时如何安装、调整和重磨？

7-19 何谓滚刀产形蜗杆？加工渐开线齿轮的滚刀产形蜗杆有哪些？

7-20 决定阿基米德滚刀产形蜗杆轴向齿形角的原则是什么？

7-21 对数控刀具有哪些特殊要求？

7-22 模块式结构的作用是什么？在生产过程中它存在哪些优点？

7-23 试叙述数控刀具尺寸的预调方法。

7-24 说明TSG82整体式工具型号JT30-TQC的含义。

第8章 机械制造中的物料运储装置设计

8.1 概述

物料运储系统(material handling system,MHS)是指在制造及分配过程(包括消费及回收过程)中协调、合理地对物资实体进行移动、储存或控制的一系列相关设备和装置。企业间生产情况的差异,决定了企业物料运储系统的多样性:既有体现当今世界物料运储先进科技水平,由无人自动搬运小车、自动化立体仓库、自动化输送机等组成的无人化物料运储系统,也有还处于20世纪中期的较原始的物料运储方式。但无论何种水平,有一点是共同的,即这些物料运储系统都与企业的经济状况、产品质量要求、劳动力水平、产品的市场竞争力等状况相匹配,也就是说没有什么最好的物料运储系统,只有最经济、最合适的物料运储系统。例如,输送机式的物料运储装置最适于大批大量生产。但随着人们消费向多样化观念变化,消费市场变化多端,生产线上可能会同时组装几种不同的产品或组装的产品频繁更换,以满足市场需求。在这种情况下,大批大量流水线搬运系统显得力不从心,要求企业的物料运储系统具有一定的应变能力,即实现柔性运储。

8.1.1 物料运储系统设计的意义

据统计,制造业中的单件小批的生产企业约占总数的75%。在这些企业的生产过程中,产品的机械加工和装配作业时间仅占生产周期的5%左右,而95%左右的时间处于存储、装卸、等待或运输状态。德国波鸿鲁尔大学的马斯贝尔格教授在对斯图曼和库茨的企业的生产周期进行调研分析后得出结论:"在生产周期中,工件有85%的时间处于等待状态,另外5%的时间用于运输和检测,只有10%的时间用于加工和调整;在一般情况下,通过改进加工过程,最多只能再缩短生产周期的3%~5%。"可见,通过提高机床的加工效率,对缩短生产周期是很有限的,而能获得更为显著效果的是向非机床作业(占95%)或者工件处于等待状态的过程(占85%)去要效益。由此可见,合理设计物料运储装置,可以在不增加或少增加投资的条件下,使企业获得更明显的经济效益。

8.1.2 物料运储系统的设计原则

(1) 系统性 整合搬运和储存活动,包括进货、检验、储存、生产、组合、包装、仓储、运送等,使得系统和活动经济更有效率。

(2) 有效利用空间　该原则适用于那些存储空间过度浪费,物料直接堆积在地板上,通道太多,存放空间不足,立体空间使用不善等场合。

(3) 标准化　尽可能使运储方法和设备标准化。

(4) 注重工效　了解人类的能力和限制以设计物料储运设备和程序,使得使用系统的人和系统能有效互动。

(5) 节能减耗　充分考虑物料储运系统和物料储运程序的能源消耗。要避免物料搬运设备空转,提高自动物料搬运设备以及工业机器人的使用率,合理安排能源的使用以避免尖峰负荷。

(6) 生态环保　使用对环境不良作用最少的物料储运装置和程序。

(7) 机械化作业　实施物料储运过程机械化,以降低劳动强度,提高作业效率。

(8) 柔性　利用的方法和设备应可以在不同状况下做不同的工作。

(9) 精益性　尽量减少和合并不需要的移动及设备,避免设备闲置和物料重复搬运,降低成本。

(10) 安全性　保证物料运储系统安全运行,采用安全的物料运储方法。

(11) 计算机控制　对物料运储系统实施计算机控制,以增强物料运储系统对物料和信息的有效控制能力。

(12) 便于维修　对物料运储设备要制订预防维修和定期维修计划;一旦出现运行故障,要能及时快速修复,以提高系统运行功效。

8.1.3　物料运储系统设计的内容

机械制造企业物料运储系统设计的主要内容有:合理配置各种生产设施,减少物料的无效搬运;减少在制品和仓储库存量,缩短物料非加工的等待时间;选用适当的搬运输送机具和方式,厂内外运输有机协调等。机械制造企业物流运储系统一方面受信息系统的控制,另一方面不断地将生产现场的有关信息反馈到信息系统,以便生产管理部门调度。设计时应将所涉及的生产工艺设备、工装夹具、检测设施、工序线路及布置作为一个整体系统工程,运用现代科学技术和方法进行设计和管理,达到合理化的平面布置。

8.1.4　物料运储系统的设计方法与步骤

1. 对物料进行分类

应对被搬运的物料进行分析和统计,既要分析统计当前的产品,还要考虑产品今后的发展,明确产品的品种数量、批量、年产量、班制、混合生产方式以及零件的形状和尺寸等,在此基础上对物料进行分类。在实际应用中,一般根据物料的物理特征来确定货箱的容积、仓储容量及输送要求。

2. 物料流程分析

(1) 将各种产品或物料进行整个生产过程(从原料到成品入库)的流程分析,绘制出物料流程图。

(2) 在工厂平面图上将所有产品或物料按每条输送起止点及输送路线进行汇总绘制,得到物流图。该图应明确表明每种物料的输送距离和方向。

(3) 对物流图进行分析。长距离和大物流量的输送是不合理的,应改进平面布置或工艺流程;短距离的大物流量的输送是合理的,可以单独进行;应将若干项长距离、小物流量的物料输送组合起来进行,以减少输送费用。

(4) 确定仓储设施的容量(包括仓位大小和数量、面积等)和有关的技术要求(通风、采光、温度、湿度等)。

3. 物料运储系统布置方案

物料输送及仓储系统布置应考虑以下几个方面。

(1) 物料输送的起始点和终止点的具体位置和距离,物料输送的种类,每次输送的件数、批量大小。

(2) 物料输送的缓急要求、稳定性要求。

(3) 输送路线的自然条件(道路的坡度、弯路、车辆的流量)。

(4) 合理配置仓储设施的位置等。

物料输送及仓储系统布置方案可拟订 2~3 个,用平面图或立体图的形式表示,一些重要部位的关键尺寸和技术要求的条件必须表示清楚,画出必要的结构草图,以便通过比较从中选择较好的方案。

4. 物料搬运设备选择

物料搬运是制造企业生产过程中的辅助生产过程,它是工序之间、车间之间、工厂之间物流不可缺少的重要环节。为此,设计合理、高效、柔性的物料搬运系统,正确选择搬运设备是提高搬运效率、降低搬运成本的重要措施。搬运设备应根据物料形状、移动距离、搬运流量、搬运方式等进行选择,方式如下。

(1) 输送距离短、输送量小的物料 主要工作是装卸物料,应减少装卸费用,宜采用简单的输送设备(如叉车、电瓶车、步进式输送带、输送滚道等)。

(2) 输送距离短、输送量大的物料 主要工作是输送,应减少单位里程输送费用,允许装卸费用高一些,一般采用复杂的输送装置(如带有抓取机构的在两工位间输送工件的输送机械手、斗式提升机、气力输送机等)。

(3) 输送距离长、输送量小的物料 适于采用简单的输送设备(如汽车等)。而输送距离长、输送量大的物料,应采用复杂的输送设备(如火车、船舶等)。

5. 仓储设施的选择

仓储设施应按其具体功能不同加以分析,确定其输送及管理方式等因素。按功能及地理位置，仓储装置可分为以下几类。

（1）厂级库　存放的物料种类多（如原材料、外购件、在制品、零部件成品、维修备件、产成品等），物料进出量和存储量大，应实现物料输送机械化和管理自动化（可采用立体仓库等）。

（2）中间仓库（车间或工段级）　暂时存放保证车间和工段正常生产的原材料（在制品、工艺装备、机夹量具等），物料种类及储存流通量相对少一些，仓储装备的要求相应低一些。

（3）工序库　主要存放在制品，设立在机床附近，配有专用物架以防止工件互相磕碰；对于柔性制造系统，在制品应放在专设的高度自动化的缓冲存储站上，由柔性制造系统的控制系统集中管理。

6．方案评价

应从技术和经济两方面对不同方案进行可行性评价，达到优化组合设计，以减少不必要的投资，提高经济效益。

8.2　机床上下料装置设计

8.2.1　概述

机床上料（送料）是指按照机床加工循环的时间间隔，将毛坯或工件定向排列、自动送到指定加工位置，下料是指利用料道将已完成工序加工的工件自动放在输送装置上。通常在两道工序之间，前一道工序的下料装置就是后一道工序的上料装置。机床上下料装置有两种，即人工上下料装置和自动上下料装置。

1．自动上下料装置的作用

大型零件的上下料辅助时间占整个生产辅助时间的 50%～70%，中小零件的上下料辅助时间占整个生产时间的 20%～70%。实现上下料的自动化可以减少生产辅助时间，提高劳动生产率和设备利用率。上下料的自动化也可以减轻工人的手工操作劳动强度，改善劳动条件，为实现自动化生产创造条件。

2．自动上料装置的分类

机床自动上料（送料）装置类型可按毛坯或零件的形式和自动化程度分类。按毛坯形式分类，有板料、卷料、条料、件料上料装置；按结构形式和自动化程度分为料斗式、料仓式和工业机械手（机器人）上料装置。板料、卷料、条料毛坯的自动上料装置由于毛坯料形状简单、结构单一，已成为冲剪设备自动机床的组成部分；而件料的自动上料（送料）装置类型较多，是我们研究的主要内容。

（1）料仓式上料装置　这是一种半自动上料装置，需要人工定期将一批工件按规定方向和位置依次排列在料仓里,由送料器自动地将工件送到机床夹具中。

(2) 料斗式上料装置 这是全自动上料装置,工人将一批工件倒入料斗中,料斗的定向机构能将杂乱无章的工件自动定向,按规定方位整齐排列有序,以一定的生产节拍自动送到加工位置上。

(3) 工业机械手(机器人)上料装置 这种上料装置比料斗或料仓上料装置灵活,适用于体积大、结构复杂的单件毛坯或劳动条件较恶劣的场合,广泛应用于柔性制造系统。

3. 自动上料装置的结构要求

理想的上料装置应保证以下要求:送料工作可靠、噪声小、不损坏工件、结构简单紧凑、通用性好、送料速度快、使用寿命长、维修方便、制造成本低。各种不同类型的上料装置的结构不同,但其主要结构(见图 8-1)及作用如下。

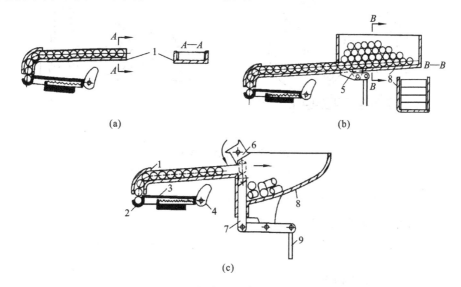

图 8-1 自动上料装置工作原理

1—料道;2—送料器;3—送料杆兼隔料器;4、9—驱动机构;
5—搅动器;6—剔除器;7—定向机构;8—料斗或料仓

(1) 料斗 存储成堆散乱的工件(料仓式上料装置无料斗)。

(2) 定向机构 将散乱的工件按一定方位定向排列起来(料仓式上料装置不需要此机构)。

(3) 料仓 存放已定向排列的工件,调剂供需平衡。

(4) 料道 利用工件的自重将工件由定向机构送到存料仓或在工序间移动。

(5) 隔料器 将待上料工件与其余工件分离开,保证单一工件给料。

(6) 上料器 将定向排列的工件按一定的加工节拍和方位送到机床夹具上(有些上

料器兼有隔料作用),其结构形式如图 8-2 所示。

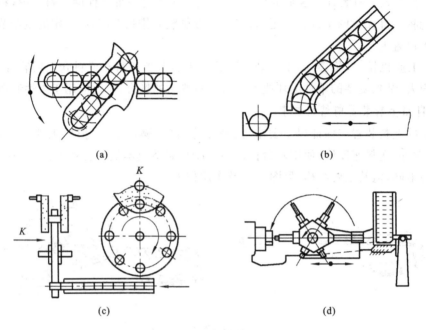

图 8-2 上料器的形式
(a) 料仓兼上料器 (b) 槽式上料器 (c) 圆盘式上料器 (d) 转塔刀架兼上料器

(7) 卸料器 将已加工完的工件由夹具上取走。
(8) 搅动器 搅动工件,防止工件架空堵塞。
(9) 剔除器 将定向位置不对或多余的工件剔除,使其返回料斗中。

8.2.2 料仓式上料装置设计

料仓式上料装置利用人工将工件按顺序放在料仓中,通过上料器把工件送到加工工位上定位夹紧。这种上料装置适应周期为 5~30 s 加工循环的工件,若多台机床操作则可显示出巨大的经济效益,多用于大批量生产。

图 8-3 所示为料仓上料的机构。毛坯由人工装入料仓 1。机床进行加工时,上料器 3 退到如图所示的最右位置,隔料器 2 被上料器 3 上的销钉带动逆时针方向旋转,其上部的毛坯便落在上料器 3 的接收槽中。当零件加工完毕时,夹料筒夹 4 松开,推料杆 6 将工件从筒夹中顶出,工件随即落入导出槽 7 中。送料时,上料器 3 向左移动将毛坯送到主轴前端对准夹料筒夹 4,随后上料杆 5 将毛坯推入筒夹 4。筒夹将毛坯夹紧后,上料器和上料杆向右退开,零件开始加工。当上料器 3 向左上料时,隔料器 2 在弹簧 8 作用下顺时针方

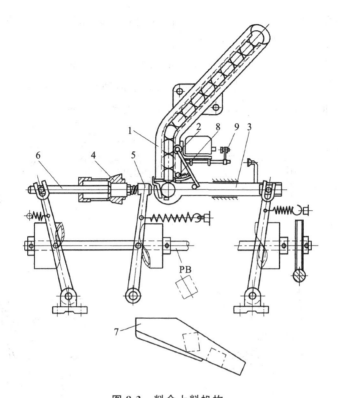

图 8-3 料仓上料机构
1—料仓；2—隔料器；3—上料器；4—夹料筒夹；5—上料杆；
6—推料杆；7—导出槽；8—弹簧；9—自动停车装置

向旋转到料仓下方，将毛坯托住以免落下。毛坯用完时自动停车装置 9 动作，使机床停车。图中的料仓、隔料器和上料器属于料仓送料机构，其他部件属于机床机构。

料仓式上料装置按工件的送进方法可分为：重量式、链条式、转盘轮鼓式、弹簧式、摩擦式等；按结构形式有：槽式（直槽、螺旋式等）、管式、料斗式、链式、转盘式、轮鼓式等。各种料仓一定要保证工件可靠地落在上料器中，否则须采用弹簧式、链式等强迫送料的方法。

8.2.3 料斗式上料装置

料斗式上料装置具有自动定向机构，能实现上料过程完全自动化。适用于工件形状简单、质量较小、生产批量大、工序时间短、上料频繁和加工效率高的场合。工人负责将坯料成批倒入料斗中，并监督上料装置的工作过程。

1. **料斗式上料装置分类**

料斗式上料装置包括装料机构和储料机构两部分。装料机构由料斗、搅动器、定向器、剔除器、分路器、送料槽、减速器等组成;储料机构由隔离器、上料器等组成。此外,在机床上还有工件的定位夹紧机构、推出器和排料机构等。

不同的料斗式上料装置,可采取不同的定向机构和工件定向方法。工件的定向机构的传动方式有机械传动、电磁传动、气压传动和液压传动等;工件定向方法有抓取法、槽隙法、型孔选取法、重心偏移法、料道法等。料斗式上料装置几种典型结构如图8-4所示。

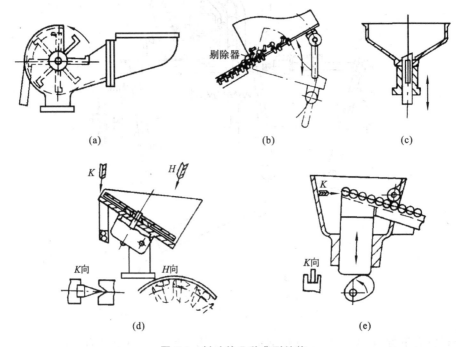

图8-4 料斗的几种典型结构
(a) 回转钩式 (b) 扇形块式 (c) 往复管式 (d) 沟槽圆盘式 (e) 往复滑块式

在料斗式上料装置中,毛坯的定向抓取机构是整个装置的设计重点,若设计得不合理,则不能实现毛坯的自动定向和可靠抓取工件。

2. 料斗及料仓容积计算

为使工件能均匀地从料斗进入机床工作机构,应保证料斗的上料节奏与工序的节拍相一致。若料斗的平均生产率用 Q_{cp} 表示,生产工序的平均生产率用 Q_n 表示,料斗式上料装置的供料工作状态可能有两种。

(1) 料斗的平均生产率等于生产工序的平均生产率,即
$$Q_{cp} = Q_n$$

(2) 料斗的平均生产率大于生产工序的平均生产率,即
$$Q_{cp} > Q_n$$

由于各种因素(料斗中毛坯的数量、毛坯在料道中的移动是否通畅、夹杂的脏物等)的影响,料斗的平均生产率很难保证是一个定值,并且还不能控制这些因素的影响,因而在实际设计中常按料斗的平均生产率大于生产工序的平均生产率($Q_{cp} > Q_n$)的条件设计料仓的容积。这种情况下工作时,可能出现料槽中毛坯过多的现象,因此在料斗中必须设有剔除器剔除多余的工件,以防止料槽堵塞。

8.2.4 工业机器人

随着微电子技术和计算机技术的发展,诞生了功能更完善的机器人。机器人能模仿人的某些工作机能和控制机能,按可变的程序、轨迹和要求,实现多种工件的抓取、定向和搬运工作,并且能使用工具完成多种劳动作业的自动化机械系统。当机器人用于工业生产中时,常称之为工业机器人。我国过去称它为"工业机械手"或"通用机械手"。

如图8-5所示,在加工前,机械手将待加工工件从料架搬运到加工位置;加工完毕后,机械手将工件从加工位置搬运到卸料位置,再从料架上将下一个待加工工件送到加工位置。如此反复循环进行搬运装卸工作。

图8-6所示为一种搬运机器人。该机器人主要由搬入/出机械部件、机器人主体部件和控制系统等几部分组成,用于抓取、搬运来自输送带或输送机上流动的物品,根据被搬运物品的形状、材料和大小等,按照给定的物品堆列模式,自动地完成物品的堆列和搬运操作。

图8-5 工件搬运机器人

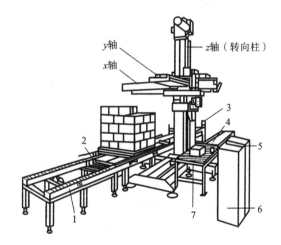

图8-6 搬运机器人布局示意图

1—装卸输送机;2—极式输送机;3—极式分配器;
4—横进给式输送机;5—操作台;6—控制台;7—多工位式输送机

图8-7所示为采用一台工业机器人为三台机床装卸工件的情况。

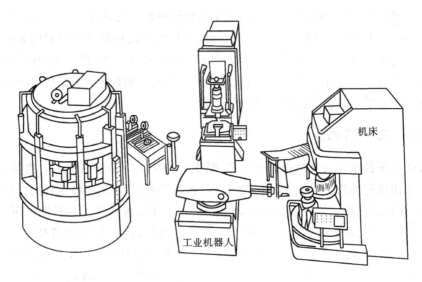

图 8-7 一个机器人为三台机床装卸工件

8.3 自动化加工中物料输送装置的设计

8.3.1 概述

1. 物料输送装置

物料输送装置是指用于将坯料、半成品或成品在车间内工作中心（各种机床）间传输，保证生产自动线按生产节拍连续工作的装置。自动生产线上的有关加工设备按加工工序围绕物料输送装置排列成为一个整体，物料输送装置影响自动生产线的生产稳定性、效率、总体布局，是自动生产线中最重要的辅助设备。

2. 物料输送装置的基本设计要求

(1) 结构简单可靠，便于布置及维修保养。

(2) 输送过程中要利用导向板或限位块等机构，严格保证工件的预定方向。

(3) 输送装置不应与固定件发生干涉，输送位置准确，保证夹具和上料装置的定位要求。

(4) 输送速度高，以缩短机床的等待时间，并且具有存储物料的作用，能满足一定生产节奏的要求。

3. 物料输送形式的分类

物料输送装置的结构形式与工件的结构形状、尺寸，自动线的加工设备布置、工艺特点等因素有关。

物料输送形式按输送的轨迹形状分为：直线输送、环形(矩形)输送、圆形输送。

物料输送形式按输送节拍的变化情况分为：同步输送、非同步输送。

(1) 同步输送　工件按固定节拍输送，多用于加工自动线。输送带、回转工作台均为常用的同步输送装置。

(2) 非同步输送　工件输送节拍依生产情况而变化，多用于柔性加工生产线和自动生产线。

形状简单的工件可以用输送装置直接进行传输。对于形状比较复杂且缺少可靠运输基面的工件或质地较软的有色金属工件，常将工件先定位夹紧在随行夹具上，和随行夹具一起在机床上进行加工。工件加工完毕后，将其与随行夹具一起从机床上卸下，带到卸料工位，将加工完的工件从随行夹具上卸下，随行夹具返回到原始位置，以供循环使用。对于一些不能直接在输送装置的支承板上移动的、形状特殊的工件，或者一些非铁金属工件，为避免输送过程的磨损，有时采用托盘交换器。

托盘交换器是机床和传送装置之间的桥梁和接口。不仅可起到连接作用，还可以暂时储存工件，起到防止物流系统阻塞的缓冲作用。

如图 8-8 所示，在装卸工位时，工人从托盘上卸去已加工的工件，装上待加工的工件，由液压或电动推拉机构将托盘推到回转工作台上。回转工作台由单独电动机拖动按顺时针方向作间歇回转运动，不断地将装有待加工工件的托盘送到加工中心工作台左端，由液压或电动推拉机构将其与加工中心工作台上托盘进行交换。装有已加工工件的托盘由回转工作台带回装卸工位。如此反复不断地进行工件的传送。

如果在加工中心工作台的两端各设置一个托盘系统，则一端的托盘系统用于接收前一台机床已加工工件的托盘，为本台机床上料，另一端的托盘系统用于为本台机床下料，并传送到下一台机床去。采用多台此类机床可与托盘系统组成的较大生产系统。

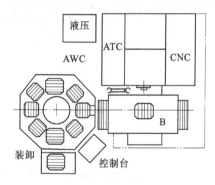

图 8-8　加工中心与托盘系统

6.3.2　输送装置

输送装置不仅具有将各物流站、加工单元、装配单元衔接起来的作用，而且具备物料的暂存和缓冲功能。常见的输送装置有输送机、随行夹具和托盘交换装置等。

1. 输送机

1) 滚道式输送机

这种输送装置结构简单，使用广泛。在工厂里多用于输送箱体类零件，比如汽车制造厂的发动机缸盖、缸体和水箱等零件的生产线就采用这种输送方式。滚道式输送机可以是无动力的(见图8-9),货物由人力推动,也可以是有驱动动力的。

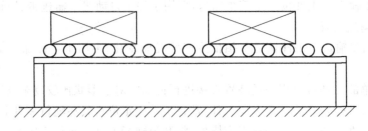

图8-9 无动力滚道式输送机示意图

机动滚道有以下多种实施方案。
(1) 每个滚子都配备一个电动机和一个减速机,单独驱动。
(2) 每个滚子轴上装两个链轮。
(3) 用一根链条通过张紧轮驱动所有滚子。
(4) 在滚子底下布置一条胶带,依靠摩擦力驱动。
(5) 用一根纵向的通轴,通过扭成"8"字形的传送带驱动所有滚子(见图8-10)。

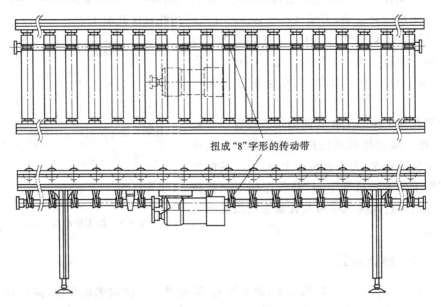

扭成"8"字形的传动带

图8-10 "8"字形传动带驱动示意图

2) 链式输送机

如图8-11所示,链式输送装置由两条平行装置的封闭式链条、两组链轮和一个动力驱动装置组成。动力驱动装置(电动机、液压油缸等)通过减速器及链轮带动链条运动,减速器上装有离合器控制链条的运动状态。支承工件及定位的 V 形块等距地固定在链节的销轴上,随同链条运动并输送工件。为防止链条的下垂,在链条的下面设有支承辊。

链条输送的运动形式如下。

(1) 往复式 料道上设有一组控制动力驱动装置正反转的行程碰撞开关,可以实现链条输送带的步进储料、快进供料、快退接料等多种运动,这种运动形式输送效率高,但控制系统较复杂。

(2) 单向循环式 链条输送带做单向循环运动输送工件,这种运动形式效率低。

(3) 步进式 动力驱动装置通过齿轮齿条、棘轮棘爪机构驱动链条输送带做步进运动,这种运动形式多用于步进供料或储料。

3) 悬挂式输送机

主要用于在制品的暂存,尤其适合于批量产品的喷漆生产线。图 8-12 所示为悬挂式传送机示意图。

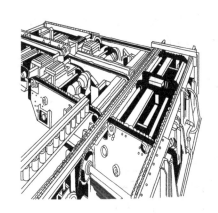

图 8-11 链式输送装置

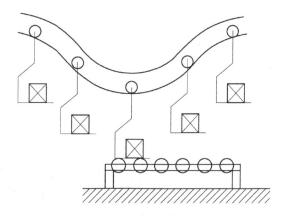

图 8-12 悬挂式输送机示意图

2. 随行夹具

对于结构形状比较复杂,且缺少可靠运输基面的工件或质地较软的非铁金属工件,常将工件预先安装在随行夹具上,然后与随行夹具一起转运、定位和夹紧在机床上。因此,从装载工件开始,工件就始终被定位夹紧在随行夹具上。随行夹具伴随工件完成加工的全过程。

采用随行夹具的自动线必须设有随行夹具返回装置,将用过的随行夹具重新返回到原始位置,以供循环使用。

随行夹具的返回有上方返回、下方返回、水平返回三种方式。

1) 上方返回

如图 8-13 所示,随行夹具 2 在自动线的末端用提升装置 3 升到机床上方后,经一条倾斜(坡度1∶50)滚道4靠自重返回自动线的始端,然后随下降装置5降至主输送带1上。这种方式结构简单、紧凑,占地面积小,但不宜布置立式机床、调整维修机床不便。较长的自动线不宜采用这种形式。

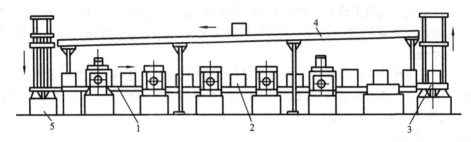

图8-13 上方返回的随行夹具

1—输送带;2—随行夹具;3—提升装置;4—滚道;5—下降装置

2) 下方返回

如图8-14所示,装有工件的随行夹具2,由往复液压缸1驱动,一个接一个地沿着输送轨道移动到加工工位。加工完毕后,随行夹具被送到末端的回转鼓轮5上,翻转到下面,经机床底座内部或底座下通道内的步伐式输送带4送回自动线的始端,再由回转鼓轮3从下面翻转至上面的装卸料工位。下方返回方式结构紧凑,占地面积小,但维修调整不便,同时会影响机床底座的刚度和排屑装置的布置,多用于工位少,精度不高的小型组合机床的自动线上。

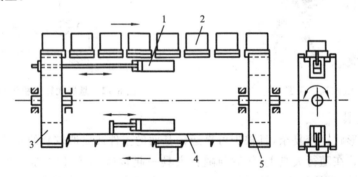

图8-14 下方返回的随行夹具

1—液压缸;2—随行夹具;3、5—回转鼓轮;4—步伐式输送带

3) 水平返回

随行夹具在水平面内作框形运动返回,图8-15(a)所示的返回装置由三条步伐式输送带组成。图8-15(b)所示的返回装置由三条链条组成。水平返回方式虽然占地面积大,但结构简单,敞开性好,适用于工件及随行夹具较重、较大的情况。

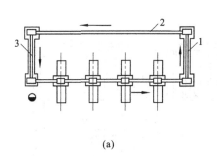 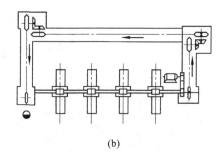

图 8-15 水平返回的随行夹具

1、2、3—步伐式输送带

3. 托盘交换装置

托盘是工件和夹具的一个承载体。当工件在机床上加工时,托盘成为机床工作台,支承工件完成加工任务;当工件在运输时,托盘又承载着工件和夹具在机床之间进行传输。从某种意义上说,托盘是工件和机床之间的硬件接口。为使各台机床连接成为一个系统整体,系统中的所有托盘必须采用同一种结构形式。托盘一般都是带有较大倒角的棱边和 T 形槽以及用于夹具定位的凸榫的正方形部件。

托盘交换装置是加工中心最为常见的上下料装置。按其运动方式分为回转式和直线往复式两种。图 8-16 所示为回转式托盘交换装置,其上有两条平行的导轨以供托盘移动导向之用,托盘的移动和交换装置的回转由液压驱动。这是一种两工位的托盘交换置,机床加工完毕后,交换装置从机床工作台上移出装有已加工零件的托盘,然后旋转 180°,将装有待加工零件的托盘再送到机床的加工位置。

图 8-17 所示为多托盘的往复式托盘交换装置。它由一个托盘库和一个托盘交换装置组成。当工件加工完毕时,工作台横向移动

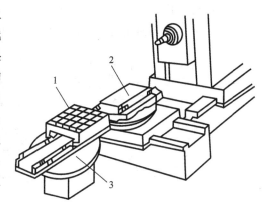

图 8-16 回转式托盘交换装置

1—托盘;2—托盘紧固装置;
3—用于托盘装卸的回转工作台

到卸料位置,将装有加工好工件的托盘移至托盘库的空位上,然后工作台横移至装料位置,托盘交换装置再将待加工的工件移至工作台上。

8.3.3 转位装置

为了改变工件加工表面位置,自动线中常设有可使工件回转的转位装置。小型盘类、

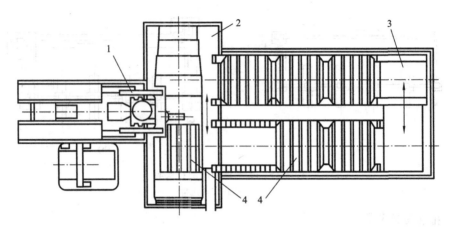

图 8-17 往复式托盘交换装置
1—加工中心；2—工作台；3—托盘库；4—托盘

轴类工件常采用输送料道，借助重力作用实现转位。对于箱体类工件，通常设置专门的转位装置。使工件绕垂直轴回转的转位装置称为转位台，使工件绕水平轴回转的转位装置称为鼓轮。

转位台结构如图 8-18 所示，托盘可将工件（或随行夹具）抬起，然后顺时针旋转 90°，将工件放下。如果换用行程大的液压缸，可以使之回转 180°。

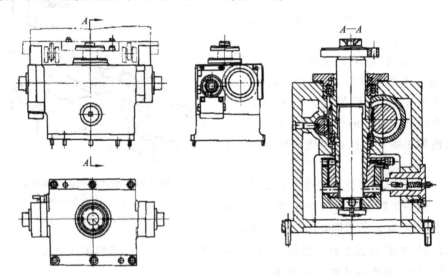

图 8-18 转位台

转位鼓轮结构如图 8-19 所示。由于转位鼓轮可使工件（或随行夹具）绕水平轴回转，所以有时也利用转位鼓轮完成倒屑工作。转位鼓轮的回转角度由液压缸行程决定，通常

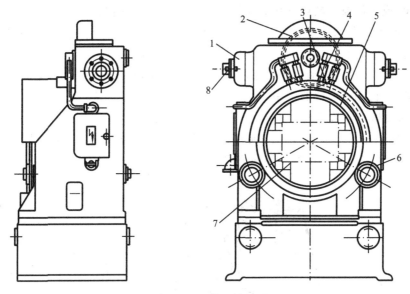

图 8-19 转位鼓轮

1—回转油缸；2—增速齿轮；3—传动齿轮；4—限位开关；
5—转鼓；6—支承辊；7—工件支承板；8—调节螺钉

为 90°、180° 或 270°。

8.3.4 运输小车

1. 有轨运输小车

图 8-20 所示为采用有轨运输小车(railing guided vehicle, RGV)的生产系统，RGV 沿直线导轨运动，机床和辅助设备在导轨一侧，安放托盘或随行夹具的台架在导轨的另一侧。RGV 采用直流或交流伺服电动机驱动，由生产系统的中央计算机控制。当 RGV 接近指定位置时，由光电装置、接近开关或限位开关等传感器识别出减速点和准停点，控制系统向小车发出减速和停车信号，使小车准确地停靠在指定位置。小车上的传动装置将托盘台架或机床上的托盘或随行夹具拉上小车，或将小车上的托盘或随行夹具送给托盘台架或机床。RGV 适用于运送尺寸和质量均较大的托盘或随行夹具，其传送速度快，控

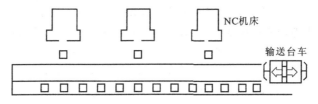

图 8-20 采用 RGV 搬运物料的生产系统

制系统简单,成本低廉。缺点是它的导轨一旦铺成后,改变路线比较困难,适用于运输路线固定不变的生产系统。

2. 无轨运输小车

无轨运输小车也称自动引导小车(automated guided vehicle,AGV),它是现代物流系统的关键装备,得到了广泛的应用。

1) 无轨运输小车的结构

无轨运输小车的结构如图 8-21 所示,它由随行工作台交换装置、升降装置、行走和控制装置、电源、轨迹制导装置等六部分组成。

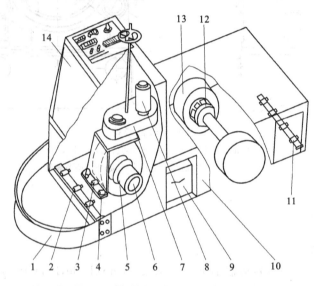

图 8-21 AGV 结构

1—安全裙;2—认址传感器;3—失灵控制传感器;4—导向传感器;
5—驱动器;6—驱动电动机;7—转向机构;8—导向电动机;9—蓄电池箱;
10—车架;11—认址感应线圈;12—制动用电磁离合器;13—后轮;14—操纵台

2) 无轨自动运输小车的导引方式

AGV 的导引方式分为固定路径和自由路径(无固定路径)导引方式。

(1) 固定路径的导引方式 分为电磁导引、光学导引、磁带导引。常见的无轨运输小车(AGV)的运行轨迹是通过电磁感应制导的。由 AGV、小车控制装置和电池充电站组成 AGV 物料输送系统如图 8-22 所示。

采用电磁导引方法时,需在地面下的地槽中铺设一根金属导线,通以几千至几十千赫兹的低压电流。该电流以导向线为圆心产生一个交变磁场,AGV 上装有两个感应线圈,可以检测磁场强弱,检测出来的信号经放大整流等环节,并以电压表示出来。

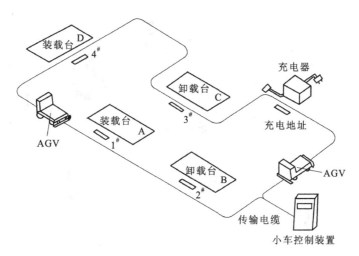

图 8-22 具有两台 AGV 的生产系统

光学导引是采用涂漆的条带来确定行驶路径的导引方法。AGV 上有一个光学检测系统,用于跟踪涂漆的条带。实际应用中有两种导引原理:其一是利用地面颜色与漆带颜色之反差——漆带在明亮的地面上为黑色,在黑暗的地面上为白色,小车上备有紫外光源,用于照射漆带;其二是采用 25 mm 宽含荧光粒子的漆带,来自车上检测系统的紫外光线激励这些荧光粒子,使其发射出引导光线。

磁带导引以铁氧磁体与树脂组成的磁带代替漆带,以 AGV 上的磁性感应器代替光敏传感器。AGV 上有三个线圈作为磁感应装置,一个为扁平矩形线圈,起激励作用,另两个为圆盘形探测线圈,起导向作用。

(2) 自由路径的导引方式 自由路径的导引方式包括行驶路径轨迹推算导向、惯性导航、激光导航导引三种。其中行驶路径轨迹推算导向指的是在 AGV 的计算机中,储存着距离表,通过与测距法所得方位信息比较,AGV 就能推算出从某一参数点出发的移动方向。这种导引方式最大优点在于改动路径布局时的柔性极好,只需改变软件即可更改路径。惯性导航方式指的是在 AGV 的导向系统中有一个陀螺仪,用于测量加速度,将陀螺仪的坐标调整成平行于 AGV 的行驶方向,当小车偏离规定路径时,产生一个垂直于其运动方向的加速度,该加速度立即为陀螺仪所测得,惯性导引系统的计算机对该加速度进行二次积分处理即可算得位置偏差从而纠正小车的行驶方向。激光导航导引方式是指在导引车顶部装置一个能转动 360°,按一定频率发射激光的装置,同时在 AGV 四周的一些固定位置上放置反射镜片。当 AGV 运行时,不断接收从三个已知位置反射出来的激光束,经过简单的几何运算,就可以确定 AGV 的准确位置,从而实现导航导引。激光导航导引原理如图 8-23 所示。

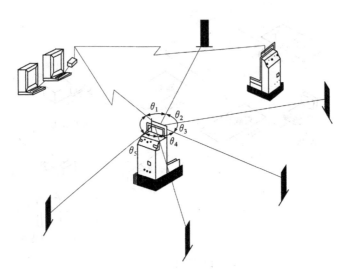

图 8-23 AGV 激光导航导引原理

3）无轨运输小车的特点

（1）搬运路线机动灵活，不仅可设置很多道岔，还可以根据生产条件的变更很方便地改变运输路线。当在生产流水线上使用自动导引小车时，可以使生产节奏比较灵活，有一定的弹性。

（2）可自动认址，自动装卸，有的还能自动堆垛，减少搬运环节。

（3）可以由计算机控制，随时在沿线各工位搬运工件，可以减少在制品的库存。

4）无轨运输小车的功能

（1）行走功能　包括启动、停止、前进、后退、转弯、定速、变速、多叉路口选道等。

（2）控制功能　包括由上一级计算机控制，由车载计算机或控制面板控制识别小车位置和装载情况进行控制，多车同时进行控制等。

（3）安全功能　包括检测到障碍物时自动减速，碰到障碍物时立即停车，有由地面监控器防止两车相碰的措施，各种紧急停车措施，蓄电池放电过量报警，警示回转灯等。

（4）随行工作台的自动装卸功能。

8.4　自动化仓库

自动化立体仓库（automated storageand/retrieval system，AS/RS）是指在不直接进行人工处理的情况下，能自动存储和取出物料的系统。自动化立体仓库采用高层货架储存货物，用起重、装卸、运输等机械设备进行出库和入库作业。这类仓库主要是通过高层货架充分利用空间存取货物,所以称为"立体仓库",也有的称为"高架仓库"。图 8-24 所示为某物流公司的自动化立体仓库的示意图。

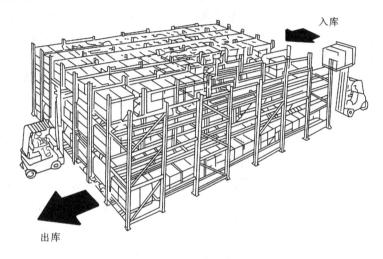

图 8-24 某公司自动化仓库示意图

自动化立体仓库系统主要有高层货架、堆装机、出/入库装卸站、电气控制系统及计算机管理系统等组成。

1. 高层货架

自动化立体仓库使用高层货架存储货物,存储区域向高空发展,能充分利用仓库地面和空间,因此可节省库存占地面积,提高空间使用率。

根据存放物品的多少,可以设置若干个多层货架,每两个货架之间留有巷道。巷道内安装轨道,供堆装机行走,如图 8-25 所示。

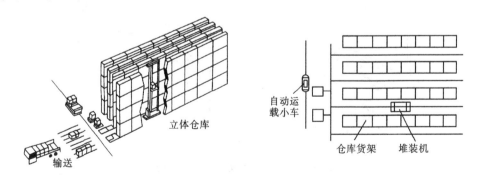

图 8-25 仓库自动化货架

货架按列和层划分成许多仓位,每个仓位内可放一个货箱或上下垒起来放多个货箱。每个仓位赋予一个"地址",对应于库存数据库中该仓位数据词条的关键词。当舱位中物品发生变化时,按该地址可修改相应的数据词条。

2. 堆装机

堆装机分为双立柱型堆装机和单立柱型堆装机。双立柱型堆装机的结构如图 8-26 所示,它是一个框架结构,可在巷道轨道上行走,堆装机上的装卸托盘可沿框架导轨上下升降,以便对准每一个仓位,取走或送入货箱。

堆装机采用相对寻址的工作方式寻找仓位。当堆装机沿巷道轨道或装卸托盘沿框架导轨行走时,每经过仓库的一列或一层,将仓位地址的当前值加 1 或减 1。当当前值与设定值接近时,控制堆装机或装卸托盘自动减速,当当前值与设定值完全相符时,发出停车指令,装卸托盘便准确地停在设定的仓位前。目前的堆装机的最大水平行走速度可达 120 m/min,装卸托盘的升降速度较低,约为行走速度的 1/4;额定荷载质量为几十千克到几千千克,其中 500 kg 的使用最多。

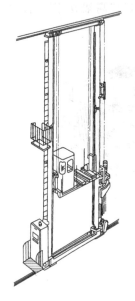

图 8-26 双立柱型堆装机的结构

图 8-27 所示为堆装机上装卸托盘的结构,图 8-27(a)所示为钩型,图 8-27(b)所示为鞍型。装卸托盘沿竖直导轨上下移动,对准设定的仓位后,装卸托盘上的货叉将托盘上的货箱送入仓位,或将仓位中的货箱取出放在托盘上。

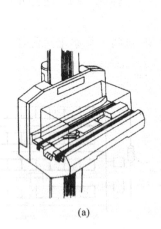
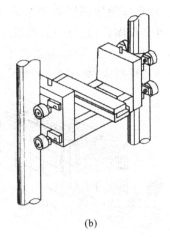

(a)   (b)

图 8-27 堆装机上装卸托盘的结构

(a) 钩型   (b) 鞍型

3. 出/入库装卸站

在立体仓库的巷道端口处有出/入库装卸站,入库的物品先放置在出/入库装卸站上,由堆装机将其送入仓库,出库的物品由堆装机自仓库取出后,也先放在出/入库装卸站上,再由其他运输工具运往别处。

出/入库装卸站的数量与布局决定了巷道式立体仓库的物流形式。图 8-28 所示为巷道式立体仓库的部分物流结构。

图 8-28(a)所示的是每条巷道两个货架合用一个出入库装卸站;图 8-28(b)所示的是每条巷道两个货架合用一个出库装卸站和一个入库装卸站;图 8-28(c)所示的是每条巷道合用的出库装卸站和入库装卸站位于巷道的两端;图 8-28(d)所示的是每个货架有自己的出/入库装卸站;图 8-28(e)所示的是每个货架有自己的出库装卸站和入库装卸站,位于货架的两端;图 8-28(f)所示的是每条巷道合用一个入库装卸站,位于一个货架的端部,在另一个货架最下一层有滚道,堆装机从仓位取出的货物就近放在滚道上,由滚道传送装置将其送到出库装卸站;图 8-28(g)所示的是两条巷道合用一台堆装机和一个出/入库装卸站;图 8-28(h)所示的是所有巷道合用一个出/入库装卸站,该站可在横向地坑内移动,以便接收每条巷道堆装机送出的货物或向其输送货物。

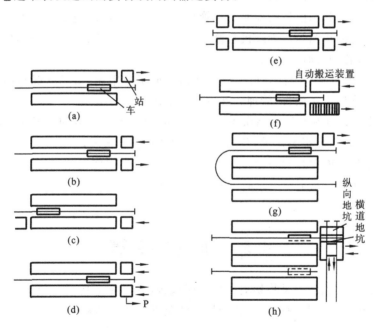

图 8-28 巷道式立体仓库的物流形式

4. 计算机管理系统

自动化立体仓库的计算机管理及控制系统是基于现代信息技术、控制技术及计算机通信技术等发展起来的综合应用系统,仓库的高新技术水平就是由此而体现的。仓库管理及控制的计算机网络系统对仓库而言是独立的,具有上、中、下级之分。对整个企业而言,它又是一个子系统。它不仅对信息进行管理,也对物流进行管理和控制,集信息流和物流于一体,是现代化企业物流和信息流管理的重要组成部分。

计算机管理系统主要包括以下功能。

(1) 出/入库作业功能 响应各终端的出/入库申请,根据出/入库原则和现有库存情况,决定存取货物的最佳货位,获取并检测各出/入库货物的相关信息。根据最短路径原则,形成一条或数条从原地址到目的地址的最佳路径。在执行任务过程中,软件通过扫描系统中各设备的运行状态和物流状态,随时选择各货箱的最佳状态链,使货箱以最短的时间到达目的地。

(2) 数据管理功能 在特定时间段内,查询现存货物的所有信息,出/入库货物信息查询,仓库现有空货位查询,盘库,编制、打印各种报表和单据,出/入库作业完成后更新相应的数据库记录,维护整个仓库的数据库系统。

(3) 信息交换功能 包括各终端与服务器之间的通信,管理机与服务器之间的通信(各终端申请任务表的查询、数据库的查询),管理机与下位各 PLC 之间的通信(出/入库任务指令的发送、各状态信息的检测等),管理机与监控终端的通信(出/入库任务指令的发送、各状态信息的检测等),管理机与监控终端的实时通信(系统内各设备的运行状态和库内货箱实时位置的实时显示)。

(4) 库存分析功能 库存分析功能主要由存储货位限制、市场状况和用户具体要求等因素决定,对仓库系统而言,管理软件主要有下述几项功能:

① 根据生产计划和某种产品所需,分析、判断现有各种材料和半成品的库存是否满足需求,若不足,则作出报警提示,并编制相应的紧缺物质报表;

② 对库存各类货物的余缺(即超过上限或小于下限者)作出相应的报警提示;

③ 通过对在库货物记录信息的分析,可以对仓库的货物周转和资金占用等情况作出定量报告。

8.5 排屑装置

排屑包括两个内容:一是将切屑从加工区域排出,以保证切削工位正常工作;二是将从加工区域排出的切屑集中运送。各种加工情况下的切屑堆积密度如表 8-1 所示。

表 8-1 切屑的堆积密度

工件材料	加工方法	切屑形状	切屑的堆积密度/(t/m³)
铸铁	钻、镗	碎屑	2.0
铸铁、钢	铣	块屑	1.5~2.0

续表

工件材料	加工方法	切屑形状	切屑的堆积密度/(t/m³)
钢	钻	卷屑	0.5~0.6
	精镗		0.3~0.4
	粗镗		0.2~0.25
	钻		0.1~0.2
铝合金	镗、铣	碎屑	0.7~0.75

从加工区域排除切屑的方法有多种：自重式排屑、大流量排屑、压缩空气吹屑、负压真空排屑、电磁吸屑等。自重式排屑效果较差，自动化加工中不宜采用。本节重点介绍强制排屑方式中的螺旋排屑装置、刮板排屑装置、平板链式排屑装置和大流量排屑方式。

8.5.1 螺旋排屑装置

如图 8-29 所示，排屑槽呈 U 形，由钢板焊成，数段相接，也可用铸铁制成，因铸铁耐磨性好。排屑槽可以设在机床中间底座内，也可设在地沟内。螺旋器 1 由电动机经减速器 2、联轴器 5 带动旋转，转速为 10~15 r/min。螺旋器的一端装在自位轴承上，另一端装在滑动轴承上，也可以使另一端自由地贴合在排屑槽底面旋转，随槽的磨损而下降，从而保证螺旋器紧密贴合槽的底部，且使螺旋器径向有一定浮动量，避免其被切屑卡死。当

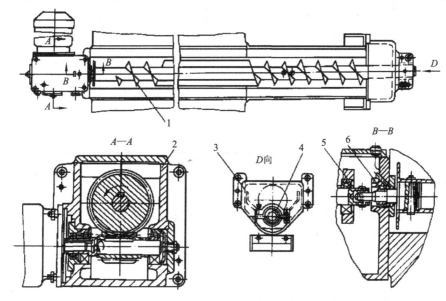

图 8-29　螺旋排屑装置

1—螺旋器；2—减速器；3—挡屑板；4—滑动轴承；5—联轴器；6—自位轴承

螺旋器直径为 150 mm 时,最长可达 30 m;直径为 200 mm 时,最长可达 40 m。当螺旋器较长时,应每隔 3～4 m 用一个浮动接头相接,以改善工作状况。

螺旋排屑装置设在地沟内时,地沟顺着切屑运动方向的倾斜度可为 5 mm/m。

螺旋排屑装置主要参数如表 8-2 所示。

表 8-2 螺旋排屑装置主要参数

切屑材料	切屑种类	螺旋器直径/mm	螺旋器螺距/mm	螺旋器转速/(r/min)	排屑槽高度/mm	排屑量/(m³/h)	每 10 m 长排屑装置所需驱动功率/kW
铝合金	卷状和粒状混合	150	80	10	100	1.6	0.22
				10	200	2.5	0.25
				16	200	4.0	0.40
		200	100	10	200	3.0	0.45
				10	250	5.0	0.50
				16	250	8.0	0.80
钢	卷状和粒状混合	150	80	10	160	1.6	0.32
				10	200	2.5	0.40
				16	200	4.0	0.65
		200	100	10	200	3.0	0.60
				10	250	5.0	0.80
				16	250	8.0	1.30
铸铁	粒状	150	80	10	160	1.0	0.95
				16	160	1.6	1.20
				10	200	2.5	1.65
				16	200	4.0	2.65
		200	100	10	200	2.0	1.55
				16	200	3.0	2.45
				10	250	5.0	3.30
				16	250	8.0	5.30

8.5.2 刮板排屑装置

刮板排屑装置适用于运输块状切屑,不宜用于运输卷状切屑。因为卷状切屑易缠绕在链轮和张紧机构等处,使其卡死。

刮板排屑装置有往复运动式和连续运转式,可设置于机床中间底座内,也可设置于地沟内。图 8-30 所示为设在底座内的连续刮板排屑装置。

刮板宽度有 160 mm 和 200 mm 两种。刮板固定在链条两侧,刮板间距为链条链节长度的整数倍,通常为 200～400 mm。电动机通过减速器驱动链轮链条运动,固定在链条上的刮板可将落入集屑槽中的切屑带走。

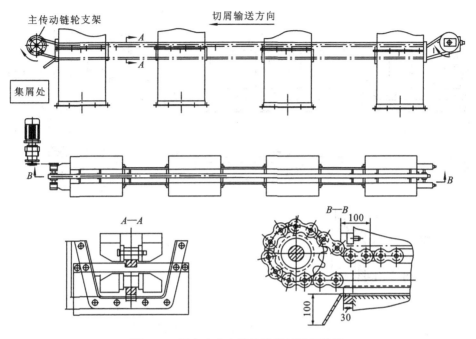

图 8-30 设在底座内的连续刮板排屑装置

图 8-31 所示为设在地沟内的连续刮板排屑装置,刮板宽度为 250 mm,由两根链条传动,刮板间距为 400～600 mm。该排屑装置可将切屑从地沟提升至地面的集屑箱中。表 8-3 所示为连续刮板排屑装置的主要参数。

表 8-3 连续刮板排屑装置的主要参数

排屑量/(m³/h)	2.5	4	6	4	6	10	6	10	16	10	16	25
链轮转速/(r/min)	10			16			25			40		
刮板距离/mm	600	400	200	600	400	200	600	400	200	600	400	200
每 10 m 长运输装置所需驱动功率/kW	0.4	0.55	0.95	0.65	0.85	1.5	1.0	1.35	2.4	1.6	2.2	3.8

图 8-32 所示为地沟单链刮板排屑装置。机床的切屑经槽口落入沟槽中,由刮板送至集屑箱处。支线段的地沟深 300 mm,主线段地沟深 500 mm。采用水平安置的垂直轴链轮刮板链在水平面内可任意弯曲,只需适当布置水平转弯支承链轮及张紧机构就可任意改变单链的运动方向。因此这种排屑装置可以同时用于水平或垂直及其他布置形式的多种生产线以集中运输切屑。当其输送效率为 1～3 t/h 时,刮板步距为 600 mm,刮板移动速度为 5～28 m/min,驱动功率为 2.2～5.5 kW,最大长度可达 500 m。这种单链驱动的

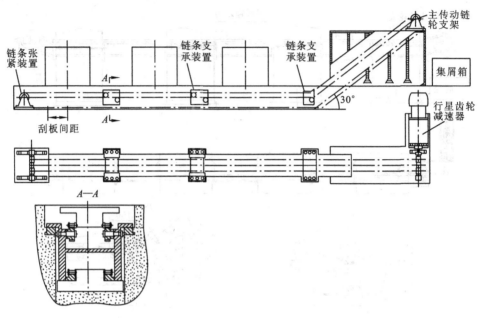

图 8-31 设在地沟内的连续刮板排屑装置

刮板排屑装置与双排链驱动的刮板排屑装置相比较,其优点是较灵巧,而且可在水平面内任意弯曲布置。

图 8-33 所示为管链刮板排屑装置。它可架空敷设管道,适用于块状切屑或经断屑后的切屑排除。管道直径多为 100～200 mm。该排屑装置效率高,结构紧凑,布置灵活,耗电量小,而且是封闭式输送,所以没有环境污染问题。

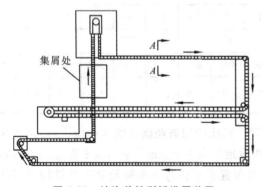

图 8-32 地沟单链刮板排屑装置

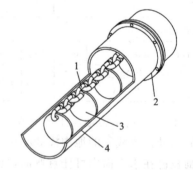

图 8-33 管链刮板排屑装置
1—无端头链条;2—法兰盘;
3—刮板;4—管子

图 8-34 所示为往复刮板排屑装置。刮板 5 通过铰链轴装在拉杆 6 上,刮板只能作单

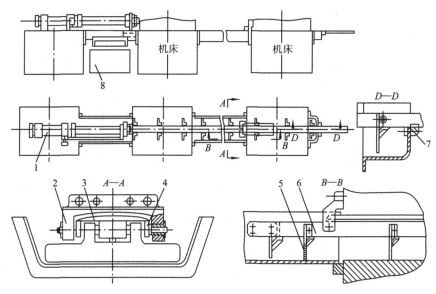

图 8-34 往复刮板排屑装置
1—驱动液压缸；2—滚子支架；3—滚动支承板；4—滚子；
5—刮板；6—拉杆；7—导向块；8—集屑槽

向摆动,拉杆通过板 3 支承在滚子 4 上,液压缸驱动拉杆做往复运动,一步步地将切屑推入集屑箱中。

8.5.3 平板链式排屑装置

在平板链式排屑装置中,由链条带动铰接相连的平板将沉积在平板上的切屑运至指定处(见图8-35)。

图 8-36 所示为平板链式排屑装置。电动机经减速器和摩擦离合器驱动链轮,使滚子链运动,链条轴上装有不锈钢制的铰链板,这样,当履带状的铰链板运动时,带动切屑运动。侧链板用于防止切屑落到链轮轨道上,摩擦离合器用于防止过载。该装置设有反转机构,可以在链条被切屑意外卡住时进行调整。铰链板上可以做出小孔,用于渗漏切削液。

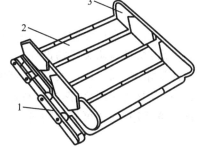

图 8-35 链传动铰接链板

链条可以连续运转,也可以间歇运转。当切屑中含有切削液时,可以采用间歇运转方式,以便于切削液的渗漏。

该装置适用于钢屑(常为卷状)的排屑输送,也可用于锻造、冲压的边脚料输送。输送距离可达 100 m,排屑量可达 100 kg/min。

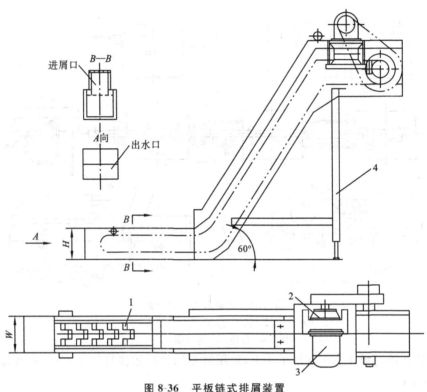

图 8-36 平板链式排屑装置

1—铰接板；2—减速器；3—电动机；4—支架

本章重点、难点和知识拓展

重点：各种物料运储装置的应用。

难点：物料运储装置的设计。

知识拓展：利用认识实习、生产实习等环节，到机械制造厂了解各种物料运储装置的形式、特点及适用场合，熟悉物料运储装置的设计方法，能够针对不同的生产条件，选用或设计经济适用、安全可靠的物料运储装置。

思考题与习题

8-1 简述物料运储系统设计的重要性。

8-2 物料运储系统设计应遵循哪些原则？

8-3 试述物料运储系统的设计步骤。

8-4 料仓式和料斗式上料装置、上下料机械手各适用于什么场合？

8-5 料仓式和料斗式上料装置的基本组成及其根本区别是什么？

8-6 目前机床间工件传送装置有哪几种？各适用于哪些场合？

8-7 为什么要采用随行夹具？随行夹具的三种返回方式各有什么特点？

8-8 试述无轨自动运输小车的导引方式。

8-9 自动化仓库由哪几部分组成？各部分的作用是什么？

8-10 常见排屑装置有哪些结构形式？简述其基本特点和适用场合。

参 考 文 献

[1] 赵雪松,任小中,于华. 机械制造装备设计[M]. 武汉:华中科技大学出版社,2009.
[2] 关慧贞,冯辛安. 机械制造装备设计[M]. 3版. 北京:机械工业出版社,2010.
[3] 李庆余. 机械制造装备设计[M]. 3版. 北京:机械工业出版社,2013.
[4] 马宏伟. 机械制造装备设计[M]. 北京:电子工业出版社,2011.
[5] 郑金兴. 机械制造装备设计[M]. 哈尔滨:哈尔滨工程大学出版社,2008.
[6] 陈立德,赵海霞. 机械制造装备设计[M]. 北京:国防工业出版社,2010.
[7] 现代实用机床设计手册编委会. 现代实用机床设计手册[M]. 北京:机械工业出版社,2006.
[8] 任小中. 机械制造技术基础[M]. 2版. 北京:科学出版社,2016.
[9] 王启平. 机床夹具设计[M]. 北京:机械工业出版社,2003.
[10] 张德全. 机械制造装备及其设计[M]. 天津:天津大学出版社,2003.
[11] 肖继德. 机床夹具设计[M]. 北京:机械工业出版社,2003.
[12] 陆剑中,孙家宁. 金属切削原理与刀具[M]. 4版. 北京:机械工业出版社,2005.
[13] 袁哲俊,刘华明. 刀具设计手册[M]. 北京:机械工业出版社,1999.
[14] 乐兑谦. 金属切削刀具[M]. 2版. 北京:机械工业出版社,2004.
[15] 韩荣第. 金属切削原理与刀具[M]. 3版. 北京:机械工业出版社,2005.
[16] 任小中. 先进制造技术[M]. 2版. 武汉:华中科技大学出版社,2013.
[17] 张耀平. 仓储技术与库存管理[M]. 北京:中国铁道出版社,2007.
[18] 于乘新,赵莉. 物流设施与设备[M]. 北京:经济科学出版社和中国铁道出版社,2007.
[19] 谢家瀛. 组合机床设计简明手册[M]. 北京:机械工业出版社,2002.
[20] 于英华. 组合机床设计[M]. 北京:清华大学出版社,2012.
[21] 刘晓宇,刘德平. 普通机床数控化改造关键技术的设计及计算[J]. 机械设计与制造,2007(9):42-44.
[22] 魏建国. XK5040机床数控化改造的实例研究[J]. 装备制造技术,2015(5):215-217.